高等学校工程材料及机械制造基础课程系列教材

材料成形工艺基础

Cailiao Chengxing Gongyi Jichu

第3版

主　编　柳秉毅

高等教育出版社·北京

内容简介

本书是根据教育部高等学校机械基础课程教学指导分委员会制定的《工程材料及机械制造基础课程教学基本要求》和该课程的教学改革精神，并结合培养应用型工程技术人才的教学特色，在第2版的基础上修订而成的。

本书除绪论外共分8章，主要内容包括铸造成形、塑性成形、连接成形、粉体材料成形、高分子材料与复合材料成形、材料成形的先进技术、材料成形方法选择与过程控制、材料成形工艺设计案例；每章附有思考题与习题，书末附有部分常用材料成形技术术语汉英对照表。本书注重理论教学以工程应用为目的，对教学内容进行了适当的整合和精炼，引导学生学以致用，加强对学生工程素质和综合能力的培养；加大了对新技术、新工艺和新材料内容的介绍。

本书可作为高等学校机械类、材料类和其他相关专业学生的教材，也可供高职高专、成人教育学院的相关专业选用以及相关的工程技术人员参考。

图书在版编目（CIP）数据

材料成形工艺基础 / 柳秉毅主编. --3版. --北京：高等教育出版社，2018.8（2023.5重印）

ISBN 978-7-04-049970-4

Ⅰ.①材… Ⅱ.①柳… Ⅲ.①工程材料-成型-工艺-高等学校-教材 Ⅳ.①TB3

中国版本图书馆CIP数据核字(2018)第134494号

策划编辑 宋 晓　　责任编辑 沈志强　　封面设计 张 志　　版式设计 马敬茹
插图绘制 于 博　　责任校对 高 歌　　责任印制 刁 毅

出版发行 高等教育出版社
社　　址 北京市西城区德外大街4号
邮政编码 100120
印　　刷 肥城新华印刷有限公司
开　　本 787mm×1092mm 1/16
印　　张 18.5
字　　数 450千字
购书热线 010-58581118
咨询电话 400-810-0598

网　　址 http://www.hep.edu.cn
　　　　 http://www.hep.com.cn
网上订购 http://www.hepmall.com.cn
　　　　 http://www.hepmall.com
　　　　 http://www.hepmall.cn
版　　次 2005年11月第1版
　　　　 2018年 8 月第3版
印　　次 2023年 5 月第4次印刷
定　　价 35.60元

物 料 号 49970-00

材料成形工艺基础

（第3版）

柳秉毅

1　计算机访问http://abook.hep.com.cn/1227734，或手机扫描二维码、下载并安装Abook应用。

2　注册并登录，进入“我的课程”。

3　输入封底数字课程账号（20位密码，刮开涂层可见），或通过Abook应用扫描封底数字课程账号二维码，完成课程绑定。

4　单击“进入课程”按钮，开始本数字课程的学习。

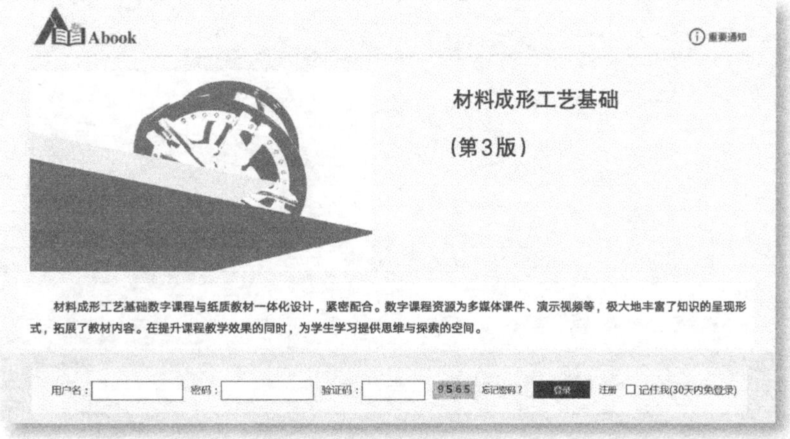

课程绑定后一年为数字课程使用有效期。受硬件限制，部分内容无法在手机端显示，请按提示通过计算机访问学习。

如有使用问题，请发邮件至abook@hep.com.cn。

http://abook.hep.com.cn/1227734

第3版前言

本书是在第2版的基础上,根据教育部高等学校机械基础课程教学指导分委员会制订的本课程的教学基本要求,并结合本书前两版在教学实践中的使用情况修订而成的。近年来,我国高等工程教育的改革不断深化,国家和社会对应用型工程技术人才的培养提出了新的更高的要求,材料成形加工领域的技术进步也在持续推进,教材建设应该顺应新的形势发展,为教育教学的改革与创新发挥促进作用。为此,本次修订主要做了以下几个方面工作。

1. 结合工程教育专业认证,突出了对本课程内容知识体系的掌握和对学生能力提升方面的要求,在每一章的起始都提出了针对知识获取和能力达成方面的明确的教学目标。

2. 根据本领域技术进步的趋势,加强了对相关新技术、新工艺内容的介绍,为其专门编写了"材料成形的先进技术"一章(第6章)。

3. 从更有利于方便教学考虑,对部分章节内容进行了调整。

(1) 将第2版中的第1、2、3、4章整合为现在的第1、2、3章,即把铸造、锻压和焊接的成形原理和相应的工艺内容放在同一章中,以便于在教学中将理论与实际相结合。

(2) 将第2版第8章中有关材料成形加工的质量管理、成本分析和环境管理的内容并入第7章中,以便与材料成形方法选择的使用性原则、经济性原则和环保性原则形成呼应。

(3) 将第2版中的第2.3、3.3、4.3节中铸造、板料冲压和焊接工艺设计中部分专业性较强的内容及相关的技术图表与案例,从原章节中抽出合编为新的第8章"材料成形工艺设计案例",这样使原章节内容得以精简,削枝强干,突出重点;同时,也增加了教学上的灵活性,对于课时有限的情况,新编的第8章的内容可以作为学生课外自主学习时的扩展阅读材料,也可以在安排学生完成工艺设计型的课外大作业时作为参考资料。

4. 对第2版中的部分内容进行了增删,对个别叙述有错误的地方进行了修改,并增加了少量的插图和习题。

本次修订过程中,参考了一些相关的教材,也借鉴了近年来的一些课程教学改革成果,在此一并致以谢意。

由于编者水平所限,书中不当之处在所难免,望读者批评指正。

编　者

2017年12月

目　录

绪　论

材料成形工艺(有时也称为材料成形技术),是指用于把材料从原材料的形态通过加工而转变为具有所要求的形状及尺寸的毛坯或成品的所有加工方法或手段的总称。材料是人们的生活和生产赖以进行的物质基础,而任何材料在被人们制造成有用物品(生活用品或生产工具等)的过程中,都要经过成形加工,因此这是人类生产活动中始终不可缺少的一个基础性技术领域,也是现代制造业的主要支撑性技术之一。

1. 材料成形工艺的发展历史

材料成形工艺是伴随着人类使用材料的历史而发展的。在人类使用材料之初,通过将天然材料石头、陶土可打制成石器和烧制成陶器,这是最原始的材料成形工艺。随着人们对金属材料(青铜、钢铁等)的使用,相应地产生了铸造、锻造、焊接等金属成形加工技术。20 世纪以后,随着塑料和先进陶瓷材料的出现,这些非金属材料的成形工艺得到了迅速发展。在跨入 21 世纪后的今天,已进入了各种人工设计、人工合成的新型材料层出不穷的新时代,各种与之相应的先进的成形工艺也在不断涌现并大显身手。

材料成形技术的发展凝聚了世界上各民族的辛劳和智慧,中华民族对此也做出过极其重大的贡献。我国在原始社会后期开始有陶器,在仰韶文化和龙山文化时期制陶技术已相当成熟(图 0.1)。我国是世界上应用铜、铁最早的国家,远在 4 000 年前就已经开始使用铜合金,至商周时代(公元前 16 世纪—公元前 8 世纪)达到了青铜文化的鼎盛时期。春秋时期,我国已开始使用铁器,比欧洲国家早了 1 800 多年。战国时期我国就发明了炼钢技术,创造了多种在当时比较先进的炼钢方法,并将其用于制造农具和兵器等。

铸造技术在我国源远流长,并达到了很高的水平,形成了闻名于世的以泥范(砂型)、铁范(金属型)和失蜡铸造为代表的中国古代三大铸造技术。据考证,早在 3 000 年前的商周时期,我国已发明了古代熔模铸造(失蜡铸造)法;战国中期,出现了金属型铸造;隋唐以后,我国已掌握了大型铸件的生产技术。湖北曾侯乙墓中出土的战国早期青铜尊盘(图 0.2),结构错综复杂,制作极其精巧,堪称我国古代熔模铸造的一件巅峰之作。湖北江陵楚墓中发现的越王勾践青铜宝剑,虽在地下埋藏了 2 000 多年,但依然刃口锋利,寒光闪闪,可以一次割透叠在一起的十多层纸张。西汉时期曾大量使用的"透光"铜镜,被西方人称为"中国魔镜",就是我国古代工匠巧妙地利用因铸件壁厚不同形成的铸造应力及变形的原理而制成的。现存于北京大钟寺内的明朝永乐年间铸造的大铜钟,重 46.5 t,钟身内、外遍铸经文 20 余万字,是世界上铸字最多的大钟,其钟声浑厚悦耳,远传数十里。我国河北沧州的五代铁狮、湖北当阳的北宋铁塔等,都是世界著名的巨型铸件。

我国的锻造技术和焊接技术也有着悠久的历史。在河北藁城出土的商朝铁刃铜钺是我国发现的最早的锻件，它表明我国在 3 000 年前就有了锻造和锻焊技术。到了战国时期，锻造工艺已普遍应用于刀剑和一些日常用具的制作中。在河南辉县战国墓中发掘出的殉葬铜器，其耳和足是用钎焊方法与本体连接的。

图 0.1　仰韶文化（左）和龙山文化（右）时期的陶器

图 0.2　曾侯乙青铜尊盘

我国还是最早使用粘接技术的国家，在陕西临潼秦始皇陵陪葬坑发现的铜车马中，金银饰件固定用的就是一种无机粘接剂。

我国明朝科学家宋应星所著《天工开物》一书中，记载了冶铁、炼铜、铸钟、锻铁、焊接、淬火等多种金属成形和改性方法及生产经验，是世界上有关金属加工工艺最早的科学著作之一。

我国的瓷器制造自古以来就享有盛名，到宋代时已形成制瓷业的“五大名窑”（汝窑、钧窑、官窑、哥窑和定窑）以及由景德镇窑、磁州窑为代表的“八大窑系”，其风格各具特色，技术各领风骚。从唐代起，中国瓷器就通过海路和陆上“丝绸之路”远销国外。

我国古代在材料加工工艺方面的科技水平曾在世界上长期居于领先地位，但在封建社会的后期，其发展出现了停滞。16 世纪以后，世界的工业和科技中心向欧洲和美国转移。18 世纪和 19 世纪发生的以蒸汽机的发明和电气技术的应用为代表的第一次和第二次技术革命，极大地改进了材料成形生产的能源结构，有力地推动了材料成形技术的发展。蒸汽-空气锤、水压机、模锻压力机、高速冲床等的使用，使金属锻压工艺彻底改变了传统的“手工打铁”的落后方式，进入到机械化现代化生产的行列。1885 年发现了气体放电电弧可作为电弧焊接的热源，1886 年发明了电阻焊，从此电焊便成为现代焊接技术的主流。生产流水线和现代生产管理制度的应用，使材料成形生产逐步实现了高效、低耗和大批大量生产的目标。20 世纪中期以后，随着计算机、微电子、信息和自动化技术的迅速融入，在涌现出一大批新型的成形技术的同时，材料成形加工生产已开始向优质化、精密化、绿色化和柔性化的方向发展。

2. 材料成形加工在国民经济中的地位

工业、农业和服务业等是构成国民经济的主导产业。材料成形加工在工业生产的各个部门都有应用，尤其对于制造业来说更是具有举足轻重的作用。制造业是指所有生产和装配制成品的企业群体的总称，包括机械制造、运输工具制造、电气设备、仪器仪表、食品工业、服装、家具、化工、建材、冶金等，它在整个国民经济中占有很大的比重。统计资料显示，在我国，近年来制造业占国内生产总值 GDP 的比例已超过 35%。同时，制造业的产品还广泛地应用于国民经济的其他诸多行业,对这些行业的运行有着不可忽视的影响。因此,作为制造业的基础之一的和主要的生产技术,材料成形加工在国民经济中占有十分重要的地位,并且在一定程度上代表着一个国家的工业和科技发展水平。

通过下面列举的数据和事例,可以真切、具体地了解到材料成形加工对制造业和国民经济的影响。据统计,占全世界总产量将近一半的钢材是通过焊接制成构件或产品后投入使用的;在机床和通用机械中铸件质量占 70%~80%;农业机械中铸件质量占 40%~70%;汽车中铸件质量约占 20%,锻件质量约占 70%;飞机上的锻件质量约占 85%;发电设备中的主要零件如主轴、叶轮、转子等均为锻件制成;家用电器和通信产品中 60%~80%的零部件是冲压件和塑料成形件。再从人们熟悉的交通工具——轿车的构成来看,发动机中的缸体、缸盖、活塞等一般都是铸造而成,连杆、传动轴、车轮轴等是锻造而成,车身、车门、车架、油箱等是经冲压和焊接制成,车内饰件、仪表盘、车灯罩、保险杠等是塑料成形制件,轮胎等是橡胶成形制品。因此,可以毫不夸张地说,没有先进的材料成形工艺就没有现代制造业。

新中国成立以后,我国的材料成形技术重新走上了振兴之路,特别是改革开放以来,更是取得了巨大的成就,为促进国民经济发展和改善人民的物质文化生活发挥了积极的作用。

目前,我国已成为举世第一的制造业大国,一大批以材料成形技术为重要支撑的行业和企业已经成长壮大。自从 20 世纪 50 年代中期第一辆自行生产的解放牌汽车诞生以来(图 0.3),我国现已建成了较先进完备的汽车工业生产体系,汽车年产量位列世界第一;我国自力更生发展起来的航空制造业已形成规模,可以生产先进的各种用途的军用飞机和中型民用飞机;我国的船舶制造业跻身于世界前列,已能够建造数十万吨级的超大型船只。我国高铁技术水平世界一流,行车时速和通车里程全球第一,而高铁车身的制造和铁轨的铺设就要依靠先进的焊接技术。我国是世界上少数几个拥有运载火箭、人造卫星和载人飞船发射实力的国家,这些航天飞行器的建造离不开先进的成形工艺,其中火箭和飞船的壳体都是采用了高强轻质的材料,通过特种焊接和粘接技术制造的。

图 0.3　我国第一辆自行生产的解放牌汽车

重型机械的制造能力是反映一国的成形技术水平的重要标志，我国已成功地生产出了世界上最大的轧钢机机架铸钢件（质量为 743 t），锻造了 196 t 汽轮机转子，采用铸-焊组合方法制造了12 000 t 水压机的立柱（高 18 m）、底座和横梁以及长江三峡电站巨型水轮机的转轮（由不锈钢铸造的叶片、上冠和下环焊接而成，直径 10 m，总质量为 450 t，见图 0.4）等特大型零、部件。

图 0.4　长江三峡电站巨型水轮机的转轮

进入 21 世纪以后，随着我国改革开放步伐和世界经济一体化进程的加快，通过技术引进和科技创新，我国材料成形的技术水平已达到了新的高度。我国制造业生产的产品在质量、品种和产量上都比过去有了大幅度的提高，许多产品的产量已居世界第一，不仅极大地丰富和满足了国内市场的需求，而且以强大的竞争力不断扩展其在国际市场上的占有率。伴随着中国从制造大国走向制造强国的过程，我国的材料成形技术必将再创辉煌。

3. 材料成形技术的知识体系

材料的成形加工过程必须具备三个基本要素，即材料、能量和信息。这些要素在加工过程中形成物质流、能量流和信息流，物质流即加工过程中原材料变为制品的物质形态变动过程；能量流即加工过程中各种能量的输入、消耗和转化过程，例如在热加工生产中将各种能量转化为热能来加热金属；信息流即加工过程中各类信息发生作用的过程，可分为形状信息流和性能信息流等。正是这三类要素的流动及其相互作用，并通过对其进行正确的控制，才使材料成形得以实现。所以，现代材料成形工艺技术是一门融材料技术、能源技术和信息技术为一体的综合性技术。根据加工过程物质流中物质形态变化情况的不同，可以将材料成形过程及其工艺分为三种类型。

（1）材料质量不变　即加工过程只改变材料的几何形状和（或）性能，而材料的质量在加工过程中不改变或近似不变。此类成形工艺也称为变形成形。由于材料在变形成形中要受到成形设备或模具所施加的外力的作用，所以也称为受迫成形。

（2）材料质量增加　即通过材料的叠加获得所需形状和尺寸的制品的过程，其制品的质量基本上等于各叠加部分质量之和。此类成形工艺也称为叠加成形，按叠加方式不同又可分为连接成形和累积成形等。

（3）材料质量减少　即通过去除部分材料以获得所需形状和尺寸的制品的过程，其制品的形状和尺寸只能局限于原材料的几何形体之内。此类成形工艺也称为去除成形。

由此可见，材料成形的方法是多种多样的，在不同类型的成形方法中材料成形的机理也是不同的，不同的材料成形方法有着各自的特点、适用场合和技术设计要求等。人们在长期以来的研究、改进和发展材料成形技术的实践中，探索出大量的规律，积累了丰富的经验，构建起以材料成形原理、材料成形方法及应用、材料成形工艺设计、材料成形件的结构工艺性、材料成形生产过程控制等为主要模块的一个完整的知识体系，以应对和解决材料成形生产和技术发展中的各种问题。

材料成形原理要解决的有以下问题：首先，要揭示材料成形过程发生的机理（它的发生所受到的物理、化学、冶金、机械的作用或是某种综合作用），例如，金属的铸造、锻造都属于变形成形

（材料质量不变过程），但是二者的根本不同在于：铸造是液态金属凝固成形的过程，而锻压则是固态金属通过塑性变形而成形的过程。其次，在材料成形的同时还常常伴随着材料整体或局部的组织与性能的改变，这种组织与性能的变化对于成形件的制造质量和使用性能有很大的影响，控制得不好就有可能引发缺陷的产生，因此，材料成形原理也要对此加以阐述。另外，与之相关的还有一个重要问题，就是不同的材料对于不同的成形方法的适应性问题，即材料的成形工艺性能及其影响因素。了解以上三方面的相关知识，就为正确地设计材料的成形加工工艺和准确地分析材料成形中产生的缺陷打下了理论基础，也为正确地选用与成形工艺相适应的材料以及如何改善材料的工艺性能提供了理论的指导。

随着人类几千年来的科技进步和生产发展，材料成形方法的种类已经非常多样化，如何选择适用的成形方法来进行产品的制造，就成为需要进行正确决策的一项工作。一方面，不同的成形方法会获得不同的加工效果或适用于不同的生产条件。例如，主要以手工方式完成的成形方法（如手工造型铸造、自由锻等），往往具有生产效率低，产品质量不稳定，但工艺灵活性大，生产准备时间短等特点，比较适合于单件、小批量的生产类型；而主要以机械化方式完成的成形方法（如压力铸造、模锻等），则具有生产效率高，产品质量一致性好，但工艺过程刚性大，生产准备时间较长等特点，适合于零件的大批量生产。另一方面，某些不同的成形方法相互之间是具有可替代性和可选择性的，常常需要根据实际情况在它们中间做出合理的、择优的选择。因此，熟悉常用的材料成形方法及其应用特点，是从事与材料加工相关行业工作的工程技术人员必须做到的。

确定了成形方法之后，要想顺利完成材料成形加工的工作，还必须有对其具体操作过程的技术层面上的指导和依据，这就需要制订材料成形加工的技术规程，包括相关的技术方案、技术参数、工艺装备设计等，并且通过专业化的技术文件（如工艺图、工艺卡、工艺说明书等）把它们表达出来，使之能够用于指导和规范工人的操作工作，这就是材料成形工艺设计。其中所涉及的相关设计知识和方法，既有基于理论研究而获得的理论性知识，也有许多是来自经长期生产实践的积累和提炼而获得的经验数据和方法。因此，掌握这方面的知识并能通过实践将其加以应用，对于工程能力和实践能力的培养会有很大帮助。

所加工的零件的结构（形状与尺寸等）对成形过程也有一定的影响。实际上，有时候某个零件的成形加工出了问题，产生了缺陷，其主要原因并不是工艺的问题，而是零件自身的结构不够合理。因此，在设计零件结构的时候，设计者必须既要从它们使用功能的方面去考虑，也要从它们的加工要求的角度去考虑，后者就是零件的结构工艺性问题。与之相关的知识就是要告诉我们，如何让零件的结构能适应成形加工的要求。而考虑这个问题的出发点，就是零件的结构设计不要引起加工难度的增大，不应造成加工缺陷的出现或增加。显然，要想设计出结构工艺性优良的零件，前提条件就是必须充分了解其成形加工过程及其工艺设计的知识。

材料成形工艺基础课程的内容，就是依据上述的知识体系展开的。

4. 材料成形工艺基础课程的主要内容

作为高等工科学校机械类、材料类及其他近机械类专业学生的一门技术基础课，本课程主要涉及的是与机械制造有关的材料成形工艺的基础知识。

机械制造是将原材料制造成机械零件，再由零件装配成机器的过程。其中，机械零件制造在整个机械制造的过程中占据了很大的比重，而成形加工又是机械零件制造的主要工作。由于传统上的机械大都是用金属材料制造的，所以长期以来人们又把有关机械制造的基础知识称为金属工艺学。但是,随着科学和生产技术的发展,机械制造所用的材料已扩展到包括金属、非金属和复合材料在内的各种工程材料。因此,机械产品的成形加工也就不再局限于传统意义上的金属加工的范畴,而是将非金属和复合材料等的成形加工也包含进来。

金属材料的成形方法一般有铸造、塑性成形、焊接、粘接和机械加工(包括切削加工和特种加工)等常用方法,非金属和复合材料则另有各自的特殊成形方法。在使用铸造、塑性成形和焊接的方法进行零件成形时,常常需要将材料加热到较高的温度(大于金属的再结晶温度),所以这几种加工方法习惯上被称为热加工;而机械加工尤其是切削加工一般是在常温或低于金属的再结晶温度下进行,因此习惯上被称为冷加工。机械加工的优点是可使零件获得很高的尺寸精度和很小的表面粗糙度值,但一般说来,由于大多数的机械零件与原材料之间在形状和尺寸上相差较大,如果完全依靠机械加工来制造零件,则材料和加工时间的耗费往往很大,显然这在多数情况下(尤其是大批量生产的情况下)是不经济的。而采用热加工工艺来制造零件时,由于在成形过程中较少或没有材料的损耗,故能以较高的生产率制造出与零件相近的制品,但传统的热加工工艺的制造精度一般不如机械加工。因此,在机械制造过程中,一般是先用热加工的方法制造出零件的毛坯,再用机械加工的方法进一步改变制品的形态,使其最终被加工成合格零件。其间,为了改善材料的加工性能和使用性能,通常还需对工件进行有关的热处理。近年来,热加工工艺中的精密成形技术不断产生和发展,使其所生产的制品的形状、尺寸和表面质量更接近零件的要求。采用精密铸造、精密塑性成形、精密焊接等方法已能够取代部分零件的切削加工而直接获得成品零件。

由于金属材料在机械制造领域中仍然占有主导地位,而且金属的铸造、塑性成形、焊接等传统的常规成形工艺至今仍是量大面广、经济适用的技术,因此它们是本课程论述的重点内容,同时本课程也将介绍粘接、粉末冶金和非金属材料及复合材料的成形工艺的基本知识。切削加工和特种加工虽然也属于材料成形加工的范畴,但因为另有专门的课程进行介绍,故不再作为本课程的内容。

5. 本课程的特点与学习方法

本课程的先修课是金工实习、工程制图、工程材料等课程,以使学生具有一定的材料成形加工的感性知识以及有关机械制图和工程材料的基础知识。

本课程的特点是融多种工艺方法为一体,以叙述性内容为主,涉及面广,信息量大,实践性强,因而在学习方法上应当进行适当的调整,以求获得良好的学习效果。

本课程是一门体系较为庞杂、知识点多而分散的课程,因此在学习中要注意抓好课程的主线。对于每一类成形工艺而言,其内容基本上都是围绕着“成形原理—成形方法及应用—成形工艺设计—成形件的结构工艺性”这样一条主线而展开的。按照主线对知识点进行归纳整理,将有利于在学习中保持清晰的思路,有利于对本课程内容的总体把握。在抓好主线的同时,还要注意比较不同的成形工艺的特点,建立相关知识点之间的联系,这将有利于在学习中保持开阔的思路,有利于使所学的知识能够融会贯通,在分析和解决问题的时候,就能够做到触类旁通,举一反三。最终达到以下学习目的:掌握各种成形方法的基本原理、工艺特点和应用场合,了解各种常用的成形设备的结构和用途,具有进行材料成形工艺分析和合理选择毛坯(或零件)成形方法的初步能力。

本课程是一门有着丰富的工程应用背景的课程,因此在学习中要十分重视对工程素质的培养。要了解工艺问题的综合性和灵活性，学会全面地、辩证地看问题的方法。一般说来，材料成形加工并不仅仅是与工艺本身有关，而且还涉及产品的设计、质量、成本、效益、环保等方方面面的因素。因此，在分析每个具体问题的时候，要善于抓住主要的影响因素，同时兼顾次要因素；要防止对知识的不求甚解和以偏概全，要避免将理论当作教条去生搬硬套。要用与时俱进的观念来看待技术的发展和新、旧技术之间的关系，从对新技术和新工艺的学习中了解前人的创新精神和创新方法。在遇到学习中的问题时，要勤奋钻研，敢于进行创新思维和提出自己的独特见解，从而逐步建立起包括质量意识、管理意识、经济意识、环保意识和创新意识等在内的工程意识，不断强化对解决工程问题方法的掌握。

本课程是一门实践性很强的课程，因此在学习中要坚决摒弃那种“重理论、轻实践”的错误观念，既不要因为课程中没有太多深奥的理论和公式而轻视它，也不要由于自身缺乏足够的工程实践经验而对其产生畏难心理。除了课堂讲授之外，还应对本课程的多媒体教学、现场参观、课堂讨论和实验教学等给以充分重视并积极参与。要注意结合前期金工实习的实践经历和平时日常生活中接触到的机械产品的实例，加深对所学内容的理解。对于本课程的作业和工艺设计练习，应通过独立思考，在真正搞懂相关内容之后认真地完成。本课程中所学的知识在以后的专业课程学习、课程设计和毕业设计中都会用到，应充分利用这些机会来反复练习，扎实掌握，巩固提高，真正做到以用促学、学以致用。

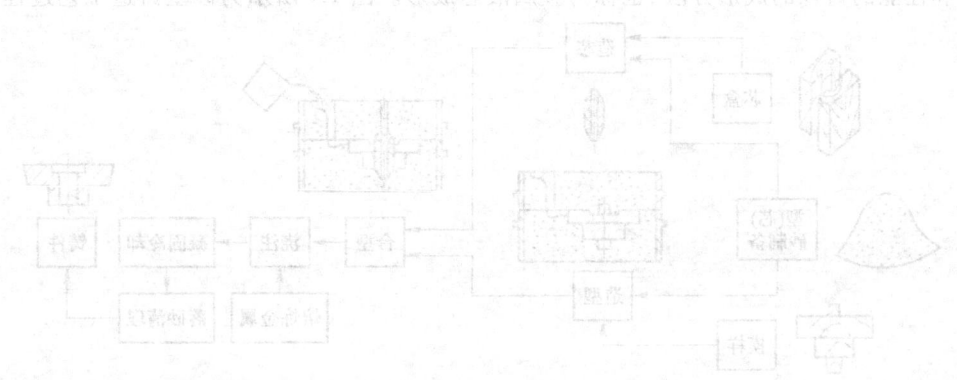

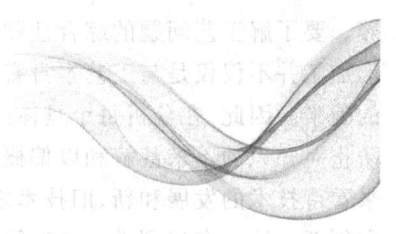

第1章 铸造成形

本章教学目标

知识获取：理解金属铸造成形基本原理，熟悉砂型铸造和特种铸造的工艺过程、特点及应用范围，了解常用铸造合金的熔铸特点，掌握制定砂型铸造工艺规程的基本知识，掌握铸件结构设计的基本知识，了解铸造新技术与新工艺。

能力达成：具有分析和判断金属材料铸造性能好坏的基本能力，具有正确选择铸造方法以及简要制定铸造工艺规程的能力，具有分析铸造缺陷的初步能力，具有分析零件结构铸造工艺性和对其不合理的地方加以改进的初步能力。

铸造是指通过熔炼金属，制造铸型，并将熔融金属注入铸型中使之冷却，凝固后获得具有一定形状和性能的铸件的成形方法，也称为金属液态成形。图1.1所示为砂型铸造工艺过程。

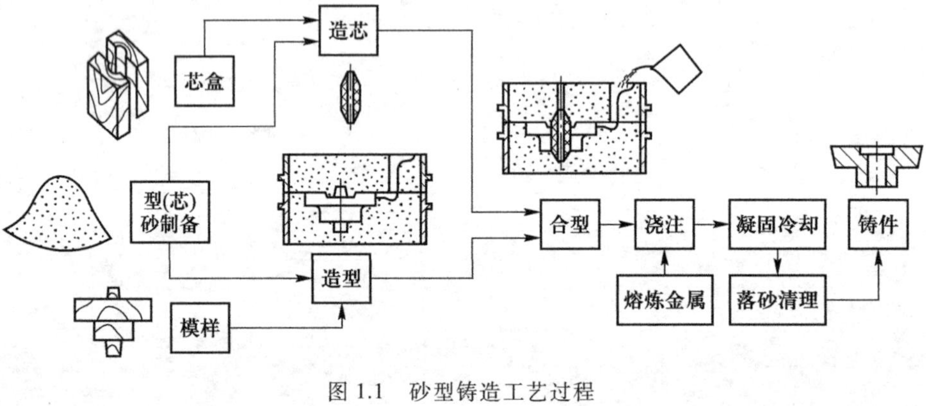

图1.1　砂型铸造工艺过程

铸造是毛坯和零件成形的主要方法之一。铸造生产历史悠久，而且至今仍然在国民经济中占有很重要的地位。与其他成形方法相比，铸造具有以下特点：

(1) 成形能力强。铸造属于液态成形，借助于液态金属具有的良好的流动性和充填铸型能力，最适于生产复杂形状，特别是具有复杂内腔的毛坯或零件。对于不宜塑性成形和焊接的材料，铸造生产方法具有特殊的优势。

(2) 适应性广，工艺灵活性大。铸件的合金成分、尺寸、形状、质量和生产批量等几乎不受限制；铸造还具有材料制备—成形一体化的优势，便于调控铸件的性能。并且，金属铸造成形的原理和方法还被广泛借鉴，应用于聚合物、陶瓷及复合材料的成形。

(3) 经济性好。铸造用原材料大都来源广泛，铸件生产成本较低。

铸造成形的主要缺点是,铸件(尤其是传统的砂型铸件)的组织比较粗大,且内部常有缩孔、缩松、气孔等铸造缺陷,因而铸件的力学性能一般不如锻件;铸造生产工序较多,工艺过程较难控制,致使铸件的废品率较高;铸造的工作条件较差,工人劳动强度较大。

随着科学技术的进步,铸造技术也获得了不断发展。铸件性能和质量正在进一步提高,劳动条件正逐步改善,现代铸造生产正朝着专业化、集约化和智能化的方向发展。

1.1 铸造成形基本原理

无论何种铸造方法,在具备了合格的铸型和熔融金属的条件下,其铸件的形成及质量将主要决定于金属的充型和凝固这两个过程,金属充满型腔的过程会影响到铸件的形状和尺寸,而凝固过程将决定铸件的组织和性能。

1.1.1 熔融金属的充型凝固过程

1. 液态金属的结构与性质

通过加热可使金属熔化,即由固态转变为熔融状态。在铸造生产中熔化得到的液态金属在熔点以上过热不高,一般是高于熔点 100~300 ℃。

一般认为,液体中的原子呈不规则排列状态,但其不规则程度比气体状态要小。进一步的研究表明,液态金属的结构(尤其是在熔点以上过热不高的情况下)实际上远不同于气体,而是更接近于固体。液态金属的内部在短距离的小范围内,其原子具有近似于固态结构的规则排列,即存在众多短程有序的原子集团,但这种原子集团是不稳定的,瞬时出现又瞬时消失,犹如在不停地游动,这种现象称为结构起伏。以上结构特点决定了液态金属具有易流动性和无定形性(即不能保持自身的固定形状而只能具有所盛容器的形状)的宏观特性。液态金属的充型过程正是建立在这两个特性的基础之上的。

2. 熔融金属的流动充型过程

熔融金属是在过热的状态下充填铸型的,它与型腔之间发生着强烈的热交换,因此金属液的温度随着充型过程的进行而不断下降。因为金属液流的前端不断与冷的型腔壁接触,冷却最快。在过热热量未散尽之前,可以认为金属是以纯液态流动的。当温度下降到液相线以下时,金属液流中析出晶体,并在随液流前进的过程中不断增多,使其流动能力明显下降并最终停止流动。熔融金属的流动能力通常称为流动性,可以用在规定的铸造工艺条件下的流动性试样的长度来衡量。图 1.2 所示为螺旋形流动性试样,在相同的铸型及浇注条件下,浇出的螺旋形试样长度越长,则表明金属的流动性越好。

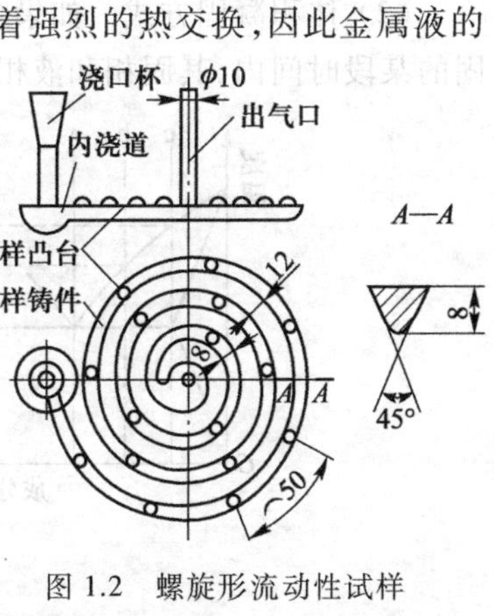

图 1.2 螺旋形流动性试样

利用浇注流动性试样来研究液态金属在充型时停止流动的机理,可以发现其按金属的结晶特性分为两种情况。具有固定结晶温度的纯金属、共晶成分合金以及结晶温度范围很窄的合金充型时,当液流的前端的温度达到凝固点时,金属在型壁上开始凝固结壳，而后续的金属液依然能够在结壳层中的管道内继续向前流动，直到四周的结壳层凝固至中心将管道封闭而使金属液流动停止，如图 1.3a 所示。结晶温度范围很宽的合金充型时，金属液流前端的温度下降到液相线以下时，液流中开始析出晶体，随液流前进并不断长大，随着晶粒数量的增多，金属液的黏度增加，流速减慢。当前端金属液中固相数量达到某一临界值时，便会结成一个连续的网络，推动液流前进的压力不能克服此固相网络的阻力时，将发生堵塞而停止流动（实验表明，固相数量达到 15%～20%时流动即停止），如图 1.3b 所示。

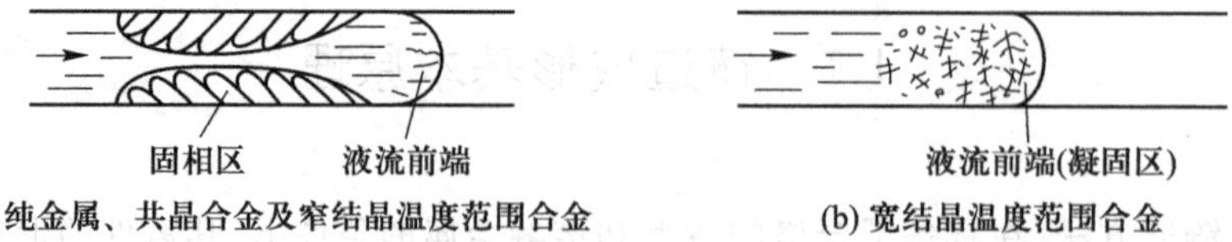

(a) 纯金属、共晶合金及窄结晶温度范围合金　(b) 宽结晶温度范围合金

图 1.3　液态金属充型时停止流动机理示意图

熔融金属通常是在纯液态的情况下充填型腔的，有时也会以边流动、边结晶的状态充填铸型（例如当浇注温度过低或充填薄壁型腔时）。在后一种情况下，如果停止流动发生在铸型型腔被充满之前，则将不能获得形状完整的铸件，即出现浇不到或冷隔的缺陷。

3. 铸件的凝固方式

金属的凝固结晶，实质上就是其原子排列由短程有序状态的液体转变为长程有序状态的晶体的过程，这一过程不仅使铸件的形状固定下来，同时也决定了铸件的组织和性能。铸件的凝固方式在其中起着重要的作用。铸件的凝固通常是从外向内进行的，在凝固过程中，其断面上一般存在三个区域，即固相区、固相与液相并存的凝固区和液相区。根据其中凝固区宽度的不同，可将铸件的凝固方式分为以下三种类型：

（1）逐层凝固方式　纯金属和共晶成分的合金是在恒温下结晶的，铸件凝固时其凝固区宽度接近于零，所以铸件外层已凝固的固相区和内部尚未开始凝固的液相区之间被一清楚的界面分开。随着温度的下降，液相区不断减小，固相区不断增大而向中心推进，直至到达铸件中心。这种凝固方式称为逐层凝固，如图 1.4a 所示。

（2）体积凝固方式　如果合金的结晶温度范围很宽，或者铸件断面上温度梯度较小，则在凝固的某段时间内，其固相和液相并存的凝固区会贯穿铸件的整个断面。这种凝固方式称为体积

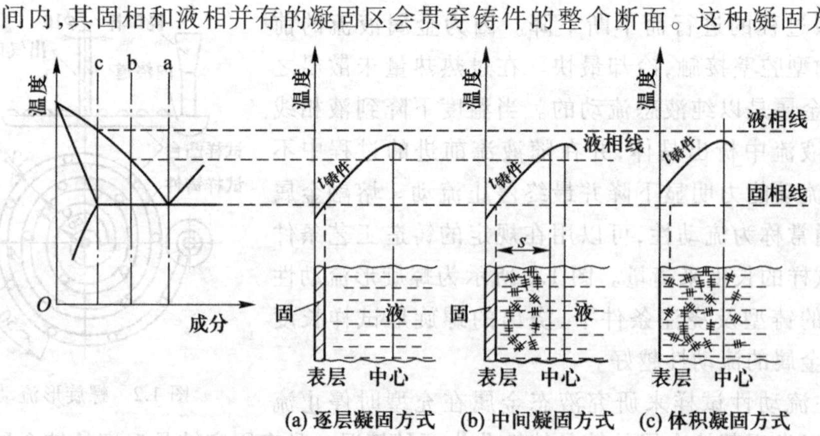

(a) 逐层凝固方式　(b) 中间凝固方式　(c) 体积凝固方式

图 1.4　铸件的凝固方式

凝固,也叫糊状凝固,如图 1.4c 所示。

(3) 中间凝固方式　介于逐层凝固和体积凝固之间的情况,称为中间凝固,如图 1.4b 所示。这是大多数合金的凝固方式。

影响铸件凝固方式的主要因素是合金的结晶温度范围和铸件断面的温度梯度。合金的结晶温度范围越小,铸件断面的温度梯度越大,则凝固区越窄,越倾向于逐层凝固;反之,则倾向于体积凝固。

1.1.2　金属的铸造性能

金属的铸造性能是指合金是否易于通过铸造方法成形并获得完好铸件的能力。它反映的是合金在铸造过程中表现出的综合性的工艺性能,主要包括合金的流动性、收缩性、偏析性和吸气性等。金属的铸造性能是选择铸造合金材料、制定铸件的铸造工艺以及进行铸件结构设计的重要依据之一。

1. 合金的流动性与充型能力

(1) 合金的流动性及其影响因素

合金的流动性是指熔融合金本身的流动能力,它只与其自身的化学成分、温度、杂质含量以及物理性质有关。影响合金流动性的主要因素有:

1) 合金的种类　不同种类的合金因其熔点、导热率、黏度等物理性质以及结晶特性的不同,因而流动性也不同。例如常用的铸造合金中(表 1.1),铸铁的流动性最好,而铸钢流动性最差。

2) 合金的化学成分　同种合金中,成分不同的合金具有不同的结晶特点,其流动性也不同。以逐层凝固方式进行结晶的合金(如纯金属和共晶合金),因凝固层的内表面比较光滑,对尚未凝固的合金液的流动阻力小,流动性好。合金的结晶温度范围越大,则固、液两相共存的凝固区越宽,且固相区内表面越粗糙,故对合金流动的阻力越大,流动性越差。呈体积凝固方式结晶的合金,其流动性最差。此外,共晶成分的合金因熔点最低,易于获得较大的过热度,故流动性最好。表 1.1 为常用铸造合金的流动性比较。

表 1.1　常用铸造合金的流动性比较

合金种类及成分(质量分数)	铸 型 种 类	浇注温度/℃	螺旋线长度/mm
灰铸铁 $w_C+w_{Si}=6.2\%$	砂型	1 300	1 800
$w_C+w_{Si}=5.9\%$	砂型	1 300	1 300
$w_C+w_{Si}=5.2\%$	砂型	1 300	1 000
$w_C+w_{Si}=4.2\%$	砂型	1 300	600
铸钢 $w_C=0.4\%$	砂型	1 400 1 600	100 200
铝硅合金(硅铝明)	金属型(300 ℃)	680~720	700~800
镁合金(含 Al 及 Zn)	砂型	700	400~600
锡青铜($w_{Sn}\approx 10\%$,$w_{Zn}\approx 2\%$)	砂型	1 040	420
硅黄铜($w_{Si}=1.5\%\sim 4.5\%$)	砂型	1 100	1 000

3）杂质含量　熔融合金中含有固态夹杂物，将使液体的黏度增加，因而降低合金的流动性。熔融合金中的含气量越多，其流动性也越差。

合金流动性的好坏对铸件的质量有很大影响。合金的流动性好，不仅有利于充型，而且有利于金属液中的气体和非金属夹杂物的上浮排出，有利于对金属凝固时产生的收缩进行补缩。合金的流动性差，铸件就容易产生浇不到、冷隔、气孔、夹渣和缩孔等缺陷。

（2）充型能力的概念

通常，人们更关心的是，在实际生产条件下熔融金属是否能够顺利充满型腔，从而获得轮廓清晰、形状完整的铸件，这种能力被称为合金的充型能力。显然，充型能力首先取决于合金本身的流动性，但同时还受浇注条件、铸型条件等外界因素的影响。也可以认为，它是考虑了铸型及工艺因素影响的合金流动性。

（3）影响合金充型能力的因素

1）合金本身的流动性　流动性好的合金充型能力强，流动性差的合金充型能力也差。但对于合金本身流动性较差的情况，往往还可以通过改善外界条件来提高其充型能力。

2）浇注条件　浇注条件包括浇注温度、浇注速度和充型压力等因素。

① 浇注温度　提高浇注温度，有利于降低金属液的黏度，延长保持液态的时间，从而提高流动性，增强充型能力。但浇注温度不宜过高，否则金属液吸气增多，氧化加剧，并且使合金的液态收缩量增加，不仅充型能力提高不多，反而增大了产生缩孔、气孔、粘砂、晶粒粗大等缺陷的倾向。因此，每种铸造合金都有一定的浇注温度范围，例如铸钢为 1 520～1 620 ℃，铸铁为 1 230～1 450 ℃，铸造铝合金为 680～780 ℃，薄壁复杂件取上限，厚大件取下限。

② 充型压力　金属液充型时在流动方向上所受到的压力（即推动力）越大，充型能力越强。砂型铸造时，充型压力是由直浇道中金属液柱的重力产生的，适当增加直浇道的高度，可提高充型能力。在压力铸造和离心铸造等条件下，由于人为地借助外力加大了充型压力，故使合金充型能力明显增强。

3）铸型条件　充型过程中，铸型对金属液流的阻力和对液态金属的冷却作用，都将影响合金的充型能力。

① 铸型的蓄热能力　铸型的蓄热能力可用其蓄热系数 $b_{型}$ 来表示，它等于铸型材料的导热率 $\lambda_{型}$、热容 $C_{型}$ 和密度 $\rho_{型}$ 三者乘积的平方根，即 $b_{型}=\sqrt{\lambda_{型} C_{型} \rho_{型}}$。铸型的蓄热能力越大，表明在单位时间内铸型从金属液吸收并传出的热量越多，对金属液的冷却作用越强，其流动性的下降越快，充型能力越低。通常，金属铸型（铜、铸铁、铸钢等）的蓄热系数是砂型的十倍或数十倍以上。

② 铸型温度　铸型的温度越高，金属液冷却就越慢，保持液态时间就越长，则充型能力提高。生产中常采用预热铸型的方法来增强合金的充型能力。

③ 铸型中的气体　当铸型的发气量较大而排气能力较差时，就会使型腔中气体的压力增大，阻碍金属液的充型。

4）铸件结构　当铸件的结构较复杂时，会使型腔的结构相应的比较复杂，增加金属液充型时的阻力。当铸件壁厚过小，壁厚急剧变化，或有大的水平面时，也都会造成充型的困难。因此，在设计铸件的结构时，应注意尽量避免上述情况。

2. 合金的收缩性

（1）合金收缩的概念

铸造合金从液态到凝固直至冷却到室温的过程中发生的体积和尺寸减小的现象，称为合金的收缩。收缩是合金的物理本性。它不仅影响铸件的形状和尺寸，而且还决定着铸件产生缩孔、缩松、内应力、变形和裂纹等缺陷的倾向。

液态合金从浇入铸型到冷却至室温，其收缩可分为三个阶段（图 1.5）。

1）液态收缩　从浇注温度冷却至凝固开始温度（液相线温度）期间发生的收缩。

2）凝固收缩　从凝固开始温度到凝固终了温度（固相线温度）期间发生的收缩。

3）固态收缩　从凝固结束后继续冷却到室温期间发生的收缩。

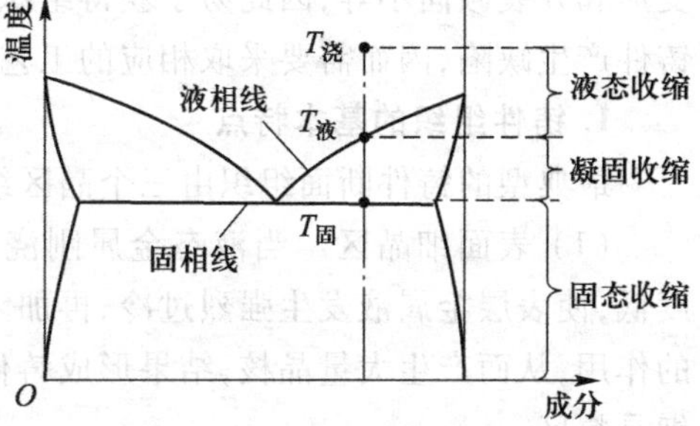

图 1.5　合金收缩的三个阶段

合金的液态收缩和凝固收缩都使合金的体积减小，常用体收缩率来表示其大小。当温度由 t_0 降至 t_1 时，合金的体收缩率 $\varepsilon_V=(V_0-V_1)/V_0\times100\%$，其中 V_0、V_1 分别为铸件或试样在 t_0、t_1 时的体积。因为在液态收缩和凝固收缩这两个阶段合金中都有液体存在，故一般表现为液体部分液面的降低，如果没有外来金属液的补充，则在铸件内将形成缩孔和缩松。因此，这两个阶段的收缩是铸件中形成缩孔或缩松的基本原因。

合金的固态收缩虽然也是体积缩小，但它只引起铸件各个方向上外形尺寸的减小，因此，通常用线收缩率来表示。当温度由 t_0 降至 t_1 时，合金的线收缩率 $\varepsilon_L=(L_0-L_1)/L_0\times100\%$，其中 L_0、L_1 分别为铸件或试样在 t_0、t_1 时的长度。固态收缩引起铸件外形的尺寸变化，同时也是铸件中产生应力、变形和裂纹的基本原因。

（2）影响合金收缩的因素

1）合金的化学成分　不同种类的合金，其收缩率不同。同类合金中，化学成分不同，其收缩率也不同。铁碳合金中，铸钢和白口铸铁的收缩率大，灰铸铁收缩率小，这是因为灰铸铁凝固时碳大部分以石墨形态析出，石墨的密度小，由此产生的体积膨胀可以抵消部分凝固收缩。灰铸铁中碳、硅含量增多时，有利于促进石墨化，并使石墨数量增多，从而使收缩减小。

2）浇注温度　浇注温度主要影响液态收缩。提高浇注温度，合金的液态收缩增大。

3）铸型条件　合金浇入铸型后，其冷却过程中的收缩不仅与合金本身的收缩性能有关，而且还受到铸型条件等的影响，这些作用综合地表现为铸件的收缩。铸件各部分的冷却速度往往不同，彼此的收缩就会相互制约；铸型和型芯对铸件的收缩也会产生阻碍，因此，铸件的实际线收缩率要比合金的自由线收缩率小。

3. 合金的吸气性

铸造合金在熔炼和浇注时吸收气体的能力称为合金的吸气性。它主要影响铸件产生气孔缺陷的倾向。

合金的吸气性随温度升高而加大，而且熔融合金溶解气体的能力比固态时大得多。因此，在合金凝固冷却过程中，随着温度降低会析出过饱和气体，这些气体若来不及从合金液中逸出，就会在铸件中形成气孔。

1.1.3 铸件的组织与性能

铸件的组织包括晶粒的大小、形态和位向,合金元素和杂质的分布以及铸造缺陷的种类、尺寸和数量等。铸件的铸态组织直接影响到铸件的性能和使用寿命。

合金的铸造性能对铸件的组织与性能有显著影响。合金的铸造性能好,是指熔化时金属不易氧化,金属液吸气少,浇注时充型能力强,凝固时铸件收缩小,且化学成分较均匀,冷却时铸件变形和开裂倾向小等,因此易于获得组织健全和性能良好的铸件。铸造性能差的合金则容易使铸件产生缺陷,因而需要采取相应的工艺措施,才能保证铸件的质量。

1. 铸件组织的基本特点

最典型的铸件断面组织由三个晶区组成(图 1.6),它包括了所有在铸件中常见的晶粒形态。

(1) 表面细晶区　当液态金属刚浇入型腔时,由于型壁温度低,使表层金属液发生强烈过冷,再加上型壁促进非自发形核的作用,从而产生大量晶核,结果形成铸件表面一层厚度不大的细晶粒区。

(2) 柱状晶区　在细晶粒区形成的同时,型壁温度升高,金属液过冷度变小,形核大为减少。由于垂直型壁方向散热最快,因此那些主干(一次轴)垂直于型壁的晶粒因条件有利而优先生长,但其侧向分枝受到四周同样垂直型壁生长的晶粒的限制而无法伸展,从而长成柱状晶。

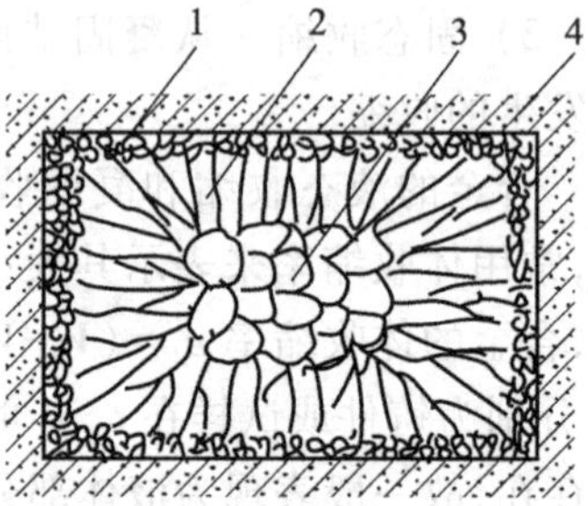

图 1.6　铸件断面组织示意图

1—表面细晶区;2—柱状晶区;3—中心等轴晶区;4—铸型

(3) 中心等轴晶区　在铸件中心区,金属液的温度趋于均匀,散热方向不明显。因过冷度小,形核率低,晶粒可向各个方向自由地长大,最后形成了较粗大的等轴晶粒区。

可见,铸件的组织通常晶粒大小和形态不均匀,粗大晶粒较多;此外,还经常存在成分偏析、缩孔、缩松、气孔、裂纹等缺陷,因而降低了其力学性能和致密度。

2. 铸件的缩孔和缩松

铸件在凝固过程中,由于合金的液态收缩和凝固收缩所造成的体积缩减,如果未能获得补充(称为补缩),则会在铸件最后凝固的部位形成孔洞。大而集中的孔洞称为缩孔,细小而分散的孔洞称为缩松。

(1) 缩孔的形成

趋向于逐层凝固方式结晶的合金(如纯金属、共晶合金和结晶温度范围窄的合金),易产生集中缩孔。图 1.7 所示为缩孔的形成过程。当液态金属充满铸型后,随着温度的下降将产生液态收缩,但在浇注系统尚未凝固前,型腔依然可保持充满状态(图 1.7a)。由于铸型吸热,紧靠铸型的金属最先降到结晶温度,凝固成铸件的外壳,其内的金属液被该层外壳封闭(图 1.7b)。铸件继续冷却,凝固层加厚,内部剩余液体由于液态收缩和凝固收缩之和大于外壳的固态收缩,液体体积将不足以充满壳内空间,故液面下降,在铸件内部出现空隙(图 1.7c)。随着金属逐层向内凝固,液面不断下降,直至凝固结束后在铸件最后凝固的部位形成缩孔(图 1.7d)。铸件继续冷却到室温时,因固态收缩使铸件的外形轮廓尺寸略有缩小(图 1.7e)。

缩孔的形状不规则,多呈倒圆锥形,内表面粗糙。缩孔一般处于铸件内部,距离表面较近时在机械加工中可暴露出来；在某些情况下，缩孔也会产生在铸件的上表面，呈明显的凹坑。

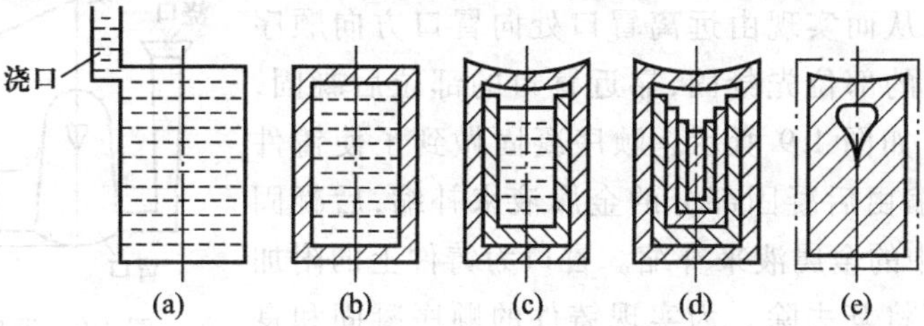

图 1.7　缩孔形成过程示意图

(2) 缩松的形成

结晶温度范围宽的合金，趋向于体积凝固，易形成缩松。图 1.8 所示为缩松的形成过程。当铸件外层凝固结壳后，凝固层将随着铸件内部温度的不断降低继续向里生长，在凝固层的内侧存在一个较宽的液相与固相共存的凝固区（图 1.8a）。当凝固层增加到一定厚度时，铸件凝固层以内至铸件中心将全部为液相和固相共存的糊状区，糊状区中的固相不断长大直至相互接触，而剩余的金属液则被分隔成许多小的封闭的液相区（图 1.8b）。最后，这些小液相区在凝固时，因产生的收缩得不到补缩而形成了缩松（图 1.8c）。

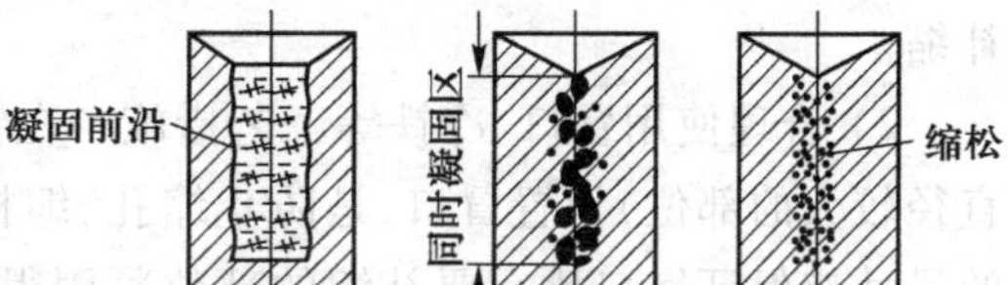

图 1.8　缩松形成过程示意图

缩松可分为宏观缩松和显微缩松，宏观缩松用肉眼或放大镜即可观察到，显微缩松只有在显微镜下才能分辨出来。因为大多数铸造合金在凝固过程中都存在液、固两相共存的凝固区，而且其中的固相往往以树枝状晶的形态长大，当树枝晶长到一定程度后，枝晶分叉间的金属液被分离成彼此孤立的状态，它们继续凝固时也将产生收缩。这时铸件中心虽有液体金属存在，但也无法克服树枝晶的阻碍对其进行补缩，结果在凝固后的枝晶之间就分布有许多微细孔洞，这就是显微缩松。显微缩松在铸件中难以完全避免，对于一般铸件来说，往往允许其存在。但当铸件有高的致密性和高的力学性能要求时，应考虑减少显微缩松。

缩松多分布在铸件壁的轴线区域、厚大部位、冒口根部和内浇道附近，也会出现在集中缩孔的下方。显微缩松的分布面积更为广泛，甚至可遍布铸件整个截面。

(3) 缩孔和缩松的防止

缩孔的存在会显著降低铸件的力学性能。缩松对铸件承载能力的影响比集中缩孔要小，但它易影响铸件的致密性和物理、化学性能。因此，应按照铸件技术要求的规定，设法对其加以防止和控制。

相比较而言，集中缩孔的防止与消除比缩松要容易。因此，在选择铸造合金时，应尽量采用接近共晶成分的或结晶温度范围窄的合金。在制定铸造工艺时，应针对具体合金的特点，确保铸件在凝固过程中建立良好的补缩条件，尽可能使缩松转化为缩孔，并在铸件最后凝固的部位设置适当尺寸的冒口（储存补缩金属液的附加型腔），使缩孔移至冒口中，从而获得无缩孔的致密铸件。

按照顺序凝固原则来控制铸件的凝固过程是实现顺利补缩的基本方法。所谓“顺序凝固原则”,是指在铸件上建立一个从远离冒口的部分到冒口之间逐渐递增的温度梯度,从而实现由远离冒口处向冒口方向顺序地凝固,即远离冒口的部位先凝固,靠近冒口的部位后凝固,冒口本身最后凝固,如图 1.9 所示。顺序凝固做到了使铸件上先凝固部分的收缩由后凝固部分的金属液来补缩,后凝固部分的收缩由冒口中的金属液来补缩。冒口为铸件上的附加部分,在清理铸件时将其去除。为实现铸件的顺序凝固和良好补缩,可采用以下工艺措施:

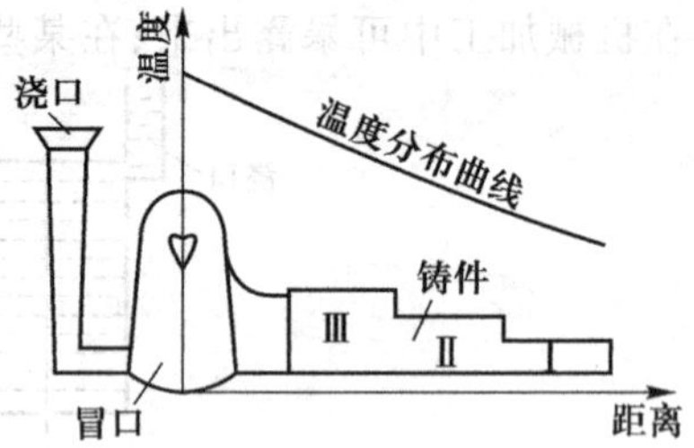

图 1.9 顺序凝固原则示意图

1) 合理确定内浇道位置及浇注工艺　内浇道的引入位置对铸件的温度分布有明显影响,按顺序凝固原则,内浇道应从铸件厚实处引入,尽可能靠近冒口或由冒口引入。浇注温度和浇注速度应根据铸件结构和浇注系统类型确定,一般采用高温慢浇可加强顺序凝固,有利于补缩。

2) 合理使用冒口、冷铁等工艺措施　在铸件厚壁处和热节部位(即铸件上热量集中,内接圆直径较大的部位)设置冒口,是防止缩孔、缩松的有效措施。冒口的尺寸应保证冒口比它要补缩的部位凝固得晚,并有足够的金属液供给。冒口的形状多采用散热表面积较小的圆柱形。冒口能够补缩的最大距离称为有效补缩距离。当铸件长度超过冒口有效补缩距离或铸件上有多个热节时,往往要采用多个冒口或将冒口与冷铁配合同时使用。冷铁是用以增加铸件某一局部的冷却速度而安放在铸型内的金属激冷物。图 1.10 所示即为使用冒口和冷铁对具有五个热节的阀体铸件按顺序凝固原则进行补缩的实例。

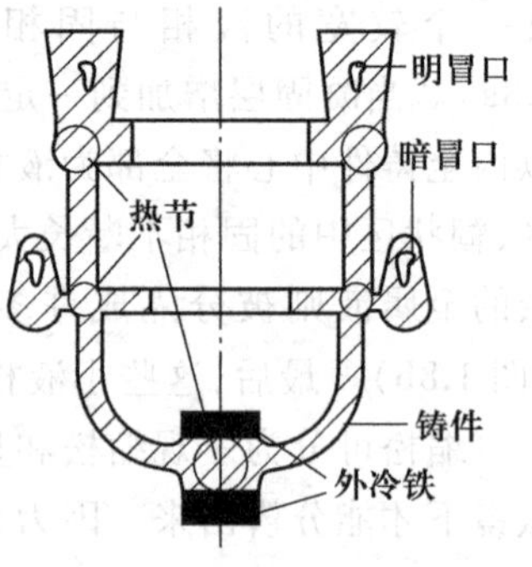

图 1.10 冒口和冷铁的应用

3. 铸造应力与铸件的变形和裂纹

铸件在凝固之后继续冷却过程中要发生固态收缩,若固态收缩因某种原因而受到阻碍,就会在铸件内部产生内应力,称为铸造应力。有的铸造应力是在冷却过程中暂存的,称为临时应力;有的可以一直保留到室温,称为残余应力。铸造应力是铸件产生变形和裂纹的基本原因。

(1) 铸造应力

最常见的铸造应力有热应力和收缩应力两类。

1) 热应力的形成　由于铸件壁厚不均匀以及散热条件的差异,不同部位冷却速度不同,由此引起不均衡收缩所造成的应力,即为热应力。

热应力的产生与金属在不同的温度范围具有不同的变形特性有关。固态金属在高温时一般处于热塑性状态,此时金属可在较小的应力作用下即发生塑性变形,并通过变形将应力消除。而在温度低于弹-塑性临界温度以下时,金属将处于弹性状态,在所作用的应力不超过其屈服点的情况下,金属发生弹性变形,弹性变形之后应力依然保持。下面以图 1.11 所示的应力框铸件为例来定性地说明热应力的形成过程。该应力框有一根粗杆Ⅰ和两根细杆Ⅱ,两端由横梁相连而成为一个整体。图 1.11 上部所示为杆Ⅰ和杆Ⅱ的冷却曲线,T_k 表示金属弹-塑性临界温度。在 $t_0 \sim t_1$ 时段,铸件处于高温阶段,各杆均处于塑性状态,尽管粗杆和细杆的冷却速度不同,收缩不一致要产生应力，但铸件可以通过它们的塑性变形使应力很快自行消失。在 $t_1 \sim t_2$ 时段，此时冷却较快的细杆Ⅱ温度较低，已进入弹性状态，但粗杆Ⅰ仍处于塑性状态。细杆Ⅱ由于冷却快，收缩大于粗杆Ⅰ，通过横梁的作用将对杆Ⅰ产生压应力，如图 1.11b 所示。处于塑性状态的杆Ⅰ受此压应力作用将产生压缩塑性变形（压短），使粗、细杆的收缩一致，应力随之消失，如图 1.11c 所示。在 $t_2 \sim t_3$ 时段，当进一步冷却到更低温度时，粗、细杆均进入弹性状态，此时粗杆Ⅰ温度较高，冷却时还将产生较大收缩，细杆Ⅱ温度较低，收缩已趋停止，在最后阶段冷却时，粗杆Ⅰ的收缩将受到细杆Ⅱ的强烈阻碍，因此粗杆Ⅰ受拉伸，细杆Ⅱ受压缩，并保留到室温，形成了残余应力，如图 1.11d 所示。

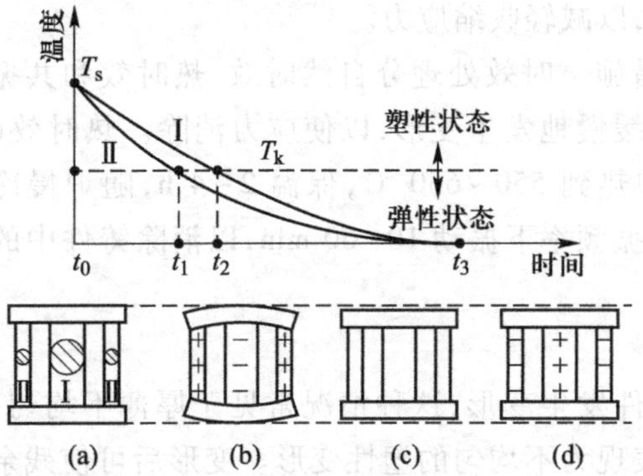

图 1.11　热应力的形成过程
+一拉应力；-一压应力

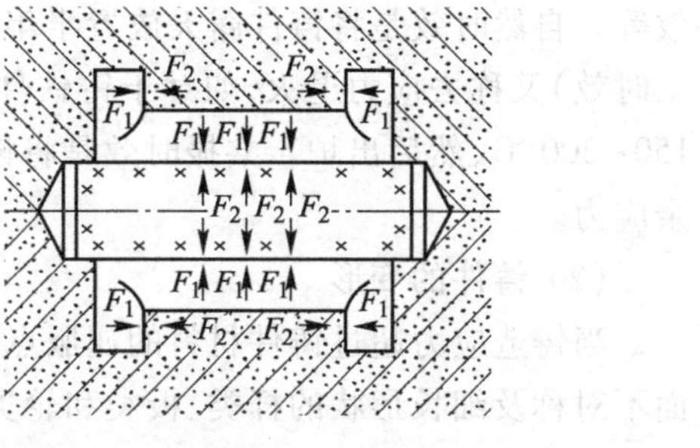

图 1.12　收缩应力的形成过程
F_1一铸件对砂型的作用力；F_2一砂型对铸件的作用力

可见，热应力使铸件上冷却较慢的厚壁处或心部受拉应力，冷却较快的薄壁处或表面受压应力。铸件的壁厚差越大，合金的线收缩率和弹性模量越大，热应力越大。

2）收缩应力的形成　铸件在固态收缩时，因受到铸型、型芯、浇冒口、砂箱等外力的阻碍而产生的应力，称为收缩应力，也称为机械阻碍应力。一般铸件冷却到弹性状态后，收缩受阻才会产生收缩应力，而且收缩应力常表现为拉应力或切应力。形成应力的原因一经消除（如铸件落砂或去除浇口后），收缩应力也就随之消失，所以收缩应力是一种临时应力。但是，如果铸件的收缩应力与热应力（特别是在厚壁处）共同作用，其瞬间应力大于铸件的抗拉强度时，可使铸件产生裂纹。图 1.12 为铸件产生收缩应力的示意图。

3）减小和消除铸造应力的方法　铸造应力的存在对铸件质量有较大的危害，它降低铸件的精度和使用寿命，还对铸件的耐腐蚀性等产生不利影响，因此应设法将其减小或消除。

使铸件的凝固过程符合同时凝固原则，这是从工艺方面减小铸造应力的基本方法。所谓同时凝固，是指采取一定的工艺措施，尽量减小铸件各部分之间的温度差，使铸件的各部分几乎同时进行凝固。按照同时凝固原则，应将内浇口开设在铸件薄壁处，在铸件厚壁处安放冷铁以加快冷却，如图 1.13 所示。

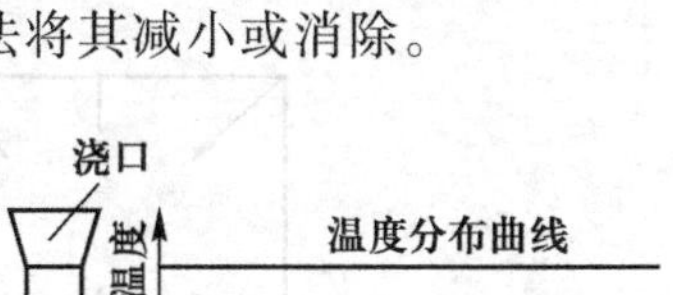

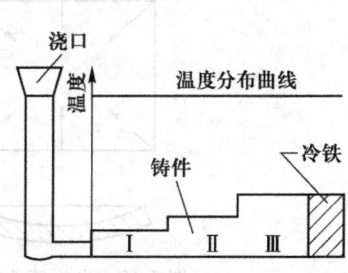

图 1.13　同时凝固原则示意图

铸件按同时凝固原则凝固，各部分温差较小，因而热应力较小，同时铸件不必设置冒口，工艺简单，节约金属。但同时凝固的铸件中心易出现缩松，影响铸件致密性。所以，同时凝固主要用于收缩较小的普通灰铸铁件，壁厚均匀的薄壁铸件，倾向于体积凝固的、气密性要求不高的锡青铜铸件等。

当铸件采用顺序凝固原则进行凝固时，由于各部分温度差较大，冷却速度不一致，因而产生铸造应力的倾向大。这是顺序凝固在有利于铸件补缩的同时存在的不利的一面。顺序凝固原则主要适用于体收缩大或壁厚差别较大、易产生缩孔的合金铸件，如铸钢、高强度灰铸铁、可锻铸铁等。

此外，还可以从铸造合金、铸件结构和铸型等方面来考虑有利于减小铸造应力的措施。例如，尽量选用线收缩率小、弹性模量小的合金；在设计铸件时应尽量使铸件形状简单和对称、壁厚均匀；造型和造芯时注意增加铸型和型芯的退让性，以减轻收缩应力。

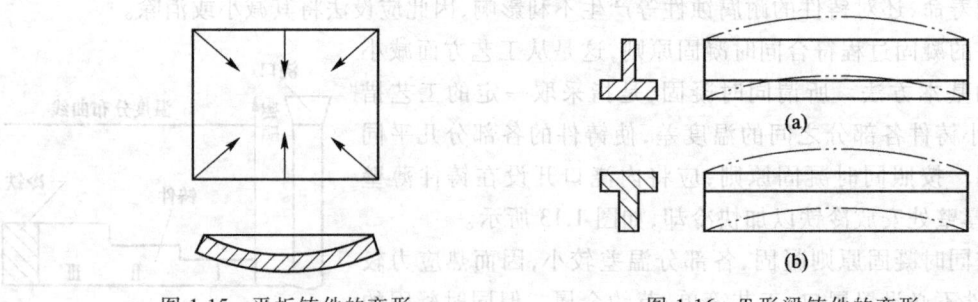

对铸件进行时效处理是消除铸造应力的有效措施。时效处理分自然时效、热时效和共振时效等。自然时效是将铸件露天放置半年以上，让其缓慢地发生变形，以使应力消除。热时效（人工时效）又称去应力退火，如对于铸铁件，可将其加热到 550~650 ℃，保温 2~4 h，随炉慢冷至 150~200 ℃，然后出炉。共振时效是将铸件在其共振频率下振动 10~60 min，以消除铸件中的残余应力。

（2）铸件的变形

当铸造应力超过铸件材料的屈服点时，可使铸件发生变形，这种情况常见于厚薄不均匀、截面不对称及细长形状的杆类、板类和轮类铸件等，表现为不均匀的塑性变形。变形后可使残余应力有所减缓，但不能消除。由于铸件变形的趋势是要力图使受残余应力作用的部位恢复自由状态，所以变形的方向（伸长为“+”，缩短为“-”）应与所受应力的符号（拉应力为“+”，压应力为“-”）的方向相反，即受拉应力的部位向内凹（变短），受压应力的部位向外凸（变长）。例如，图 1.14 所示的车床床身铸件，其导轨部分因较厚而存在拉应力，床壁部分因较薄而受压应力，因而往往发生导轨面下凹的变形。图 1.15 为平板铸件，其中心部分比边缘散热慢，受拉应力，边缘部分受压应力，而铸型的上部比下部冷却快，结果使平板发生如图所示的变形。图 1.16 为不同截面的 T 形梁铸件发生不同方向变形的情况。

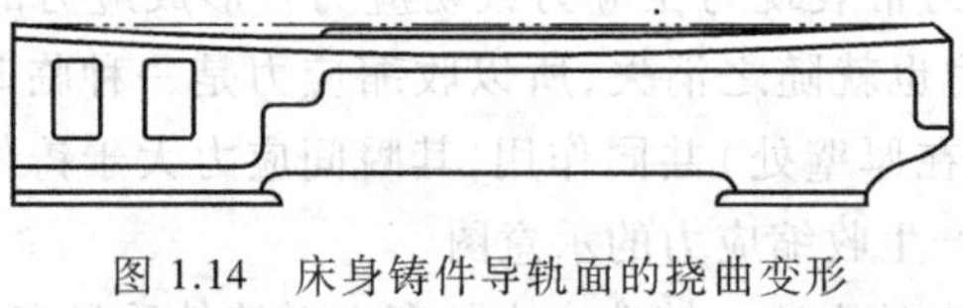

图 1.14　床身铸件导轨面的挠曲变形

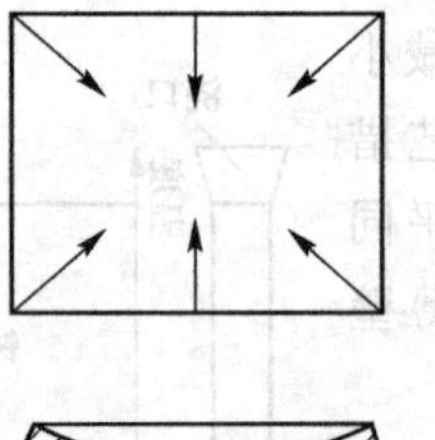

图 1.15　平板铸件的变形

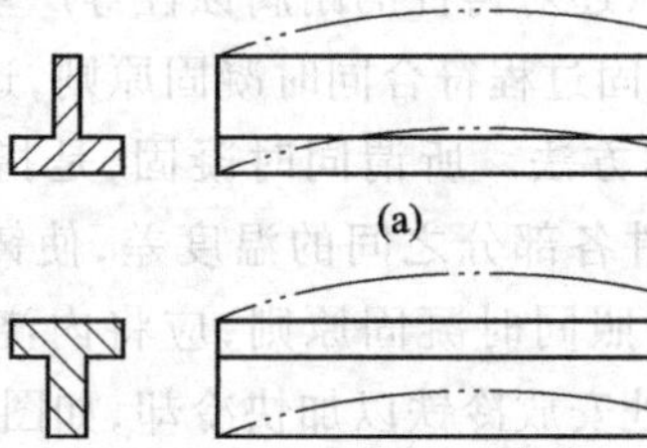

图 1.16　T 形梁铸件的变形

有的铸件在铸造完毕时虽未表现出明显变形，但经切削加工后，却会因原有的铸造应力间的平衡被破坏而产生变形，使零件的精度受到影响。

因为铸件的变形是由铸造应力引起，所以减小和消除铸造应力的方法都可用来减小或防止铸件变形。此外，生产中也常采用反变形法来防止铸件的变形。如对图 1.14 的床身铸件，可在模样上做出与铸件变形量相等而方向相反的预变形量，待铸件冷却后发生变形正好将其抵消。

(3) 铸件的裂纹

当铸造应力超过金属的抗拉强度时，铸件便会产生裂纹。裂纹是铸件的严重缺陷，应予以高度重视。按裂纹形成的温度范围不同可分为热裂与冷裂两种。

1) 热裂　热裂是在凝固后期高温下形成的。此时，结晶出来的固体已形成完整的骨架，开始进入固态收缩阶段，但晶粒间还有少量液体，因此合金的强度很低。如果合金的固态收缩受到铸型或型芯的阻碍，使铸造应力超过了该温度下合金的强度，则发生热裂。热裂纹具有裂纹短，缝隙宽，形状曲折，表面严重氧化而无金属光泽，裂口沿晶界产生和发展等特征。铸钢、白口铸铁和某些铝合金的热裂倾向较大。

防止热裂的主要措施是：合理设计铸件结构；设法改善铸型和型芯的退让性；严格限制钢和铸铁中硫的含量（因硫能增加热脆性，降低合金的高温强度）；选用收缩率小的合金等。

2) 冷裂　冷裂是铸件冷却到低温处于弹性状态时，铸造应力超过合金的抗拉强度而产生的。冷裂通常是穿过晶粒，呈圆滑曲线或连续直线状，裂缝细小，宽度均匀，断口表面干净光滑，具有金属光泽或微氧化色。冷裂常出现在铸件受拉伸部位，特别是内尖角、缩孔、非金属夹杂物等应力集中处。有些冷裂纹在铸件落砂时并没有发生，但因其内部已有很大的残余应力，当铸件在清理、搬运时受振动或出砂后受激冷就会裂开。

铸件的冷裂倾向与铸造应力和合金的力学性能有密切关系。凡是使铸造应力增大的因素，都能使铸件冷裂倾向增大；凡是使合金的强度、韧性降低的因素，也使铸件的冷裂倾向增大。所以，防止冷裂的主要措施是减少铸造应力和降低合金的脆性。例如，钢和铸铁中的磷能显著降低合金的冲击韧性，增加脆性，所以对其含量应严格控制。

4. 铸件的气孔

气孔是气体在铸件内形成的孔洞，表面常常比较光滑、光亮或略带氧化色，一般呈梨形、圆形、椭圆形等。气孔减少了铸件的有效承载面积，并在气孔附近引起应力集中，降低了铸件的力学性能。同时，铸件中存在的弥散性气孔还会促进缩松缺陷的形成，从而降低了铸件的气密性。气孔对铸件的耐腐蚀性和耐热性也有不利影响。

气孔是铸造生产中最常见的缺陷之一。据统计，铸件废品中约三分之一是由于气孔造成的，因此必须对其给予足够的重视。

按气孔产生原因和气体来源不同，气孔大致可分为侵入性气孔、析出性气孔和反应性气孔三类。

(1) 侵入性气孔

侵入性气孔是由于浇注过程中熔融金属和铸型之间的热作用，使砂型或型芯中的挥发性物质（如水分、粘接剂、附加物）挥发生成的气体以及型腔中原有的空气侵入熔融金属内部所形成的气孔。侵入的气体一般是水蒸气、一氧化碳、二氧化碳、氮气、碳氢化合物等。

防止侵入性气孔的主要途径是降低铸型材料的发气量和增强铸型的排气能力。

(2) 析出性气孔

溶解于熔融金属中的气体在冷却和凝固过程中,由于溶解度的下降而从合金中析出,在铸件中形成的气孔,称为析出性气孔。析出性气孔分布范围较广,有时甚至遍及整个铸件截面,影响铸件的力学性能和气密性。

防止析出性气孔的主要措施有:减少合金在熔炼和浇注时的吸气量,对金属液进行除气处理,增大铸件的冷却速度或使铸件在压力下凝固以阻止气体析出等。

(3) 反应性气孔

浇入铸型的熔融金属与铸型材料、芯撑、冷铁或熔渣之间发生化学反应产生的气体在铸件中形成的气孔,称为反应性气孔。这类气孔中的气体多为一氧化碳、氢气等。

反应性气孔形成的原因复杂多样,需根据具体情况采取相应的防止办法,其中的主要措施之一是清除冷铁、芯撑表面的锈蚀和油污,并保持干燥。

1.2 铸造方法及其应用

铸造方法分为砂型铸造和特种铸造两大类。砂型铸造是以型砂为主要造型材料制备铸型并在重力下浇注的铸造工艺,具有适应性广、成本低廉等优点,是应用最广泛的铸造方法。特种铸造是除砂型铸造以外其他铸造方法的统称。常用的特种铸造方法有熔模铸造、消失模铸造、金属型铸造、压力铸造、离心铸造等。与砂型铸造相比,特种铸造在改善铸件质量、提高生产率、降低劳动强度或生产成本等方面,各有其优越之处,因而具有很大的发展潜力。图 1.17 所示为用砂型铸造和特种铸造方法生产的各类铸件的实例。

图 1.17 各类典型铸件

此外,按照充型和凝固条件的不同,铸造方法又可以分为重力铸造和非重力铸造。根据铸型特性的不同,铸造方法还可以分为一次型铸造和永久型铸造。砂型铸造、熔模铸造、消失模铸造等属于一次型铸造,它们的铸型只能浇注一次;金属型铸造、压力铸造等属于永久型铸造,其铸型能够反复使用。

1.2.1 砂型铸造

砂型铸造的主要工艺过程见图1.1。造型是砂型铸造的最基本工序，砂型铸造的造型方法分为手工造型和机器造型。造型前须先制备好造型材料，造型材料是以原砂为主，添加少量粘结剂与附加物混制而成的型（芯）砂，按所用粘结剂的不同，可分为黏土型砂、无机粘结剂型（芯）砂（如水玻璃砂等）和有机粘结剂型（芯）砂（如合成树脂砂等）。

1. 手工造型

手工造型所用的造型工具和设备比较简单，生产准备时间比较短，操作灵活，可用于各种形状及尺寸的铸件。手工造型的缺点是生产率低、工人劳动强度较大、铸件质量不够稳定等，故主要用于单件、小批量生产。

根据铸件的结构、尺寸、生产批量和生产条件等的不同，可选用不同的手工造型方法。了解常用的手工造型方法及其特点，是进行铸件结构设计和铸造工艺设计的基础。表1.2列出了常用的手工造型方法和应用范围。

表1.2 常用手工造型方法和应用范围

造型方法	主要特点	适用范围
整模造型	模样制成整体，分型面平直，铸型型腔全部在一个砂箱中；造型简单，铸件不会产生错型缺陷	适用于最大截面在一端，且分型面是平面的铸件
挖砂造型	模样是整体的，但铸件的分型面是曲面；造型时，须挖去阻碍起模的型砂；造型操作费时，生产效率低	适用于分型面是曲面的铸件。生产性质是单件或小批量生产
假箱造型	利用假箱或模底板制下砂型，翻型后自然形成分型面，不用挖砂修分型面	当挖砂造型的铸件生产量较大时采用此法
分模造型	模样沿最大截面处分为两半，型腔位于上、下两个砂型中；造型简便，但是模样制作较复杂	适用最大截面在中部的铸件（如圆形柱体、球体等）
活块造型	对于铸件上有妨碍起模的小凸台、肋条等的情况，制模时可将该部位做成与主体模成活连接的模块（活块）。起模时先起主体模，再从侧面取出活块。模样制作与造型操作较复杂	用于单件小批生产带有突出部分难以起模的铸件
刮板造型	用木制刮板代替模样，可节省大量制模工时，缩短生产周期。但造型操作费时，要求工人造型操作水平较高	适用于有等截面或回转体的大、中型铸件。生产性质是单件小批生产
三箱造型	铸型由上、中、下三部分（分处三个砂箱中）组成。造型比较费时，而且要选配高度相适应的砂箱（中箱）	适用于铸件有两个分型面，且生产数量较小的情况下

续表

造型方法	主要特点	适用范围
外型芯造型	用外型芯构成铸件中部小截面处的型腔，由此可将三箱造型转变为两箱造型，从而简化了造型操作，但要增加造芯工作量。对于某些结构十分复杂的铸件，其全部型腔可用多块型芯组装而成，称为组芯造型	当三箱造型的铸件生产数量较多时采用此法。组芯造型适用于单件或成批生产结构复杂的铸件

2. 机器造型

机器造型是用机器来完成填砂、紧实和起模等造型操作过程，是现代化砂型铸造车间所用的基本造型方法。与手工造型相比，机器造型可以提高生产率和铸件质量，减轻工人劳动强度。但设备及工装模具投资较大，主要用于成批大量生产。

机器造型一般是两箱造型，采用模板和砂箱在专门的造型机上进行。

机器造型对型砂的紧实有压实紧实、震击紧实、抛砂紧实、射砂紧实和气压紧实等几种基本方式，并通过这些基本方式的组合或改进而形成了一系列的紧实方法。

(1) 压实造型　压实造型是利用压头的压力将砂箱内的型砂紧实。先把型砂填入砂箱，然后压头向下或压头不动而砂箱上行将型砂压紧实。压实造型生产率高，但型砂沿铸型高度方向的紧实度不均匀，越往下紧实度越差。因此只适用于高度不大的砂箱。

(2) 震击造型　这种造型方法是利用震动和撞击对型砂进行紧实。砂箱填砂后，造型机的震动活塞将工作台连同砂箱举起到一定高度，然后下落，与缸体撞击，依靠型砂下落时的冲击力产生紧实作用。型砂紧实度分布规律与压实造型相反，越接近模底板，型砂紧实度越高。因此可以将震击造型与压实造型结合在一起使用，也就是震压造型。

(3) 震压造型　图 1.18 为震压造型过程示意图。首先从震压造型机的震击进气孔进气，震击活塞带动工作台上升，当升至一定高度时排气口打开，工作台下降，落到震击气缸顶部产生撞击震动使砂型紧实，如此反复震实多次后停止；再从压实进气孔进气，使压实活塞推举砂箱上升至压头处进行压实。

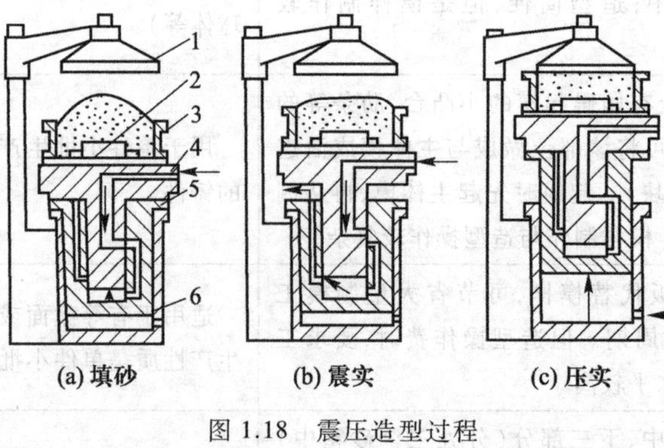

图 1.18　震压造型过程

1—压头；2—模板；3—砂箱；4—震击活塞；5—压实活塞；6—压实气缸

震压造型机在工作时噪声很大，并使地面震动，对厂房建筑有不利影响。微震压实造型机在这方面有很大改善，其工作特点是在型砂受压实的同时，模板、砂箱和型砂作高频率、小振幅的震动，从而提高了紧实效率，降低了震击噪声和对地面的震动。

（4）高压造型　高压造型是采用较高的压实压力（0.7 MPa 以上）压实型砂的造型方法。高压造型通常采用多触头压头，它由许多个独立的小压头组成，每个小压头由独立的油压驱动，在压实时，各小压头随所在位置模样高度的不同，压入砂层的深度不一样（模样高度越低，压入深度越深），使紧实度更均匀，如图 1.20b 所示。压实的同时进行微震，以进一步提高紧实度。

（5）抛砂造型　抛砂造型机的抛砂头转子上装有叶片，型砂由带式输送机连续地送入，高速旋转的叶片接住型砂并将其分成一个个砂团，当砂团随叶片转到出口处时，由于离心力作用，被高速抛出落入砂箱，使填砂和紧实过程同步完成。这种造型方法通常用于中、大型铸件的造型。

（6）射砂造型　射砂紧实方法除用于造型外更多地用于造芯。图 1.19 为射砂机工作原理。由储气筒中迅速进入到射膛的压缩空气，将芯砂由射砂孔射入芯盒的空腔中，而压缩空气经射砂板上的排气孔排出，射砂过程在较短的时间内同时完成填砂和紧实，生产率很高。

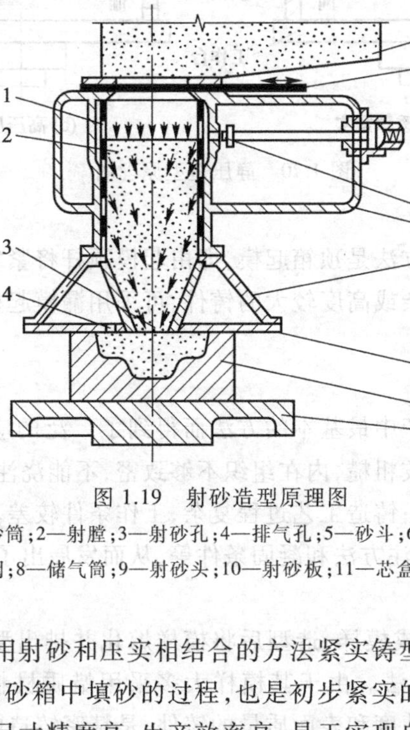

图 1.19　射砂造型原理图

1—射砂筒；2—射膛；3—射砂孔；4—排气孔；5—砂斗；6—砂闸板；
7—进气阀；8—储气筒；9—射砂头；10—射砂板；11—芯盒；12—工作台

（7）射压造型　它是采用射砂和压实相结合的方法紧实铸型。先利用压缩空气将型砂高速射入砂箱，射砂的过程既是向砂箱中填砂的过程，也是初步紧实的过程。然后再对砂型做进一步压实。此方法的优点是铸件尺寸精度高、生产效率高、易于实现自动化。

（8）气冲造型　这是一种较新的造型工艺方法。其工艺过程是，先将型砂填入砂箱和辅助框内，然后将砂箱上方压力罐中储存的压缩空气突然释放出来，形成很大的压力作用在型砂上面，并产生向下传递的压力波，压力波的动能在向下传递的过程中使型砂逐层紧实。气冲造型的特点是，型砂紧实速度快，每次冲击紧实的时间不到 0.1 s，生产率高；型砂的紧实度高而且均匀，型腔尺寸精度高；节省能源，减轻噪声影响，改善了劳动条件。

（9）静压造型　它与射压造型有类似之处，是气体渗透紧实与压实相结合的一种新型造型工艺。其工艺过程如图 1.20 所示，先将填有型砂的砂箱置于带有排气孔的模板上，通入压缩空气，使气流很快渗透穿过砂层而由模板排出，受气流渗透压力的作用，型砂被压向模板，越靠近模板,型砂紧实度越高,最后用压头对型砂进一步压实而获得紧实度均匀的铸型。静压造型对铸型的紧实效果好,铸件尺寸精度高,同时消除了噪声污染,生产效率也较高。

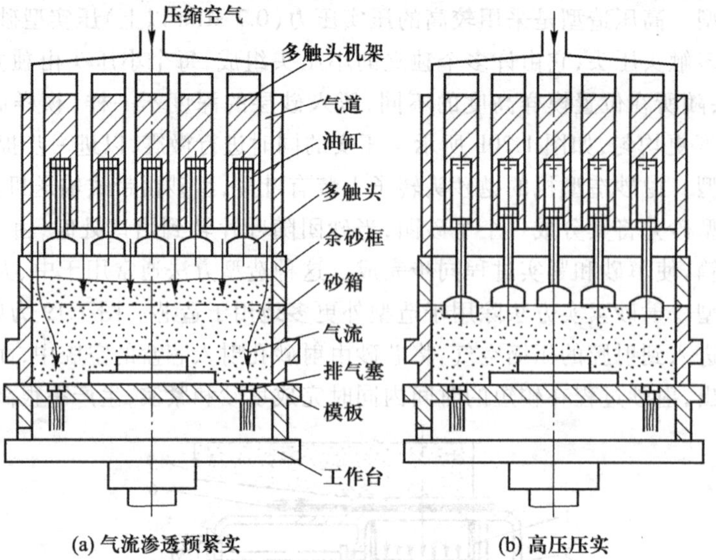

图 1.20 静压造型原理图

机器造型中最常用的起模方法是顶箱起模,即由起模顶杆将紧实好的砂箱顶起,使之脱离模板而完成起模。对于结构较复杂或高度较大的铸件,可采用漏模起模或翻转起模等方法。

1.2.2 特种铸造

砂型铸造虽然作为铸造生产中最基本的方法而得到了广泛的应用,但它也存在一些固有的缺点,如铸件尺寸精度低,表面较粗糙,内在组织不够致密,不能浇注薄壁件;铸型只能使用一次,因此造型工作量大、生产效率低;铸造工艺过程复杂,工作条件较差。针对这些问题,人们通过改变造型材料或方法,以及改变浇注方法和凝固条件等,从而发展出了众多的特种铸造方法。

1. 熔模铸造

熔模铸造是用易熔材料制成模样,造型后将模样熔化并排出型外,从而获得无分型面的型腔,经浇注后获得铸件的铸造方法。由于其模样大多采用蜡质材料制成,故又称"失蜡铸造"。这种铸造工艺能获得具有较高精度和表面质量的铸件,是精密铸造的重要方法。

(1) 熔模铸造的工艺过程

熔模铸造的工艺过程如图 1.21 所示。其主要工序包括蜡模制造、制造型壳、失蜡、焙烧和浇注等。

1) 蜡模制造 制造蜡模常用的是 50%石蜡和 50%硬脂酸配成的蜡料。用来制造蜡模的工艺装备称为压型,通常由根据铸件的形状和尺寸制成的母模来制造压型。把熔化成糊状的蜡料压入压型,待冷凝后取出,就得到蜡模。若零件较小,则常把若干个蜡模粘合在一个浇注系统上,构成蜡模组,以便一次浇出多个铸件。

2) 制造型壳 制造型壳的原材料是耐火材料(如石英、刚玉、锆砂等)、粘接剂及其他附加

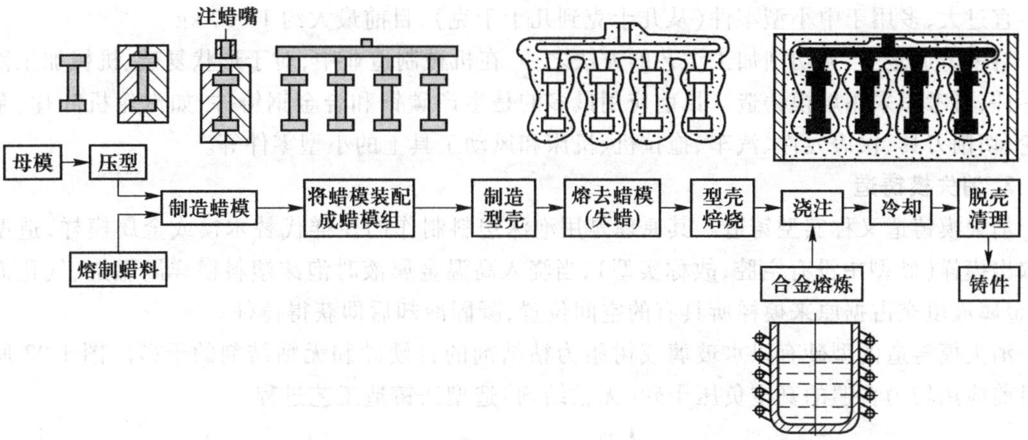

图 1.21　熔模铸造工艺过程

物。常用的粘接剂有水玻璃和硅溶胶等,生产一般件时可用水玻璃作粘接剂,生产高精度要求的熔模铸件时则应采用硅溶胶作粘接剂。

将蜡模或蜡模组浸入由粘结剂和耐火粉料配成的涂料浆中,使涂料均匀地覆盖在蜡模表层,然后在上面均匀地撒一层砂,硅溶胶型壳可在空气中干燥硬化结壳,水玻璃型壳则需放入硬化剂(氯化铵溶液)中硬化结壳。上述结壳过程重复进行,小铸件的型壳为 4~6 层,大铸件的型壳需 6~9 层。第一、二层用粒度较细的砂,而以后各层(加固层)用粒度较粗的原砂,最后在蜡模外表形成由多层耐火材料组成的坚硬的型壳。

3）熔去蜡模　将包有蜡模的型壳浸入 85~95 ℃的热水中或置于 150~160 ℃的过热蒸汽釜中,使蜡料熔化并从型壳中脱除,从而在型壳中留下型腔。

4）焙烧　型壳在浇注前必须在 800~950 ℃下进行焙烧,其目的是去除型壳中的水分、残余蜡料和其他杂质,洁净型腔。为了防止型壳在浇注时变形或破裂,可将型壳排列于砂箱中,周围用砂填紧,然后进行焙烧。

5）浇注　为了提高合金的充型能力,防止浇不足、冷隔等缺陷,通常在焙烧后随即就趁热(600~700 ℃)进行浇注。

(2) 熔模铸造的特点和应用

1）铸件的精度和表面质量高　由于熔模铸造所用的蜡模尺寸精确,表面光洁,型腔无分型面,所以铸件的尺寸精度较高,表面粗糙度值较低。尺寸公差等级一般可达 CT4~CT6 或 IT11~IT14,表面粗糙度可达 $Ra3.2 \sim 0.8\ \mu m$。

2）可生产各类金属材料的铸件　由于可选用高级耐火材料制造型壳,所以许多高熔点的合金铸件都可以用熔模铸造法制造。

3）可制造形状较复杂的铸件　铸出孔的最小直径为 0.5 mm,铸件最小壁厚可达 0.3 mm。对由几个零件组成的复杂部件,适于用熔模铸造整体铸出。

4）生产批量不受限制　中、小批量或大批量均可,特殊需要时也可单件生产。在大批量生产条件下,可采用机械化流水作业。

5）工艺过程较复杂,生产周期长,铸件成本较高。由于受蜡模和型壳强度、刚度的限制,铸件不宜过大,多用于中小型零件(从几十克到几十千克),目前最大约 1 000 kg。

熔模铸造是少、无切削加工工艺的方法之一,在机械制造业中,对于形状复杂、机械加工困难的零件,可考虑采用熔模铸造。目前应用最多的是生产碳钢和合金钢铸件,如汽轮机叶片、泵的叶轮、切削刀具、仪表元件、汽车、拖拉机、机床和风动工具上的小型零件等。

2. 消失模铸造

消失模铸造又称实型铸造。其原理是用泡沫塑料制作的模样代替木模或金属模样,造型后不取出模样(砂型中没有空腔,故称实型),当浇入高温金属液时泡沫塑料模样因燃烧、气化而消失,金属液填充占据原来模样所具有的空间位置,凝固冷却后即获得铸件。

消失模铸造的型砂有以水玻璃或树脂为粘结剂的自硬砂和无粘结剂的干砂。图 1.22 所示为目前应用较为普遍的真空负压干砂(无粘结剂)造型法铸造工艺过程。

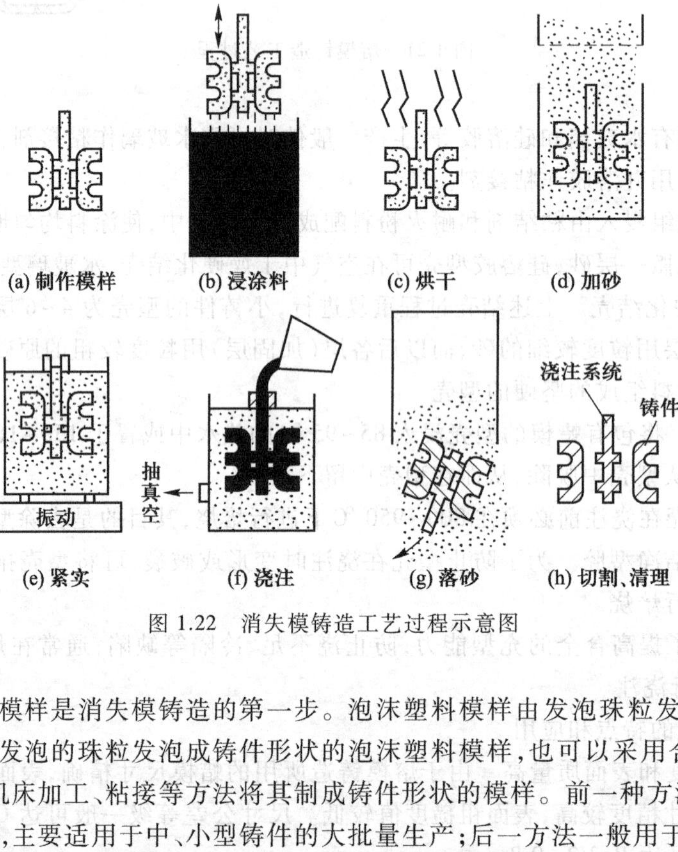

图 1.22　消失模铸造工艺过程示意图

制造泡沫塑料模样是消失模铸造的第一步。泡沫塑料模样由发泡珠粒发泡而成,可以通过模具直接将经过预发泡的珠粒发泡成铸件形状的泡沫塑料模样,也可以采用合适的泡沫塑料板材通过切割、数控机床加工、粘接等方法将其制成铸件形状的模样。前一种方法制作的模样其形状和尺寸精度更高,主要适用于中、小型铸件的大批量生产;后一方法一般用于形状较简单、外形要求不高的铸件,以及生产大型铸件不便于使用模具直接发泡的情况。消失模铸造用的浇注系统也由泡沫塑料制成,并将其与铸件模样粘接在一起,形成模组。

模样和模组做好后必须在其表面涂上涂料并烘干。消失模铸造涂料对铸件质量有重要影响。首先,涂料烘干硬化后在泡沫塑料模样表面形成一层硬壳,它提高了泡沫塑料模样的强度和刚度,从而防止或减少模样在运输、填砂等操作过程中发生变形或破坏。其次,在浇注过程中,涂料层将金属液与干砂隔开,防止金属液渗入干砂中,以保证获得表面光洁、无粘砂的铸件。消失模铸造涂料一般由耐火材料、粘结剂、载体、悬浮剂及其他添加物组成。

造型时，先在砂箱中填入部分干砂，然后放入上过涂料的泡沫塑料模样，继续在砂箱中填满干砂，填砂的同时进行微振（采用三维微振的效果最好），获得具有一定紧实度的铸型。在振动紧实后的砂型表面铺设一层塑料薄膜，然后通过砂箱的抽气室抽真空，造成型内负压，使砂型进一步受压紧实。浇注金属液的同时，继续抽真空保持型内负压，这一方面有利于保持砂型的紧实度，防止铸型崩塌或冲砂；另一方面有利于泡沫塑料模样热解气化产物的排出，并便于将其集中收集后加以处理，以免其扩散到周围环境中造成污染。待铸件凝固冷却后，即可落砂取出铸件。

消失模铸造还可以用颗粒细小的铁丸或钢丸（直径为 0.1 ~ 0.2 mm）代替干砂作为造型材料，将其充填在泡沫塑料模样周围，通过外加电磁场的作用，使铁丸相互吸引而获得铸型强度。铸件冷却后，除去磁场，铁丸自然溃散，即可方便地取出铸件。此法被称为磁型铸造。

与传统的砂型铸造相比，消失模铸造具有以下特点：由于不需起模，不用型芯，不必合型，大大简化了造型工艺，降低了铸件生产成本，并避免了因下芯、起模、合型等引起的铸件尺寸误差和缺陷，铸件的成形精度明显提高；由于采用了干砂造型，节省了大量粘结剂，型砂回用方便，砂处理系统大为简化，旧砂等废弃物的排放也大为减少；由于不分型，铸件无飞边毛刺，并且铸件极易落砂，使清理和打磨工作量大大减轻，劳动条件得到改善。因此，消失模铸造也被认为是一项精确成形技术和绿色铸造技术。

消失模铸造可用于各类铸造合金，适合于生产结构复杂、难以起模或活块和外型芯较多的铸件，如模具、气缸盖、管件、曲轴、叶轮、壳体、艺术品、床身、机座等。

3. 金属型铸造

金属型铸造是将液态金属浇入金属铸型，在重力作用下充型而获得铸件的铸造方法。由于铸型是用金属制成，可以反复使用，故又称硬模铸造，在国外被称为永久型铸造。

（1）金属型的构造

金属型的种类很多，分类的方法也不同。按照分型方式的不同可分为：整体式金属型、水平分型式金属型、垂直分型式金属型及复合分型式金属型等。图 1.23 是水平分型和垂直分型两种形式的金属型的结构简图。

水平分型式金属型是由上、下两半型扣合而成，浇注时分型面处于水平位置。它的优点是下芯、合型比较方便；缺点是上型排气困难，开型和取出铸件均不便。主要适用于生产型芯较多的中型铸件。

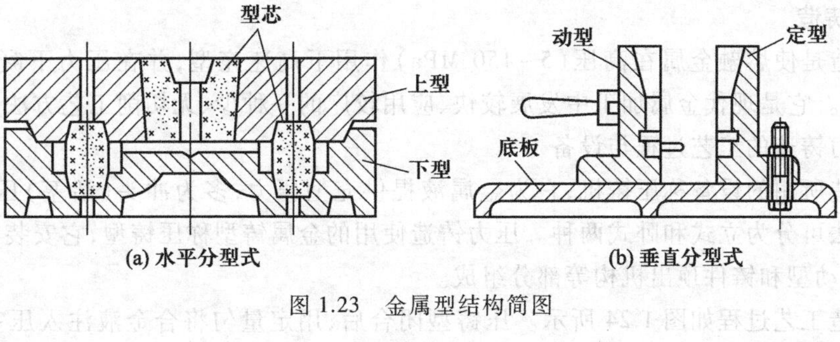

图 1.23　金属型结构简图

垂直分型式金属型由左右两半型组成(动型与定型)。因浇冒口均开设在分型面上,所以排气容易,铸型开合方便,广泛应用于各种沿中心线形状对称的中、小型铸件。

金属型的材料根据浇注合金的种类选择。浇注低熔点合金(如锡合金、锌合金、镁合金)时,可选用灰铸铁。浇注铝合金、铜合金时,可选用合金铸铁。浇注铸铁和铸钢时,必须选用碳钢和合金钢等。

(2) 金属型铸造的工艺特点

金属型的物理性质与砂型不同,为了保证铸件质量和提高金属型的使用寿命,必须注意金属型铸造时的如下工艺特点:

1) 预热金属型　未预热的金属型内外温差大,使金属液冷却过快,铸件易出现冷隔、夹杂、气孔等缺陷。同时,铸型本身受到猛烈的热冲击,应力剧增,极易损坏。因此,金属型在浇注前要预热,合适的预热温度应根据合金的浇注温度和铸件结构,通过试验而定,一般在150~350 ℃。

2) 喷刷涂料　喷刷涂料的目的是保护型腔工作表面免受金属液的直接冲蚀和热冲击,使铸件获得光洁的表面;另外还可通过涂料层的厚薄来调节铸件各部位的冷却速度。不同的合金采用的涂料不同,如铝合金铸件常用含氧化锌粉、滑石粉和水玻璃的涂料。

3) 适当提高浇注温度　由于金属型的导热能力强,因此相同合金的浇注温度应比砂型铸造高20~30 ℃。适当提高浇注温度可降低铸件的冷却速度和提高金属液的流动性。

4) 及时开型取件　由于金属型和金属芯没有退让性,如果铸件在型腔内停留时间过长,温度过低,会因收缩而引起内应力增大,容易产生裂纹。同时,温度过低也会增加开型、抽芯和取出铸件的难度,因此应尽早开型取出铸件。一般铸铁件的开型温度为900 ℃左右,非铁合金铸件只要冒口基本凝固即可开型。

(3) 金属型铸造的特点和应用

1) 金属型造好后,其铸造的工艺过程实际上就是浇注、冷却、取出和清理铸件,从而大大地提高了生产效率,改善了劳动条件,并且易于实现机械化和自动化生产。

2) 金属型内腔表面光洁,刚度大,因此铸件精度高,表面质量好。

3) 金属型导热快,铸件冷却速度快,凝固后晶粒细小,从而提高了其力学性能。

但是,金属型的制造周期长、成本高,铸造工艺要求较严格,不宜生产大型、薄壁和形状复杂的铸件,铸铁件还容易产生白口组织。

金属型铸造主要适用于大批量生产的中、小型非铁合金铸件,如铝活塞、气缸体、缸盖、油泵壳体以及铜合金轴瓦、轴套等。有时也用于形状简单的中、小型铸铁件。

4. 压力铸造

压力铸造是使熔融金属在高压(5~150 MPa)作用下高速充型,并在压力下凝固的铸造方法,简称压铸。它是现代金属加工中发展较快、应用较广的一种少、无切削工艺方法。

(1) 压力铸造的工艺过程与设备

压力铸造所用的设备称压铸机,它为金属液提供充型压力,多为冲头(活塞)压射。压铸机按加压的方法可分为立式和卧式两种。压力铸造使用的金属铸型称压铸型,它安装在压铸机上,主要由定型、动型和铸件顶出机构等部分组成。

压力铸造工艺过程如图1.24所示。压铸型闭合后,用定量勺将合金液注入压室中;压射冲头向前推进,将金属液迅速压入铸型型腔;金属在压力下凝固完毕后,压射冲头退回,压铸型打开,顶出机构顶出铸件。

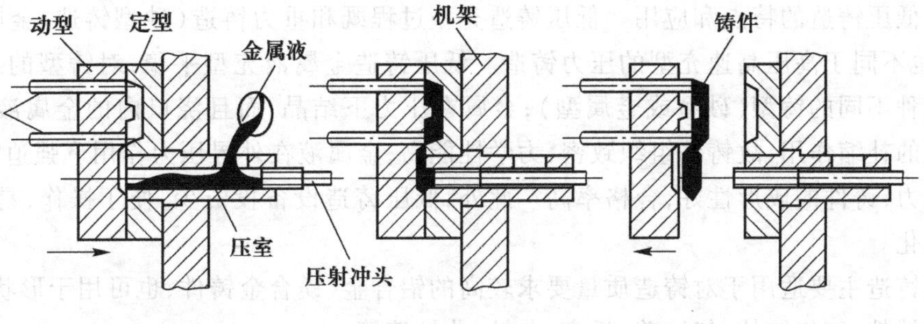

图 1.24　压力铸造工艺过程示意图

（2）压力铸造的特点和应用

1）高压和高速充型是压力铸造的最大特点,因此,它可以铸出形状复杂、轮廓清晰的薄壁铸件,如铝合金压铸件的最小壁厚可为 0.5 mm,最小铸出孔直径为 0.7 mm。

2）铸件的尺寸精度高(公差等级可达 CT3~CT6 或 IT10~IT13,最高可达 IT9),表面质量好(表面粗糙度为 *Ra*6.3~0.8 μm),一般不需机械加工可直接使用;而且组织细密,铸件强度高。

3）压铸件中可嵌铸其他材料(如钢、铁、铜合金、金刚石等)的零件,以节省贵重材料和机械加工工时。有时嵌铸还可以代替部件的装配过程。

4）生产率高,劳动条件好,压力铸造是所有铸造方法中生产率最高的。

压力铸造存在的不足之处主要是:压铸机造价高、投资大,压铸型结构复杂、制造费用高、生产周期长,而且因工作条件恶劣易损坏。由于液态金属高速充型,液流中易裹携大量空气,最后因急速冷却无法逸出而以气孔的形式留在压铸件中,因此压铸件机械加工的余量不能过大,以免气孔暴露于表面,影响铸件的使用性能。压铸件一般也不能进行热处理,因为在高温时,铸件内部的气体会膨胀而使表面鼓泡。

压力铸造主要适用于大批量生产非铁合金(铝合金、镁合金、锌合金等)的中小型铸件,如发动机气缸体、气缸盖、箱体、化油器、发动机罩、仪表和照相机的壳体与支架、管接头、齿轮等,在汽车、拖拉机、航空、仪表、电器、医疗器械等行业获得广泛的应用。

5. 低压铸造

低压铸造是用气体压力将金属液由下而上压入型腔,并在压力下凝固而获得铸件的方法。由于与压铸相比,其所用压力较低(一般为 0.02~0.06 MPa),故称低压铸造。

（1）低压铸造的工艺过程　图 1.25 为低压铸造工艺示意图,其工艺过程是:将熔炼好的合金液倒入电阻保温炉的坩埚中,装上密封盖、升液管及铸型。在坩埚液面上方通入干燥的压缩空气,合金液在此压力下从升

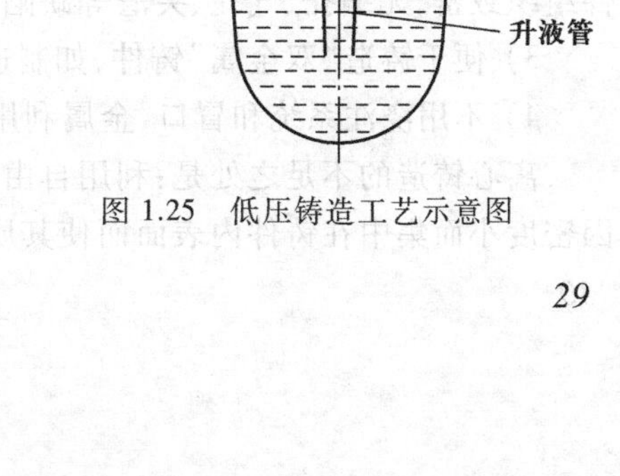

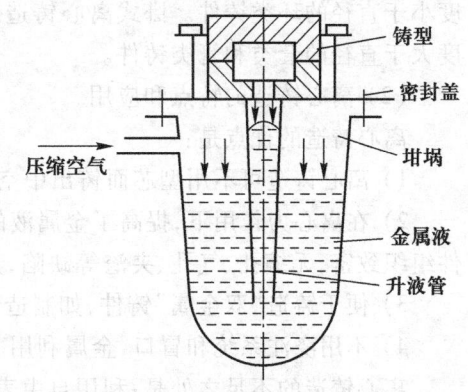

图 1.25　低压铸造工艺示意图

液管平稳上升,注入并充满型腔。铸型内合金液在压力下结晶,直至全部凝固。撤除液面压力,升液管内合金液在重力作用下流回坩埚。开启铸型,取出铸件。

(2) 低压铸造的特点和应用　低压铸造充型过程既和重力铸造(砂型铸造、金属型铸造等)有区别,也不同于高压高速充型的压力铸造。低压铸造金属液充型平稳,对铸型的冲刷力小,故可适用各种不同的铸型(砂型或金属型);金属在压力下结晶,而且浇口内的金属液在压力下保持着一定的补缩作用,故铸件组织致密,力学性能高;金属液在外界压力作用下强迫流动,提高了其充型能力,铸件的成形性好,合格率高。此外,低压铸造设备投资少,便于操作,易于实现机械化和自动化。

低压铸造主要适用于对铸造质量要求较高的铝合金、镁合金铸件,也可用于形状复杂或薄壁壳体类铸铁件,如气缸体、气缸盖、活塞、曲轴、曲轴箱等。

6. 离心铸造

离心铸造是将熔融金属浇入高速旋转的铸型中,使其在离心力作用下填充铸型并结晶,从而获得铸件的方法。离心铸造可以在金属型中浇注,也可以在砂型中浇注。

(1) 离心铸造的工艺过程与设备

离心铸造工艺主要是确定铸型转速、控制浇注温度以及金属液的定量。铸型转速的快慢决定离心力的大小,没有足够大的离心力,就不可能获得形状正确和性能良好的铸件。在离心铸造生产中,通常按下式来确定铸型转速:

$$n = 55\ 200/\sqrt{\rho g R}$$

式中:n——铸型转速,r/min;

ρ——液态金属的密度,kg/m^3;

g——重力加速度,m/s^2;

R——铸件内表面半径,m。

一般情况下,铸型转速大约在 250~1 500 r/min 的范围内。浇注筒状或环状铸件时,铸件的内孔将由金属液的自由表面形成,铸件壁厚的大小取决于金属液的多少,一般可采用定容积法和定重量法来控制。

为实现离心铸造工艺过程,必须采用离心铸造机。根据回转轴的空间位置,离心铸造机可分为立式和卧式两大类。立式离心铸造机的铸型是绕垂直轴回转的(图 1.26a),主要用来生产高度小于直径的环类铸件。卧式离心铸造机的铸型绕水平轴旋转(图 1.26b),它主要用来生产长度大于直径的套类和管类铸件。

(2) 离心铸造的特点和应用

离心铸造的优点是:

1) 离心铸造可不用型芯而铸出中空铸件,工艺简单,生产率高,成本低。

2) 在离心力作用下,提高了金属液的充型能力,金属液自外表面向内表面顺序凝固,因此铸件组织致密,无缩孔、气孔、夹渣等缺陷,力学性能提高。

3) 便于铸造"双金属"铸件,如制造钢套铜衬滑动轴承。

4) 不用浇注系统和冒口,金属利用率较高。

离心铸造的不足之处是:利用自由表面形成内孔,故尺寸误差大;金属液中的气体和夹杂物因密度小而集中在铸件内表面而使其质量较差,且不适于密度偏析大的合金。

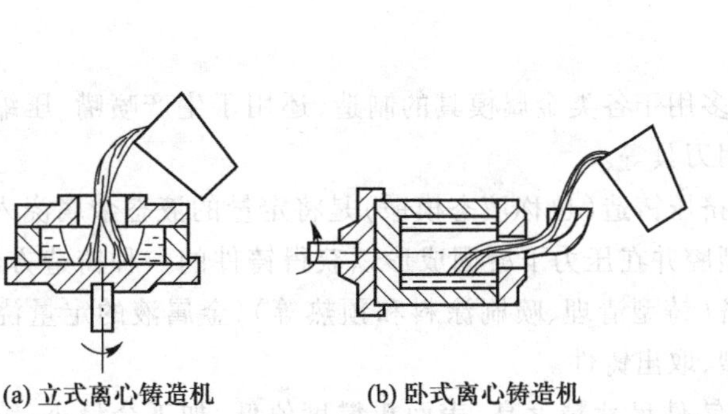

图 1.26　离心铸造示意图

离心铸造主要用于生产空心回转体铸件，如铸铁管、铜套、缸套、活塞环等。此外，在耐热钢管、特殊无缝钢管毛坯、冶金轧辊等生产方面，离心铸造的应用也很有成效。

7. 其他特种铸造方法

(1) 陶瓷型铸造　陶瓷型铸造是在具有一层陶瓷质耐火材料(作为型腔表面层)的砂质铸型中浇注铸件的铸造方法。由于该层耐火材料的成分和外观都和陶瓷相似，所以称之为陶瓷型。它是在砂型铸造和熔模铸造的基础上发展起来的一种精密铸造工艺。

陶瓷型铸造工艺过程如图 1.27 所示，在制造工艺中制造砂套和灌浆操作是关键。为了节省价格较贵的陶瓷材料，先按照砂套模样用普通水玻璃砂制作一个型腔稍大于铸件的砂套，砂套的制造方法与砂型的制造方法相同。然后用铸件模样、陶瓷浆料(如刚玉、铝矾土和硅酸乙酯水解液)，经灌浆、结胶等工艺制成铸型的陶瓷面层，从而完成陶瓷型的造型。陶瓷型在浇注前要加热到 350~550 ℃焙烧 2~5 h 以去除残存的水分，并进一步提高铸型的强度。为了获得轮廓清晰的铸件，可适当提高浇注温度。

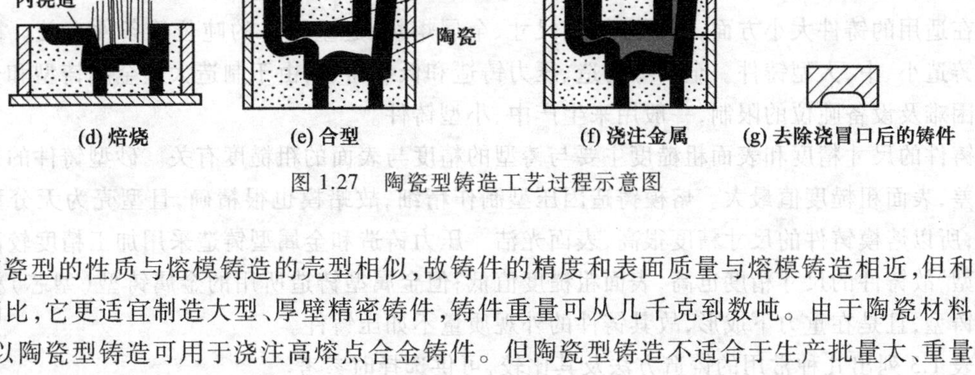

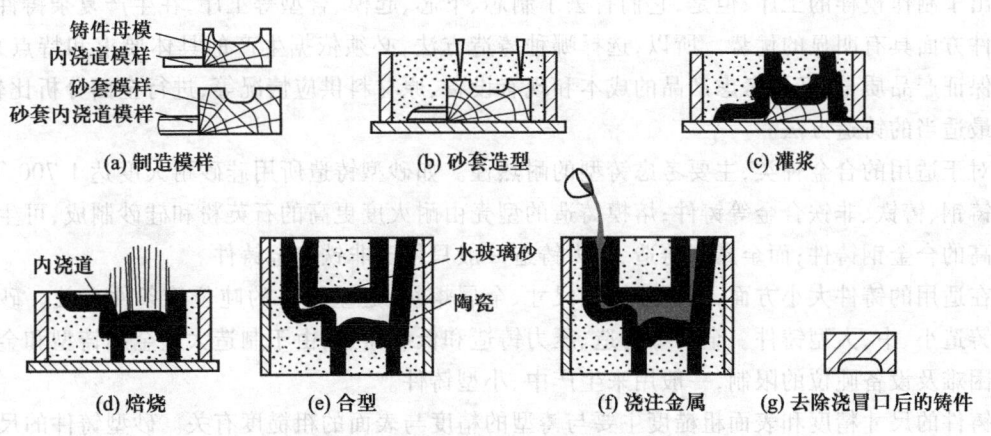

图 1.27　陶瓷型铸造工艺过程示意图

陶瓷型的性质与熔模铸造的壳型相似，故铸件的精度和表面质量与熔模铸造相近，但和熔模铸造相比，它更适宜制造大型、厚壁精密铸件，铸件重量可从几千克到数吨。由于陶瓷材料耐高温，所以陶瓷型铸造可用于浇注高熔点合金铸件。但陶瓷型铸造不适合于生产批量大、重量轻或形状复杂的铸件，生产过程也难以实现机械化和自动化。

陶瓷型铸造目前多用于各类金属模具的制造,还用于生产喷嘴、压缩机转子、阀体、齿轮、钻探用钻头、开凿隧道用刀具等。

(2) 挤压铸造　挤压铸造(也称液态模锻)是将定量的液态金属浇入铸型型腔,施加较大的机械压力,使其充满型腔并在压力下凝固成形以获得铸件的一种铸造方法。挤压铸造的工艺过程主要包括:铸型准备(铸型清理、喷刷涂料和预热等),金属液的定量浇注,合型加压并保压至铸件凝固,卸压和开型,取出铸件。

挤压铸造生产的铸件尺寸精度高,表面粗糙度值低,加工余量小;铸件冷却速度快,晶粒细化,力学性能好;无需设置浇冒口系统,金属利用率高;工艺过程较简单,生产率较高,易于实现机械化和自动化。与压力铸造相比,挤压铸造时金属液充型平稳,补缩效果好,因而铸件的气孔和缩孔倾向小,致密度高。挤压铸件允许的厚度和重量也大于压铸件。

目前,挤压铸造已应用于活塞、气缸体、轮毂、阀体等的生产上。

(3) 连续铸造　连续铸造是将液态金属连续浇入结晶器(一种特殊的水冷开口金属型)中,并从结晶器的另一端将已凝固结壳了的铸件不断拉出的铸造方法。一般分为连续铸管和连续铸锭两种,所铸出的金属管或金属锭的断面形状决定于结晶器的结构。

连续铸造的特点是:铸件冷却迅速、结晶细化;易于实现机械化和自动化,生产率高,而且可减轻工人劳动强度;连续铸造无需浇冒口,因而提高了金属的利用率。连续铸造适宜浇注的合金有钢、铸铁、铝、铜及其他合金。目前较多地用于生产铸铁管。

1.2.3 铸造方法的比较与选择

各种铸造方法均有其优缺点,各适用于一定范围。例如,与砂型铸造相比,熔模铸造和消失模铸造都属于一模一型一件的生产模式,即每生产一个铸件就要消耗一个模样,故其生产过程中就多出了制作模样的工序;但是,它们省去了制芯、下芯、起模、合型等工序,在生产复杂铸件和精密铸件方面具有明显的优势。所以,选择哪种铸造方法,必须依据生产的具体要求和特点来定,既要保证产品质量,又要考虑产品的成本和现有设备、原材料供应情况等,进行全面分析比较,以选定最适当的铸造方法。

对于适用的合金种类,主要考虑铸型的耐热性。如砂型铸造所用硅砂耐火度达 1 700 ℃,可用于铸钢、铸铁、非铁合金等铸件;熔模铸造的型壳由耐火度更高的石英粉和硅砂制成,可生产熔点更高的合金钢铸件;而金属型铸造、压力铸造一般只用于非铁合金铸件。

在适用的铸件大小方面,主要与铸型尺寸、金属熔炉、起重设备的吨位等条件有关。砂型铸造可铸造小、中、大型铸件。金属型铸造、压力铸造和低压铸造,由于制造大型金属铸型和金属型芯较困难及设备吨位的限制,一般用来生产中、小型铸件。

铸件的尺寸精度和表面粗糙度主要与铸型的精度与表面的粗糙度有关。砂型铸件的尺寸精度最差,表面粗糙度值最大。熔模铸造因压型制作精细,故蜡模也很精确,且型壳为无分型面的铸型,所以熔模铸件的尺寸精度很高,表面光洁。压力铸造和金属型铸造采用加工精度较高的金属铸型,故铸件的尺寸精度也高,表面粗糙度值低;但金属型铸造所用的金属铸型(型芯)精度不如压铸型,且是在重力下成形,故其铸件的外观质量不如压铸件。

表 1.3 列出几种常用的铸造方法及其比较,可供选择时参考。

表 1.3　几种铸造方法的比较

比较项目 \ 铸造方法	砂型铸造	熔模铸造	金属型铸造	压力铸造	离心铸造	消失模铸造
适用铸造合金	各种合金	各种合金	以非铁合金为主	非铁合金	各种合金	各种合金
适用铸件大小	大、中、小铸件	中、小铸件	中、小铸件为主	中、小铸件，以小件为主	大、中、小铸件	大、中、小铸件
铸件复杂程度	复杂	复杂	一般	较复杂	一般或简单	复杂
铸件最小壁厚/mm	铸铁≥3	0.5~0.7 孔 $\phi0.5$	铸铝>3 铸铁>5	铝合金:0.5 铜合金:2 锌合金:0.3	3	3~4
铸件尺寸公差等级 CT	8~15	4~6	6~9	3~6	决定于铸型材料	6~9
表面粗糙度 $Ra/\mu m$	12.5~200	0.8~3.2	3.2~12.5	0.8~6.3	决定于铸型材料	6.3~50
工艺实收率/%	30~50	30~60	40~70	60~90	75~95	40~75
毛坯利用率/%	60~70	80~90	70~80	90	70~90	70~80
生产批量	各种批量	大、中、小批	以成批、大量为主	成批、大量	成批、大量	各种批量
生产率	随机械化程度提高而增高	同砂型铸造	中高	很高	中高	同砂型铸造
应用举例	机床床身、箱体、轴承盖、曲轴、缸体、缸盖、水轮机转子等	刀具、叶片、自行车零件、刀杆、风动工具等	铝活塞、铝合金缸盖及缸体、铝合金油泵壳体等	汽车化油器、缸体、仪表和照相机的壳体及支架等	各种铸铁管、套筒环、叶轮、滑动轴承等	压缩机缸体、汽车件模具、轿车铝缸体、缸盖等

注：1. 工艺实收率 $=\dfrac{\text{铸件质量}}{\text{铸件质量+浇冒口质量}}\times100\%$；　2. 毛坯利用率 $=\dfrac{\text{零件质量}}{\text{铸件质量}}\times100\%$。

1.3　常用合金铸件的熔铸

铸造性能良好因而适于生产铸件的合金称为铸造合金。常用的铸造合金有铸铁、铸钢、铸造铝合金及铸造铜合金等。在铸造生产中，要获得优质的铸件，除了需要有良好的造型材料和合理的造型工艺外，正确掌握所生产的合金铸件的熔铸特点与方法，提高铸造合金的熔炼及浇注质量，也是极其重要的环节。

1.3.1 铸铁件的熔铸

在目前铸造生产中，铸铁是应用最广的铸造合金，铸铁件产量约占铸件总产量的70%以上。工业用铸铁主要是灰口铸铁(其中的碳大部分以石墨形式存在)，因此通常根据铸铁中石墨形态的不同，将其分为灰铸铁、球墨铸铁、可锻铸铁和蠕墨铸铁等。图1.28所示为这几种铸铁中石墨的形态(图中铸铁的基体组织均为铁素体)。

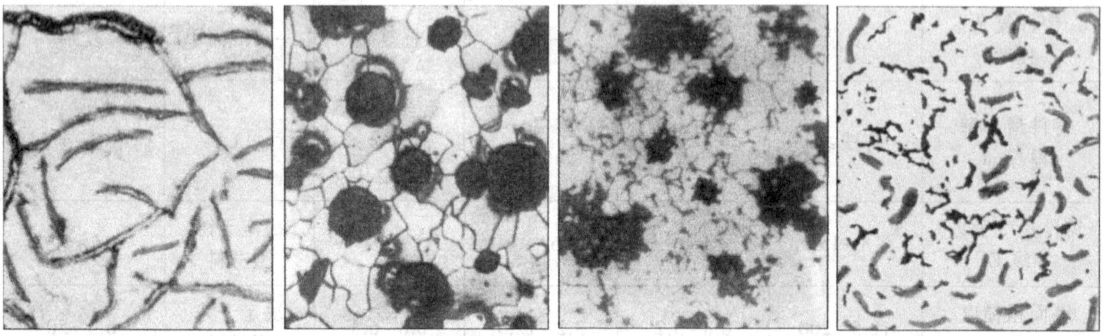

(a) 片状石墨(灰铸铁)　(b) 球状石墨(球墨铸铁)　(c) 团絮状石墨(可锻铸铁)　(d) 蠕虫状石墨(蠕墨铸铁)

图1.28 铸铁中的石墨形态

1. 铸铁的熔炼

铸铁熔炼设备有冲天炉、感应电炉、电弧炉等，最为常用的是冲天炉，它具有结构简单、熔化率高、操作方便、能连续生产等优点。冲天炉的大小以每小时能熔炼的铁水吨位表示，常用的冲天炉为1.5~10 t/h。随着环保要求的提高，感应电炉已越来越多地被作为铸铁的熔炼设备。

(1) 冲天炉的炉料　冲天炉炉料由金属炉料、燃料和熔剂等组成。金属炉料主要包括高炉生铁、回炉料、废钢和铁合金(硅铁、锰铁等)。冲天炉的燃料主要是焦炭。冲天炉在熔炼过程中，由于焦炭中的灰分，金属料内的杂质，合金元素的烧损，以及炉衬的熔蚀会形成高熔点的熔渣，故必须加入熔剂，以降低熔渣的熔点，增加熔渣的流动性，使之易于与铁水分离而顺利从出渣口排出。冲天炉常用的熔剂是石灰石和萤石(CaF_2)等。

(2) 冲天炉的熔炼过程　冲天炉熔化铸铁时，炉内形成了两类物质的流动：一是由炉身上部的加料口加入的金属炉料、熔剂和层焦形成的由上而下的炉料流，二是由炉身底部堆积的焦炭(底焦)燃烧而形成的上升的高温热气流。热气流上升使下降的炉料的温度不断升高，二者相对流动，不断接触，产生了金属料的受热、熔化，熔化后的铁液流经炽热的底焦层而被过热，同时发生化学成分的变化，从而使铁水获得较高的温度和所需的成分。

2. 灰铸铁的熔铸

(1) 灰铸铁的性能特点及应用　灰铸铁的显微组织由金属基体和石墨片组成。石墨片是影响灰铸铁性能的主要因素。由于石墨片的强度、硬度极低($R_m \leqslant 20$ MPa)，塑性接近于零，因此灰铸铁的组织如同在钢的基体中分布着大量裂纹，大大减小了基体的有效承载面积；同时，石墨片尖角处容易造成应力集中,即使在较小的拉应力作用下,也会使裂纹迅速扩展导致铸件断裂。所以,灰铸铁的抗拉强度和塑性、韧性比碳钢低得多。但石墨片对承受压力的有害影响较小,故灰铸铁的抗压强度和硬度与相同基体的碳钢相近。

按基体组织的不同灰铸铁分为铁素体灰铸铁、铁素体-珠光体灰铸铁和珠光体灰铸铁三类。铁素体灰铸铁的石墨片粗大,强度和硬度最低,故应用较少;珠光体灰铸铁的石墨片细小,有较高的强度和硬度,主要用来制造较重要的铸铁件;铁素体-珠光体灰铸铁的石墨片较珠光体灰铸铁稍粗大,性能不如珠光体灰铸铁。

石墨的存在虽然降低了灰铸铁的力学性能,但却为其带来了一系列其他的优良性能,如良好的铸造性能、切削加工性能、减振性和减摩性以及低的缺口敏感性。

由于灰铸铁具有以上性能特点,而且生产成本比钢低得多,因此被广泛地用来制作各种受力不大或以承受压应力为主的零件、要求减振性或耐磨性好的零件以及结构复杂的零件等,如带轮、重锤、机床床身、箱体、机架、泵体、阀体、缸体、缸套、导轨等。

(2) 灰铸铁的熔铸特点　灰铸铁的碳当量接近共晶成分,结晶温度范围小,并呈逐层凝固方式结晶,流动性好,可浇注形状复杂或薄壁的铸件。

灰铸铁熔点较低,熔炼方便,一般不需炉前处理即可浇注。灰铸铁件大多采用砂型铸造,浇注温度较低,故对型砂耐火性要求不高,适合于湿砂型铸造。

灰铸铁凝固时石墨析出发生体积膨胀而抵消了部分收缩,使总收缩较小,因此,铸件不易产生缩孔、裂纹等缺陷,多采用同时凝固原则,可不用或少用冒口和冷铁。

(3) 灰铸铁的孕育处理　要改善灰铸铁的力学性能,一方面要改变基体组织,而更重要的是要改变石墨的数量、尺寸和分布状态。生产中采取的方法是,在浇注前向铁液中加入少量孕育剂(常用的是硅铁或硅钙合金),形成大量弥散的石墨结晶核心,促进石墨的形核,从而使铸铁得到细珠光体基体和细小均匀分布的片状石墨。这种方法称为孕育处理,孕育处理后得到的铸铁叫孕育铸铁。HT250、HT300 和 HT350 等牌号的铸铁均为孕育铸铁。

孕育铸铁的强度和韧性都优于普通灰铸铁,而且不同壁厚铸件的组织比较均匀,性能基本一致,故孕育铸铁常用来制造力学性能要求较高而且截面尺寸变化较大的大型铸件。

3. 球墨铸铁的熔铸

孕育铸铁强度虽明显增加,但石墨形态并未改变,因此其塑性、韧性与钢相比仍然很低。球墨铸铁正是通过从根本上改变石墨形态而实现了铸铁强韧性的质的飞跃。

(1) 球墨铸铁的性能特点及应用　球墨铸铁通过球化处理使石墨呈球状,它对基体的缩减和割裂作用减至最低限度,基体强度的利用率可达 70%~90%,因此球墨铸铁具有比灰铸铁高得多的力学性能,抗拉强度可以和钢(R_m = 400~900 MPa)媲美,塑性和韧性大大提高(A = 2%~18%),同时仍保持了灰铸铁在其他方面具有的许多优良特性,如良好的耐磨性、减震性,较好的铸造性能和切削加工性能等。

随着化学成分、冷却速度和热处理方法的不同,球墨铸铁可得到不同的基体组织。最常用的是珠光体基体和铁素体基体的球墨铸铁。珠光体球墨铸铁的强度、硬度较高且有一定的塑性,可以替代碳钢制造某些受较大交变载荷和受摩擦的重要零件,如曲轴、连杆、凸轮、蜗轮、蜗杆等。铁素体球墨铸铁强度较低但塑性较好,可用于制造汽车、拖拉机底盘零件(如后桥壳)、拨叉、阀体、轮毂等,还大量用于生产铸管,如下水管道、输气管道等。

(2) 球墨铸铁的熔铸特点　获得优质球墨铸铁的关键是严格控制原铁水的化学成分,尤其是含硫量,应采用"高碳、低硅、低硫及低磷"的高温铁水,选用合适的球化剂和孕育剂,并掌握好球化处理工艺和热处理工艺。

球铁的铁水成分与灰铸铁相比要求更为严格,且碳当量较高,一般是过共晶成分,其大致范围是:$w_C=3.6\%\sim4.0\%$,$w_{Si}=2.0\%\sim2.8\%$,$w_{Mn}=0.6\%\sim0.8\%$,$w_S\leqslant0.07\%$,$w_P\leqslant0.1\%$。高碳可以改善球化效果和铸造性能;低硫是因为硫易与球化剂化合成硫化物,会增加球化剂损耗,严重影响球化效果;低磷是为了增加球墨铸铁的塑性、韧性和强度,减小冷脆性。

球铁铁水在出炉后的处理过程中,温度要下降 50~100 ℃,为了保证浇注温度,球墨铸铁出炉温度至少在 1 400~1 420 ℃以上。球墨铸铁比灰铸铁易于产生缩孔、缩松、皮下气孔、夹渣等缺陷,因而在铸造工艺上要求较严格,对于厚大的热节处,应设冒口或冷铁等,以消除缩孔、缩松。如果铸型的刚性足够(如用自硬树脂砂型、金属型等),则可利用其共晶石墨化膨胀的压力进行自补缩,从而实现球墨铸铁的小冒口或无冒口铸造。

(3) 球化处理和孕育处理

1) 球化剂　球化剂是球化处理时加入铁水中的能使石墨成球状的添加剂。我国目前普遍使用的球化剂是稀土镁合金。镁是主要的球化元素,但密度小、沸点低(1 120 ℃),若直接加入铁液中,将迅速沸腾,严重烧损,也不安全。稀土元素包括镧、铈等 17 种,其球化作用较镁差,但沸点高于铁水温度,密度较大,作用平稳,没有沸腾现象。稀土镁合金综合两者优点,球化效果稳定、良好,其加入量大致为铁水量的 1.2%~1.8%。

2) 球化处理方法　球化处理方法很多,以冲入法应用最为普遍,其处理过程如图 1.29a 所示。将球化剂放入堤坝式浇包内,上面覆盖硅铁粉和稻草灰。铁水分两次冲入,第一次冲入量为浇包的 1/3~1/2,待球化剂与铁水充分作用后,再冲入其余铁水,经孕育处理、搅拌、扒渣后即可浇注。

型内球化法(图 1.29b)是将球化剂置于浇注系统中特制的反应室内,使其与流过的铁水发生作用而进行球化处理的工艺方法。该法可减少球化剂用量,增强球化效果,克服球化衰退和孕育衰退现象,并能提高球铁的力学性能,尤其适于在机械化流水生产线上应用。

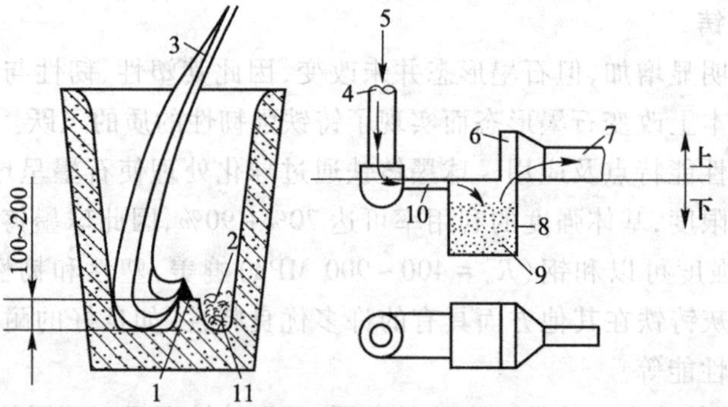

(a) 堤坝式包底冲入法　(b) 型内球化法

图 1.29　球化处理方法

1—堤坝;2—硅铁粉;3、5—铁液;4—直浇道;6—出口;7—横浇道;8—反应室;9、11—球化剂;10—入口

3）孕育处理　球墨铸铁孕育处理的目的是促进石墨化，消除球化元素造成的白口倾向，使石墨球更加圆整和细化，改善球墨铸铁的力学性能。常用的孕育剂是75%硅铁合金，其加入量一般为铁水质量的0.4%~1.0%。

（4）球墨铸铁的热处理

通过热处理改变球墨铸铁的基体组织，可以调整或改善球墨铸铁的力学性能，从而满足不同的使用要求。球铁常采用的热处理方法有：

1）退火　球墨铸铁铸态组织一般是珠光体+铁素体+球状石墨，退火可使渗碳体分解获得铁素体，因此退火主要用于铁素体球墨铸铁（QT400-18和QT450-10）的生产。

2）正火　正火的目的是增加基体中珠光体含量，提高球铁的强度、硬度及耐磨性，主要用于珠光体球墨铸铁（QT600-3、QT700-2等）。正火后常随之回火，以去除应力。

3）调质　调质可获得比正火更高的综合力学性能，用于某些综合力学性能要求较高或截面较小的球铁铸件，如内燃机曲轴、连杆等。

4）等温淬火　可获得下贝氏体基体，主要用于高强度球铁（如QT900-2）的生产。

4. 蠕墨铸铁的熔铸

蠕墨铸铁的组织为金属基体上分布着蠕虫状石墨。这种石墨形态介于片状石墨和球状石墨之间，在光学显微镜下看，石墨短而厚、头部较圆，形状似蠕虫。

蠕墨铸铁的生产工艺与球铁相似，需对高碳、硅含量且低硫、磷成分的铁液进行蠕化处理和孕育处理。处理时也多采用冲入法，但工艺控制应严格。蠕化剂加入量稍多，有可能出现过多的球状石墨，而过少则易产生片状石墨。常用的蠕化剂多为稀土合金，如稀土镁钛合金、稀土硅铁合金、稀土镁硅铁合金等。加入量一般为铁液量的1%~2%。蠕墨铸铁的铸造性能接近灰铸铁，缩孔、缩松倾向比球墨铸铁小，故铸造工艺较简便。

蠕墨铸铁的力学性能介于基体相同的灰铸铁和球墨铸铁之间，其抗拉强度优于灰铸铁，且有一定的塑性和韧性，与铁素体球墨铸铁相近。蠕墨铸铁断面敏感性较普通灰铸铁小，故厚大截面上的力学性能较为均匀。由于蠕墨铸铁具有上述性能，且导热性和耐热性优良，因而适于制造工作温度较高或具有较高温度梯度的零件，如大型柴油机气缸盖、排气管、制动盘、钢锭模、金属型等；还可用于制造形状复杂的大铸件，如大型柴油机机体和大型机床立柱等。蠕墨铸铁件一般不进行热处理，而以铸态使用。

5. 可锻铸铁的生产

可锻铸铁是将白口铸铁坯件经长时间高温退火而得到的一种具有较高强韧性的铸铁。它的组织中石墨形态为团絮状，对基体的破坏作用也大为减轻，因而可锻铸铁的强度和塑性比灰铸铁明显提高。但可锻铸铁并不可以锻造。

可锻铸铁的生产分两个步骤：先铸造出白口铸铁，然后通过石墨化退火而获得可锻铸铁。为此，必须严格控制铸铁的化学成分，使其处于低碳低硅的亚共晶铸铁范围，以保证在通常的冷却条件下铸件能得到合格的白口组织。在白口铸铁中不应有片状石墨出现，否则在随后的退火中碳会在已有的石墨片上沉淀，将得不到团絮状石墨。石墨化退火处理是将白口铸铁加热到900~980 ℃，经长时间保温，使渗碳体分解为奥氏体和团絮状石墨。在冷却过程中，若以极缓慢的冷却速度通过720~750 ℃的共析转变温度范围，或者冷却到略低于共析转变温度作长时间保温，可得到铁素体基体的可锻铸铁；如果在通过共析转变温度时的冷却速度较快，则可得到珠光体基体的可锻铸铁。

可锻铸铁多用来制造一些形状复杂的小型薄壁铸件，如水暖管件（弯头、三通、阀门等）、扳手、连杆、活塞环、建筑扣件、电力线路金具等。目前，由于球墨铸铁的发展，不少传统的可锻铸铁零件已逐渐被球铁件所替代。

1.3.2 铸钢件的熔铸

铸钢一般分为碳素铸钢和合金铸钢。与铸铁相比，铸钢件的强度、塑性、韧性等力学性能较高，但铸造性能差，成本较高，故主要用于制造承受重载荷或冲击载荷的重要零件，如火车车轮及车钩、大型轧钢机机架、重型水压机横梁、高压阀门等。

1. 铸钢的熔炼

熔炼是铸钢生产中一个重要环节，铸钢熔炼的任务是把固体炉料（废钢、生铁）熔化成钢液，并通过一系列物理、化学反应，使钢液化学成分、纯净度和温度达到要求。熔炼铸钢的设备主要有电弧炉、平炉和感应电炉等。其中，电弧炉用得最多，平炉仅用于重型铸钢件，感应电炉主要用于生产中、小型合金钢铸件。

三相电弧炉的构造如图 1.30a 所示。通电后三根石墨电极与金属炉料间产生强烈的放电电弧，电弧产生的热量将金属炉料熔化炼成钢液。电弧炉炼钢具有温度高、熔炼速度较快、可利用冶金反应脱氧脱硫及调整含碳量、对炉料要求不高等特点，电弧炉熔炼的钢液质量较好，能炼优质钢、高级合金钢和特殊钢等钢种，但耗电量大、成本较高。

感应电炉的结构如图 1.30b 所示。它是利用感应线圈中通过交变电流产生磁场，在金属炉料内产生感应电流（即涡流）而发出热量，使金属料熔化。采用感应电炉炼钢，合金元素烧损少，钢的成分和温度易控制，熔炼速度快，劳动条件好，能耗小且易实现真空熔炼，能熔炼各种合金钢和碳质量分数极低的钢，多用于生产中小型精密铸钢件。

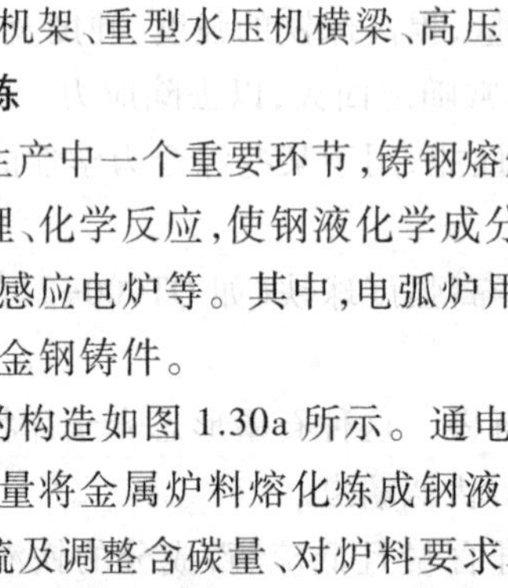

(a) 三相电弧炉

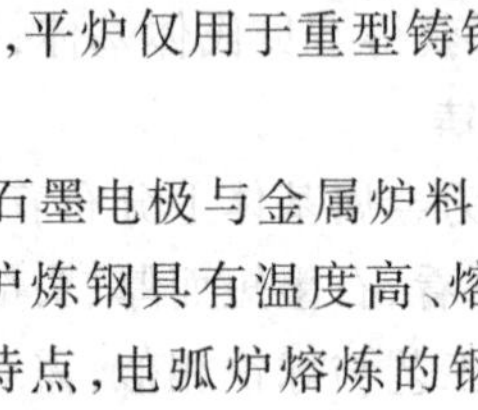
(b) 感应电炉

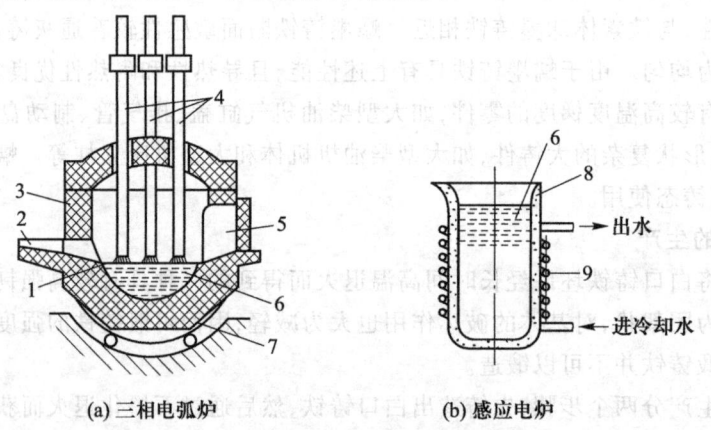

图 1.30　铸钢熔炼设备

1—电弧；2—出钢口；3—炉墙；4—电极；5—加料口；6—钢液；7—倾斜机构；8—坩埚；9—感应线圈

2. 铸钢的铸造工艺特点

铸钢的铸造性能比铸铁差得多，主要表现在：熔点高，钢液易氧化；流动性不好；收缩较大，体收缩率为 10%～14%，线收缩率为 2.2%～2.5%。为保证铸件质量，避免出现缩孔、缩松、裂纹、气孔和夹渣等缺陷，必须从铸造工艺上采取相应的措施。

（1）适当选择浇注温度　由于钢液流动性差，只有选择合适的浇注温度才能保证其充满铸型。浇注温度与铸件的形状、大小、厚薄有关，一般小件以及形状复杂的铸件，其浇注温度要高于铸钢的熔点 150 ℃左右；大型且壁较厚的铸件，要求浇注温度高于铸钢的熔点 100 ℃左右。但浇注温度也不能过高，否则会引起晶粒粗大、热裂和气孔等铸造缺陷。

（2）充分保证型砂性能　浇注铸钢件的铸型对型砂的强度、耐火性和透气性要求更高，原砂要采用耐火度很高的粗石英砂。中、大件的铸型一般都采用强度较高的 CO_2 硬化水玻璃砂型和黏土砂干型。为防止粘砂，铸型表面应涂刷一层耐火涂料。

（3）正确采用补缩工艺　铸钢件一般采用顺序凝固，开设浇口要注意钢液的注入位置。由于铸钢的收缩率大，必须安置适当数量和尺寸的冒口来进行补缩，并且要注意冒口的开设位置，使缩孔集中在冒口里。为了使铸件各部分冷却均匀，可在铸件壁较厚处，尤其是那些用冒口难补缩的地方安放内、外冷铁，以防缩孔、缩松的产生，还要注意铸型排气顺利。

1.3.3　非铁合金的熔铸

常用的非铁合金铸件有铝合金、铜合金铸件等。非铁合金大都具有流动性好、收缩性大、容易吸气和氧化等铸造性能特点，因此在熔铸工艺上需要采取一些特殊措施。

1. 铝合金的熔铸

铸造铝合金分为铝硅合金、铝铜合金、铝镁合金和铝锌合金四类，以铝硅合金铸件应用最多，其产量约占铝合金铸件总产量的 80%以上。铸造铝合金适合于制造要求轻巧结实或具有一定耐蚀性等的铸件，如活塞、缸体、泵体、叶轮、仪表元件、装饰件等。

（1）铝合金的熔炼　铝液在高温下极易吸气和氧化，因此熔炼时关键是除气去杂，以提高铝液的纯净度。铝合金通常在大气中熔炼，铝氧化生成 Al_2O_3，其化学稳定性高，在铝液中不分解，成为主要的夹杂物。当铝液与炉料、工具、炉衬中水分及油脂反应时，产生原子态氢（H）溶于高温铝液中，是铝合金中气体的主要来源。冷却时，由于氢溶解度下降，过饱和氢则以气泡（H_2）形式析出，而铝液表面致密的 Al_2O_3 薄膜阻碍氢气的排出，易使铸件产生针孔，显著降低铸件的力学性能。

因此，在铝液出炉前要进行精炼。精炼的方法是向铝液中通入氯气或加入氯化锌、六氯乙烷（C_2Cl_6）等，形成大量 Cl_2、$AlCl_3$ 等气泡，使铝液中的氢气扩散到气泡内，在其上浮过程中将铝液中的气体 H_2 及吸附的 Al_2O_3 夹杂物一起带出液面。

在熔炼铝硅合金时，为改变其中共晶硅和初晶硅的形貌，提高铸件的力学性能，通常要对其进行变质处理。对于硅质量分数大于 6%的亚共晶铝硅合金和共晶铝硅合金，常用钠或锶作为变质剂，以使合金中的共晶硅由粗片状转变为细纤维状。钠一般以熔剂（如 NaCl、NaF 等）的形式加入，锶则多采用 Al-Sr 中间合金的形式加入。对于过共晶铝硅合金，常用的是磷，以使初晶硅得到细化，通常以 Al-P 或 Cu-P 中间合金的形式加入。

铝合金熔炼一般多用坩埚炉。其中，焦炭坩埚炉结构简单，中、小型车间常采用；缺点是火焰直接与金属液面接触，温度不易控制，产量小。电阻坩埚炉的优点是炉气为中性，铝液不会强烈氧化，炉温便于控制；缺点是熔炼时间较长，耗电量较大。感应电炉（工频或中频）也可用来熔炼铝合金。

（2）铝合金的铸造工艺特点　铝合金熔点低，砂型铸造时可用细砂造型，以降低铸件表面粗糙度。浇注系统必须保证铝液能平稳快速地流入型腔，避免产生飞溅、涡流和冲击等。通常采用开放式浇注系统，并多开内浇道，常用蛇形或鹅颈形等形状的直浇道，还应注意使用冒口补缩。各种铸造方法都可用于铝合金铸造，大批量生产或制造重要铸件时，常采用特种铸造（金属型铸造、压力铸造和低压铸造等）。

2. 铜合金的熔铸

铸造铜合金分为铸造黄铜和铸造青铜两大类。它们常用来制造一些要求耐磨性或耐蚀性好的零件，如轴承、轴套、阀门、船用螺旋桨、蜗轮、蜗杆和齿轮等。

（1）铜合金的熔炼　铜合金熔炼时的突出问题也是容易氧化和吸气。铜氧化后易生成氧化亚铜（Cu_2O），使塑性变差。因此，熔炼时常采用熔剂（如木炭、碎玻璃、苏打和硼砂等）覆盖在铜合金液面上以隔离空气；一般铜合金熔炼时还需加入0.3%～0.6%的磷铜（含磷8%～14%）脱氧，使 Cu_2O 还原。普通黄铜和铝青铜由于所含的 Zn 和 Al 本身就是优良的脱氧剂，所以不需加磷脱氧。铜合金中的气体主要是氢。锡青铜常用吹氮除气法，吹入铜液中的大量氮气泡上浮时，带走原来溶于液体中的氢。铝青铜除可用吹氮法除气外，还可以加氯盐（$ZnCl_2$）或氯化物（CCl_4）除气，其原理同铝合金。对于黄铜可采用沸腾法除气，当熔炼温度超过 Zn 的沸点（90 ℃）后，Zn 蒸气泡大量逸出，引起铜合金液的激烈沸腾，使得溶于铜液中的气体被排出。铜合金的熔炼设备和铝合金基本相同。

（2）铜合金的铸造工艺特点　铜合金熔点低，密度大，流动性好，砂型铸造时宜采用细砂造型。铸造黄铜和铝青铜结晶温度范围窄，铸件易产生集中缩孔，应采用顺序凝固原则，合理设置冷铁和冒口进行补缩。锡青铜结晶温度范围宽，呈糊状凝固，易产生枝晶偏析和缩松，铸造时宜采用同时凝固原则。铜合金多用底注浇注系统，以使合金平稳充型。

1.3.4　铸造合金熔铸先进技术

如前所述，铸造具有材料制备—成形一体化的优势，可以在合金熔炼、浇注和凝固等过程中采取一些特殊的措施，来达到调控铸件组织与性能的目的。

1. 半固态铸造

半固态金属（SSM）铸造的成形原理是，在液态金属的凝固过程中进行强烈搅拌，使普通铸造时易形成的树枝晶网络骨架被打碎，而保留分散的颗粒状组织形态，从而可利用常规的铸造工艺如压力铸造、挤压铸造等实现半固态金属成形。这项技术现已进入工业应用。与传统液态成形技术相比，它具有以下优点：节约能源，改善生产条件和环境；加工余量小，能够减轻成形件的质量，实现金属制品的近终成形；成形温度比全液态成形温度低，不仅能减少液态成形时易生的缺陷，提高铸件质量，延长模具的使用寿命，还可将压铸合金的种类拓宽至高熔点合金并可以发展金属基复合材料。

（1）半固态金属的制备　半固态金属坯料制备方法有熔体搅拌法、应变诱发熔化激活法、热处理法、粉末冶金法等。其中熔体搅拌法是应用最普遍的方法，根据搅拌原理的不同又可分为机械搅拌法和电磁搅拌法两种。机械搅拌法的技术、设备比较成熟，易于实现。电磁搅拌法的突出优点是不用搅拌器，对合金液成分影响小，搅拌强度易于控制。

（2）半固态铸造工艺　可分为两种：一种称为流变铸造，它是将达到一定固相组分的 SSM

原始浆料直接铸造或挤压成形的方法;另一种称为触变铸造,它是先将SSM原料制成铸锭,生产时经定量下料后,再次加热到半固态状态,然后进行压铸或挤压成形。

目前,半固态铸造的铝和镁合金件已经大量地用于汽车工业的特殊零件上,主要有汽车轮毂、主制动缸体、动力向壳体、离合器总泵体、发动机活塞、液压管接头等。

2. 定向凝固技术

定向凝固是将金属浇注到特殊的铸型中,通过采取很高的温度梯度和严格控制的单向散热条件,使铸件在某一型壁上开始形核,并沿着一个方向生长,最终全部长成平行的柱状晶。这种组织的铸件其性能具有方向性,当晶界与主应力方向平行时,沿柱状晶方向上的力学性能特别优异。这种技术目前广泛用于燃气轮机高温合金叶片的熔模铸造。定向凝固制造出的叶片的高温蠕变性能和抗疲劳性能大大优于普通铸造的叶片。如果对铸造工艺加以特殊设计和控制,还可以得到只由一个柱状晶粒构成的叶片,即单晶叶片。由于消除了晶界对材料组织的不利影响,单晶叶片的各项性能指标更高。

定向凝固还可用于制备具有特殊物理性能(如磁性、弹性等)的功能材料。

3. 快速凝固技术

普通铸造方法的冷却速度不超过10 K/s。快速凝固通常是指以大于10^5 K/s级的冷却速度,或以每秒数米级的固液界面推进速度使液相凝固成固相的过程。

目前,实现快速凝固的方法大致可分为雾化法、液态急冷法和束流表层急冷法三种。

(1) 雾化法　利用高速气流打击金属液流,或在离心力作用下,使金属液雾化为十分细小的熔滴颗粒,最后快凝成粉末,收集快冷金属粉末经筛分后用挤压等方法成形。

(2) 液态急冷法　该法是把金属液喷到急冷板或转动的辊轮上,使其快速凝固成很薄的金属箔或丝材。

(3) 束流表层急冷法　此法是用激光束、电子束或离子束在极短的时间($10^{-12}\sim10^{-3}$ s)内,将金属表面极薄的一层快速熔化,随后借助尚处于冷态的金属基体的自淬火作用,使已熔化的薄层快速凝固。由于熔化层与基体紧密结合在一起,界面换热能力接近无穷大,故冷却速度很大,一般可达$10^5\sim10^9$ K/s。

当合金以极高的冷却速度凝固时,晶粒将急剧细化,可小至微米级,甚至纳米级。快速凝固还会导致金属或合金在凝固后依然保持液态时的原子无序排列,抑制结晶而得到准晶或非晶态组织。这就使得合金的强度、塑性、耐磨性、耐蚀性都得到提高。此外,快速凝固还能提高金属的抗应力腐蚀能力和磁性能力等。

1.4　铸造工艺设计

铸造工艺设计又称为铸造工艺规程设计,其任务是编制有关铸造工艺过程的技术文件,即用文字、表格、图纸等说明铸件生产工艺的次序、要求、方法、工艺规范及所用原材料种类和规格等,以保证铸件质量的可靠性和稳定性。铸造工艺设计所制定的技术文件是铸造生产的指导性文件,也是生产准备、管理、成本核算和铸件验收的依据。

1.4.1 铸造工艺设计的内容

1. 铸造工艺设计的依据

在编制工艺规程之前，设计人员需要了解企业的生产条件，如设备能力、原材料的供应情况及工人技术水平和生产经验等，还要掌握生产任务和要求，包括零件的技术要求、产品数量及生产期限等情况，这些是铸造工艺设计的出发点和基本依据。

2. 铸造工艺设计的主要内容

在不同的生产条件下，铸件工艺设计内容有所不同。单件、小批量生产的一般性产品，铸造工艺内容可简化，有时只需一张标注有浇注位置、分型面、各项工艺参数、浇冒口系统等的铸造工艺图；对于大量生产的定型产品或者特别重要的单件生产的铸件，铸造工艺应当设计得细致，内容涉及较多，除工艺本身的内容外，还包括设计各种工艺装备、规定造型材料和铸件原材料、制定铸件热处理工艺及验收标准等。

1.4.2 浇注位置和分型面的选择

浇注位置是指浇注时铸件在铸型中所处的位置。分型面是指铸型与铸型之间的相互接触面。浇注位置和分型面的选择不仅对保证铸件质量有很大影响，而且与模样、芯盒等工艺装备的结构、浇注系统的开设以及造型、造芯、合型操作工序等都有直接关系。

1. 确定浇注位置

浇注位置的确定关系到铸件质量能否得到保证。设计时要根据铸件的凝固方式，注意以下几项原则，仔细分析各种可能的方案，权衡择优确定。

(1) 铸件的重要表面应朝下或侧立　重要表面是指铸件上的重要加工面或主要受力工作面等要求较高的部位。遵循这一原则有利于保证这些重要表面的质量，因为铸件的上表面容易产生气孔、夹渣等缺陷，组织也不如下表面致密。

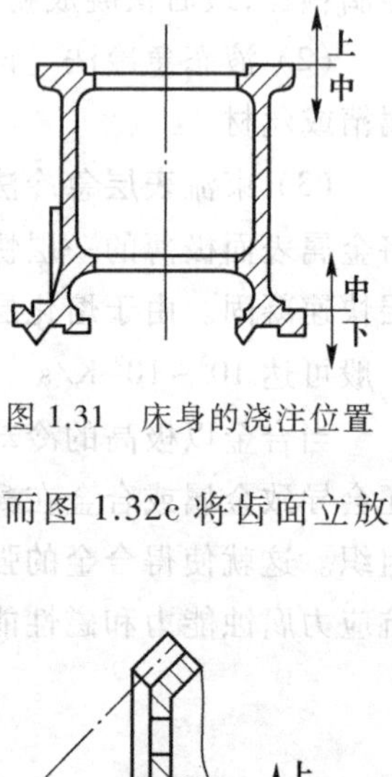

图 1.31　床身的浇注位置

图 1.31 所示的车床床身铸件的导轨面是重要表面，因此浇注时要置于下面，以免产生气孔、砂眼、缩孔等缺陷。图 1.32 所示为锥齿轮的三种不同的浇注位置，图 1.32a 是正确的，它将齿轮要求较高并需要进行机械加工的齿面朝下放；图 1.32b 将齿面朝上，难以保证其质量；而图 1.32c 将齿面立放，会导致齿轮周面质量不均。

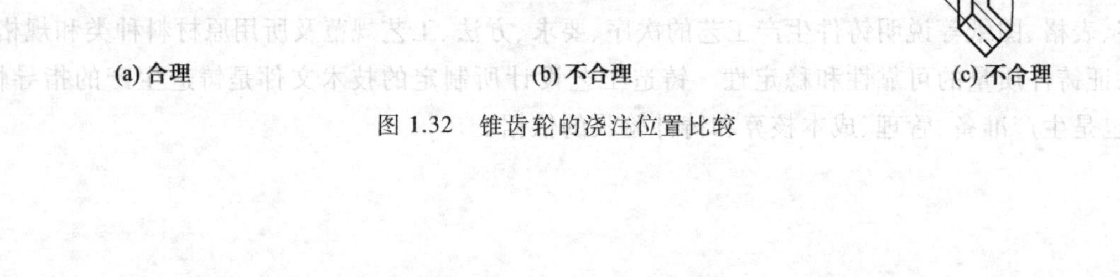

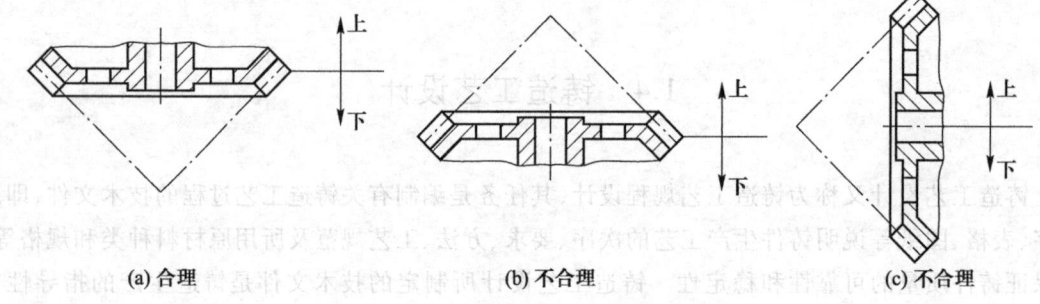

图 1.32　锥齿轮的浇注位置比较

（2）铸件上的宽大平面应朝下　对于平板、圆盘类铸件，应使其大平面朝下，这样不仅减少了大平面上的气孔、夹渣等缺陷，还可防止型腔上表面因较长时间受到烘烤而产生夹砂缺陷，如图 1.33 所示。

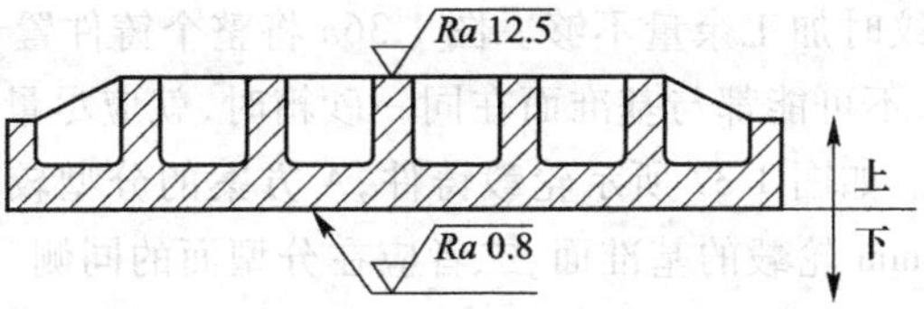

图 1.33　平板类铸件的浇注位置

（3）铸件上的薄壁部位应朝下　铸件上的薄壁部位（尤其是大面积的薄壁部分）宜放在铸型的下部，以提高充型压力，有利于合金液对薄壁部位的充填，防止浇不足、冷隔等缺陷。图 1.34b所示为一般端盖类铸件的正确浇注位置。

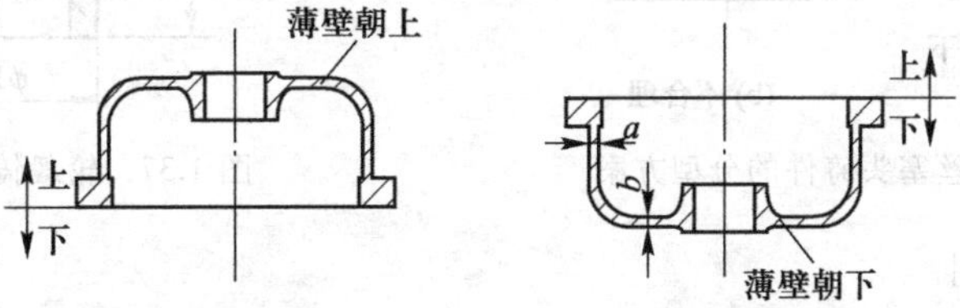

(a) 不合理　　(b) 合理 $a>b$

图 1.34　端盖的浇注位置

（4）容易产生缩孔的铸件厚大部位应朝上　将铸件上截面较厚的部分放在铸型的上部，以便于在该处放置冒口，形成合理的顺序凝固，从而有利于铸件的补缩。

图 1.35 所示为卷筒铸件的浇注位置，图 1.35b 是正确的，厚壁在上，利于补缩；图 1.35a 的浇注位置除了不利于厚壁处补缩外，还会导致卷筒周面质量的不均匀。

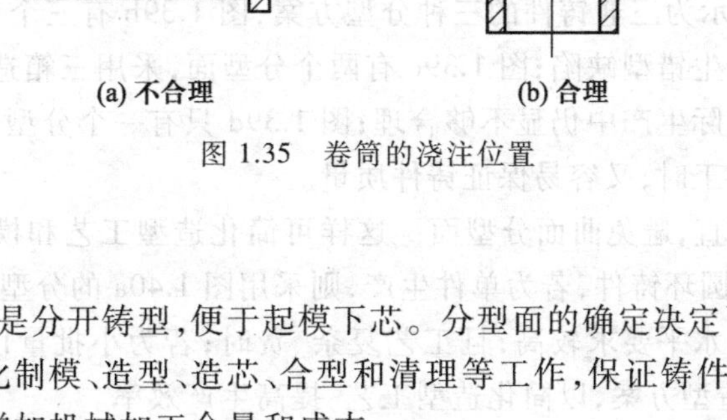

(a) 不合理　　(b) 合理

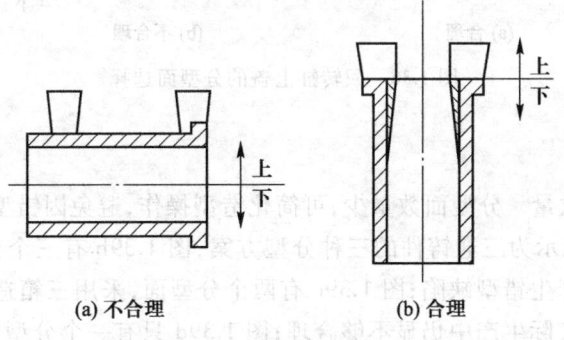

图 1.35　卷筒的浇注位置

2. 选择分型面

分型面的主要作用是分开铸型，便于起模下芯。分型面的确定决定了铸件在造型时的位置。分型面选择恰当，可简化制模、造型、造芯、合型和清理等工作，保证铸件质量；反之，不但会使生产工序复杂化，还可能增加机械加工余量和成本。

确定分型面时应考虑如下原则。

（1）保证精度原则　应尽量使铸件全部或大部分置于同一砂箱，以保证铸件的精度。图1.36b中的螺丝塞头采用分模造型，合型时容易产生错型，导致塞头上、下两部分中心轴线不重合，以致造成大头外圆表面车削螺纹时加工余量不够。图1.36a将整个铸件置于同一砂箱，避免了错型。

当铸件的加工面较多，不可能都与基准面在同一砂箱时，就应尽量使加工的基准面与大部分的加工面放在分型面同侧。如图1.37所示轮毂铸件，A方案的分型较合理，因为ϕ278 mm的凸缘盘，是主要加工面ϕ161 mm轮毂的基准面，二者应在分型面的同侧。

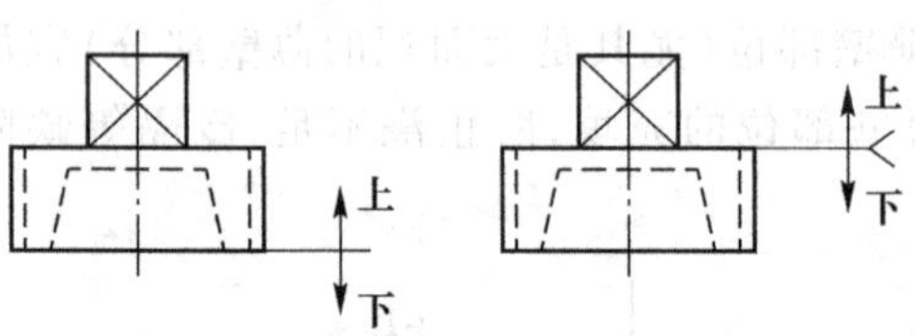

(a) 合理　(b) 不合理

图1.36　螺丝塞头铸件的分型方案

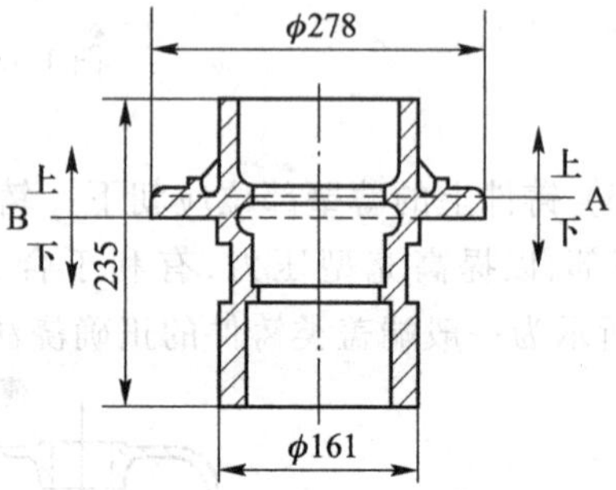

图1.37　轮毂铸件的分型方案

（2）方便操作原则

1）分型面一般取在铸件的最大截面处，以方便起模。

2）型腔及主要型芯位于下箱，以便于下芯和检验，避免合型时破坏型芯。例如图1.38a所示的分型方案是正确的，它将铸件大部分放在下型，便于型芯的安放和检验铸件壁厚，也降低了上箱的高度，方便了合型操作。

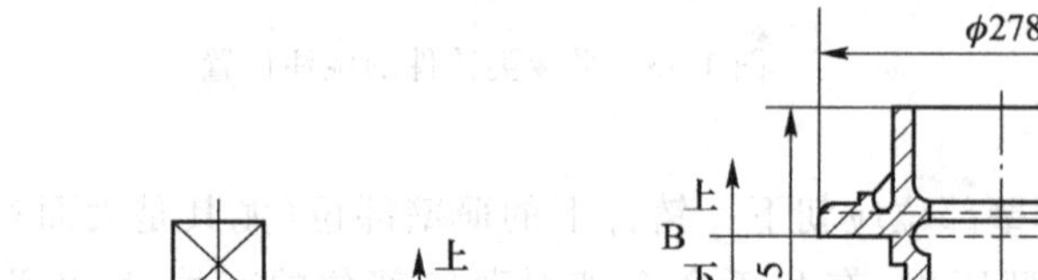

(a) 合理　(b) 不合理

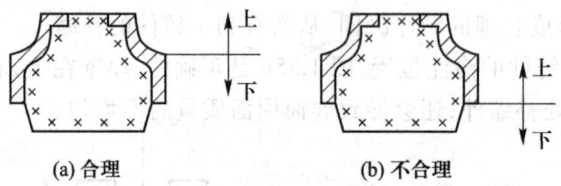

图1.38　回转缸上盖的分型面选择

（3）简化工艺原则

1）减少分型面的数量　分型面数量少，可简化造型操作，避免因错型造成的误差，有利于提高铸件精度。图1.39所示为三通铸件的三种分型方案，图1.39b有三个分型面，需用四箱造型，造型工艺复杂，且容易产生错型缺陷；图1.39c有两个分型面，采用三箱造型，此方案虽然较前者少了一个分型面，但在实际生产中仍显不够合理；图1.39d只有一个分型面，为两箱造型，造型工艺大大简化，既可以减少工时，又容易保证铸件质量。

2）分型面应尽量平直，避免曲面分型面　这样可简化造型工艺和模板制造，容易保证铸件质量。如图1.40所示的圆环铸件，若为单件生产，则采用图1.40a的分型面为一曲面的整模挖砂造型方案，这对工人技术水平要求较高，且工艺复杂、费时；若为小批量以上的生产（>5件），就应采用图1.40b的分模造型方案，以简化造型工艺，提高生产效率。

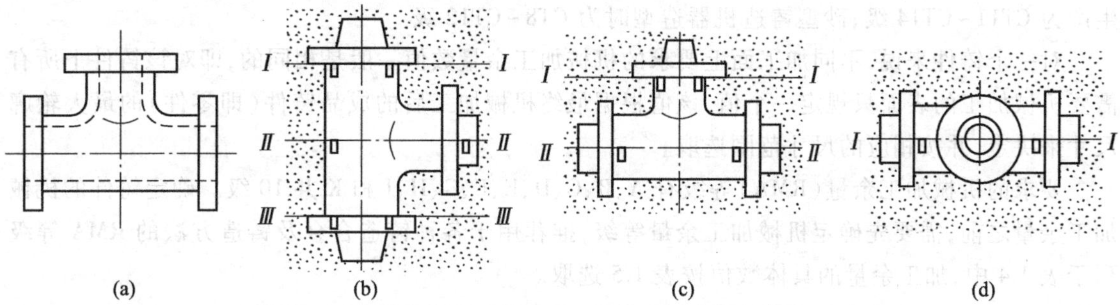

图 1.39　三通铸件的分型方案比较

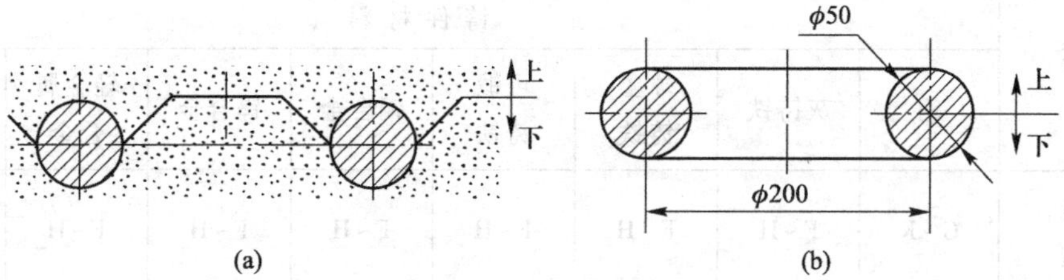

图 1.40　圆环铸件的分型面

3）分型面应尽量与浇注位置一致，以避免合型后再翻动铸型　浇注位置和分型面是根据铸件的结构特点、技术要求、生产批量及车间的生产条件来确定的。对于某一具体铸件进行工艺设计时，往往难以全面满足上述原则，因此要具体问题具体分析，善于抓住主要矛盾，在满足浇注位置的前提下，考虑工艺的简化，不可生搬硬套。如机床立柱、起重机卷扬滚筒等铸件，采用沿轴线水平分型两箱造型，可简化造型工艺，但因周面质量要求高，浇注位置要选择立浇位置。此生产工艺称为"平做立浇"，既方便造型操作，又保证了铸件的质量。

1.4.3　铸造工艺参数的确定

铸造工艺参数是与铸造工艺过程有关的一些量化数据，主要有要求的机械加工余量、收缩余量、起模斜度等。

1. 要求的机械加工余量

在毛坯铸件上为了随后可用机械加工方法去除铸造对金属表面的影响，并使之达到所要求的表面特征和必要的尺寸精度而留出的金属余量，称为要求的机械加工余量（RMA）。影响 RMA 的主要因素有合金种类、铸造方法、生产批量、铸件尺寸和精度要求等。

正确选取要求的机械加工余量十分重要。加工余量过大，浪费金属材料和切削加工工时，增加零件成本。加工余量过小，铸件所允许的尺寸偏差如果超过所留的加工余量，切削加工时就不能完全去除铸件表皮，达不到技术要求，可造成铸件报废；同时，余量过小使刀具的切削刃不能深入到铸件硬度最高的表层之下，因而加快了刀具磨损。

铸件的机械加工余量一般用铸件的尺寸公差和要求的机械加工余量代号统一标注在图样上。尺寸公差是指允许铸件尺寸的变动量，共分为 16 个等级，由精到粗以 CT1～CT16 表示。铸铁和铸钢件的尺寸公差等级：用黏土砂手工造型时，单件、小批量生产为 CT13～CT15 级，大批量生产为 CT11～CT14 级；砂型铸造机器造型时为 CT8～CT12 级。

对一个铸件来说，不同加工面上要求的机械加工余量数值一般是相同的，即对该铸件上所有需要机械加工的表面只规定一个值，该值根据最终机械加工后的成品铸件（即零件）的最大轮廓尺寸来决定，并按相应的尺寸范围选取。

要求的机械加工余量（RMA）等级有 A、B、C、D、E、F、G、H、J 和 K 共 10 级。确定铸件的机械加工余量之前，需要先确定机械加工余量等级，推荐用于各种铸造合金及铸造方法的 RMA 等级列于表 1.4 中，加工余量的具体数值按表 1.5 选取。

表 1.4　毛坯铸件典型的机械加工余量等级（GB/T 6414—2017）

方　法	要求的机械加工余量等级							
	铸件材料							
	钢	灰铸铁	球墨铸铁	可锻铸铁	铜合金	锌合金	轻金属合金	镍基合金
砂型铸造手工造型	G～K	F～H	F～H	F～H	F～H	F～H	F～H	G～K
砂型铸造机器造型和壳型	F～H	E～G	E～G	E～G	E～G	E～G	E～G	F～H
金属型（重力铸造和低压铸造）	—	D～F	D～F	D～F	D～F	D～F	D～F	—

表 1.5　要求的铸件机械加工余量（RMA）（GB/T 6414—2017）　　mm

最大尺寸		要求的机械加工余量等级							
大于	至	C	D	E	F	G	H	J	K
—	40	0.2	0.3	0.4	0.5	0.5	0.7	1	1.4
40	63	0.3	0.3	0.4	0.5	0.7	1	1.4	2
63	100	0.4	0.5	0.7	1	1.4	2	2.8	4
100	160	0.5	0.8	1.1	1.5	2.2	3	4	6
160	250	0.7	1	1.4	2	2.8	4	55.5	8
250	400	0.9	1.3	1.4	2.5	3.5	5	7	10
400	630	1.1	1.5	2.2	3	4	6	9	12
630	1 000	1.2	1.8	2.5	3.5	5	7	10	14
1 000	1 600	1.4	2	2.8	4	5.5	8	11	16

注：最大尺寸指最终机械加工后铸件的最大轮廓尺寸。

铸件上的孔和槽是否要铸出来，应根据具体情况而定，既要考虑铸造工艺的可行性，又要考虑铸出的必要性和经济性。通常为了节省金属材料，减少机械加工工时，对于尺寸较大的孔和槽、不需机械加工的孔和槽以及难加工材料制作的铸件上的孔和槽，应尽量在铸件上铸出。如果孔的同轴度要求较高,需要机械加工保证精度时,或孔、槽的深宽比较大,难以铸出时,就可不必铸出。通常情况下,最小铸出孔尺寸可查表 1.6。

表 1.6 铸件的最小铸出孔

生产批量	最小铸出孔直径/mm	
	灰铸铁件	铸钢件
大量生产	12~15	
成批生产	15~30	30~50
单件、小批生产	30~50	50

2. 收缩余量

由于合金的收缩不但引起合金体积的缩减,而且还使铸件在尺寸上缩减,因此为了获得满足铸件尺寸的技术要求,生产模样时模样尺寸需要放大。收缩余量就是为了补偿铸件收缩,模样尺寸比铸件图纸尺寸增大的数值。其值取决于铸件线收缩率

$$K=\frac{L_{模}-L_{件}}{L_{件}}\times100\%$$

式中:$L_{模}$——模样(或芯盒)工作面的尺寸,mm;

$L_{件}$——铸件尺寸,mm。

铸件的线收缩率不完全等同于合金本身的线收缩率。铸件线收缩率不仅与铸造合金的种类和成分有关,而且还与铸件结构和壁厚、铸型的退让性及铸型材料的导热性能等有关。铸件结构复杂,各部分相互制约,收缩阻力增大,铸件收缩率减小。铸型的退让性好(刚性小),铸件的收缩率增大。随着铸件尺寸增大,铸型退让性变差,铸件收缩率减小。此外,浇冒口、芯骨、箱带等都能阻碍铸件的收缩。工艺设计时铸件线收缩率可查表 1.7。

表 1.7 砂型铸造常用合金的铸件线收缩率

铸造合金	线收缩率/%	
	自由收缩	受阻收缩
灰铸铁:中小型件	1.0	0.9
中大型件	0.9	0.8
球墨铸铁	0.8~1.1	0.4~0.8
碳钢、低合金钢	1.6~2.0	1.3~1.7
铝硅合金	1.0~1.2	0.8~1.0

3. 起模斜度

为使模样容易从铸型中取出或型芯自芯盒中脱出,而在模样或芯盒平行于起模方向的壁上设置的斜度,称为起模斜度。起模斜度的大小取决于造型(芯)方法、模样材料、垂直壁高度及表面粗糙度,通常为 15′~3°,如表 1.8 所示。立壁(测量面)越高,斜度越小。设计时,同一铸件的起模斜度尽可能只选用一至两种,以方便其模样和芯盒的加工。

表 1.8　砂型铸造用起模斜度 α(JB/T 5105—1991)

测量面高度 H /mm	金属模样、塑料模样		木　模　样	
	α	a/mm	α	a/mm
≤10	2°20′	0.4	2°55′	0.5
>10~40	1°10′	0.8	1°25′	1.0
>40~100	0°30′	1.0	0°40′	1.2
>100~160	0°25′	1.2	0°30′	1.4
>160~250	0°20′	1.6	0°25′	1.8
>250~400	0°20′	2.4	0°25′	3.0
>400~630	0°20′	3.8	0°20′	3.8
>630~1 000	0°15′	4.4	0°20′	5.8

起模斜度的设计有三种方法:增加壁厚法、加减壁厚法、减少壁厚法,如图 1.41 所示。一般情况下,铸件不加工面的壁厚小于 8 mm 时,可采用增加铸件壁厚法;壁厚 8~22 mm 时,可采用加减壁厚法;壁厚大于 22 mm 时,可采用减少壁厚法。铸件加工表面的起模斜度,按增加壁厚法确定。铸件在起模方向已有足够的结构斜度时,不再加起模斜度。

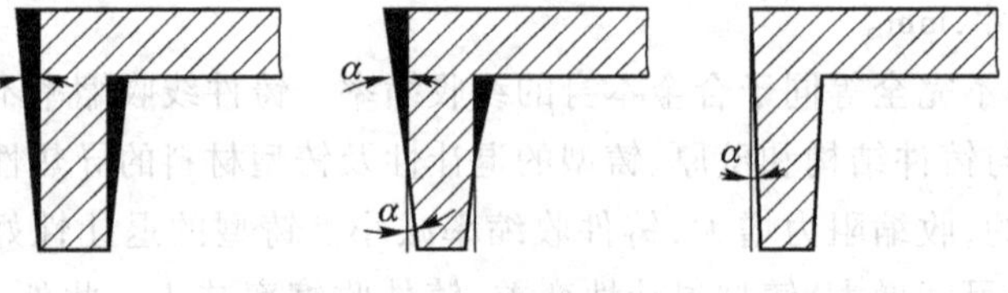

图 1.41　起模斜度

1.4.4　型芯设计

型芯是铸型的重要组成部分,主要用来形成铸件的内腔、孔和铸件外表面妨碍起模的部位等。砂型铸造的型芯是与铸件内腔形状同形的实体砂块,如图 1.42 所示。砂型铸造之所以具有能够生产复杂内腔零件的优势,正是通过使用型芯的方式,将难度较大的内腔制造转化为难度较小的外形制造以及以破碎砂芯的方式将其从铸件内部取出而实现的。

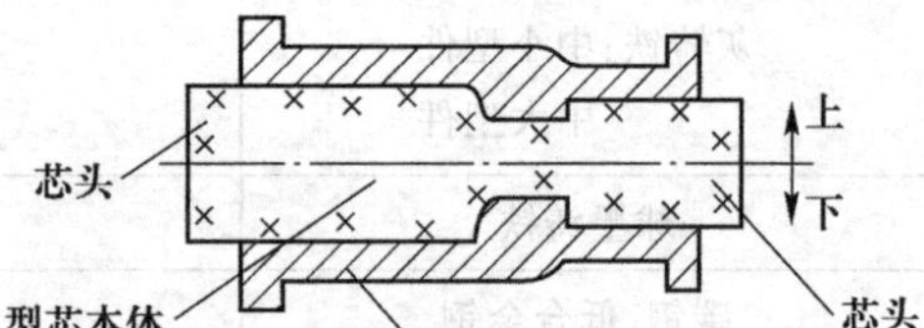

图 1.42　型芯的作用与结构

型芯设计的内容主要包括确定型芯的数量和形状以及设计芯头等,详见第 8 章 8.1.3。

1.4.5　浇注系统设计

浇注系统是为金属液流入型腔而开设于铸型中的一系列通道,也称为浇口。浇注系统的作用包括:提供足够的充型压力,保证金属液的充型速度,将液态金属平稳导入型腔;排除金属液中的渣和气,排出型腔中的气体,防止金属液过度氧化;调节铸件各部分的温度分布,控制铸件的凝固顺序且有补缩作用。

浇注系统主要由浇口杯(外浇口)、直浇道、横浇道、内浇道四部分组成,如图 1.43 所示。浇注系统的设计详见第 8 章 8.1.4。

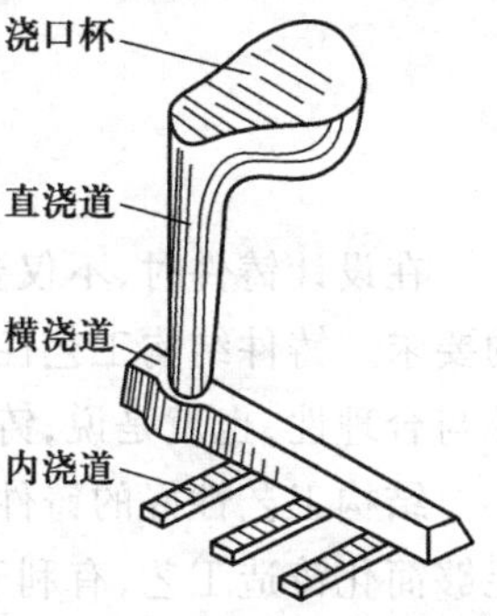

图 1.43　浇注系统的组成

1.4.6　冒口与冷铁的应用

1. 冒口

冒口的主要作用是补缩铸件,此外还有排气和集渣作用。冒口设计的内容主要是:选择冒口的形状及安放位置,确定冒口的数量,计算冒口的尺寸,校核冒口的补缩能力。

2. 冷铁

冷铁通常与冒口配合使用,以加强铸件的顺序凝固、扩大冒口的有效补缩距离,防止铸件产生缩孔或缩松缺陷。冷铁分为外冷铁和内冷铁两种。外冷铁作为铸型的一个组成部分,和铸件不熔接,用后可以回收,重复使用。外冷铁主要用于壁厚 100 mm 以下的铸件。内冷铁直接插入需要激冷部分的型腔中,使金属液激冷并同金属熔接在一起,成为铸件本体的一部分。内冷铁多用于厚大而不重要的铸件,对于承受高温、高压的铸件,不宜采用。各种铸造合金均可使用冷铁,尤以铸钢件应用最多。

1.4.7　铸造工艺图的制定

将上述铸造工艺设计的内容用图示的方法表达出来,就形成了铸造工艺图。铸造工艺图是指导铸造生产的基本技术文件,适用于各种批量的生产。图 1.44 所示即为某支架零件的铸造工艺图(右图是左图的俯视图)。铸造工艺图的绘制方法详见本书第 8 章 8.1.5。

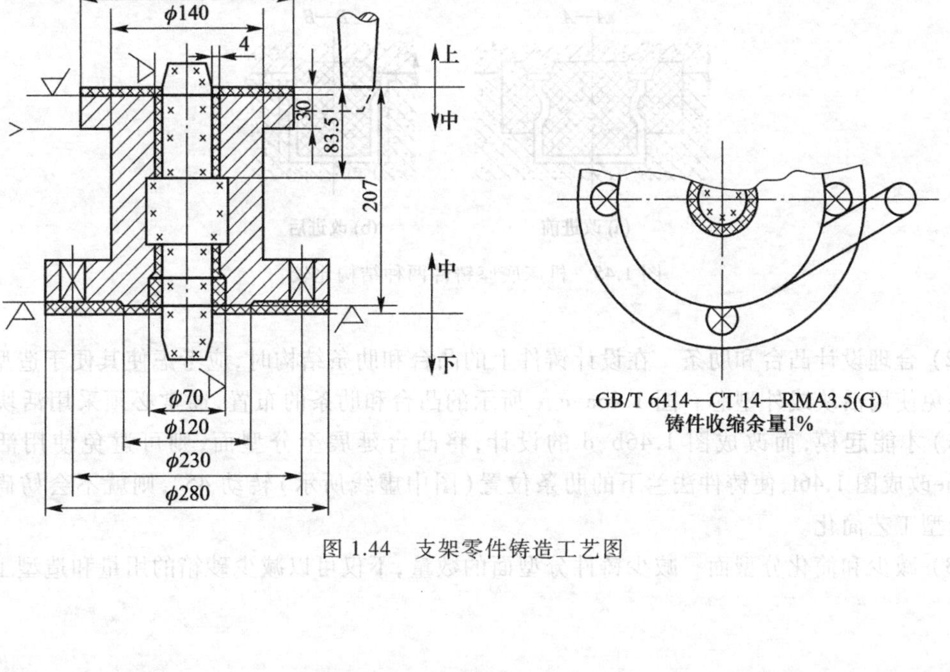

图 1.44　支架零件铸造工艺图

1.5 铸件的结构工艺性

在设计铸件时,不仅要使其结构满足使用性能的要求,还必须考虑使其符合铸件结构工艺性的要求。铸件结构工艺性也称为零件结构的铸造工艺性,是指铸件结构相对于铸造成形的可行性与合理性,也就是说,铸件结构应与相应的铸造工艺以及合金的铸造性能相适应。

结构工艺性好的铸件,能够减少或避免铸造缺陷的产生,从而易于保证铸件的质量,同时也能够简化铸造工艺,有利于提高生产率和降低生产成本。

1.5.1 铸造工艺对铸件结构的要求

模样(芯盒)的制造、造型和造芯等是铸造中重要的工艺环节,铸件的结构对于这些工艺过程的可操作性和工作难度以及所完成铸型的质量有很大影响。因此,在设计铸件时从铸造工艺的角度出发,应注意以下几个方面。

1. 铸件的外形设计

在满足使用要求的前提下,铸件外形设计应尽量简化,以使其便于起模。应避免操作较复杂的三箱造型、挖砂造型、活块造型及不必要的外型芯。

(1) 避免侧凹结构　铸件在与起模方向平行的壁上若有侧凹,就必须在造型时采用较大的外型芯才能起模,如图 1.45a 所示的机床底座。若将其改成图 1.45b 所示的结构,把槽扩展成通到底部的凹槽,则可省去外型芯,显然后一种结构是合理的。

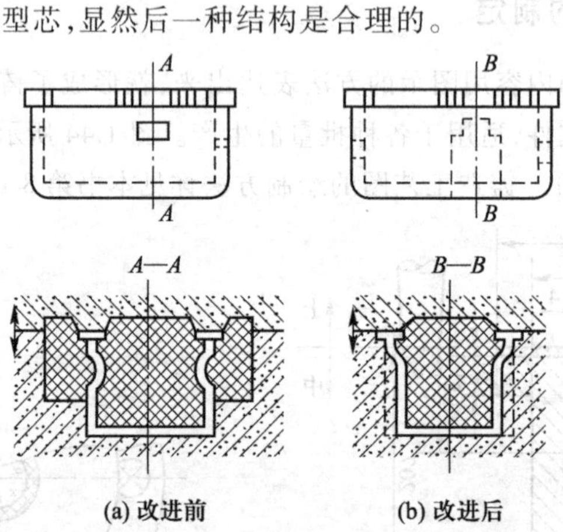

图 1.45　机床底座铸件两种结构比较

(2) 合理设计凸台和肋条　在设计铸件上的凸台和肋条结构时,应考虑使其便于造型起模,尽力避免使用活块或外型芯。图 1.46a、c、e 所示的凸台和肋条的布置,通常必须采用活块(或外壁型芯)才能起模,而改成图 1.46b、d 的设计,将凸台延展至分型面,则可避免使用活块,将图 1.46e改成图 1.46f,使铸件法兰下的肋条位置(图中虚线所示)转动 45°,则就不会妨碍起模,使得造型工艺简化。

(3) 减少和简化分型面　减少铸件分型面的数量,不仅可以减少砂箱的用量和造型工时,而

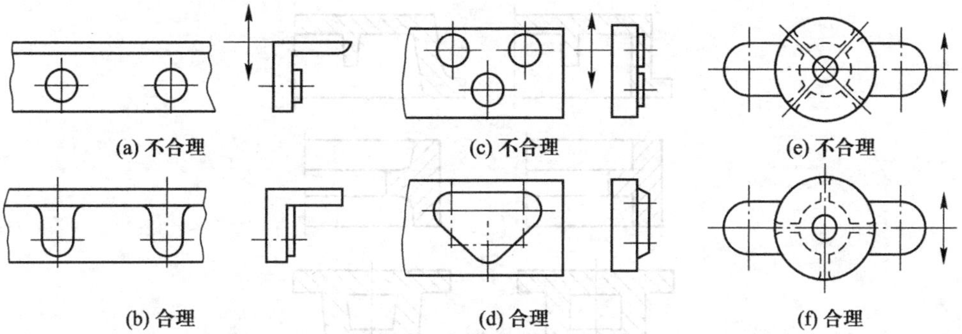

图 1.46　铸件凸台和肋条的设计

且可以减少错型、偏芯等缺陷，提高铸件的尺寸精度。如图 1.47a 所示端盖铸件，由于法兰凸缘，不能采用简单的两箱造型。若改成图 1.47b 的结构，取消上部的凸缘，使铸件只有一个分型面，则将大大简化造型操作。

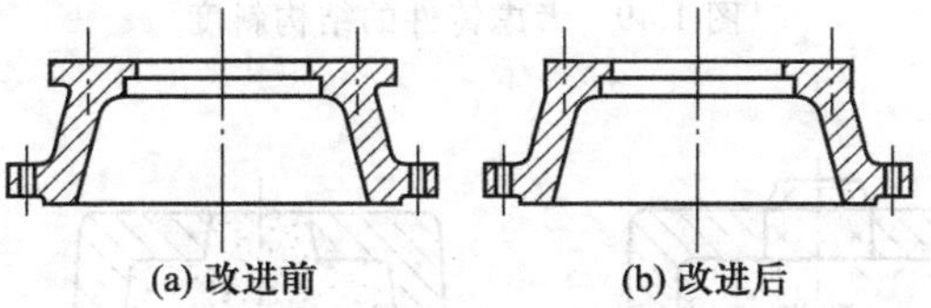

图 1.47　端盖铸件的两种结构

分型面应尽量为平面，这样可以不用挖砂造型或假箱造型，同时铸件飞边少，便于清理，因此应尽量避免弯曲的分型面。如图 1.48a 所示的结构，造型时必须采用生产率较低的挖砂造型或假箱造型。如果把铸件改成图 1.48b 那样，分型面位于铸件端面上，而且是一个平面，可以采用操作简便的两箱整模造型，从而提高了生产效率。

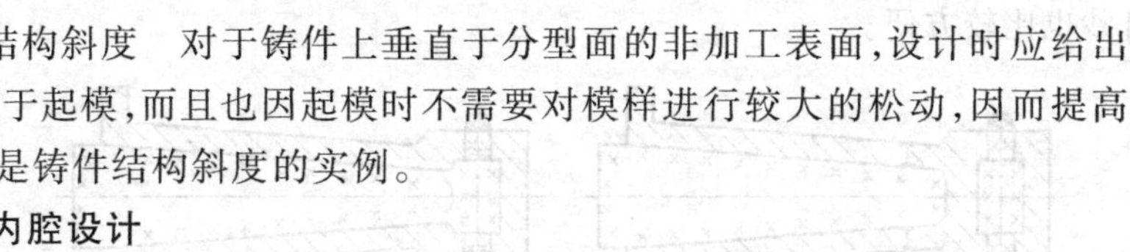

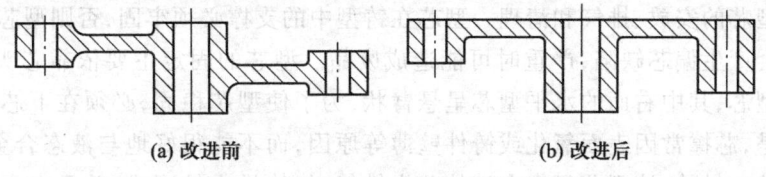

图 1.48　使分型面平直的铸件结构

(4) 考虑结构斜度　对于铸件上垂直于分型面的非加工表面，设计时应给出一定的结构斜度，这样不但便于起模，而且也因起模时不需要对模样进行较大的松动，因而提高了铸件的尺寸精度。图 1.49 是铸件结构斜度的实例。

2. 铸件的内腔设计

铸件的内腔通常由型芯形成，设计时应考虑到方便型芯的制造以及型芯的定位、安放和排气等；并应尽可能地不用或少用型芯，以节约芯盒和型芯制造的工时及材料消耗。

(1) 不用或少用型芯　图 1.50a 所示的铸件，因内腔出口处尺寸较小，必须用型芯才能铸出。若将内腔改成图 1.50b 的开口形式，则可用自带型芯（砂垛）构成铸件的内腔。

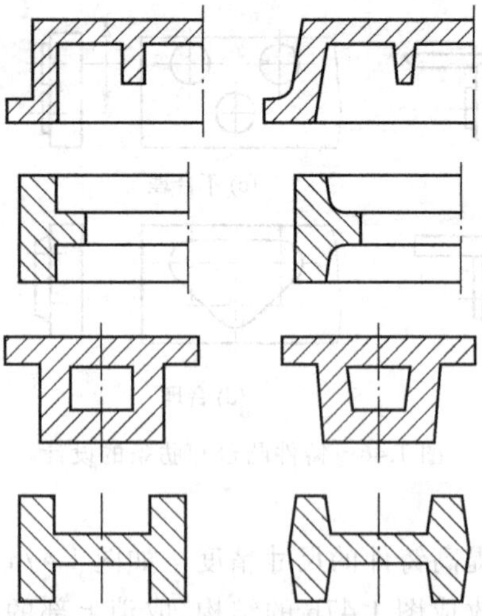

(a) 不合理　　(b) 合理

图 1.49　考虑铸件的结构斜度

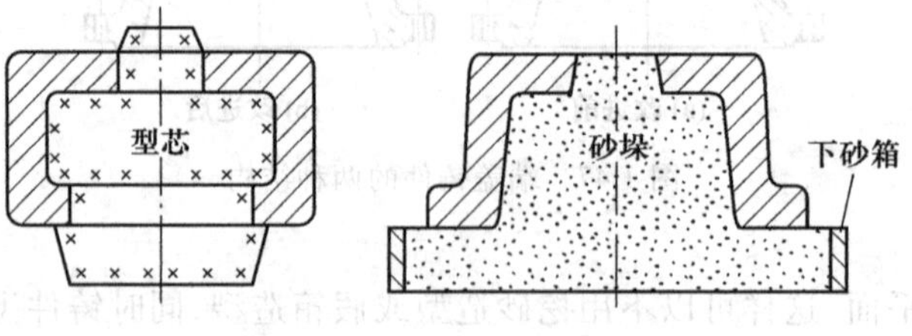

(a) 改进前　　(b) 改进后

图 1.50　减少型芯的铸件结构

(2) 方便型芯的安放、排气和清理　型芯在铸型中的支撑必须牢固,否则型芯经不住浇注时金属液的冲击会产生偏芯缺陷,严重时可能造成废品。型芯的固定主要依靠芯头。图 1.51a 中的铸件有两个型芯,其中右面的水平型芯呈悬臂状,为了使型芯稳固,必须在下芯时使用芯撑支撑其左端。但是,芯撑常因表面氧化或铸件壁薄等原因,而不能很好地与液态合金熔合,致使铸件的致密性变差。另外,该型芯只靠右端的芯头排气,气体排出较困难,并且也不便于落砂时的型芯清理。若将铸件结构改为图 1.51b 那样,则型芯成为一个整体,其稳定性得到加强,排气更为通畅,清理出砂也比较方便。

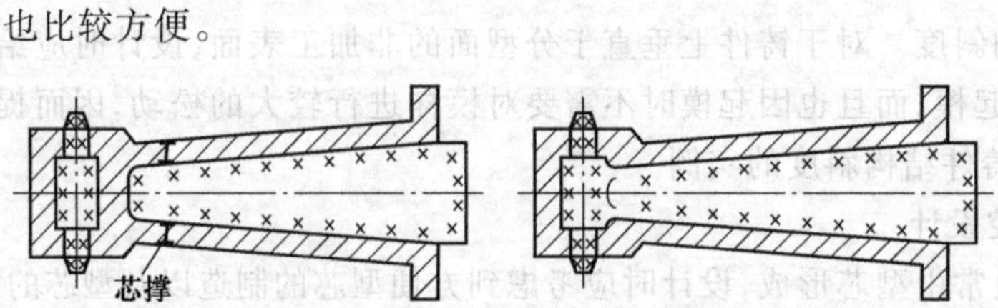

(a) 改进前　　(b) 改进后

图 1.51　便于型芯固定、排气和清理的铸件结构

3. 铸件结构的合理分割与组合

对于某些大型复杂的铸件,在生产条件不允许整体铸造时,可采用组合铸件。即将一个铸件分成几部分铸造,然后焊接或用螺钉连成一整体。因铸件由大化小,结构由复杂变简单,故制模、造型(芯)、落砂和清理等过程均大为简化,加工和运输也方便,铸件质量易保证。但组合铸件刚度不如整体铸件好。

1.5.2 铸造性能对铸件结构的要求

与合金的铸造性能有关的铸造缺陷,如浇不到、冷隔、缩孔、缩松、铸造应力、变形和裂纹等与铸件结构有相当的关系,往往在采用更合理的铸件结构后,便可以消除这些缺陷。因此,应使铸件结构有利于合金液的充型,并能减轻或避免因合金收缩带来铸件缺陷。

1. 铸件的壁厚

(1) 铸件的壁厚应合理　每一种铸造合金都有其适宜的铸件壁厚范围,过大或过小都会对铸件产生不利影响。若为了节约金属、减轻自重而不适当地降低壁厚,即使能满足零件力学性能的要求,但却可能导致铸件产生浇不到、冷隔等铸造缺陷。因此,在设计铸件壁厚时要考虑最小壁厚的限制。表 1.9 为砂型铸造时铸件的最小壁厚允许值。

表 1.9　砂型铸造条件下铸件的最小壁厚　mm

合金种类	铸件轮廓尺寸/mm			
	<200×200	200×200~400×400	400×400~800×800	>800×800
灰铸铁	3~4	4~5	5~6	6~12
孕育铸铁	5~6	6~8	8~10	10~20
球墨铸铁	3~4	4~8	8~10	10~16
可锻铸铁	3~5	4~6	5~8	—
碳素铸钢	8	9	11	14~20
铝合金	3~5	5~6	6~8	8~12
铜合金	4~6	6~7	8	—

另一方面,铸件壁也不能过厚,因为铸件的力学性能并不随壁厚的增加而成比例地增加。过大的壁厚将会导致结晶组织粗大甚至产生缩孔、缩松缺陷,反而会恶化其性能,表 1.10 是几种常用合金砂型铸造条件下的最大临界壁厚值。

表 1.10　常用铸造合金砂型铸件的临界壁厚　mm

合 金 种 类	铸件质量/kg		
	0.1~2.5	2.5~10	>10
普通灰铸铁	8~10	10~15	15~20
孕育铸铁	12~18	15~18	18~25
铁素体球墨铸铁	10	15~20	50
珠光体球墨铸铁	14~18	18~20	60

续表

<table>
<tr><td rowspan="2">合 金 种 类</td><td colspan="3">铸件质量/kg</td></tr>
<tr><td>0.1 ~ 2.5</td><td>2.5 ~ 10</td><td>>10</td></tr>
<tr><td>碳素铸钢</td><td>15 ~ 18</td><td>20 ~ 25</td><td></td></tr>
<tr><td>铝合金</td><td>6 ~ 10</td><td>6 ~ 12</td><td>10 ~ 14</td></tr>
<tr><td>锡青铜</td><td>—</td><td>6 ~ 8</td><td>—</td></tr>
</table>

如果选定合金的适宜壁厚不能满足零件的力学性能要求,则应改选高强度的材料或选择更加合理的截面形状(如T形、工字形、槽形或箱形等)以及采取增设加强肋等措施,如图1.52所示。

(2) 铸件壁厚应均匀　铸件各处的壁厚如果相差太大,必然会在厚壁处形成冷却较慢的热节,热节处容易产生缩孔、缩松、晶粒粗大等缺陷。同时,由于不同壁厚的冷却速度不一样,因而会在厚壁和薄壁之间产生热应力,有可能导致变形和裂纹产生。

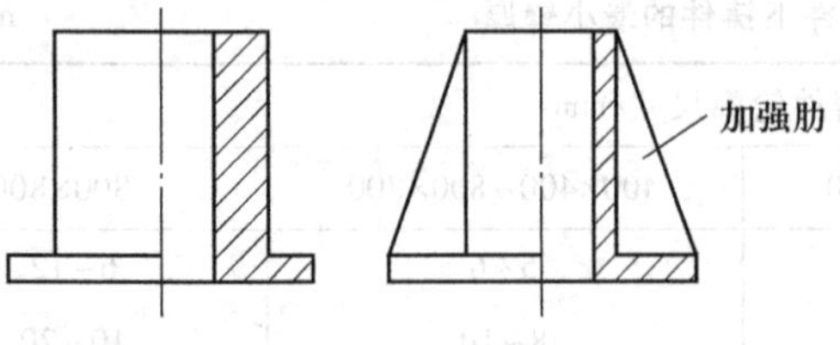

图 1.52　采用加强肋减少铸件壁厚

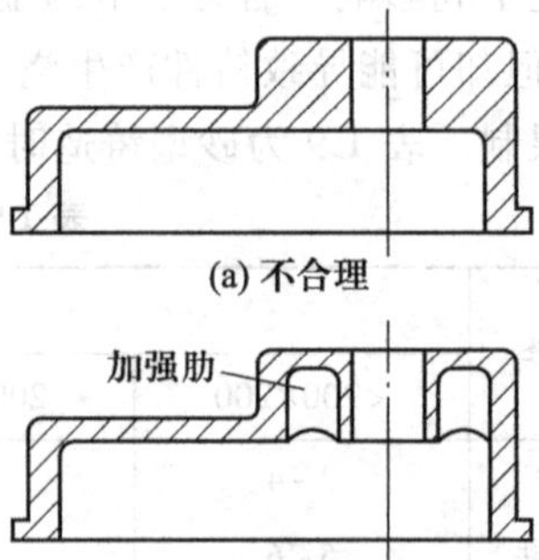

图 1.53　铸件的壁厚应均匀

由于上述原因,所以在设计铸件时,应力求做到壁厚均匀。也就是说,铸件的各部分应具有冷却速度相近的壁厚,铸件的内壁因冷却较慢,其壁厚应略小于外壁,见图1.53。

2. 铸件壁的连接形式

铸件壁间的连接应注意以下几个方面。

(1) 壁的转角处应有结构圆角　在铸件的转角处如果是直角连接,则在此处不仅会形成热节,容易产生缩孔和结晶脆弱区,而且因应力集中易于导致结晶脆弱区发生裂纹,如图1.54所示。铸件中内、外圆角的具体尺寸,与相邻壁的厚度有关,壁厚越大,圆角尺寸也相应增大。图1.55a、b中列出了等壁厚和不等壁厚之间的内、外圆角值的取法。

(2) 壁的连接处应避免过于厚大而形成热节　对于铸件结构中有两个或三个甚至多个壁相连的情况,为避免连接处过于厚大而形成热节,不应采用交叉相连(图1.56a)或锐角相连,可采用交错接头(中、小件)或环形接头(大件)结构,如图1.56b、c所示;锐角连接宜采用图1.56d中的过渡形式,以防止产生缩孔、缩松及裂纹等缺陷。

(3) 不等厚度的壁相接时应逐渐过渡　铸件如果确因结构需要而不能做到壁厚均匀,则不同壁厚相接时应采用逐渐过渡的形式,避免出现壁厚的突变,以防突变处形成应力集中和裂纹,见表1.11。

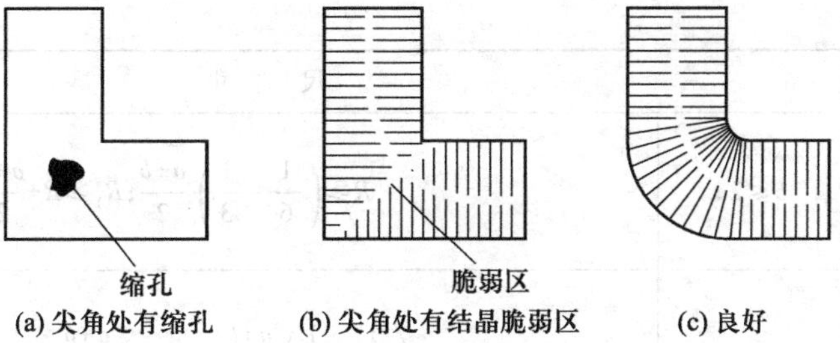

图 1.54　尖角和圆角对铸件质量的影响

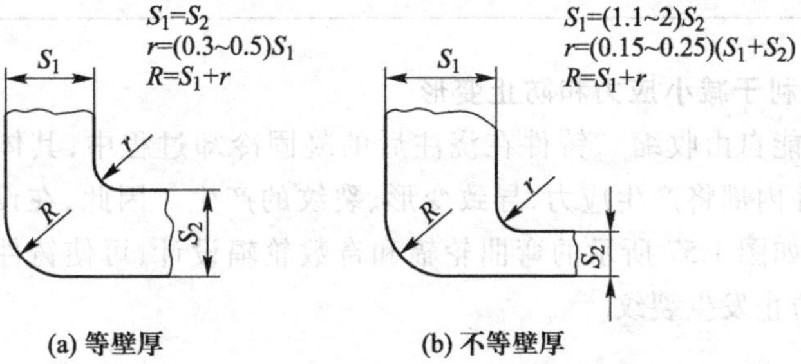

图 1.55　铸件转角结构形式及圆角半径

图 1.56　铸件壁连接处应尽量避免金属积聚

表 1.11　几种壁厚过渡的形式及尺寸

图　例	尺　寸		
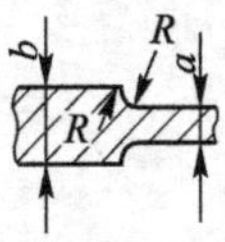	$b\leqslant 2a$	铸铁	$R\geqslant\left(\frac{1}{6}\sim\frac{1}{3}\right)\frac{a+b}{2}$
		铸钢	$R\approx\frac{a+b}{4}$
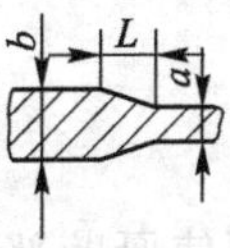	$b>2a$	铸铁	$L\geqslant 4(b-a)$
		铸钢	$L\geqslant 5(b-a)$

续表

图例	尺寸	
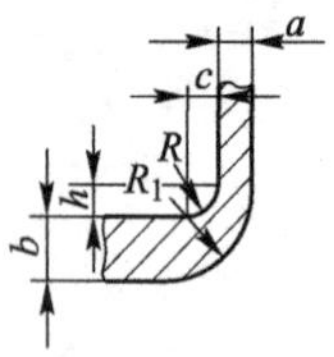	$b \leqslant 2a$	$R \geqslant \left(\frac{1}{6} \sim \frac{1}{3}\right)\frac{a+b}{2}$；$R_1 \geqslant R+\frac{a+b}{2}$
	$b>2a$	$R \geqslant \left(\frac{1}{6} \sim \frac{1}{3}\right)\frac{a+b}{2}$；$R_1 \geqslant R+\frac{a+b}{2}$；$c \approx 3\sqrt{b-a}$； 对于铸铁：$h \geqslant 4c$。对于铸钢：$h \geqslant 5c$

3. 铸件结构应有利于减小应力和防止变形

（1）尽量使铸件能自由收缩　铸件在浇注后的凝固冷却过程中，其体积和长度都将减小。如果其收缩受阻，铸件内部将产生应力，导致变形、裂纹的产生。因此，在设计铸件结构时，应尽量使其能自由收缩。如图 1.57 所示的弯曲轮辐和奇数轮辐设计，可使铸件能较好地自由收缩，从而减小铸造应力，防止发生裂纹。

(a) 不合理　(b) 合理　(c) 合理

图 1.57　轮辐的设计

（2）采用对称结构　对于容易产生变形的铸件，如壁厚均匀的细长铸件、面积较大的平板铸件等，为减小变形，可采用对称式结构以使变形相互抵消或增设防变形肋，如图 1.58 所示。

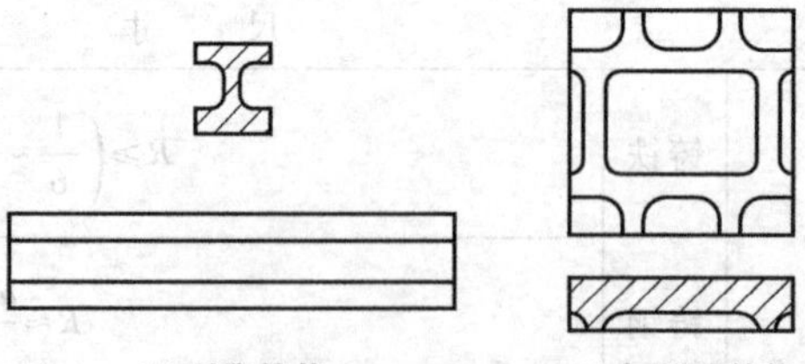

(a) 对称结构　(b) 加强肋结构

图 1.58　防止变形的铸件结构

4. 铸件结构应有利于防止缩孔、缩松

（1）铸件结构应符合合金的凝固原则　当铸件中必须有厚壁部分时，为了不使厚壁部分产生缩孔，铸件的结构应具备实现顺序凝固原则和补缩的条件。

（2）合理增设补缩通道结构　铸件在采用顺序凝固原则，由冒口进行补缩时，必须确保补缩通道在补缩过程中始终保持通畅。如图 1.59a 中的铸件，由于上部壁厚小于下部壁厚，上部比下部凝固快，因而堵塞了自上而下的补缩通道，厚壁处就容易产生缩孔。若改为图 1.59b 所示的结构，并增加一根用于补缩的肋条，则铸件下部的热节处也可由冒口进行补缩。

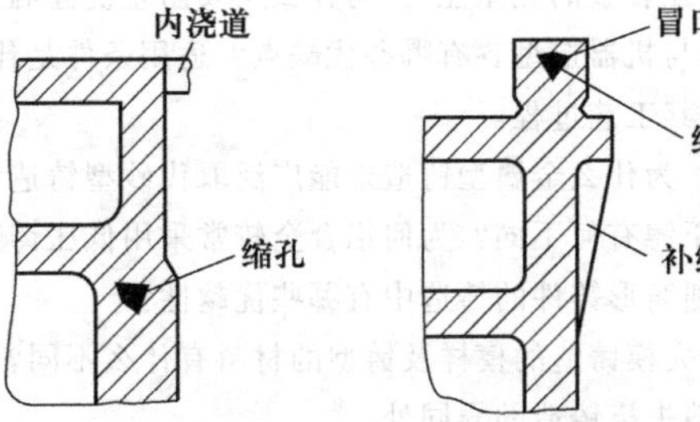

(a) 不合理　(b) 合理

图 1.59　考虑补缩的铸件结构

5. 铸件结构应尽量避免有过大的水平面

在铸件浇注位置上有过大的水平面，不利于金属液的充填，容易产生浇不到等缺陷。同时较大的水平面不利于金属液中气体和熔渣的上浮，易造成气孔、夹渣缺陷。另外，大平面型腔的上表面受高温金属液烘烤的时间较长，极易造成夹砂缺陷。因此，在进行铸件结构设计时，应尽量将水平面设计成倾斜形状，如图 1.60 所示。

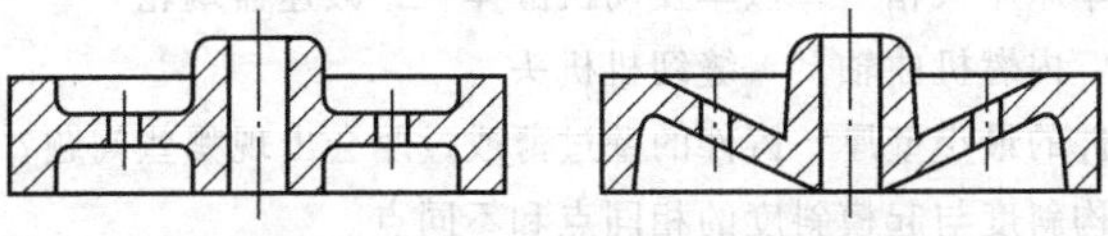
(a) 不合理　(b) 合理

图 1.60　避免大水平面的铸件结构

以上所述关于铸件结构工艺性的要求都是一般性原则，并且大多是针对砂型铸造而言。对于采用特种铸造的铸件，还应根据其相应的工艺特点考虑一些特殊要求。

思考题与习题

1.1　区分以下名词的含义：

逐层凝固与顺序凝固　体积凝固与同时凝固

液态收缩与凝固收缩　缩孔与缩松

浇不足与冷隔

1.2　什么是液态合金的充型能力？它与合金的流动性有何关系？化学成分不同的合金为什么流动性不同？流动性不好对铸件的质量有何影响？

1.3　拟生产一批小型铸铁件，力学性能要求不高，但壁厚较薄，试分析如何提高合金液的充型能力。

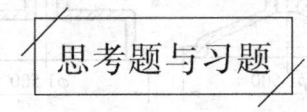

1.4 冒口补缩的原理是什么？冷铁是否可以补缩？冷铁的作用与冒口有何不同？

1.5 圆柱体铸件冷却后是否存在残余应力？若将其一侧面刨平，铸件会不会产生变形？如产生变形，如何变形？

1.6 铸件的气孔有哪几种类型？分析下列情况产生气孔的可能性及气孔类型：熔化铝时炉料油污过多；起模时刷水过多；砂型紧实度过高；型芯撑锈蚀。

1.7 既然提高浇注温度可以增强合金的充型能力，为什么又要防止浇注温度过高？

1.8 砂型铸造时采用手工造型与机器造型各有哪些优缺点？适用条件是什么？

1.9 什么是熔模铸造？试简述其工艺过程。

1.10 金属型铸造有何优越性？为什么金属型铸造未能广泛取代砂型铸造？

1.11 低压铸造的工作原理与压铸有何不同？为何铝合金较常采用低压铸造？

1.12 什么是离心铸造？它在圆筒形铸件的铸造中有哪些优越性？

1.13 砂型铸造、熔模铸造和消失模铸造的模样及铸型的材料有什么不同？

1.14 试分析对比砂型铸造和消失模铸造的异同处。

1.15 下列铸件在大批量生产时宜采用什么铸造方法？

汽轮机叶片(不锈钢)　气缸套(铸铁)　铝合金活塞　轿车车轮轮毂(铝合金)　大口径铸铁煤气管道　车床床身(铸铁)　大模数齿轮滚刀(高速钢)　摩托车发动机缸体(铝合金)

1.16 为什么球墨铸铁的强度和塑性比灰铸铁高，而铸造性能比灰铸铁差？

1.17 铸钢与球墨铸铁的力学性能和铸造性能有哪些不同？为什么？

1.18 为什么可锻铸铁只适宜生产薄壁小铸件？壁厚过大易出现什么问题？

1.19 铸造铝合金和铜合金的熔炼工艺特点是什么？各采取什么方法除气和去渣？

1.20 生产铸铁件、铸钢件和铝合金铸件所用的熔炉有何不同？所用的型砂又有何不同？为什么？

1.21 下列铸件宜选用哪类铸造合金和什么铸造方法？并简述理由。

坦克履带板　车床床头箱　汽车发动机缸体　减速器蜗轮

自来水管三通　内燃机曲轴　缝纫机机头

1.22 为什么要规定铸件的最小壁厚？铸件的壁过薄或过厚会出现哪些问题？

1.23 试比较铸件的结构斜度与起模斜度的相同点和不同点。

1.24 为什么铸件壁的连接要采用圆角和逐步过渡的结构？

1.25 试述铸造工艺对铸件结构的要求。

1.26 某厂铸造一个 150 mm 的铸铁顶盖，有如图 1.61 所示的两个设计方案，分析哪个方案的结构工艺性好，简述理由。

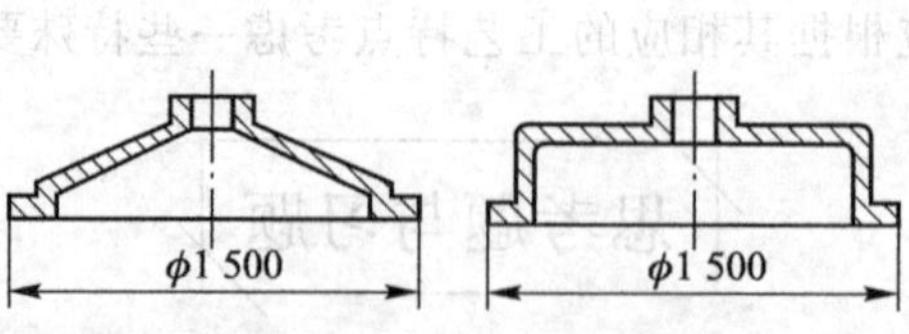

(a) 锥顶结构　(b) 平顶结构

图 1.61　题 1.26 图

1.27 如图 1.62 所示铸件各有两种结构，哪一种比较合理？为什么？

1.28 试分析确定如图 1.63 所示的铸件分型面及浇注位置(在单件生产和大批量生产两种情况下)。

1.29 试制定如图 1.64 所示两种支座铸件(材料均为 HT200)的铸造工艺方案。

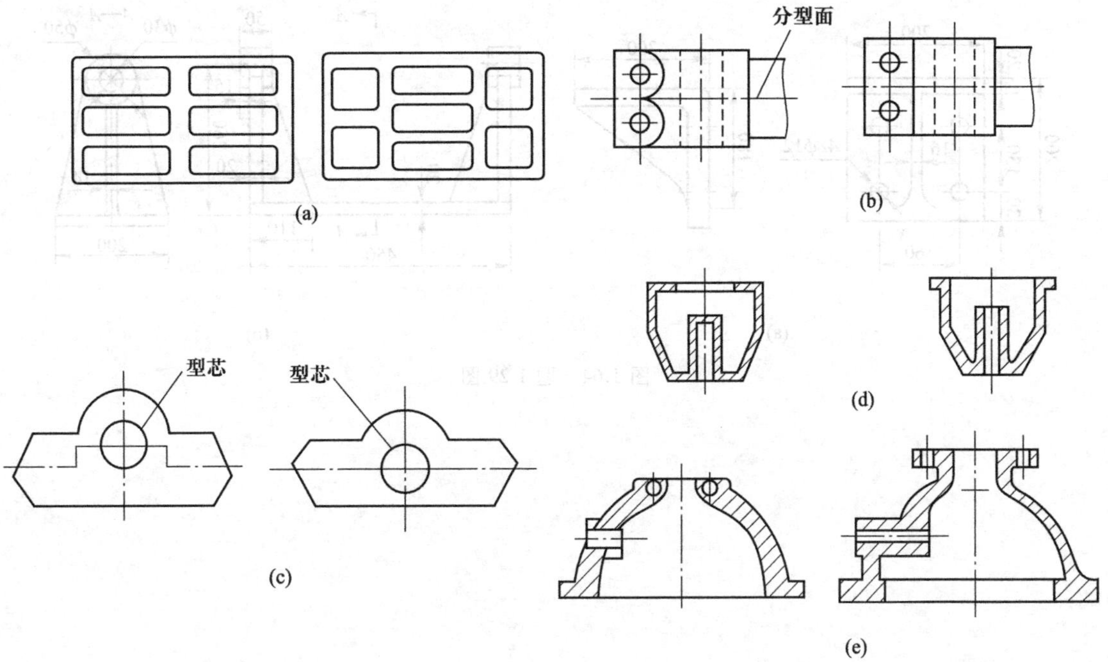

图 1.62　题 1.27 图

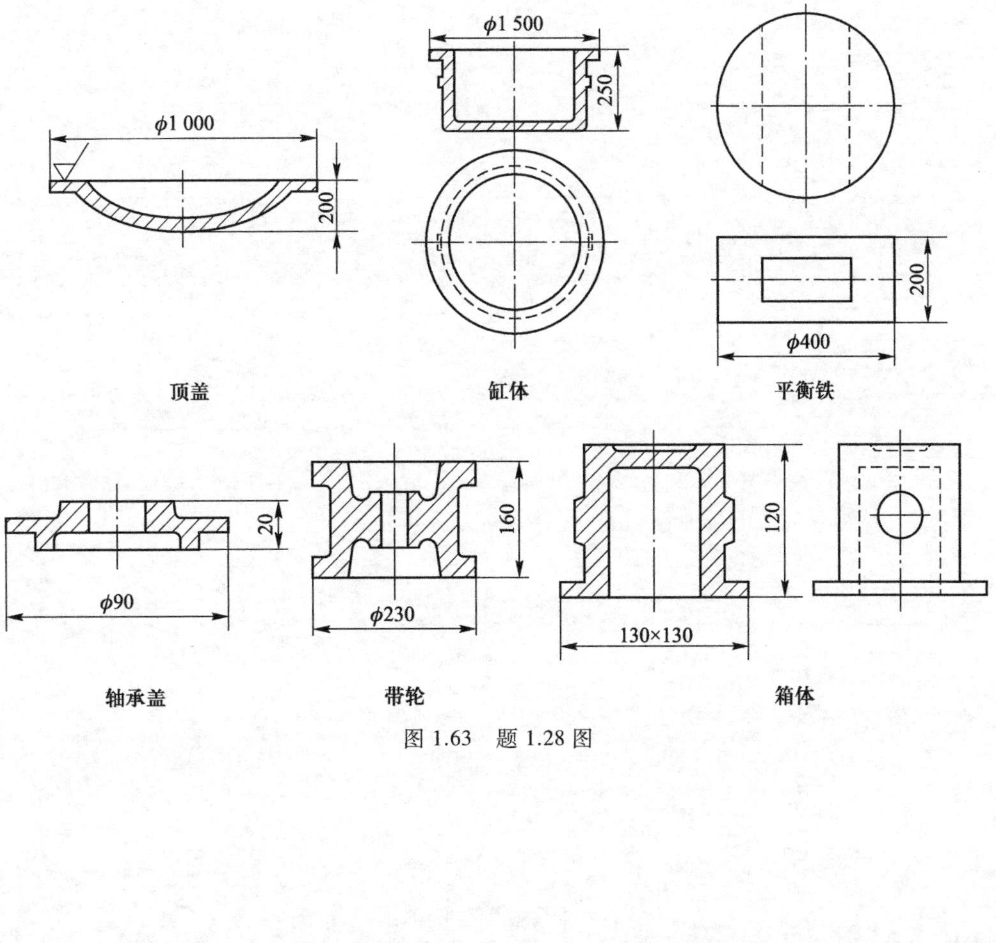

图 1.63　题 1.28 图

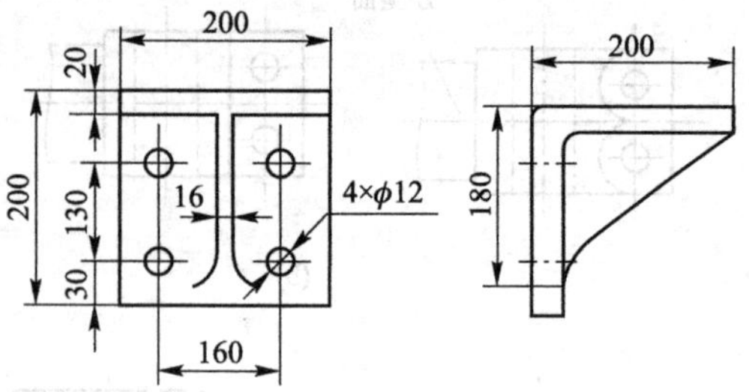

(a)

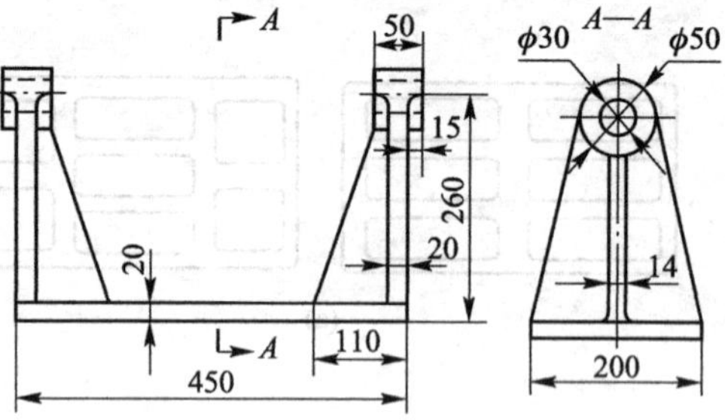

(b)

图 1.64　题 1.29 图

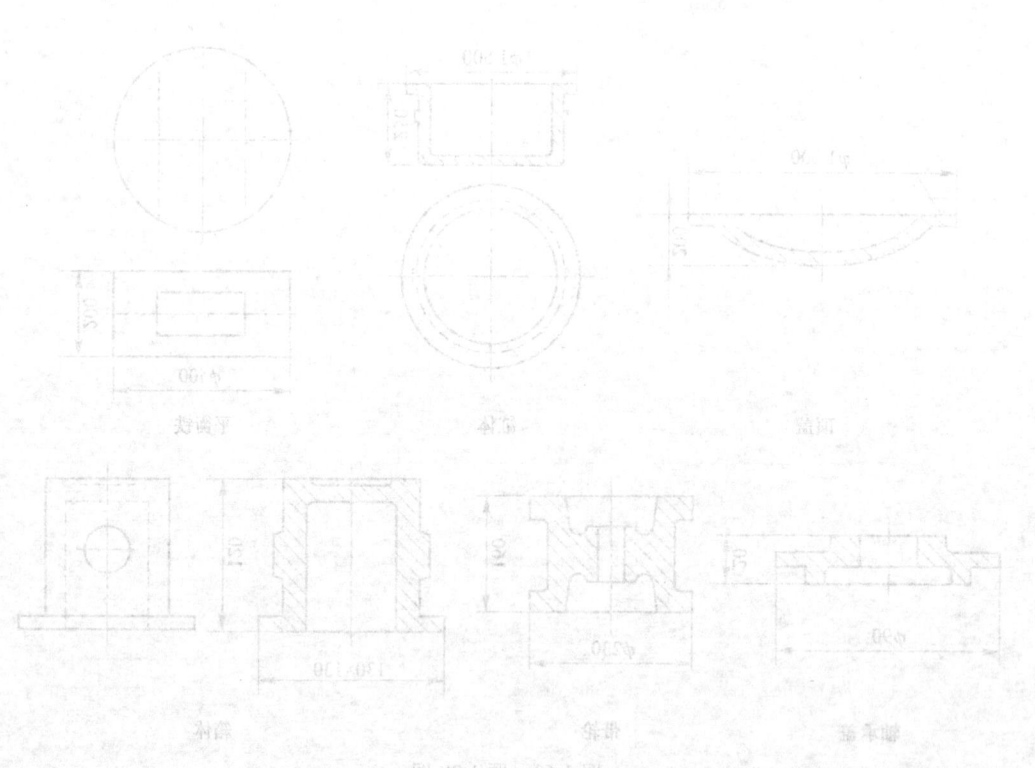

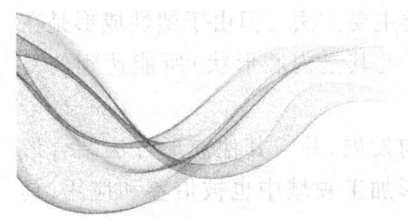

第 2 章 塑 性 成 形

本章教学目标

知识获取:理解金属塑性成形基本原理,熟悉锻造和板料冲压的工艺过程、特点及应用范围,了解其他塑性加工方法的特点,掌握制定自由锻和模锻工艺规程的基本知识,掌握冲裁工艺制定的基本知识,掌握锻压件结构工艺性的相关知识,了解塑性加工新技术与新工艺。

能力达成:具有分析和判断金属材料塑性成形性能好坏的基本能力,具有制定简单锻件和冲裁件的工艺规程的能力,具有判断锻压件结构设计合理性的初步能力。

金属塑性成形是利用金属在外力作用下所产生的塑性变形,来获得具有一定形状、尺寸和力学性能的制品(如型材或锻压件等)的加工方法。根据坯料的几何特征,金属塑性成形方法一般分为两大类:体积成形和板料成形。体积成形是将金属块料、棒料和厚板料等在高温或室温下加工成形,如锻造(自由锻与模锻)、轧制、挤压、拉拔等;板料成形则是对金属板材的加工成形,如冲压。表 2.1 中列出了常见的金属塑性成形方法。

表 2.1 塑性成形方法的分类

轧 制	拉 拔	挤 压
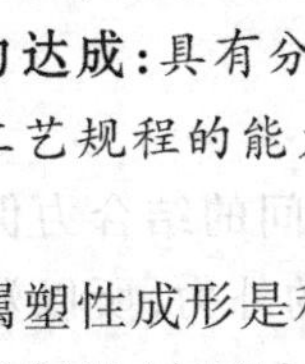	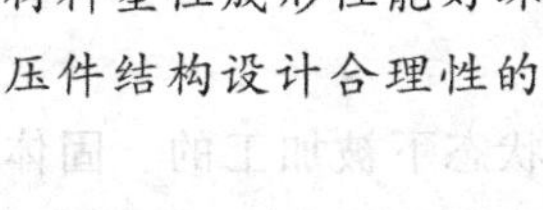	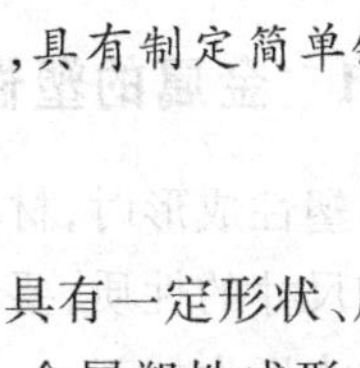
自 由 锻	模 锻	板料冲压
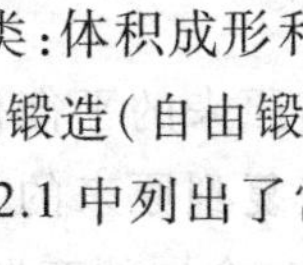	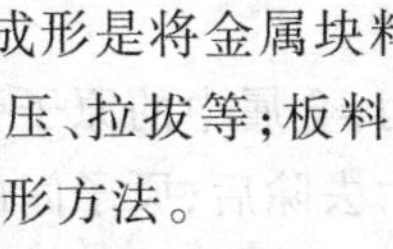	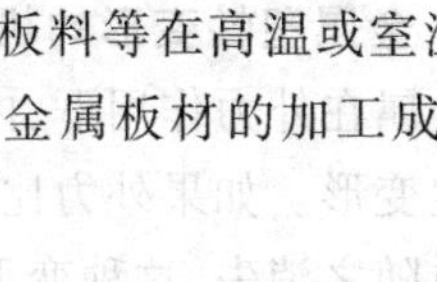

注:(工件上的阴影区为成形过程中正在发生塑性变形的区域)

常用的金属材料中,除铸铁等少数塑性较差的品种外,钢和大多数非铁金属都可以通过塑性加工成形。金属经塑性成形后能使晶粒细化、成分均匀、组织致密、流线合理、性能提高,这是塑性成形十分显著的优点。塑性成形加工还具有生产效率高、材料利用率较高等特点,一般塑性成形方法的材料利用率可达到 60%~70%,先进的塑性成形方法已可达到 85%~90%甚至更高的材

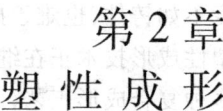

料利用率。这些原因使得塑性成形成为金属成形加工中的一类主要方法。但由于塑性成形是在固态下进行的，金属的变形受到一定的限制，因此其工件形状（尤其是内腔形状）所能达到的复杂程度不如铸件，也难于成形体积特别庞大的工件。

塑性成形技术正在继续向着高速化、精密化、自动化的方向发展，并与其他成形方法结合形成了多种复合成形工艺，此外，在非金属材料和复合材料的成形加工领域中也被借鉴和应用，具有非常广阔的应用前景。

2.1 塑性成形基本原理

所有塑性成形加工方法都是以金属的塑性变形为基础的。塑性变形过程中金属组织与性能的变化，不仅对成形过程本身的进行产生影响，同时也影响工件的加工质量。

2.1.1 金属的塑性变形

金属塑性成形时，材料是在固体状态下被加工的。固体具有依靠原子间的结合力保持自身的形状和尺寸的性质，要使固态金属的形状发生改变，必须对其施加一定的外力，所以塑性成形加工也称为压力加工。

1. 金属塑性变形的机理

金属在外力作用下，内部产生应力，金属中的原子受应力作用而偏离原来的平衡位置，使金属发生变形。如果外力比较小，当外力去除后，原子间的引力将使原子恢复到原来的平衡位置，变形也随之消失，这种变形称为弹性变形。如果外力超过了金属的屈服点，金属的变形将不限于弹性变形，即表现为当外力去除后，金属将不能完全恢复原来的形状和尺寸，而要留下一部分永久变形，这一部分变形就是塑性变形。

（1）单晶体的塑性变形

实际金属一般是多晶体，多晶体的变形在很大程度上与其所包含的各个晶粒的变形行为有关，从研究单晶体的塑性变形入手，将有助于了解金属塑性变形的基本过程。

单晶体的塑性变形有两种基本方式：滑移和孪生。

1）滑移　滑移是指晶体的一部分相对于另一部分沿一定的晶体平面（称为晶面）发生相对的滑动。滑移是金属塑性变形最主要的方式。

单晶体受力时，外力在晶体内任一个晶面上都可以分解为正应力和切应力，滑移是在其中的切应力的作用下发生的。使晶体产生滑移所需的最小切应力称为临界切应力，以τ_k表示。理论研究和实验都证明，滑移实际上并不是滑移面上下两部分晶体作整体的刚性运动（即滑移面以上部分晶体的原子同时移动），而是由晶体中的线缺陷（即位错）在切应力作用下运动造成的结果。图 2.1 示意地表明了在切应力τ的作用下，通过位错的运动造成滑移的情况。从图中可看出，位错的运动实质上只是位错线附近原子的局部运动，它是通过位错中原子的逐一递进，使位错中心由一个平衡位置移到下一个平衡位置而进行的。当一个位错沿滑移面从左到右逐点扫过晶体，最后移到晶体表面上，就造成了一个原子间距的滑移量。在此过程中，滑移面上的每个原子实际的移动距离远小于一个原子间距，并且它们是分批移动的，因此使晶体滑移在较小的切应力作用下就可实现。

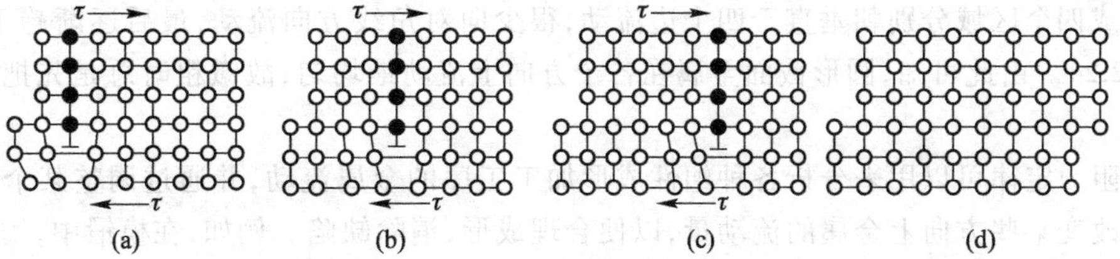

图 2.1 位错运动造成滑移的机理

a~c 位错在晶体内移动；d 位错移出晶体后形成一个原子间距的滑移变形

2）孪生　孪生是晶体的一部分相对于另一部分沿一定晶面和一定方向发生切变，结果使晶体的变形部分与未变形部分呈镜面对称，即形成孪晶。

孪生是金属塑性变形的另一种基本方式，但不是常见方式。孪生只是在滑移很难进行的情况下才发生。孪生的变形速度很快，而产生的变形量却比滑移小得多，故孪生本身对塑性变形过程的直接作用不大。但孪生引起晶体位向改变，这有利于促进滑移的发生。

（2）多晶体的塑性变形

多晶体的塑性变形，在每个晶粒内部仍是以滑移或孪生这两种基本方式进行的。但多晶体每个晶粒都处于其他晶粒的包围之中，它的变形必然要与其相邻的晶粒互相协调配合，否则，就难以进行变形，甚至不能保持晶粒之间的连续性而导致晶体破裂。此外，由于各晶粒之间位向的不同和晶界的存在，也使得多晶体的塑性变形比单晶体要复杂得多。

当外力作用于多晶体时，由于各晶粒的位向不同，它们的滑移面上所受到的切应力也不同。因此，变形并不是一开始就在多晶体的所有晶粒中同时发生的，只有那些处于有利于变形的位向的晶粒，其滑移面上的切应力首先达到临界切应力并开始滑移变形。首批发生滑移的晶粒中位错运动至晶界处受阻并塞积，使继续变形困难，从而促使原来处于不利于变形的位向的晶粒开始滑移变形。多晶体的塑性变形就是这样在所有晶粒中分批逐步进行的，从少量晶粒开始，逐渐扩大到大量晶粒，从不均匀变形发展到比较均匀的变形。为了协调相邻晶粒之间的变形，多晶体的塑性变形中还存在晶粒之间的相对滑动和转动。

2. 金属塑性变形基本规律

（1）体积不变定律

金属塑性变形后的体积与塑性变形前的体积相等，这就是体积不变定律。实际上，在不同的塑性成形工艺中，常会有变形前后金属体积略微改变的情况。例如，对铸态钢坯进行锻造时，因变形中压合了铸坯中的气孔、缩松和微裂纹等，使其密度增加，体积略有减小；金属坯料在加热中产生氧化皮等在变形时脱落也使其体积有所减小。但这些微小的体积变化与变形材料整个体积相比可忽略不计。

在塑性成形加工中，应用体积不变定律，可计算坯料的尺寸、工件在各个中间工步时的尺寸以及模具型腔的尺寸等。

（2）最小阻力定律

塑性变形时金属各质点首先向阻力最小的方向移动，这被称为最小阻力定律。一般，金属的某一质点移动阻力最小的方向是通过该质点向金属变形部分的周边所作的法线方向，因为质点沿此方向移动的距离最短，所需的变形功最小。例如，圆形截面的金属沿径向流动；方形、长方形截面则分成四个区域分别朝垂直于四个边流动，很少向对角线方向流动，最后逐渐趋于圆形、椭圆形（图 2.2）。由此可知，圆形截面金属在各个方向上流动最均匀，故镦粗时总是先把坯料锻成圆柱体。

最小阻力定律可以用来分析各种塑性成形加工工序的金属流动，并通过调整某个方向的流动阻力来改变某些方向上金属的流动量，以便合理成形，消除缺陷。例如，在模锻中，增大金属流向锻模分模面的阻力，或减小流向模膛某一部分的阻力，以保证锻件充满模膛。

金属塑性变形的基本规律还有：临界切应力定律、塑性变形时存在弹性变形的定律、加工硬化规律等。认识金属塑性变形时遵循的基本规律，对于制定材料的塑性成形工艺有重要的指导意义。

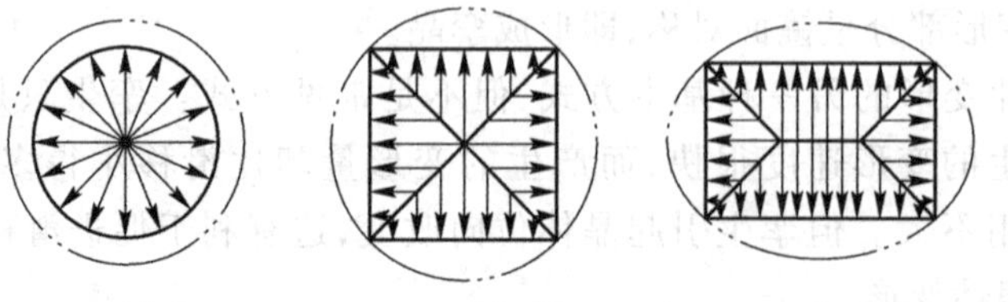

(a) 圆形　　(b) 正方形　　(c) 长方形

图 2.2　不同截面的金属变形时的流动情况

2.1.2　塑性成形加工件的组织与性能

通常以金属的再结晶温度为界，将塑性成形加工分为两种，即冷变形加工和热变形加工。冷变形加工和热变形加工的工件的组织和力学性能呈现明显不同的特点。

1. 冷变形加工件的组织与性能

在再结晶温度以下（通常是在室温下）进行的塑性成形加工，称为冷变形加工。

（1）冷塑性变形后金属组织的特点

1）晶粒变形　随着塑性变形变形量的增加，可以看到金属内部的晶粒沿变形方向被压扁或拉长。变形量很大时，晶粒可成细条形，即形成所谓“纤维组织”，如图 2.3 所示。

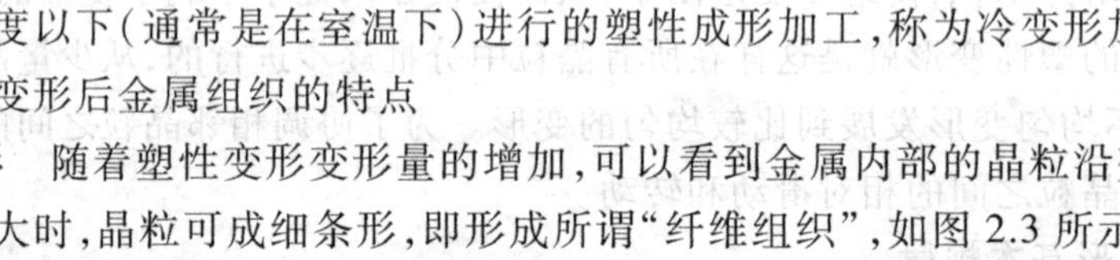

(a) 变形前　　(b) 变形中　　(c) 变形后形成的纤维组织

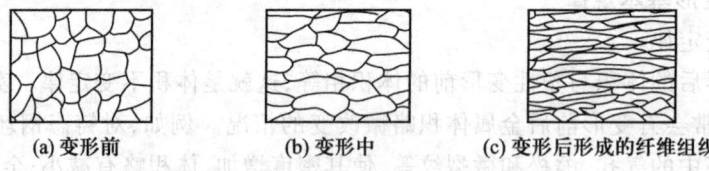

图 2.3　冷变形纤维组织的形成过程

2）位错密度增加和晶粒碎化　未变形的晶粒内通常已存在一定数量的位错，并通过部分位错的特定排列构成亚晶界。在变形进行时，金属晶体内点缺陷增多，位错密度提高。变形量大时，由于位错运动时发生交互作用，大量位错形成聚集并相互缠结，这些位错缠结区就构成了新的亚晶界，从而使晶粒内部亚晶粒的数量显著增多，这就相当于原有的晶粒被破碎成为更多更小的晶粒。

3）形变织构　由于晶粒在变形过程中发生转动，故当塑性变形量较大（70%以上）时，金属中原来晶格位向不同的各个晶粒将趋于位向一致。这种由于变形导致的多晶体中晶粒位向一致的结构称为形变织构。

（2）冷塑性变形后金属力学性能的变化

1）各向异性　纤维组织的形成和形变织构的出现，均使金属的性能产生各向异性，这对于塑性成形加工是不利的。用有织构的板材冲压筒形件时，因在不同方向上塑性差别很大，工件的边缘出现高低不平（俗称“制耳”），且壁厚和硬度也不均匀。为了避免织构带来的这类缺陷，变形量较大的工件往往经多次变形完成，并进行中间退火。

2）冷变形强化　随着塑性变形程度的增加，金属的强度和硬度显著提高，而塑性明显下降，这一现象称为冷变形强化，也称加工硬化。变形过程中位错密度的增加和晶粒的碎化是产生冷变形强化的主要原因。由于位错之间的距离越来越小，交互作用不断加剧，从而使位错运动的阻力增大，金属的塑性变形更加困难，要继续变形就要增大外力，因此就提高了金属的强度。对于塑性加工来说，冷变形强化有利于金属的均匀变形，因为金属已变形部分因强化而难以继续变形，随后的变形就在未变形部分中进行。然而，冷变形强化还有不利的一面。由于它使金属变形抗力增大，将使塑性加工的设备吨位和能耗增加；由于金属塑性下降，给进一步的塑性变形造成困难，常需采用中间退火来软化金属，从而降低了生产率，增加了生产成本。

3）产生残余内应力　由于金属塑性变形中存在不同层次和不同程度的变形不均匀性，使金属在变形后形成宏观范围和微观区域（如晶粒内部或晶粒之间）的多种残余内应力。

（3）加热对冷变形金属组织与性能的影响

对经过冷变形的金属进行加热，其组织将随加热温度提高而发生回复、再结晶和晶粒长大这样三个阶段的变化，如图 2.4 所示。

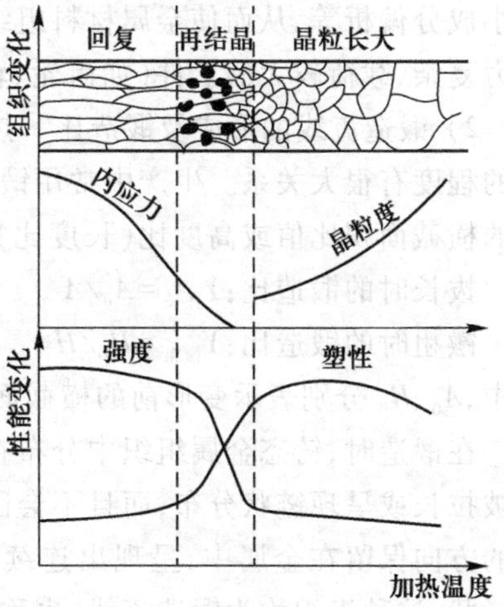

图 2.4　冷变形金属在加热时组织与性能的变化

1）回复　加热温度不高时，由于原子扩散能力不强，主要是通过点缺陷的运动和位错的重新排列，使晶粒的晶格畸变明显减弱，残余内应力显著下降，但金属的显微组织和力学性能变化不大，此过程称为回复。生产中使用的去应力退火，就是利用回复的作用，在稳定冷变形加工工件的组织的同时，依然保留了冷变形强化的状态。

2）再结晶　冷变形金属被加热到较高温度时，由于原子扩散能力增强，可使其显微组织发生变化，被拉长的碎化的变形晶粒通过重新生核和生长，又变为均匀的细小的等轴晶粒，同时冷变形强化消失。这一过程称为再结晶。发生再结晶的最低温度称为再结晶温度，纯金属的再结晶温度 $T_{再}$ 大致等于$0.4T_{熔}$（金属熔点）。再结晶可用于冷变形加工过程的中间处理，即再结晶退火，以消除冷变形强化，便于继续加工。

由于冷变形加工是在再结晶温度以下（通常还低于回复温度）进行的，金属在变形过程中只有冷变形强化而无回复或再结晶软化，因此所需变形力很大，且变形程度也不宜过大，以免降低模具寿命或使工件开裂。冷变形加工的生产率较高，其产品具有表面质量好、尺寸精度高等优点，一般不需要再切削加工。因此，冷变形加工的应用范围正日益扩大。冷锻、冷轧、冷冲压和冷挤压等都属于冷变形加工。

2. 热变形加工件的组织与性能

通常把在再结晶温度以上进行的塑性成形加工称为热变形加工，如热锻、热轧和热挤压等。

（1）热变形加工过程中金属的强化与软化

金属在高温下进行热变形时，有两种相反的过程同时在起作用：一种是塑性变形产生的强化作用；另一种是回复和再结晶所产生的软化作用。这种在高温下与变形几乎同时发生的回复和再结晶过程，分别称为动态回复和动态再结晶。在一定的变形速度下，必然存在一个强化作用与软化作用达到动态平衡的温度。在此温度之上，软化作用占优势，变形强化能够完全被再结晶软化所消除；反之，则强化作用占优势。因此，严格来说，只有当变形后金属组织完全由再结晶晶粒组成，才能称之为完全的热变形加工。

由于金属的热变形一般都在远高于再结晶温度以上进行，软化过程大于强化过程，所以金属具有较好的塑性和较低的变形抗力，这样金属在热变形时可获得较大的变形量，而耗能较小。用热变形方法可加工尺寸较大或形状复杂的工件，并能改善金属的组织与性能。但由于变形温度高，金属表面易形成氧化皮，工件表面质量和尺寸精度较低。

（2）热变形对金属组织和性能的影响

1）改善铸态金属的组织与性能　热变形加工能消除铸态金属的某些缺陷，如使气孔、缩松焊合，使粗大的柱状晶粒或树枝晶破碎并再结晶成为均匀的等轴晶，改善第二相的形态与分布，减小成分偏析等，从而使金属材料组织致密，晶粒细化，成分均匀，力学性能提高。所以，工程上受力复杂、载荷较大的工件（如齿轮、轴、模具等）大都要采用热变形加工来制造。

2）锻造流线的形成及锻造比　热变形加工对铸态金属的组织和性能改善的程度与塑性变形的程度有很大关系。生产中常用锻造比 Y 来表示金属的变形程度，锻造比是锻造前后金属坯料的横截面积比值或高度比（长度比）值。

拔长时的锻造比：$Y_{拔长}=A_0/A$

镦粗时的锻造比：$Y_{镦粗}=H_0/H$

式中，A_0、H_0 分别表示变形前的横截面积和高度；A、H 分别表示变形后的横截面积和高度。

在锻造时，铸态金属组织中分布在晶界上的夹杂物随着晶粒的变形而在金属流动最大方向上被拉长或呈现链状分布，而且不会因晶粒的再结晶而改变这种形状和分布。锻后依然沿被拉长的方向保留在金属中，呈现出连续或断续的流线形状，这种组织称为锻造流线，也称流线。其他的热变形加工（如轧制、热挤压等）亦会形成类似的组织。变形程度越大，锻造流线组织越明显。流线的形成使金属沿流线方向（纵向）的力学性能比垂直流线方向（横向）的性能要高，即产生各向异性。一般情况下，增加锻造比，可使金属组织更加细化致密，工件力学性能得到提高。但当锻造比过大时，金属的组织和性能不再能持续改善，反而会增加各向异性，如图 2.5 所示。

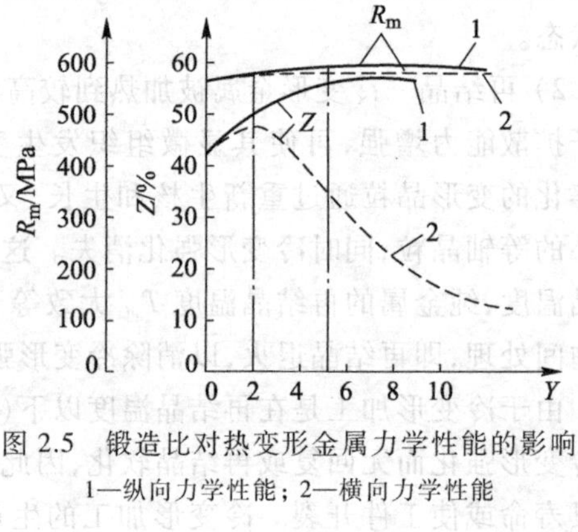

图 2.5　锻造比对热变形金属力学性能的影响

1—纵向力学性能；2—横向力学性能

因此,在锻造时选择适当的锻造比是非常重要的。用铸坯作为锻造坯料时,应选用大一些的锻造比,如碳素结构钢可取 $Y=2\sim3$;合金结构钢可取 $Y=3\sim4$;不锈钢可取 $Y=4\sim6$。用轧材或锻坯作为锻造坯料时,由于坯料已经经过了热变形,内部组织和力学性能已得到改善,并具有流线组织,故应选择较小的锻造比,一般只取 $Y=1.1\sim1.3$。

锻造流线的稳定性很高,用热处理方法不能将其消除。

由于流线而使金属性能产生各向异性的现象,对于零件的设计与使用以及塑性成形加工生产工艺等都有所影响。一般应尽量使流线沿工件外形轮廓连续分布,并使流线与工作时的最大拉应力方向平行,而与最大切应力方向垂直,如图 2.6 所示。

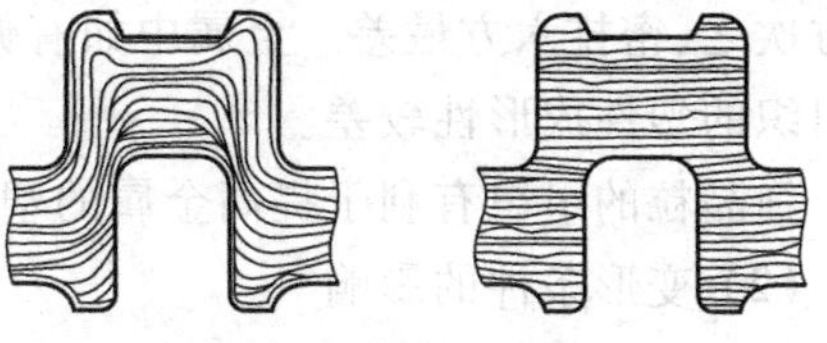

(a) 锻造成形　　(b) 轧材切削加工成形

图 2.6　曲轴中的流线分布示意图

3. 金属的温变形加工

通常把变形温度介于回复温度和再结晶温度之间的塑性成形加工称为温变形加工。在温变形过程中,既有变形强化,又有回复或部分再结晶。由于金属被加热,增加了塑性,所需的变形力比冷变形加工要小,模具寿命也较高,而其产品的尺寸精度和表面质量又比热变形加工要好。对于在室温下难加工的材料,如不锈钢、钛合金等,温变形加工更有其实用意义。

2.1.3　金属的塑性成形性能

金属的塑性成形性能反映了金属材料对塑性变形加工的适应性,根据加工方法的不同,可分为锻造性能、冲压性能等。

通常用金属的塑性和变形抗力这两个因素来衡量金属塑性加工的成形性能。塑性反映了金属在不破坏自身完整性的情况下所能达到的变形程度,而变形抗力反映了使金属发生塑性变形的难易程度。塑性好,则金属变形不易开裂;变形抗力小,则加工省力。二者综合起来,则表明该金属塑性成形性能好,即适于采用塑性变形方法成形。常用的塑性指标是,由拉伸试验得到的材料的伸长率 A 和断面收缩率 Z(旧国标中分别用 δ 和 ψ 表示伸长率和断面收缩率)。变形抗力可用金属屈服时及屈服后每个变形程度下的真实应力 S(即载荷被瞬时试样断面面积除)来表示,近似地可用金属的屈服强度 R_{eL} 或抗拉强度 R_m 表示(旧国标中屈服强度和抗拉强度的符号分别为 σ_S 和 σ_b。

1. 影响金属塑性和变形抗力的因素

金属的塑性和变形抗力不仅取决于其自身的性质,而且还与变形条件有关,例如,同一种金属在不同的变形条件下,可以表现出不同的塑性和变形抗力。

(1) 金属本身因素的影响

1) 金属的化学成分　不同化学成分的金属,其塑性和变形抗力不同。纯金属比合金的塑性成形性要好。金属中合金元素含量增加,以及有害杂质元素含量增多等,大都使其塑性下降,变形抗力增加。以铁碳合金为例,纯铁的塑性成形性比碳钢的好,随着碳钢中含碳量的增加,其塑性成形性变差;在相同含碳量的条件下,碳钢的塑性成形性比合金钢的好,低合金钢的塑性成形性比中、高合金钢好;钢中的硫和磷等杂质元素会增加钢的脆性,对其塑性成形性有不利影响。

2) 金属的组织结构　金属的组织或结构不同,其塑性和变形抗力不同。一般来说,呈单相固溶体状态的合金塑性较好,变形抗力较小;而以金属化合物为主组成的合金或以金属化合物为强化相的多相合金塑性较差,变形抗力较大;还有某些合金(如铸铁)中因含有较多的割裂基体的脆性相,以致塑性极差,无法进行塑性加工。从金属的晶格类型来看,面心立方塑性最好,体心立方次之,密排六方最差。金属中如有偏析、气孔、疏松等组织缺陷,亦会使其塑性变差,因此铸态组织的塑性成形性较差。

细晶粒的组织有利于提高金属的塑性,但使其变形抗力增大。

(2) 变形条件的影响

1) 变形温度　随着温度升高,金属原子活动能力增强,原子间结合力减弱,使塑性提高和变形抗力减小。当温度高于金属的再结晶温度后,变形过程中的强化作用可被动态再结晶软化所消除。所以,对大多数金属来说,随着温度的增加,总的变化趋势是塑性提高,变形抗力下降。如果通过加热可使原为多相组织的合金发生相变而转变为单相固溶体组织,则对提高其塑性成形性更加有利。例如,通常将钢加热到奥氏体区进行锻造就是这个道理。因此,加热是改善金属塑性成形性的有效的措施。但加热温度要控制在适当范围内。如果加热温度过高,会使金属表面氧化加剧,以及产生过热(即晶粒长大)等缺陷,不仅不利于塑性成形,而且影响工件成形后的使用性能。如果加热温度接近金属熔点,将发生过烧(即晶界氧化甚至熔化),导致坯料报废。所以,应在合理的加工温度范围内,选择尽量高的加热温度。

2) 变形速度　变形速度是指单位时间内金属的变形程度,可以利用成形设备工作部分的运动速度来近似地判断其大小。变形速度对金属塑性成形性的影响较为复杂。一方面,由于变形速度的增大,在冷变形时金属的冷变形强化作用将加快而趋于严重,在热变形时则来不及通过再结晶消除由变形产生的加工硬化,从而使金属的塑性下降,变形抗力提高。另一方面,作用于坯料上的外力所作的功除了使金属发生变形外,另有一部分转化为热能,当变形速度很大时,这些热能来不及散失而更多地留在金属中,使金属温度升高,这一现象称为变形热效应。这一效应有利于提高金属的塑性,降低变形抗力。从图 2.7 可以看出,当变形速度较低时,随着变形速度增大,金属塑性下降,变形抗力上升;当变形速度大于临界点 C 之后,则随着变形速度增大,金属塑性升高,而变形抗力降低。但是,除了高速锤外,目前一般的成形设备都无法达到临界变形速度。因此,在通常压力加工条件下,对于塑性较差的材料或大型锻件等,还是宜用较小的变形速度。

3) 变形时的应力状态　金属的塑性变形方式影响着金属内部各点的应力状态。在三向应力状态下,压应力的数目越多,金属的塑性越好;在三向压应力下变形,对提高金属的塑性最为有利;而应力状态中拉应力的数目越多,金属变形时塑性越差。因为压应力促使金属内部的缺陷焊合,防止滑移面上产生裂纹,阻止或减少晶间变形;而拉应力使缺陷扩大,使滑移面趋向分离,促进晶间的变形和晶界的破坏,引起应力集中造成金属的破裂。但是压应力会增加金属变形过程中的内摩擦,使变形抗力增加。例如,加工同样截面的工件,自由锻比模锻省力,拉拔(一向拉应力、两向压应力状态)比挤压(三向压应力状态)省力,但模锻和挤压时金属的塑性则分别要高于自由锻和拉拔,如图 2.8 所示。

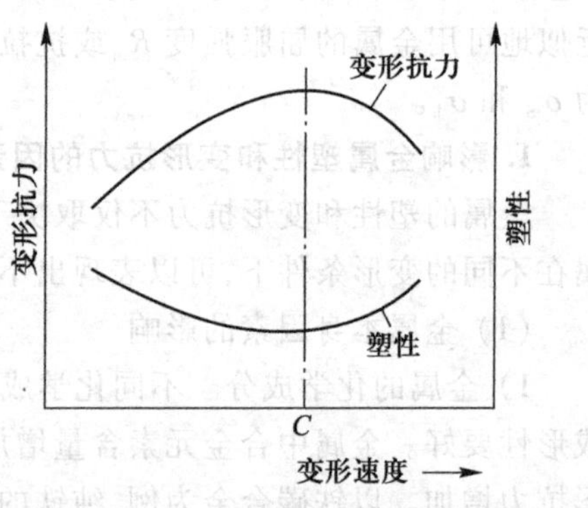

图 2.7　变形速度对金属塑性成形性的影响

考虑到应力状态对塑性成形性的影响，对于本身塑性较差的金属，应尽可能在三向压应力状态下变形，以免在加工中产生裂纹；对于本身塑性较好的金属，变形时出现一定方向上的拉应力是有利的，可以减少所需的变形能量。

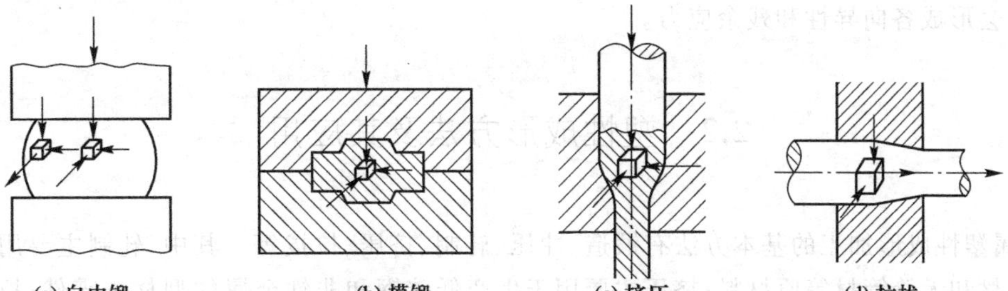

图 2.8　金属变形时的应力状态

2. 金属的超塑性

金属在特定的组织和温度条件下以特定的变形速度变形时，其塑性可比在常态下变形时高出几十甚至几百倍（如伸长率 A 可达百分之几百甚至百分之几千），而变形抗力降低到常态时的几分之一甚至几十分之一。金属这种在特定条件下表现出的超常的塑性变形能力称为超塑性。

（1）超塑性的分类

超塑性主要可分为结构超塑性和相变超塑性。

1）结构超塑性　金属经处理后获得直径小于 10 μm（越小越好）的超细晶粒，在一定的恒温温度（一般 $0.5T_{熔}\sim0.7T_{熔}$）和很低的变形速度条件下进行变形时获得的超塑性，称为结构超塑性，也称为细晶超塑性或恒温超塑性。

2）相变超塑性　具有相变或同素异构转变的金属，在相变温度附近反复加热、冷却，同时在一定外力作用下进行变形，经过一定的循环次数后所获得的超塑性，称为相变超塑性。此类超塑性不要求金属具有超细晶粒组织。

（2）超塑性变形的机理

目前被较普遍接受的是超塑性变形过程中受扩散调节的晶界滑移机理，如图 2.9 所示。金属中的晶粒在拉应力作用下发生晶界滑移，并伴随着晶粒的转动。晶粒转动可调节晶粒变形，引起晶界滑移，同时通过原子的扩散加快晶界的迁移速度，并使晶界处出现的空隙得到原子的填充而弥合。晶界迁移和扩散蠕变的调节改变着晶粒的形状和位置，使晶界滑动能持续进行。这一过程的结果使横向排列的两个晶粒相互靠近并接触，而纵向排列的两个原来相邻的晶粒被挤开，

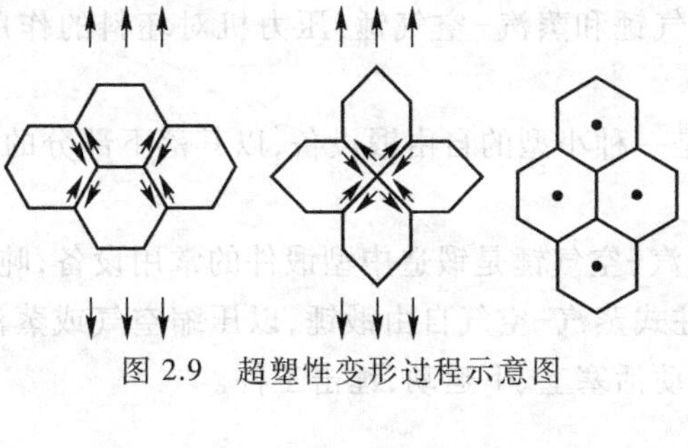

图 2.9　超塑性变形过程示意图

从而使多晶体在拉应力方向上产生了较大的伸长变形量。在此过程的前后,参与变形的晶粒只是发生了转动和换位,晶粒内部的变形量很少,晶粒依然保持等轴晶的形态。这正是超塑性变形的金属组织与一般塑性变形后的金属组织的显著区别,所以,超塑性成形时金属不会发生加工硬化,也不会形成各向异性和残余应力。

2.2 塑性成形方法及其应用

金属塑性成形加工的基本方法有锻造、冲压、轧制、挤压、拉拔等。其中,轧制主要用以生产板材、型材和无缝管材等原材料;挤压主要用于生产低碳钢和非铁金属的型材或零件;拉拔主要用于生产低碳钢和非铁金属的细线材、薄壁管或特殊形状的型材等;而锻造和冲压(合称锻压)则主要用来生产各种机械零件及其毛坯。锻造大多在坯料加热后进行,按使用设备和变形方式的不同,锻造可又分为自由锻和模锻两大类。力学性能要求高的重要零件,如机器的主轴、曲轴、连杆,重要的齿轮、凸轮、叶轮,以及炮筒、枪管、起重吊钩、容器法兰、换热器管板等,通常选用锻件做毛坯。冲压生产广泛用于制造各类薄板结构零件,其制品具有强度高、刚性好、结构轻等特点。

随着技术创新和技术进步,塑性成形加工生产中引进了摆动碾压、超塑性成形、高能高速成形等一大批新工艺新技术,冷镦、冷挤压、冷精压的锻件可以不需进行机械加工而直接使用,从而大大提高了生产率和材料利用率。

2.2.1 自由锻

自由锻是只用简单工具或在锻造设备的上、下砧之间,使金属坯料受力变形而获得锻件的工艺方法。自由锻时,除与砧铁接触的部位外,坯料在其他方向的塑性流动都不受限制。

1. 自由锻的特点及应用

自由锻工艺灵活,所用设备和工具有很大的通用性,且工具简单;生产的锻件范围大,可锻造不到一千克至质量达几百吨的锻件;但生产率低,工人劳动强度大,对工人技术水平要求较高;锻件精度低,且只能锻造形状简单的工件。

自由锻主要用于单件和小批量生产中,生产形状简单、尺寸精度和表面质量要求不高的锻件。自由锻是生产大型锻件唯一的锻造方法。

2. 自由锻设备

根据自由锻设备对坯料作用力性质的不同,可将其分为锻锤和压力机两类。锻锤对坯料的作用力为冲击力,主要有空气锤和蒸汽-空气锤;压力机对坯料的作用力为静压力,主要有水压机等。

(1) 空气锤　空气锤是一种小型的自由锻设备,以其落下部分的质量来表示其吨位,通常在65~750 kg之间。

(2) 蒸汽-空气锤　蒸汽-空气锤是锻造中型锻件的常用设备,吨位一般在5 t以下。图2.10为生产中使用最广泛的双柱式蒸汽-空气自由锻锤,以压缩空气或蒸汽为动力,由动力站通过管道输送到锻锤的进气口,推动活塞上、下运动,锤击工件。

(3) 水压机　水压机是大型锻件的主要成形设备。水压机的吨位以其工作液体产生的压力表示，一般在 5 000 ~ 15 000 kN之间，可以锻造质量达数百吨的锻件。与锻锤相比，水压机具有传动平稳、撞击和震动小，工作空间和行程大，容易得到较大压力等特点，所以金属锻透性好，可获得整个截面都是细晶粒的锻件。

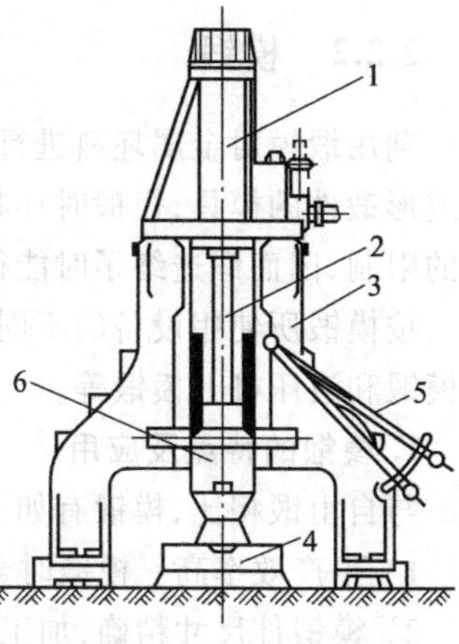

图 2.10　蒸汽-空气自由锻锤
1—工作缸；2—活塞杆；3—机架；
4—下抵铁；5—操纵杆；6—上抵铁

3. 自由锻工序

自由锻工序可分为基本工序、辅助工序、精整工序三大类。自由锻的基本工序是使金属产生一定程度的塑性变形，以达到所需形状及尺寸的工艺过程。有镦粗、拔长、冲孔、弯曲、切割、扭转、错移及锻接等。其中以镦粗、拔长、冲孔最为常用，见表 2.2。辅助工序是为基本工序操作方便而进行的预先变形工序，如压钳口、压钢锭棱边、切肩等。精整工序是用以减少锻件表面缺陷的工序，如清除锻件表面凹凸不平、校正、滚圆及整形等。精整工序一般在终锻温度以下进行。

表 2.2　自由锻常用基本工序及应用

工序名称	变形特点	图　例	应　用
镦粗	高度减小，截面积增大	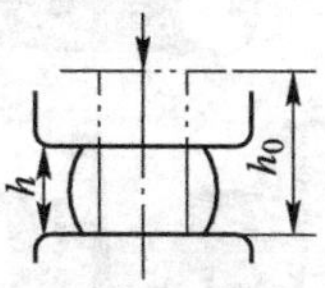 完全镦粗 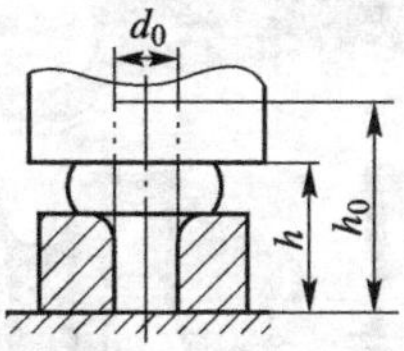 局部镦粗	用于制造高度小截面大的工件，如齿轮、圆盘、叶轮等；作为冲孔前的准备工序；增加以后拔长的锻造比
拔长	横截面积或壁厚减小，长度增加	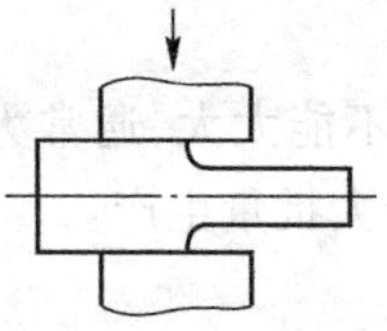 平砧拔长 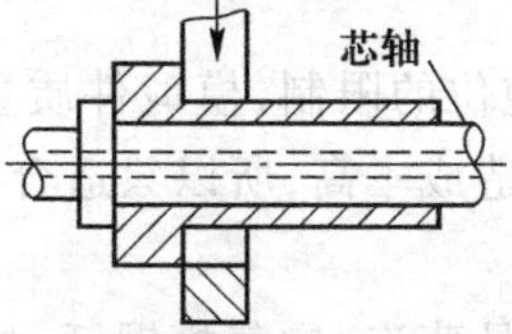 芯轴拔长	用于制造长而截面小的工件，如轴、拉杆、曲轴等；制造空心件，如炮筒、透平主轴、套筒等
冲孔与扩孔	形成通孔或不通孔（扩孔有冲头扩孔和芯轴扩孔）	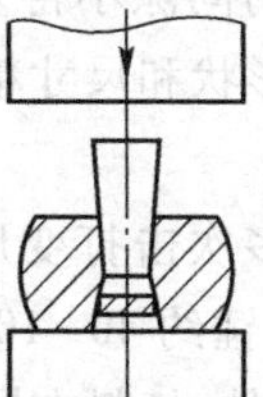 冲头冲孔 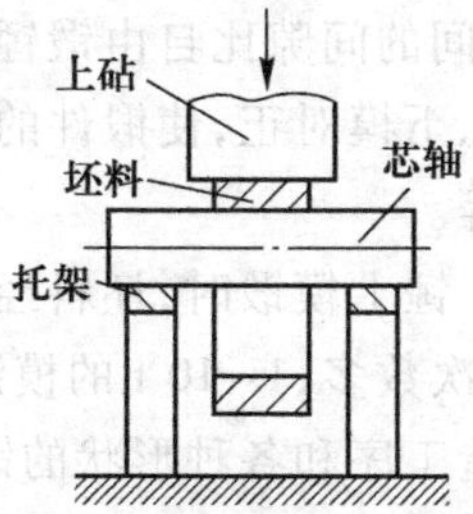 芯轴扩孔	制造空心工件，如齿轮坯、圆环、套筒等；质量要求高的大锻件，如大透平轴，可用空心冲孔，以去除质量较低的中心部分

2.2.2 模锻

利用锻模对金属坯料进行锻造成形的工艺方法称为模锻。锻模是用高强度合金工具钢制造的成形锻件的模具，模锻时坯料在锻模模膛内受压变形。在变形过程中，由于模膛对金属坯料流动的限制，因而锻造终了时能得到和模膛形状一致的锻件。

按模锻所使用设备的不同可分为锤上模锻、摩擦压力机上模锻、热模锻压机上模锻、平锻机上模锻和液压机上模锻等。

1. 模锻的特点及应用

与自由锻相比，模锻有如下特点：

1）生产效率高。模锻时金属变形在模膛内进行，故能较快获得所需要的形状。

2）模锻件尺寸精确，加工余量小，表面光洁，节约材料和切削加工工时。

3）可以锻造形状比较复杂的锻件。典型模锻零件如图 2.11 所示。

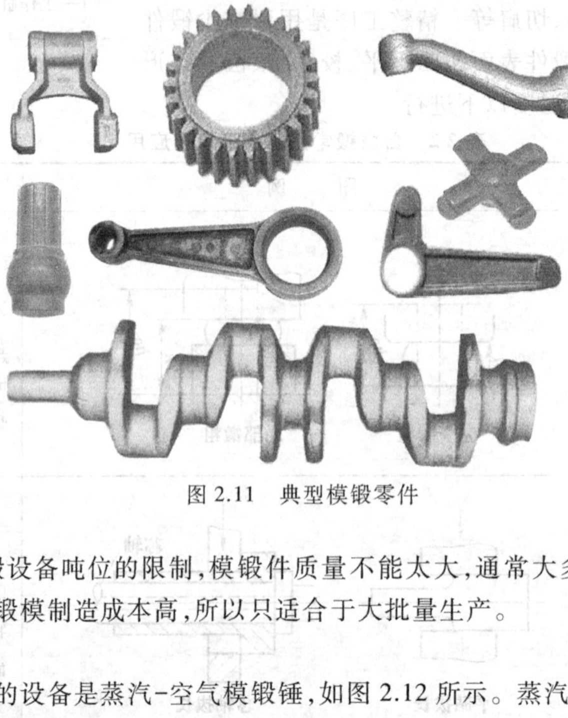

图 2.11 典型模锻零件

但是，由于受模锻设备吨位的限制，模锻件质量不能太大，通常大多在 150 kg 以下，而且因为模锻设备投资大和锻模制造成本高，所以只适合于大批量生产。

2. 锤上模锻

锤上模锻最常用的设备是蒸汽-空气模锻锤，如图 2.12 所示。蒸汽-空气模锻锤的工作原理与自由锻用的蒸汽-空气锤基本相同，只是因为锻模在锻造时上、下模需准确对合，精度要求较高，所以模锻锤的锤头与导轨之间的间隙比自由锻锤的间隙小得多，而且机架直接与砧座连接，这样使锤头运动精确，能保证上、下模对正，使锻件的形状和尺寸精度提高。此外，用于锤上模锻的设备还有无砧座锤和高速锤等。

（1）锤上模锻的工艺特点　锤上模锻时，坯料经多次击打变形，加之金属流动惯性，有利于金属填充模膛；单位时间内打击次数多，1~10 t 的模锻锤约 40~100 次/min，生产率高；工艺较灵活，应用广泛，可以适应各种锻造工序和各种形状的锻件；坯料在同一模膛内成形，金属流线组织连续而不被切断，锻件质量好。但锤上模锻的振动、噪声大，能耗高，对厂房、设备及工人劳动条件有不利影响。

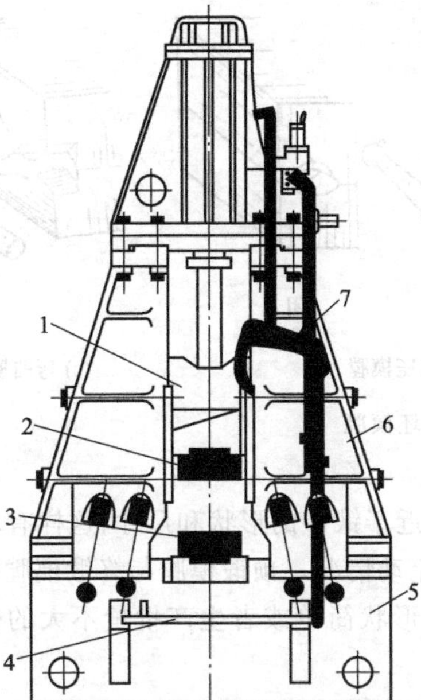

图 2.12 蒸汽-空气模锻锤

1—锤头；2—上模；3—下模；4—踏杆；

5—砧座；6—锤身；7—操纵机构

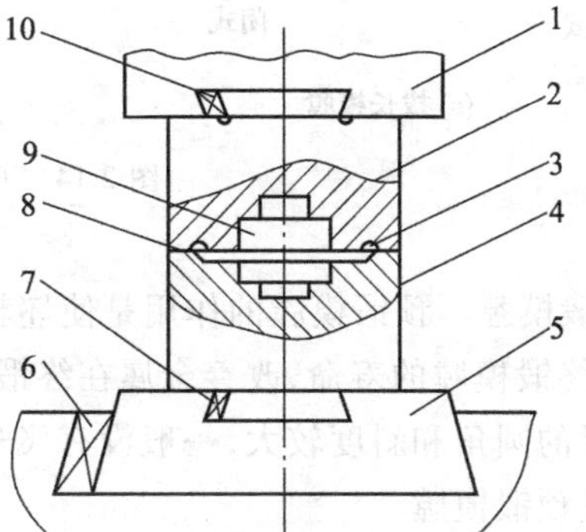

图 2.13 锤锻模结构

1—锤头；2—上模；3—飞边槽；4—下模；

5—模垫；6、7、10—紧固楔铁；8—分模面；9—模膛

（2）锻模结构 锤上模锻用的锻模由上模和下模两部分构成，如图 2.13 所示。下模通过燕尾和楔铁与锻锤工作台的模垫相连接，固定于工作台上；上模通过燕尾和楔铁与锻锤锤头相连接，随锤头上、下往复运动，锤击金属坯料。锻模上有使坯料成形的型腔即模膛。

根据模膛的作用可将其分为制坯模膛和模锻模膛两大类。

对于形状复杂的模锻件，为了使坯料形状基本接近模锻件形状，使金属能合理分布和有效地充满型腔，通常须预先在制坯模膛内制坯。主要的制坯模膛有以下几种。

1）拔长模膛 拔长模膛是用来减小坯料某部分的横截面积，同时增大该处的长度，具有合理分配金属的作用，如图 2.14a 所示。拔长模膛有开式和闭式两种，一般设在锻模的边缘。操作时坯料除送进外还要反复翻转。主要用于横截面积相差较大的轴类锻件。

2）滚压模膛 滚压模膛是用来减小坯料某部的横截面积和增大另一部分的横截面积，起分配金属和光整表面的作用，如图 2.14b 所示。滚压模膛一般置于终锻模膛的旁边，操作时须将坯料反复翻转。适应于横截面积相差较大的长轴类锻件。

3）弯曲模膛 对于弯曲的杆类模锻件，需用弯曲模膛来弯曲坯料，如图 2.14c 所示。坯料可直接或先经过其他制坯工步后放入弯曲模膛进行弯曲变形。弯曲后的坯料须翻转 90°后放入模锻模膛成形。

4）切断模膛 切断模膛是在上模与下模的角部形成一对刃口，用来切断金属坯料。单件锻造时，用它来从坯料上切下锻件或从锻件上切下钳口；多件锻造时，可用它来分离各个锻件。

模锻模膛有预锻模膛和终锻模膛两种。

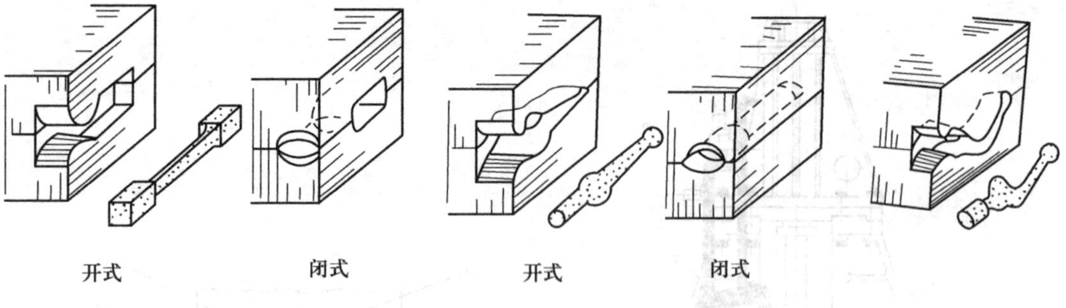

图 2.14　几种常用的制坯模膛

1）预锻模膛　预锻模膛的作用是使坯料变形到接近于锻件的形状和尺寸，这样有利于终锻成形，提高终锻模膛的寿命，改善金属在终锻模膛内的流动情况。预锻模膛与终锻模膛的主要区别在于前者的圆角和斜度较大，一般没有飞边槽。对于形状简单或者生产批量不大的模锻件一般可不设置预锻模膛。

2）终锻模膛　终锻模膛的作用是使坯料最后变形到锻件要求的尺寸和形状，因此它的形状和锻件形状相同。但因为锻件冷却时要收缩，终锻模膛的尺寸应比锻件尺寸放大一个收缩量。钢件的收缩量通常取1.5%。为了使金属充满模腔，坯料的体积比实际锻件体积大，因此通常在模膛的周边设有飞边槽，以增加金属从模膛中流出的阻力，同时容纳多余的金属。

根据模锻件复杂程度的不同，变形所需要的模膛数量也不同，可将锻模设计成单模膛形式，也可设计成多模膛形式。单模膛锻模是在一副锻模上只有一个模膛，如齿轮坯模锻件就可设计为单模膛锻模，直接将圆柱形坯料放入锻模中成形。多模膛锻模是在一副锻模上具有两个以上模膛的锻模，如图 2.15 所示。

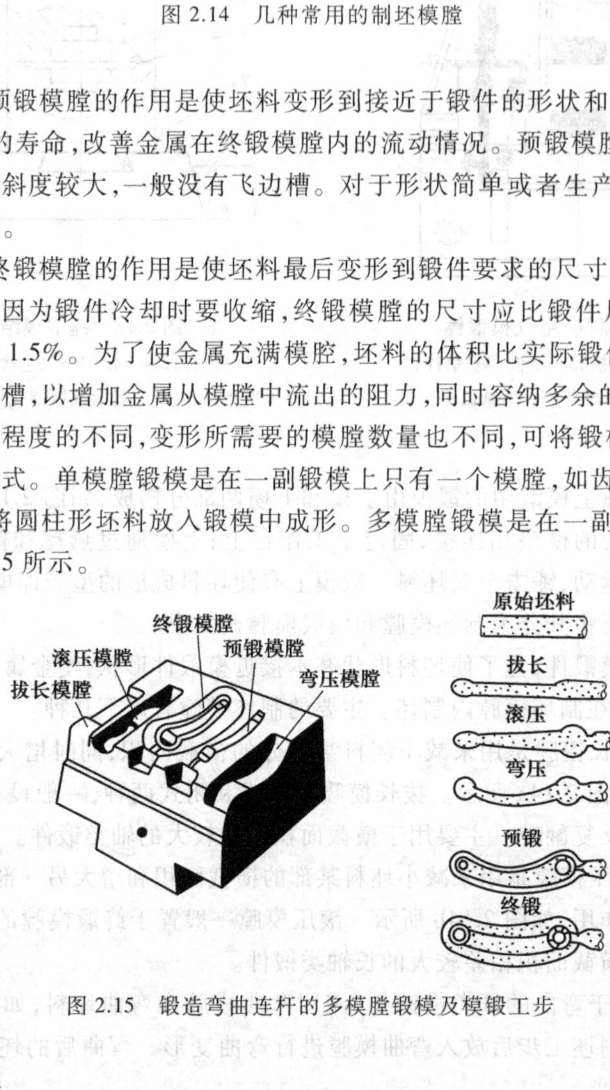

图 2.15　锻造弯曲连杆的多模膛锻模及模锻工步

3. 压力机上模锻

由于锤上模锻存在着振动、噪声大等一些难以克服的缺点，因此大吨位（16 t 以上）模锻锤有逐步被压力机所代替的趋势。

（1）热模锻压力机上模锻　热模锻压机的外观和传动系统如图 2.16 所示。曲柄连杆机构运动由离合器 1 控制,使曲柄 2 旋转,然后再通过连杆 3 将曲柄的旋转运动转换成滑块 4 的上下往复运动,从而实现对毛坯的锻造加工。热模锻压力机的吨位一般为 2 000~12 000 kN。

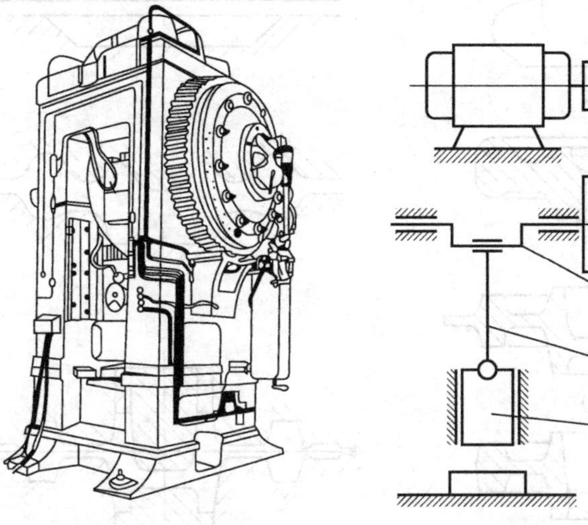

图 2.16 热模锻压力机
1—离合器;2—曲柄;3—连杆;4—滑块

热模锻压力机上模锻的特点如下:

1) 锻件精度高 滑块的行程由曲柄尺寸决定,且滑块与导轨的间隙小、装配精度高,因此锻件的精度比锤上模锻的精度高。

2) 生产率高 热模锻压力机易于实现机械化和自动化,另外还有自动顶料装置,可把锻件自模中顶出。

3) 振动、噪声小 热模锻压力机作用于金属上的变形力是静压力,且变形抗力由机架本身承受,不传给地基,因此热模锻压力机工作时振动、噪声小。

但是,热模锻压力机构造复杂,造价高,主要是在一些大型工厂(汽车、机车、拖拉机制造厂等)或专业锻造厂中采用。

由于热模锻压力机的工艺特点,采用这种设备进行模锻时应注意以下问题:

1) 因热模锻压力机的滑块行程一定,不论在什么模膛中都是一次成形,这样毛坯表面形成的氧化皮不易被吹掉,而被压入到锻件表面,影响锻件质量。

2) 因为是一次成形,金属变形量过大,不易使金属填满终锻模膛,故变形应该逐步进行,终锻前采用预成形及预锻等。如图 2.17 所示,左图为毛坯变形过程,图 2.17a 为预成形,图 2.17b 为预锻,图 2.17c 为终锻,图 2.17d 为切除飞边和冲孔连皮后的模锻件。右图为与之相对应的模膛。

3) 在热模锻压力机上不宜进行拔长、滚压等工步。对于横截面变化较大的长轴类锻件,可采用周期轧制坯料或用辊锻机制坯来代替这两个工步。

(2) 平锻机上模锻 平锻机的主要结构与热模锻压力机相同,只因滑块是作水平方向运动,故称为平锻机。如图 2.18 所示,电动机 1 通过传动带 2 将运动传给带轮 3,带轮 3、离合器 4 一同

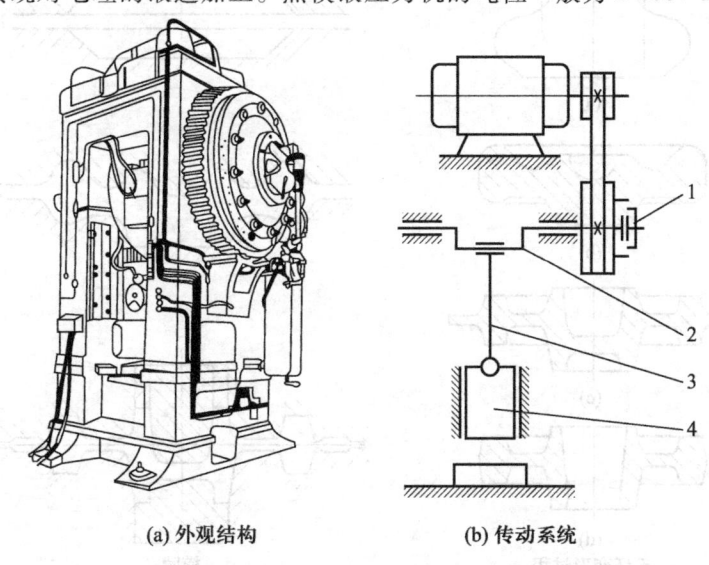

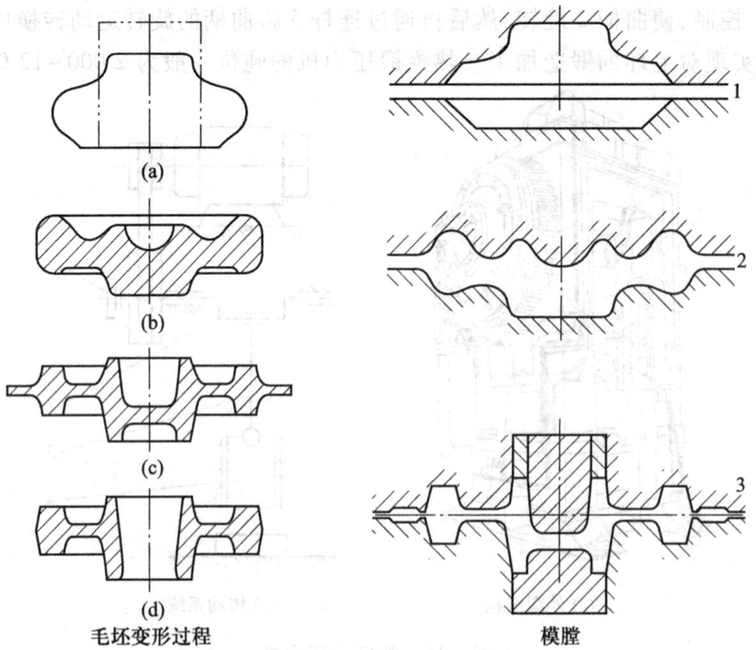

图 2.17　热模锻压力机上模锻齿轮工序

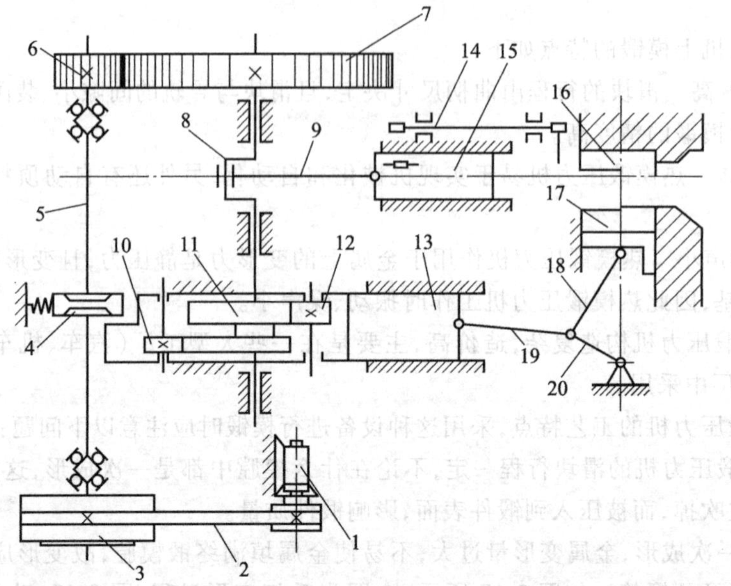

图 2.18　平锻机传动图

1—电动机；2—传动带；3—带轮；4—离合器；5—传动轴；6、7—齿轮；8—曲轴；9—连杆；10、12—导轮；
11—凸轮；13—副滑块；14—挡料板；15—主滑块；16—固定模；17—副滑块和活动模；18、19、20—连杆系统

装在传动轴 5 上，传动轴另一端装有齿轮 6、7，这样将运动传至曲轴 8 上，曲轴 8 通过连杆 9 与主滑块 15 相连。凸轮 11 装在曲轴 8 上，与导轮 10、12 接触。副滑块 13 固定着导轮，并通过连杆

系统 18、19、20 与副滑块和活动模 17 相连。当运动传至曲轴后，随着曲轴的转动，一方面推动主滑块 15 带动凸模作前后往复运动，同时曲轴又驱使凸轮 11 旋转。凸轮的旋转通过导轮使副滑块 13 移动，并驱使活动模 17 运动，从而实现锻模的闭合或开启。挡料板 14 通过辊子与主滑块的轨道接触。当主滑块向前运动（工作行程）时，轨道斜面迫使辊子上升，带动挡料板绕其轴线转动，挡料板末端便移至一边，给凸模让出位置。

平锻机的吨位以凸模最大压力来表示，一般是 500~31 500 kN。可锻造 $\phi25\sim\phi230$ mm 的棒料。锻件的形状是带头部的杆类和有孔（通孔或盲孔）的锻件，如汽车半轴、倒车齿轮等。

平锻机上模锻的特点如下：能锻出其他设备难以锻出的锻件，特别是一端带法兰的较长轴；自动化程度高，每小时可锻制 400~900 件；节省金属，材料利用率可达 85%~95%；难以锻造非回转体及中心不对称的锻件；设备投资较大。

（3）摩擦压力机上模锻　摩擦压力机的传动系统如图 2.19 所示。锻模分别安装在滑块 7 和机座 9 上。滑块与螺杆 1 相连，可沿导轨 8 上下滑动。螺杆穿过固定在机架上的螺母 2。螺杆 1 上固定着飞轮 3，下端用轴承与压力机滑块 7 相连。主轴上装有两个圆轮 4，它由电动机 6 带动旋转，通过操纵杆可使主轴沿轴向作一些移动，这样就可使其中一个圆轮与飞轮 3 的边缘靠紧而带动飞轮 3 旋转，从而带动滑块 7 在导轨 8 中作上下运动。

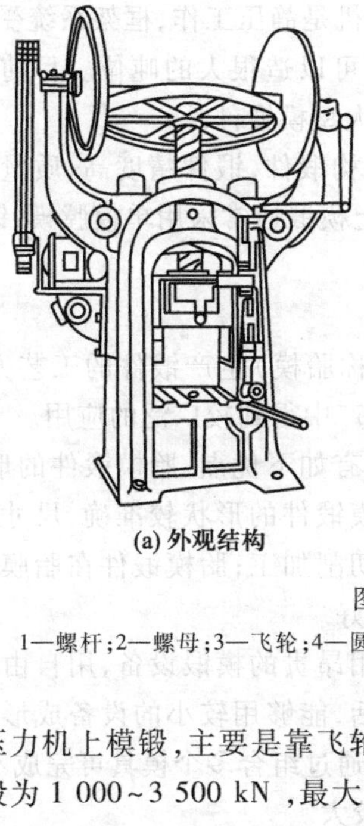

(a) 外观结构

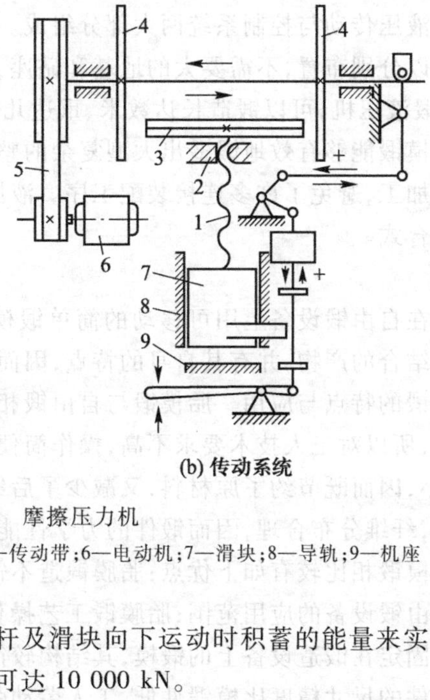

(b) 传动系统

图 2.19　摩擦压力机

1—螺杆；2—螺母；3—飞轮；4—圆轮；5—传动带；6—电动机；7—滑块；8—导轨；9—机座

在这类压力机上模锻，主要是靠飞轮、螺杆及滑块向下运动时积蓄的能量来实现。摩擦压力机的吨位一般为 1 000~3 500 kN，最大吨位可达 10 000 kN。

摩擦压力机具有如下特点：工作过程中滑块速度为 0.5~1.0 m/s，对毛坯变形具有一定的冲击作用，且滑块行程可控，这又与锻锤相似。其次，摩擦压力机带有顶料装置，取件容易。但摩擦压力机滑块打击速度不高，传动效率低（仅为 10%~15%），能量不高，故多用于锻造中、小型锻件，如图 2.20 所示。

摩擦压力机上模锻具有如下工艺特点：由于滑块行程不固定，且具有一定的冲击作用，因而可实现轻打、重打，可在一个模膛内进行多次锻打，不仅能满足模锻各种主要成形工序的要求，还

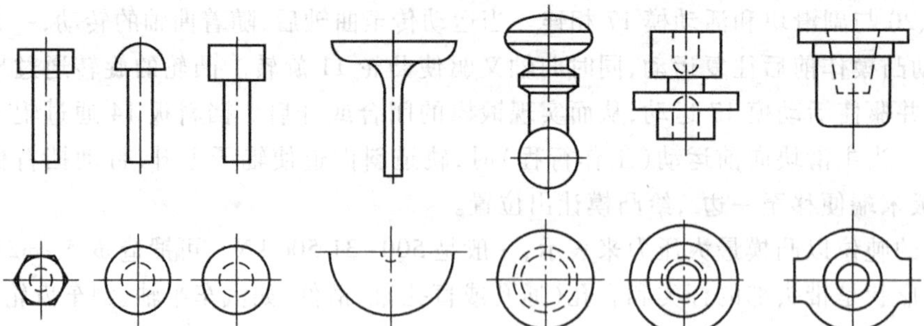

图 2.20　摩擦压力机上模锻件

可以进行弯曲、压印、热压、精压、切飞边、冲连皮及校正等工序；由于滑块运动速度不高，金属变形过程中再结晶现象可以充分进行，故特别适合于锻造低塑性合金钢和非铁合金（如铜合金）等材料。但摩擦压力机承受偏心载荷的能力差，通常只适用于单膛锻模进行模锻，形状复杂的锻件需在其他设备上制坯。

（4）液压机上模锻　液压机是一种以液体为介质来传递能量以实现多种锻压工艺的设备。它是由主机和液压传动与控制系统两大部分组成。液压机是静压工作，框架系统受力平衡，本体和动力装置可以分别布置，不需要大的地基和砧座，因而可以造很大的吨位。目前，我国已建造出 800 MN 模锻液压机，可以锻造长达数米、重达几吨的大型模锻件。

液压机上模锻能够有效地锻造出大型复杂的整体结构锻件，锻件精度高、质量稳定，因而大大减少了机械加工，避免了许多连接装配工序。液压机上模锻通常采用单模膛模，锻模结构可采用整体式或组合式。

4. 胎模锻

胎模锻是在自由锻设备上用可移动的简单锻模（简称胎模）生产锻件的工艺方法。它是自由锻与模锻相结合的产物，并有其自身的特点，因而在生产中得到较广泛的应用。

（1）胎模锻的特点与应用　胎模锻与自由锻相比较有如下优点：胎模锻件的形状和尺寸可由模具来保证，所以对工人技术要求不高，操作简便；胎模锻件的形状较准确，尺寸精度高，余块少，加工余量小，因而既节约了原材料，又减少了后续的切削加工；胎模锻件在胎膜内成形，锻件内部组织致密，纤维分布合理，因而锻件的力学性能比较好。

胎模锻与模锻相比较有如下优点：胎膜锻造不需采用昂贵的模锻设备，用自由锻设备即可，从而扩大了自由锻设备的应用范围；胎膜锻工艺操作灵活，能够用较小的设备成形较大的锻件；胎模是一种不固定在锻造设备上的锻模，其结构较简单，通过组合多个模具可完成不同的锻造工序。但胎模锻件的尺寸精度比模锻件低，工人劳动强度较大。

胎模锻适于中小型锻件中、小批量生产，在没有模锻设备的中、小企业应用较多。

（2）胎模的种类　胎模类型主要有扣模、套筒模和合模三种。

1）扣模　扣模由上扣和下扣组成，用来对坯料进行全部或局部扣形，生产长杆非回转体锻件，也可为合模锻造进行制坯。用扣模锻造时坯料不转动，扣形后翻转 90°在锤砧上平整侧面，如图 2.21a 所示。

2）套筒模　套筒模主要用来锻造齿轮、法兰盘等回转体类锻件，也可用于非回转体类锻件。

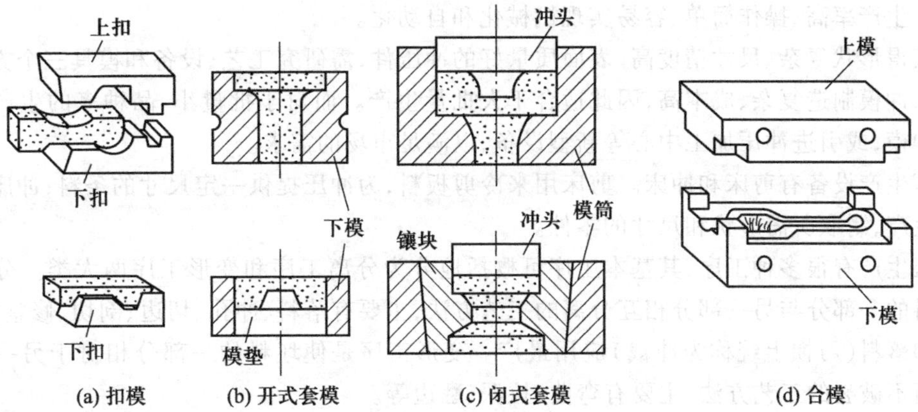

图 2.21　胎模种类

根据锻件的具体情况,可制成整体模、镶块模和组合模等多种形式,如图 2.21 b、c 所示。

3) 合模　合模通常由上模和下模两部分组成,为了使上、下模对中以避免错位,在模具上设有导向装置。合模结构如图 2.21d 所示。与只有终锻模膛的锤上模锻锻模相似,锻件有飞边,分模面在锻件的最大截面处。合模主要用于连杆、拨叉等非回转体零件的锻造。

2.2.3　板料冲压

冲压是通过模具使板料产生分离或变形而获得制件的工艺方法。因冲压通常在常温(冷态)下进行,故也称冷冲压。只有当板料厚度超过 8 ~ 10 mm 时,才采用热冲压。冲压加工的原料一般为板材或带材,所以又称板料冲压,其制品称为冲压件(图 2. 22)。板料冲压所用的原材料必须具有足够的塑性,常用的有低碳钢、铜、铝、镁合金及高塑性的合金钢等。某些非金属板材(如胶木板、云母片、石棉、皮革等)亦可用冲压加工。

板料冲压广泛应用于金属制品生产的各行业中,尤其在汽车、机电、仪表、军工、家用电器等领域中占有极其重要的地位。板料冲压具有下列特点:

(1) 材料利用率高,冲压件的形状和尺寸精度高,互换性好,可直接装配使用。

(2) 能获得质量轻而结构刚性好的制件,广泛用于薄壁、形状复杂零件的加工。

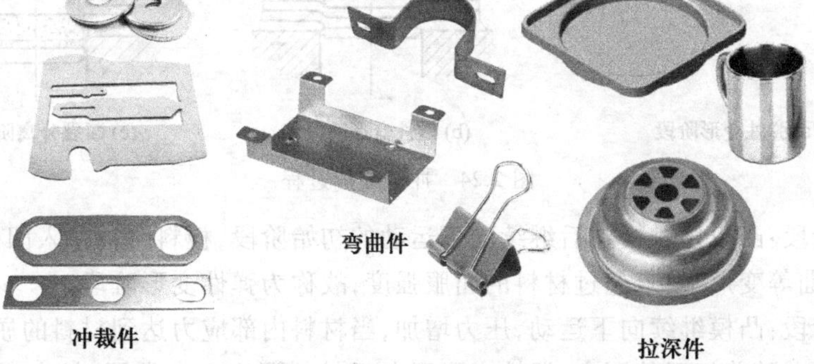

图 2.22　冲压件

(3) 生产率高、操作简单、容易实现机械化和自动化。

要获得形状复杂、尺寸精度高、表面质量好的冲压件,需研究工艺、设备和模具三个方面的问题。由于冲模制造复杂、成本高,因此适合于大批量生产。而对于批量小、品种多的生产情况常用简易冲模,或引进冲压加工中心等新型设备,以满足市场的需求。

冲压生产设备有剪床和冲床。剪床用来冷剪板料,为冲压提供一定尺寸的条料;冲床用来实现冲压生产,制取所需形状和尺寸的零件。

冲压生产有很多种工序,其基本工序可概括地分为分离工序和变形工序两大类。分离工序是使坯料的一部分与另一部分相互分离的工艺方法,主要有落料、冲孔、切边、剖切、修整等,其中以冲孔和落料(习惯上统称为冲裁)应用最广。变形工序是使坯料的一部分相对于另一部分产生位移而不破裂的工艺方法,主要有弯曲、拉深、翻边等。

1. 冲裁

冲裁是使坯料沿封闭轮廓分离的工序,如图 2.23 所示。落料时,封闭轮廓内的部分是工件,封闭轮廓外的部分是废料;冲孔时,封闭轮廓外的部分是工件,而封闭轮廓内的部分是废料。落料工序和冲孔工序的变形过程和模具结构是相同的。

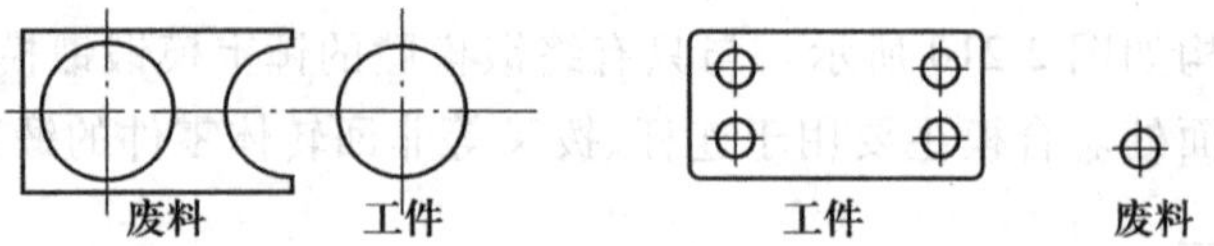

图 2.23　落料与冲孔

(1) 冲裁变形过程　冲裁的变形过程可分为三个阶段:弹性变形阶段、塑性变形阶段、断裂分离阶段,如图 2.24 所示。

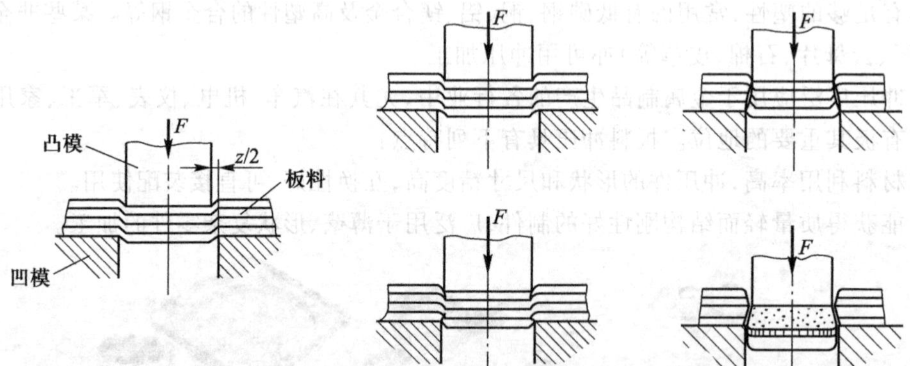

图 2.24　冲裁变形过程

弹性变形阶段:凸模接触板料后继续向下运动的初始阶段,板料略被挤入凹模孔口产生弹性压缩、拉伸与弯曲等变形,但未超过材料的屈服强度,故称为弹性变形阶段。

塑性变形阶段:凸模继续向下运动,压力增加,当材料内部应力达到材料的屈服强度时,则材料产生塑性变形。随着切刃的深入,塑性变形区向板材的深度方向发展、扩大,并在凸模和凹模的刃口附近出现微裂纹,塑性变形阶段结束。

断裂分离阶段：凸模继续下压，微裂纹不断向材料内部扩展，直至上、下两裂纹会合，材料被剪断分离。

（2）冲裁件的质量与整修　由于冲裁变形的特点，冲裁件的断面可明显分为四个部分：即毛刺、断裂带、光亮带和圆角带，如图 2.25 所示。毛刺高度低，断裂带窄，光亮带宽，圆角小，则冲裁件的断面质量高；反之，则冲裁件的断面质量低。

普通冲裁件的尺寸精度在 IT11 以下，切断面的表面粗糙度 Ra 值为 12.5~6.3 μm，有锥度。为满足较高精度零件的要求，冲裁后常需进行整修。整修是在整修模上利用切削的方法，将冲裁件的外缘或内缘切去一薄层金属，以除去普通冲裁时在冲件断面上存留的断裂带和毛刺，从而提高冲裁件的尺寸精度和表面质量，如图 2.26 所示。整修后工件的尺寸精度可达 IT6~IT7，表面粗糙度 Ra 值可达 0.8~0.4 μm。

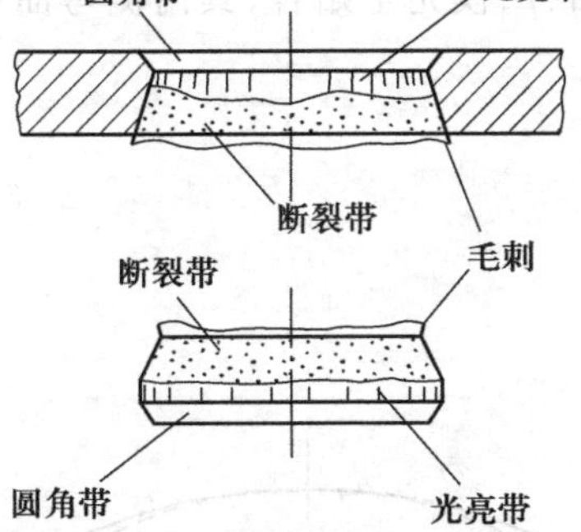

图 2.25　冲裁件断面结构

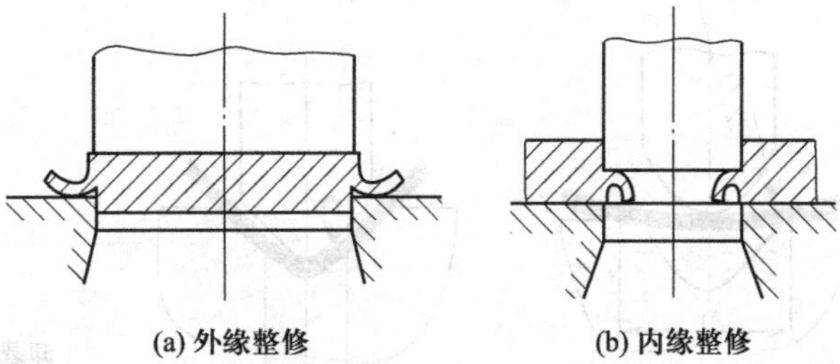

图 2.26　整修工艺示意图

（3）精密冲裁　在普通冲裁中，材料都是从模具刃口处产生裂纹而剪切分离，制件尺寸精度低，断面粗糙、不平直，并且有一定斜度（与上、下平面不垂直），往往需进行多道后续的机械加工后才能满足零件较高的技术要求。精密冲裁是在普通冲裁的基础上，通过改进冲裁模具，使材料呈塑性剪切的形式进行冲裁，以提高制件的精度，改善断面质量。精冲工艺主要有光洁冲裁、负间隙冲裁、带齿圈压板精冲、往复冲裁等。

1）光洁冲裁　光洁冲裁又称小间隙小圆角凸（或凹）模冲裁。与普通冲裁相比，其特点是采用了小圆角刃口和很小的冲裁间隙。落料时，凹模刃口带小圆角、倒角或椭圆角，凸模仍为普通形式；冲孔时，凸模刃口带小圆角、倒角或椭圆角，而凹模为普通形式。凸、凹模间隙值非常小，一般小于 0.01~0.02 mm，它不需要特殊的压力机，能比较简单地得到平滑的冲裁断面。冲裁时，由于刃口带有圆角及采用极小间隙，加强了变形区的静压力，提高了金属塑性；且刃口圆角有利于材料从模具端面向模具侧面流动，与模具侧面接触的材料的拉应力得到缓和，从而消除或推迟了裂纹的发生，使冲裁呈塑性剪切而形成光亮断面。

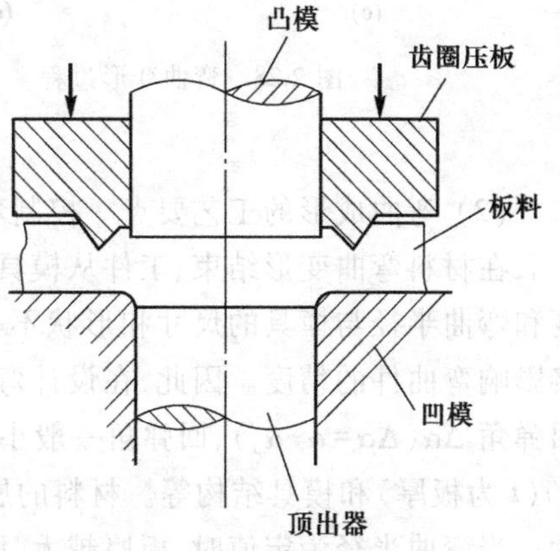

图 2.27　精冲模具结构简图

2）精冲（齿圈压板冲裁）　精冲模具结构如图 2.27 所示，与普通冲裁模相比，模具结构上多一个齿圈压板与顶出器，并且凸、凹模间隙极小，凹模刃口带有圆角。冲裁过程中，凸模接触材料前，齿圈压板将材料压紧在凹模上，从而在V形齿的内面产生横向侧压力，以阻止材料在剪切区内撕裂和金属的横向流动，在冲裁凸模压入材料的同时利用顶出器的反压力，将材料压紧，加之利用极小间隙与带圆角的凹模刃口消除了应力集中，从而使剪切区内的金属处于三向压应力状态，消除了该区内的拉应力，提高了材料的塑性，从根本上防止普通冲裁中出现的弯曲、拉伸、撕裂现象，使材料沿着凹模的刃边形状，呈纯剪切的形式被冲裁成零件，从而获得高质量的光洁、平整的剪切面。

2. 弯曲

弯曲是将板料、型材或管材弯成具有一定曲率和角度的零件的变形工序。

(1) 弯曲变形过程　以板料弯曲中最基本的V形件的弯曲为例，弯曲变形过程如图2.28所示。开始弯曲时，板料弯曲内侧半径大于凸模的圆角半径，随凸模下压，板料的弯曲半径 r_1，r_2，…，r_n 与支点间的距离 s_1，s_2，…，s_n 逐渐减小，直到板料与凸、凹模完全贴合，其内侧弯曲半径与凸模弯曲半径相同，弯曲过程结束。

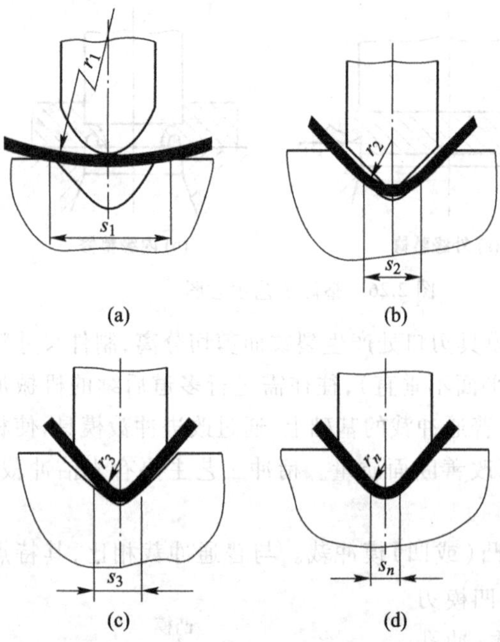

图2.28　弯曲变形过程

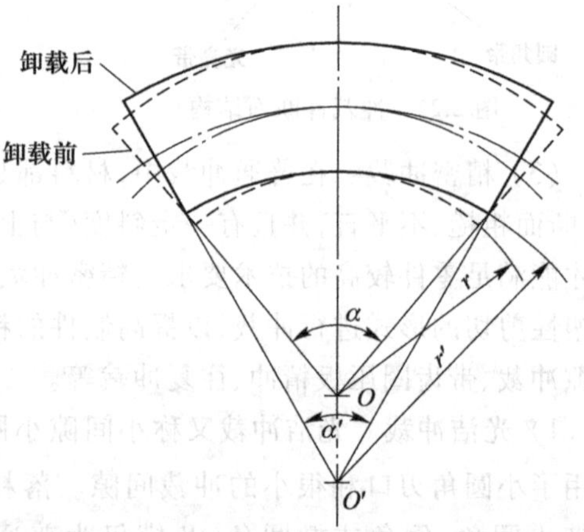

图2.29　弯曲时的回弹

(2) 弯曲成形的工艺要点　控制弯曲件的回弹和弯裂是工艺中要注意的重要问题。

在材料弯曲变形结束，工件从模具中取出而不受外力作用时，由于弹性恢复，使弯曲件的角度和弯曲半径与模具的尺寸和形状不一致，这种现象称为回弹，如图2.29所示。这种差异将直接影响弯曲件的精度。因此，在设计弯曲模时应使模具的弯曲角 α_p 比弯曲件的弯曲角 α 小一个回弹角 $\Delta\alpha$（$\Delta\alpha=\alpha-\alpha_p$），回弹角一般小于10°。影响回弹的因素主要有板料性质、相对弯曲半径 r/t（t 为板厚）和模具结构等。材料的屈服强度越高，回弹值越大；相对弯曲半径越大，回弹值越大。当弯曲半径为定值时，板厚越大，回弹越小。

弯曲回弹一般不可能完全消除，但可通过合理设计弯曲件结构、弯曲工艺及模具等来减少或补偿由于回弹所产生的误差。例如,在弯曲件转角处压制加强肋(图 2.30),不仅可减少回弹,而且还能增加制件的刚度。还可以采用校正弯曲代替自由弯曲,以减少回弹。在已知回弹角数值大小的情况下,则可在设计弯曲模时将模具的弯曲角减小这一回弹角,从而抵消回弹。

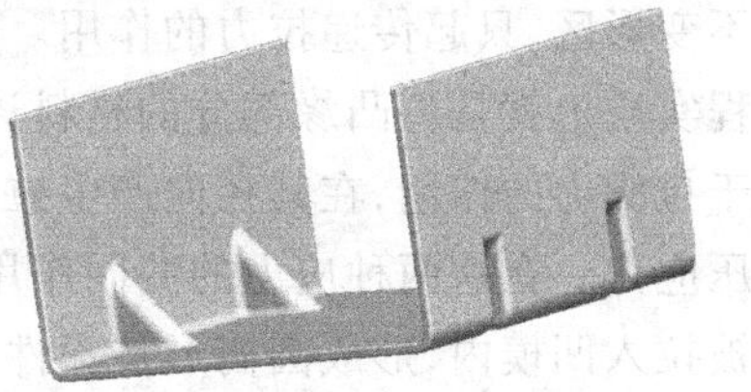

图 2.30　压制加强肋减少回弹

弯曲时,变形只发生在弯曲圆角范围内,其内侧受压缩,外侧受拉伸。当外侧的拉力超过板料的抗拉强度时,即会造成外层金属破裂。板料越厚,内弯曲半径 r 越小,压缩及拉伸应力就越大,也越易破裂。为防止弯裂,必须规定出最小弯曲半径 $r_{\min}$,通常 $r_{\min}=(0.25\sim1)t$,t 为板厚。塑性好的材料,其弯曲半径可小些。影响最小弯曲半径的因素主要有:

1）材料的力学性能　材料的塑性愈好,其伸长率 A 值愈大,$r_{\min}$ 可越小。

2）板料的热处理状态　经退火的板料,塑性好,$r_{\min}$ 可小些。经冷作硬化的板料,塑性降低,$r_{\min}$ 应增大。

3）弯曲件角度 α　α 越大,圆角中段变形程度越小,许可的 $r_{\min}$ 可以越小。

4）板料的纤维方向和表面质量　经轧制后的板料具有各向异性,沿流线方向的力学性能好,不易弯裂,因此弯曲线(折弯线)与流线方向垂直时,$r_{\min}$ 可小些;而与流线方向平行时,需增大 $r_{\min}$,否则易弯裂。板料表面粗糙时,易产生应力集中,为防止弯裂,需增大 $r_{\min}$。

3. 拉深

将平面板料制成各种开口的中空形状零件的变形工序称为拉深。用拉深方法可制成筒形、阶梯形、锥形、球形、方盒形及其他不规则形状的薄壁零件。若与其他冲压成形工艺相结合,还可制造形状极为复杂的零件,如汽车覆盖件、仪表壳体和生活日用品等。

(1) 拉深变形过程　现以圆筒形件为例分析拉深过程。如图 2.31 所示,将直径为 D、厚度为 t 的圆形毛坯放在凹模上,在凸模的作用下,毛坯被拉入凸、凹模的间隙中,形成直径为 d、高度

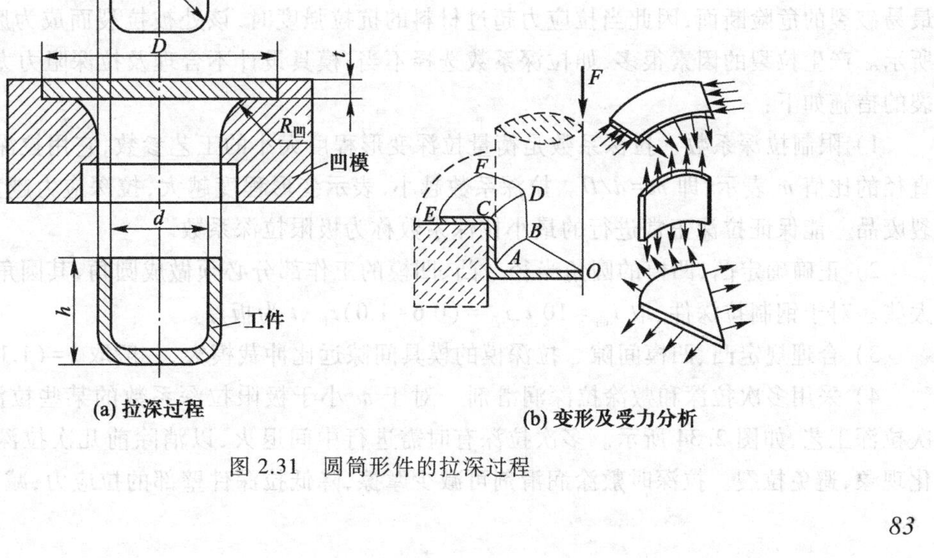

(a) 拉深过程　　(b) 变形及受力分析

图 2.31　圆筒形件的拉深过程

为 h 的开口筒形工件。在拉深变形过程中，毛坯的中心部分形成筒形件的底部，基本不变形，为不变形区，只起传递拉力的作用。毛坯的凸缘部分（即 $D-d$ 的环形部分）是主要变形区。拉深过程实质上就是将凸缘部分的材料逐渐转移到筒壁部分的过程。在转移过程中，凸缘部分材料由于拉深力的作用，在其径向产生拉应力；又由于凸缘部分材料之间的相互挤压，故其切向又产生压应力。在这两种应力的共同作用下，凸缘部分的材料发生塑性变形，随着凸模的下行，不断地被拉入凹模内，形成圆筒形拉深件。由于整个筒壁变形的状况不同，其厚度自上而下逐渐变薄，而筒壁与筒底之间的过渡圆角处壁厚减薄最严重，是拉深件中最薄弱的部位。

（2）拉深成形的工艺要点　拉深成形工艺控制的主要问题是防止工件的起皱和拉裂。

起皱是拉深变形区的毛坯相对厚度较小时，在较大切向压应力作用下，使毛坯凸缘部分在进入凹模前因失稳而成起伏状，进入凹模后被挤压发生折叠。而形成折皱的现象，如图 2.32a 所示。拉深时所用的毛坯相对厚度越小，拉深件的深度越大，越易起皱。轻微的皱纹在通过凸、凹模间隙时会烙平，但皱纹严重时，或因皱纹不能烙平，或因在拉深过程中阻力增加，而使拉深件断裂。因此，拉深工艺中不允许出现起皱现象。

为防止起皱，生产中常采用压边圈把毛坯压紧，以增加径向拉应力，降低切向压应力，使之无法失稳隆起，如图 2.33所示。多道工序拉深时，也可采用反正拉深方法防止起皱。

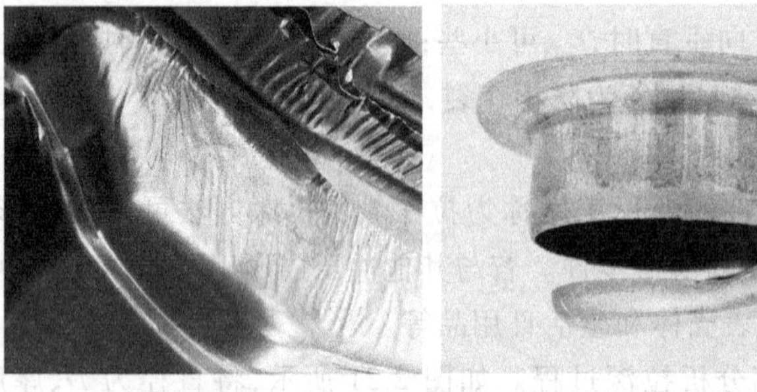

(a) 起皱　(b) 拉裂

图 2.32　拉深缺陷

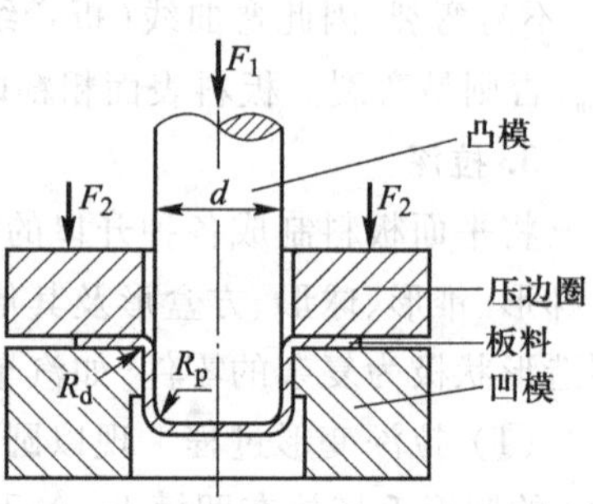

图 2.33　有压边圈的拉深

从拉深过程中可以看出，拉深件主要受拉力作用，由于筒壁与底部的过渡圆角处是拉深件中最易破裂的危险断面，因此当拉应力超过材料的抗拉强度时，该处被拉裂而成为废品，如图2.32b 所示。产生拉裂的因素很多，如拉深系数选择不当，模具设计不合理及拉深阻力太大等。防止拉裂的措施如下：

1）限制拉深系数　拉深系数是衡量拉深变形程度大小的工艺参数，它用拉深件直径与毛坯直径的比值 m 表示，即 $m=d/D$。拉深系数越小，表示变形程度越大，拉深应力越大，越易产生拉裂废品。能保证拉深正常进行的最小拉深系数称为极限拉深系数。

2）正确确定凸、凹模的圆角半径　凸、凹模的工作部分必须做成圆角，其圆角半径应尽量取大些。对于钢制拉深件，取 $r_{凹}=10\,t$，$r_{凸}=(0.6\sim1.0)\,r_{凹}$，$t$ 为板厚。

3）合理规定凸、凹模间隙　拉深模的模具间隙远比冲裁模大，一般取 $z=(1.1\sim1.2)\,t$。

4）采用多次拉深和敷涂拉深润滑剂　对于 m 小于极限拉深系数的某些拉深件，可采用多次拉深工艺，如图 2. 34 所示。多次拉深有时需进行中间退火，以消除前几次拉深中所产生的硬化现象，避免拉裂。拉深时敷涂润滑剂可减少摩擦，降低拉深件壁部的拉应力，减少模具的磨损。

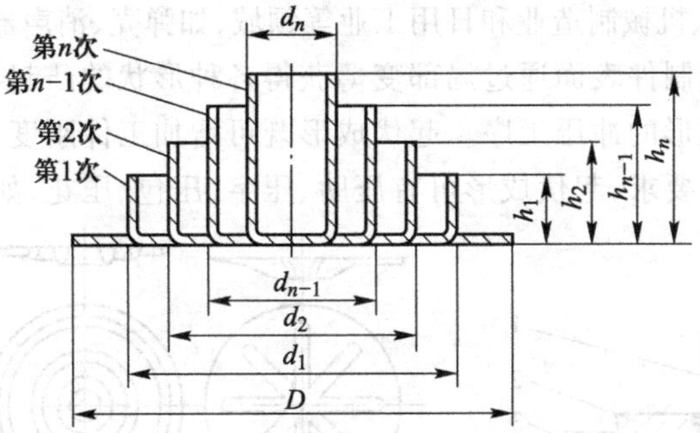

图 2.34　圆筒形件多次拉深示意图

4. 其他板料成形工艺

在板料冲压工艺中，除冲裁、弯曲、拉深等工序外，还有翻边、胀形、起伏、压印、旋压等工序。它们的共同特点都是通过局部变形来改变毛坯的形状和尺寸，这些工序相互间的不同组合可加工某些形状复杂的冲压件。

（1）翻边　翻边是在坯料的平面或曲面部分上，使板料沿一定曲线翻成竖立边缘的成形方法，如图 2.35 所示。它可加工形状复杂且具有良好刚度和合理空间形状的立体零件。生产中常用于代替拉深切底工序，以制作空心无底零件，如图 2.36 所示。

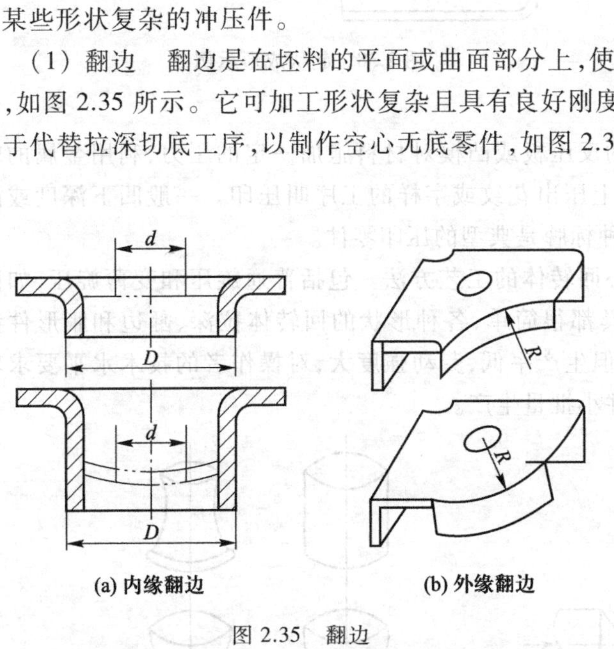

图 2.35　翻边

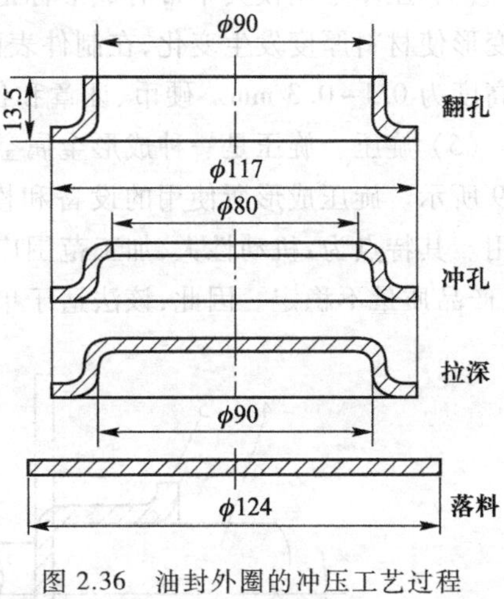

图 2.36　油封外圈的冲压工艺过程

在翻边工序中，越接近孔的边缘，拉深变形越大。当翻边孔的直径超过允许值时，会使孔的边缘破裂。其允许值可用翻边系数 $k_0=\dfrac{d}{D}$ 表示。k_0 愈小，变形愈大。翻边凸模的圆角半径 $r_凸=(4\sim9)t$，t 为板厚。

（2）胀形和缩口　胀形是利用压力通过模具将空心工件或管状毛坯由内向外扩张的成形方法。它可制出各种形状复杂的零件。胀形可采用不同的方法来实现，一般有机械胀形、橡胶胀形和液压胀形三种。图 2.37 为橡胶胀形示意图。它是以橡胶作为凸模，橡胶在压力作用下变形，使工件沿凹模胀出所需形状。由于聚氨酯橡胶比天然橡胶强度高、弹性好、耐油性好、寿命长，因此近年来广泛使用聚氨酯橡胶进行胀形，如高压气瓶、自行车架上的中接头（五通）以及火箭发动机上的一些异形空心件等。缩口是将预先拉深好的圆筒形或管件，通过缩口模，使其口部直径缩小的一种成形工序。广泛用于国防工业、机械制造业和日用工业等领域,如弹壳、消声器和水壶等。

(3) 起伏　在板料或制件表面通过局部变薄获得各种形状的凸起与凹陷的成形方法称为起伏。其实质是一种局部胀形的冲压工序。起伏成形既可增加工件刚度,还可起装饰美观作用,生产中应用广泛。根据具体要求,起伏成形可有压肋、压字、压包、压花,如图 2.38 所示。

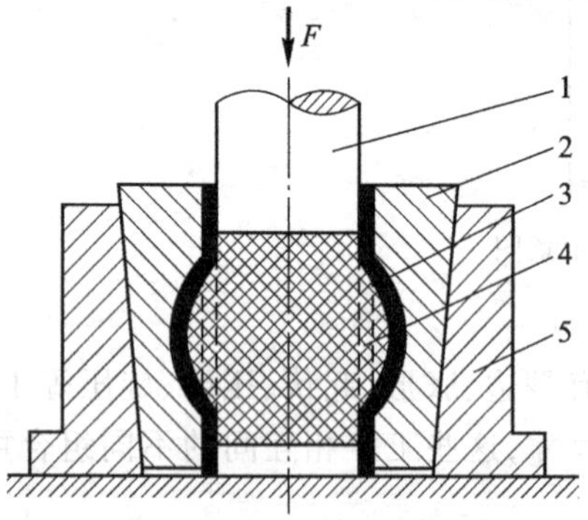

图 2.37　橡胶胀形示意图

1—凸模;2—凹模;3—毛坯;4—橡胶;5—外套

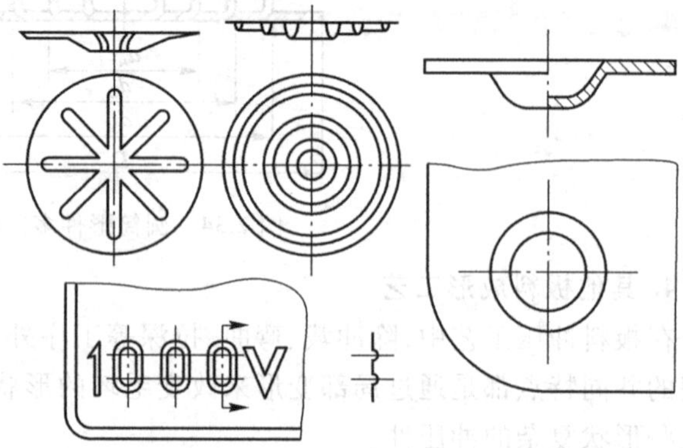

图 2.38　起伏成形示例

(4) 压印　用模具中带有成形标记的反压板或凸模对材料施加一定的压力,利用金属的塑性变形使材料厚度发生变化,在制件表面上压出花纹或字样的工序叫压印。一般凹下深度或凸起高度为 0.1～0.3 mm。硬币、证章和各种标牌是典型的压印零件。

(5) 旋压　旋压是一种成形金属空心回转体的工艺方法。包括普通旋压和变薄旋压,如图 2.39 所示。旋压成形所使用的设备和模具都很简单,各种形状的回转体拉深、翻边和胀形件都适用。其特点为:机动性大,加工范围广,但生产率低,劳动强度大,对操作者的技术水平要求较高,产品质量不稳定。因此,该法适于单件小批量生产。

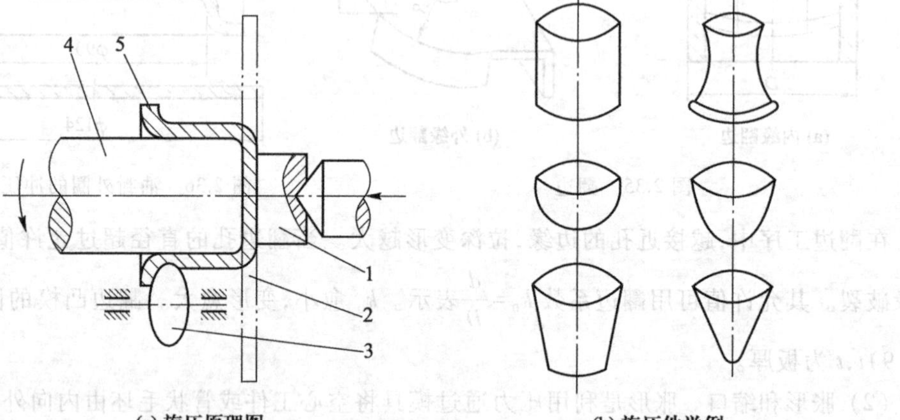

(a) 旋压原理图　　**(b) 旋压件举例**

图 2.39　旋压成形

1—顶板;2—毛坯;3—滚轮;4—模具;5—加工中的毛坯

旋压成形中的变薄旋压又称强力旋压,是在普通旋压基础上发展起来的。经变薄旋压后,材料晶粒细化,强度、硬度和疲劳极限均有所提高,零件表面质量好。因此,变薄旋压在导弹及喷气发动机的生产中广泛应用。变薄旋压需要专门的旋压机，要求功率大、刚性好，用于中小批生产。

2.2.4 其他塑性成形方法

为了满足人们对金属塑性成形加工提出的越来越高的要求，除锻造和冲压加工方法外，其他塑性成形方法，特别是一些先进方法在生产实践中也得到了迅速发展和应用。

1. 挤压

挤压是使金属坯料在三向不均匀压力作用下发生塑性变形，从模具的孔口中挤出，或充满凹、凸模型腔，而获得所需形状与尺寸的工件的成形方法。挤压具有如下特点：

(1) 可加工的金属材料范围广　挤压时，坯料受三向压应力的作用，能充分提高金属的塑性，可加工用锻造和其他方法成形较困难的金属材料。挤压不仅可加工低碳钢、合金结构钢、不锈钢及工业纯铁等，而且在一定变形量下，可加工某些高碳钢、轴承钢、高速钢等。

(2) 适应性好　挤压不仅可以加工出断面形状简单的管、棒等型材，而且还可以生产出断面形状极其复杂的或具有深孔、薄壁以及变截面的零件。

(3) 挤压件的尺寸精度高、表面质量好　一般尺寸精度为 IT8、IT9，表面粗糙度为 $Ra3.2 \sim 0.4\ \mu m$，从而可以实现少、无切削加工。

(4) 挤压件的力学性能好　挤压变形后零件内部的流线组织连续，基本沿零件轮廓分布而不被切断，故提高了其力学性能。

(5) 生产率和材料利用率高，生产灵活方便，易于实现自动化。

根据挤压时金属流动方向和凸模运动方向的不同可将挤压方法分为以下四种：

(1) 正挤压　金属流动方向与凸模运动方向相同，如图 2.40a 所示。

(2) 反挤压　金属流动方向与凸模运动方向相反，如图 2.40b 所示。

(3) 复合挤压　挤压过程中坯料的一部分金属流动方向与凸模运动方向相同，而另一部分金属流动方向与凸模运动方向相反，如图 2.40c 所示。

(4) 径向挤压　金属流动方向与凸模运动方向成 90°，如图 2.40d 所示。

根据挤压时金属坯料加热的温度不同则可分为热挤压、温挤压和冷挤压三种。

(1) 热挤压　热挤压时坯料变形温度高于金属的再结晶温度，金属变形抗力较小，塑性较好，但产品尺寸精度较低，表面较粗糙。热挤压广泛应用于生产铜、铝、镁及其合金的型材和管材等，也可挤压尺寸较大的中碳钢、高碳钢、合金结构钢、不锈钢等零件。

(2) 冷挤压　坯料变形温度低于材料再结晶温度(通常是室温)的挤压工艺。冷挤压时金属的变形抗力比热挤压大得多，但产品尺寸精度较高，生产率高，材料消耗少。目前已可对非铁金属及中、低碳钢的小型零件进行冷挤压成形。在冷挤压前通常要对坯料进行退火处理，以减小变形抗力。冷挤压时，为了降低挤压力，防止模具损坏，提高零件表面质量，必须采取润滑措施。对于钢质零件还须采用磷化处理，使坯料表面呈多孔结构，以储存润滑剂，在高压下起到润滑作用。

(3) 温挤压　将坯料加热到再结晶温度以下而高于室温的某个合适温度进行挤压的方法。温挤压可挤压中碳钢，而且可用于挤压合金钢零件。温挤压时材料一般不需要预先软化退火、表面处理和工序间退火。温挤压零件的精度和力学性能略低于冷挤压零件。

2. 拉拔

在拉力作用下，迫使金属坯料通过拉拔模孔，以获得相应形状与尺寸制品的塑性加工方法，

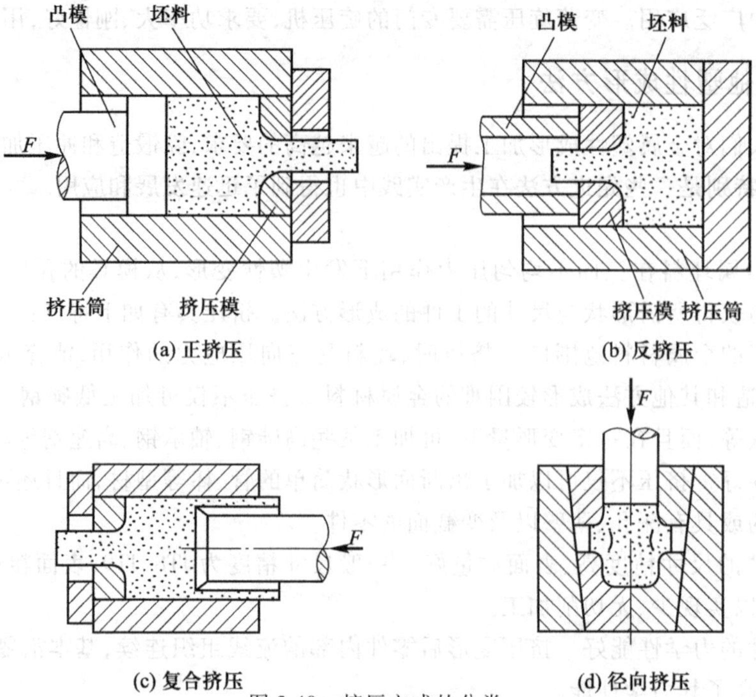

图 2.40　挤压方式的分类

称为拉拔，如图 2.41 所示。拉拔是管材、棒材、异型材以及线材的主要生产方法之一，最适合于连续高速生产断面较小的长制品，如线材、丝材等。

拉拔方法按制品截面形状不同可分为：实心材拉拔与空心材拉拔。实心材拉拔主要包括棒材、异型材以及线材的拉拔；空心材拉拔主要包括管材以及空心异型材的拉拔。拉拔也可将坯料拔制成各种特定形状的毛坯或零件，以代替用切削加工制造某些零件，这样可以减少金属的消耗和提高生产率。

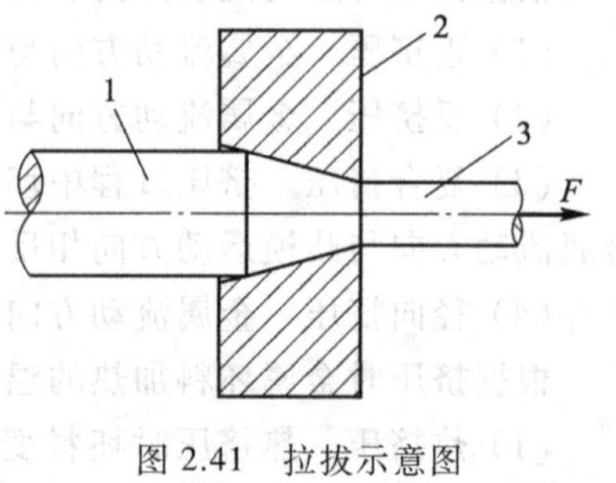

图 2.41　拉拔示意图

1—坯料；2—拉拔模；3—制品

拉拔生产设备简单，维护方便，只要更换模具就可以在一台设备上生产多个品种和规格的制品。拉拔制品的尺寸精度高，表面质量好。但受拉应力的影响，拉拔时金属的塑性不能充分发挥。一般每道次伸长率在 20%~60%之间，过大的道次伸长率将导致拉拔制品形状、尺寸、质量不合格，过小的道次伸长率则降低生产率。拉拔一般在冷态下进行，但是对一些在常温下塑性较差的金属材料可以采用加热后温拔。

3. 轧制

金属坯料在旋转轧辊的作用下产生连续塑性变形，从而获得所需截面形状并改变其性能的加工方法，称为轧制。常用的轧制工艺有辊轧、横轧、斜轧及辗环轧制等。

(1) 辊轧　辊轧也称辊锻，是使坯料通过装有圆弧形模块的一对相对旋转的轧辊，受轧压产生塑性变形，从而获得所需截面形状的锻件或锻坯的工艺方法，如图 2.42 所示。这种方法属于纵轧，它既可以作为模锻前的制坯工序，也可以直接辊锻锻件。目前，成形辊锻适用于生产以下三种类型的锻件。

1）扁断面的长杆件，如扳手、链轨节等。

2）带有不变形头部，且沿长度方向横截面积递减的锻件，如叶片等。叶片辊锻工艺和铣削工艺相比，材料利用率可提高 4 倍，生产率提高 2.5 倍，而且质量大为提高。

3）连杆类锻件。采用辊锻方法锻制连杆，生产率高，简化了工艺过程，国内已有不少企业采用此种方法，但锻件还需要用其他锻压设备进行精整。

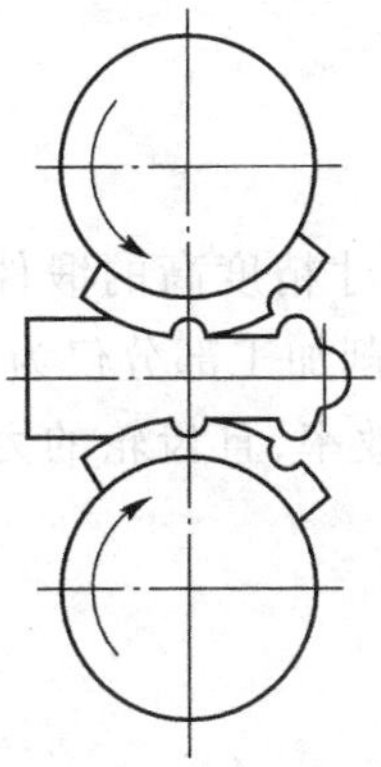

图 2.42　辊轧示意图

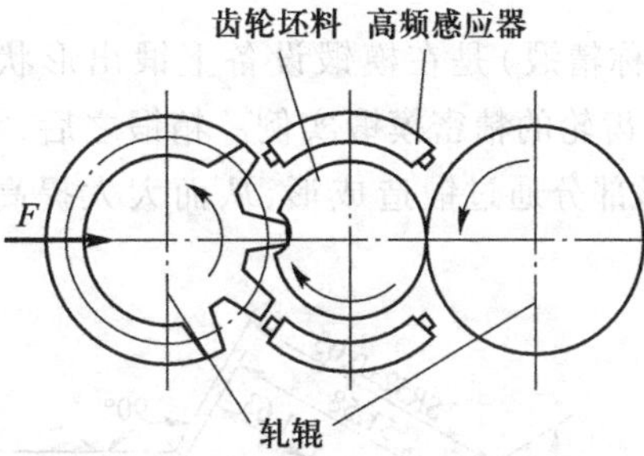

图 2.43　热轧齿轮示意图

（2）横轧　横轧是轧辊轴线与轧件轴线互相平行，且轧辊与轧件作相对转动的轧制方法，如齿轮轧制。直齿轮和斜齿轮均可用横轧方法制造，这是一种少、无切削加工齿轮的新工艺。齿轮的横轧如图 2.43 所示。在轧制前，齿轮坯料外缘经高频感应加热，然后将带有齿形的轧辊作径向进给，迫使轧辊与齿轮坯料对辗。在对辗过程中，毛坯上一部分金属受轧辊齿顶挤压成齿谷，相邻的部分被轧辊齿部“反挤”而上升，形成齿顶。

（3）斜轧　斜轧又称螺旋斜轧。斜轧时，两个带有螺旋槽的轧辊相互倾斜放置，轧辊轴线与坯料轴线相交成一定的角度，以相同的方向旋转。坯料在轧辊的作用下绕自身轴线反向旋转，同时还作轴向向前运动，即螺旋运动，坯料受压后产生塑性变形，最终得到所需制品，例如钢球轧制、周期轧制均采用斜轧方法，如图 2.44 所示。斜轧还可直接热轧出带有螺旋线的高速钢滚刀、麻花钻、自行车后闸壳以及冷轧丝杠等。

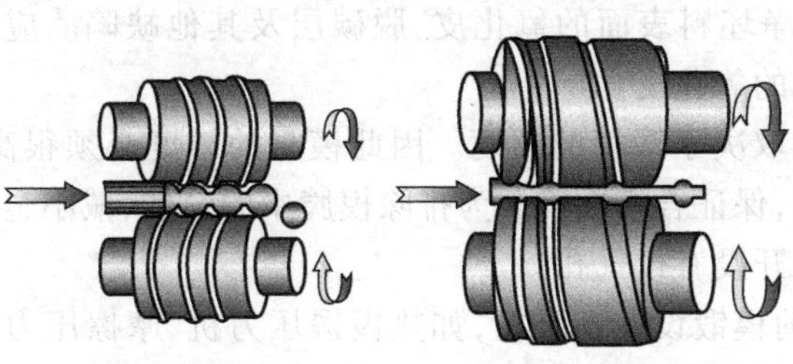

(a) 钢球轧制　(b) 周期轧制

图 2.44　斜轧示意图

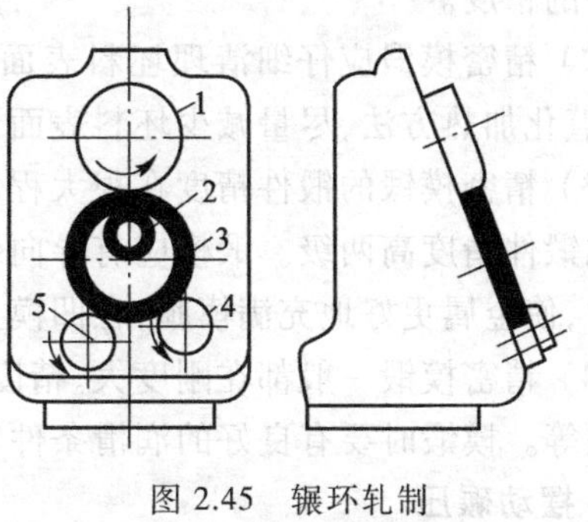

图 2.45　辗环轧制

1—驱动辊；2—芯辊；3—坯料；4—导向辊；5—信号辊

（4）辗环　辗环轧制是用来扩大环形坯料的外径和内径，从而获得各种圆环零件的轧制方法，如图 2.45 所示。图中驱动辊 1 由电动机带动旋转，利用摩擦力使坯料 3 在驱动辊 1 和芯辊 2 之间受压变形。驱动辊还可以由油缸推动作上下游动，从而改变 1、2 两辊间的距离，使坯料厚度逐渐变薄，直径增大。导向辊 4 用以保持坯料正确送进。信号辊 5 用来控制环形坯料 3 的直径。当坯料 3 的直径达到设计值与辊 5 接触时，信号辊发出信号，使驱动辊 1 停止工作。

2.2.5　塑性成形新技术

1. 精密模锻

精密模锻（简称精锻）是在模锻设备上锻出形状复杂、尺寸精度高的锻件的模锻工艺。图 2.46为一直齿圆锥齿轮的精密模锻实例。精锻之后，零件的切削加工部分仅为其内孔和背锥面，形状最复杂的齿形部分通过锻造成形，从而大大提高了生产效率，且齿轮的力学性能也有很大改善。

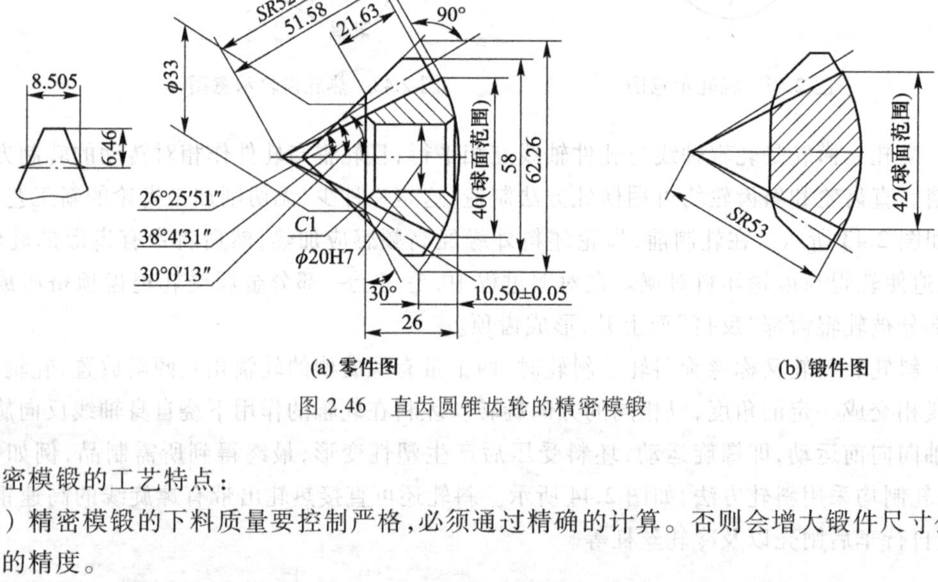

(a) 零件图　(b) 锻件图

图 2.46　直齿圆锥齿轮的精密模锻

精密模锻的工艺特点：

（1）精密模锻的下料质量要控制严格，必须通过精确的计算。否则会增大锻件尺寸公差，降低锻件的精度。

（2）精密模锻应仔细清理坯料表面，除净坯料表面的氧化皮、脱碳层及其他缺陷。应采用少、无氧化加热方法，尽量减少坯料表面形成的氧化皮。

（3）精密模锻的锻件精度在很大程度上取决于锻模的精度。因此模具的精度必须很高，一般要比锻件精度高两级。锻模应有导向装置，保证合模准确。为排除模膛中的气体，减小金属流动阻力，使金属更好地充满模膛，在凹模上应开设有排气孔。

（4）精密模锻一般都在刚度大、精度高的模锻设备上进行，如热模锻压力机、摩擦压力机或高速锤等。模锻时要有良好的润滑条件和冷却条件。

2. 摆动碾压

摆动碾压是利用一个绕中心轴摆动的圆锥形模具对坯料局部加压的工艺方法，如图 2.47 所示。具有圆锥面的上模 1，其中心线与机器主轴中心线相交成 α 角，称此角为摆角。当主轴旋转时，使上模绕主轴摆动。与此同时，滑块 3 在油缸作用下上升，对坯料 2 施压。这样上模母线在坯料表面连续不断地滚动，最后达到使坯料整体变形的目的。若上模母线是一直线，则碾压的工件表面为平面；若上模母线为一曲线，则能碾压出上表面为一形状较复杂的曲面锻件。

摆动碾压的优点是：

(1) 省力。因为摆动碾压是以连续的局部变形代替一般锻压工艺方法的整体变形，所以大大地降低了变形力，可以用较小的设备碾压出较大锻件。加工相同的锻件，其碾压力仅为一般锻压工艺变形力的 1/5~1/20。

(2) 可加工出很薄的(厚度为 1 mm)薄片类零件。

(3) 产品质量高，节省原材料，可实现少、无切屑加工。

(4) 碾压时噪声及震动小，易于实现机械化与自动化。

摆动碾压目前在我国发展迅速，主要适用于加工回转体类、饼盘类或带法兰的半轴类锻件，如汽车后半轴、扬声器导磁体、止推轴承圈、碟形弹簧、齿轮和铣刀毛坯等。

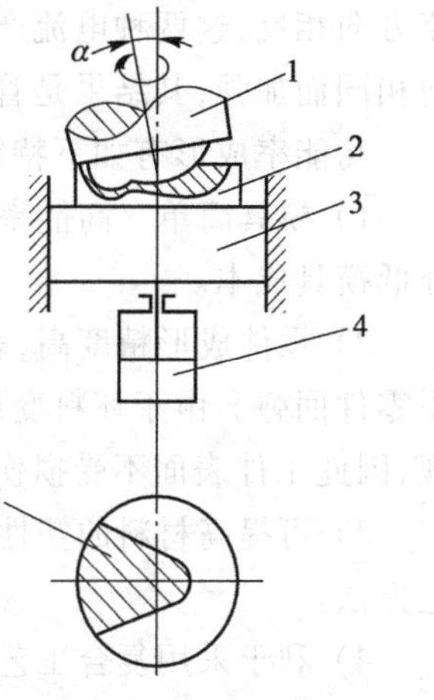

图 2.47　摆动碾压工作原理

1—上模；2、5—坯料；3—滑块；4—油缸

3. 高能率成形

高能率成形是一种在极短时间内释放高能量而使金属变形的成形方法。高能率成形可完成多种冲压工序：如板料的拉深、翻边、弯曲等，以及管类零件的缩口、扩口、胀形等，也能用于零件的连接及装配工艺。

(1) 爆炸成形　图 2.48a 为爆炸成形原理示意图。坯料固定在压边圈和凹模之间，以水作为成形的介质。爆炸时形成的高速、高压冲击波在水中传播，使毛坯在极短时间内成形。爆炸成形可以用于板材剪切、冲孔、弯曲、拉深、翻边、胀形、扩口、缩口、压花等工艺，也可用于爆炸焊接、表面强化、构件装配及粉末压制等。

(2) 电液成形　其工作原理如图 2.48b 所示。将高压电加到两电极上产生高压放电，于是在放电回路中形成强大的冲击电流，在电极周围的液体介质中产生冲击波及液流冲击，使毛坯成形。电液成形可以对板材等进行拉深、胀形、校形和冲孔。但加工能力受设备能量的限制，一般仅用于加工直径为 ϕ400 mm 以下的形状简单的零件。

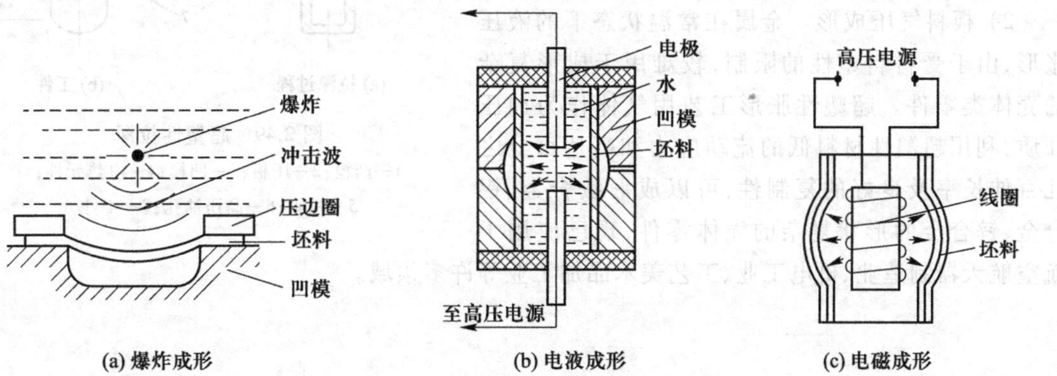

(a) 爆炸成形　(b) 电液成形　(c) 电磁成形

图 2.48　高能率成形原理示意图

（3）电磁成形　电磁成形是利用脉冲磁场对金属坯料进行高能成形的一种加工方法。图2.48c所示为电磁管材胀形原理。成形线圈放电时，管坯内表面的感应电流与线圈内的放电电流方向相反，这两种电流产生的磁场在线圈内部空间因方向相反而抵消，在线圈和管坯之间因方向相同而加强，其结果是管坯内表面受到强大的磁场压力，使管坯胀形。

高能率成形有如下特点：

1）模具简单　高能率成形仅用凹模就可以实现。因此，节省模具材料，缩短模具制造周期，降低模具成本。

2）零件成形精度高，表面质量好　高能率成形时，零件以很高的速度贴模，而且可有效地减小零件回弹。由于坯料变形不是由于刚性凸模的作用，而是在液体、气体等传力介质作用下实现，因此工件表面不受损伤，并且可提高变形的均匀性。

3）可提高材料的塑性变形能力　对于塑性差的难成形材料，高能率成形是一种较理想的工艺方法。

4）利于采用复合工艺　用常规成形方法需多道工序才能成形零件，采用高能率成形方法可在一道工序中完成。因此，可有效地缩短生产周期，降低成本。

4. 超塑性成形

在超塑性状态下的金属极易成形，可采用多种工艺方法成形形状复杂的零件。超塑性成形在锻造、拉深、挤压、拉拔等工艺中都得到了有效的应用。超塑性成形可获得尺寸精确、形状复杂、晶粒细小的薄壁零件，其力学性能均匀一致，加工余量小，甚至不需切削加工即可使用。因此，超塑性成形是实现少、无切削加工和精密成形的新途径。

（1）超塑性模锻　超塑性模锻的总压力只相当于普通模锻的几分之一到几十分之一，因此，可在吨位小的锻压设备上模锻出较大的锻件。例如，一般情况下钛合金和镍基高温合金由于塑性差、变形抗力大而难于锻造成形，若采用超塑性模锻成形，则可锻造出如叶片、涡轮等形状复杂的零件，且具有较高的精度和较好的力学性能。

（2）超塑性冲压

1）超塑性拉深　板料的超塑性拉深是在具有特殊加热和加压装置的模具内进行的，如图2.49所示。其深冲比（H/d_0）是普通拉深的10倍以上，拉深质量很好，零件无方向性。

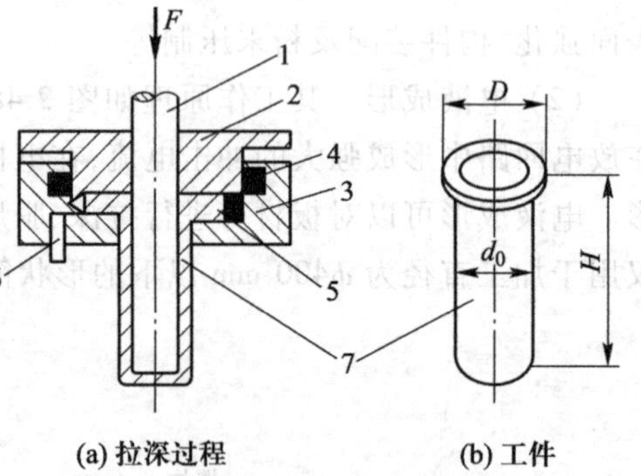

(a) 拉深过程　　(b) 工件

图2.49　超塑性拉深

1—凸模；2—压板；3—凹模；4—电热元件；5—板料；6—高压油孔；7—工件

2）板料气压成形　金属在常温状态下的液压胀形，由于受材料塑性的限制，较难用于成形复杂的壳体类零件。超塑性胀形工艺用气体作为加压介质，利用超塑性材料低的流动应力和高达百分之几百伸长率及良好的复制性，可以成形钛合金、铝合金、锌合金的形状复杂的壳体零件，现已应用于航空航天器制造业、机电工业、工艺美术品加工业等许多领域。

2.2.6 塑性成形方法的选择

每种金属塑性成形方法都有其工艺特点和应用范围，生产中应根据零件所承受的载荷情况和工作条件、材料的塑性成形性能、零件结构的复杂程度、轮廓尺寸大小、制造精度和各种塑性成形方法的生产总费用等，进行综合比较，合理选择加工方法。

正确选择塑性成形方法的原则是，在保证零件或毛坯的使用性能的前提下，依据生产批量大小和企业的设备能力及模具装备条件，尽量选用工艺简便、生产率高、质量稳定的塑性成形方法，并力求降低生产成本。

常用塑性成形方法的比较见表 2.3。

表 2.3 常用塑性成形方法的比较

加工方法		使用设备	适用范围	生产效率	加工精度	表面粗糙度值	模具特点	机械化与自动化	劳动条件
自由锻		空气锤	小型锻件、单件小批生产	低	低	大	不用模具	难以实现	差
		蒸汽-空气锤	中型锻件、单件小批生产						
		水压机	大型锻件、单件小批生产						
模锻	胎模锻	空气锤 蒸汽-空气锤	中小型锻件、中小批量生产	较高	中	中	模具简单，不固定在设备上，换取方便	较难	差
	锤上模锻	蒸汽-空气锤 无砧座锤	中小型锻件、大批量生产	高	中	中	模具固定在锤头和砧铁上，模膛复杂，造价高	较易	差
	热模锻压力机模锻	热模锻压力机	中小型锻件、大批量生产，不易进行拔长和滚挤工序，可用于挤压	很高	高	小	组合模具，有导柱导套和顶出装置	易	好
	平锻机上模锻	平锻机	中小型锻件、大批量生产，适合锻造带法兰的杆类零件和带孔的零件	高	较高	较小	三块模组成，有两个分模面，可锻出侧面有凹槽的锻件	较易	较好
	摩擦压力机上模锻	摩擦压力机	中小型锻件、中批量生产，可进行精密锻造	较高	较高	较小	一般为单膛锻模多次锻造成形，不宜多膛模锻	较易	好
挤压	热挤压	机械压力机 液压挤压机	适合各种等截面型材的大批量生产	高	较高	较小	由于变形力较大，要求凸凹模强度、硬度很高，表面粗糙度值小	较易	好
	冷挤压	机械压力机	适合塑性好的小型金属零件，大批量生产	高	高	小	变形力很大，凸凹模强度、硬度很高，表面粗糙度小	较易	好

续表

加工方法		使用设备	适用范围	生产效率	加工精度	表面粗糙度值	模具特点	机械化与自动化	劳动条件
轧制	纵轧	辊锻机	适合大批量加工连杆、扳手、叶片类零件，也可为热模锻压力机模锻制坯	高	高	小	在轧辊上固定有两个半圆形的模块（扇形模块）	易	好
		扩孔机	适合大批量生产环套类零件，如滚动轴承圈	高	高	小	金属在具有一定孔形的碾压辊和芯辊间变形	易	好
	横轧	齿轮轧机	适合各种模数较小齿轮的大批量生产	高	高	小	模具为与零件相啮合的同模数齿形轧轮	易	好
	斜轧	斜轧机	适合钢球、丝杠等零件的大批量生产，也可为热模锻压力机制坯	高	高	小	两个轧辊为模具，轧辊带有螺旋形槽	易	好
板料冲压		冲床	各种板类零件的大批量生产	高	高	小	模具较复杂，凹凸模固定在有导向的模架上，模具精度高	易	好

2.3 锻压工艺设计

为了使锻件和冲压件能够顺利地生产出来，需要制订合理的锻压工艺规程，这对那些较复杂的锻压件尤为必要。锻压工艺规程是组织生产、制定操作规范、控制和检查产品质量的依据。锻压工艺设计包括锻造和冲压生产的工艺设计及其工序选择和模具的设计或选用等。本节主要介绍锻造中的自由锻和模锻工艺设计以及冲压中的冲裁工艺设计，弯曲和拉深工艺设计详见第8章8.2节。

2.3.1 自由锻工艺设计

自由锻工艺设计主要包括绘制锻件图、计算毛坯质量、选择锻造工序、确定锻造设备以及加热与冷却规范等内容。

1. 绘制锻件图

锻件图是以零件图为基础，结合自由锻的工艺特点，并考虑以下几个方面因素绘制而成的。它是生产自由锻件时的主要依据。

(1) 加工余量　自由锻件的尺寸精度低、表面质量较差，需要经过切削加工才能达到产品的技术要求，所以凡是零件上需要切削加工的表面都应在锻件的相应部分增加一部分多余的金属层，作为锻件的切削加工余量。加工余量与锻件形状、尺寸等因素有关，零件越大，形状越复杂，加工余量越大，其具体数值应结合锻件和生产的实际条件而定。

（2）锻件公差　由于操作技术水平的差异以及对锻件收缩量估计误差等因素的影响，锻件的实际尺寸与其基本尺寸（名义尺寸）之间必存在偏差，所允许的偏差值称为锻件公差。其数值的大小须根据锻件形状、尺寸来确定，同时还需考虑生产中的一些具体情况。

（3）锻造余块　为了简化锻件形状，便于锻造而添加上去的一部分附加金属称为锻造余块。当零件上带有较小的凹槽、台阶、凸肩、法兰和孔时，常需增设余块，如图 2.50a 所示。由于余块增加了金属的消耗和切削加工工作量，所以余块的设置应合理和得当。

锻件图的画法如图 2.50b 所示，用粗实线绘出锻件轮廓，用双点画线画出零件的主要轮廓形状，锻件尺寸标注在尺寸线上方，尺寸线下方用圆括号标出零件尺寸，以使操作者能了解零件的形状和尺寸。对于大型锻件和一些重要锻件，为了锻后对锻件组织性能进行检验，还需在同一毛坯上锻出用于性能检验的试样部分，其形状和尺寸也应在图上标出。

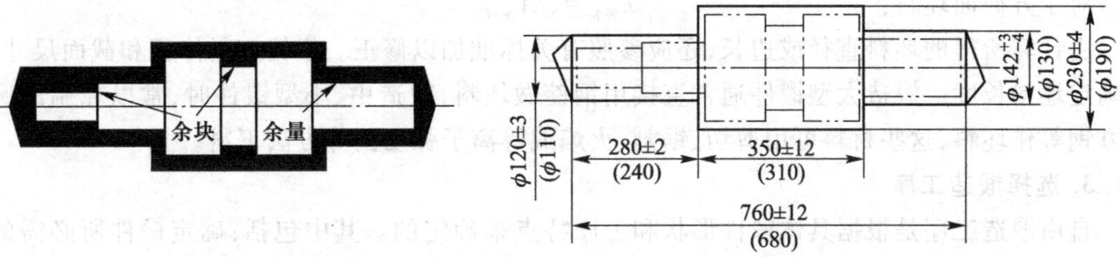

(a) 锻件的余量及余块　　(b) 锻件图

图 2.50　自由锻件及锻件图

2. 计算坯料的质量与尺寸

根据坯料经锻造后成为锻件体积和质量基本不变的规律，按照锻件的形状和尺寸，就可计算出锻件的质量。再考虑加热时的氧化损失，冲孔时冲掉的芯料以及切头损失等，就可计算出坯料的总质量。

（1）坯料质量计算公式　中、小型锻件一般用型钢作坯料，其质量可按下式计算：

$$m_{坯料}=m_{锻件}+m_{烧损}+m_{切除}$$

式中：$m_{坯料}$——锻造前的坯料质量；

$m_{锻件}$——锻造后的锻件质量；

$m_{烧损}$——加热时坯料表面氧化而烧损的质量，一般以坯料质量的百分比 K 表示，第一次加热，对室式油炉 $K=2.5\%\sim3.0\%$，对煤气炉 $K=1.5\%\sim2.5\%$，对电阻炉 $K=1.0\%\sim1.5\%$，对高频加热或电接触加热炉 $K=0.5\%\sim1.0\%$；以后各次加热坯料，K 可减半；

$m_{切除}$——在锻造过程中被冲掉或被切掉的那部分金属质量，包括修切端部产生的料头、冲孔时的芯料等。

当锻造大型锻件采用钢锭作坯料时，还要考虑切掉的钢锭头部和钢锭尾部的质量。

（2）确定坯料尺寸　按变形前后质量相等原理，锻件质量可由锻件的体积确定，即

$$m_{锻件}=\rho V_{锻件}$$

式中：ρ——金属密度；

$V_{锻件}$——锻件体积。

在求得锻件质量后，再根据所用锻造基本工序的类型计算坯料截面尺寸和下料的长度。

饼块类和空心类锻件的第一道工序通常都是镦粗，为方便下料操作和避免镦弯，坯料的高径比必须满足 $1.25 \leqslant H_{坯料}/D_{坯料} \leqslant 2.5$。将此关系代入体积计算公式，可求出坯料直径 $D_{坯料}$ 或边长 $L_{坯料}$。

对于圆截面坯料： $$D_{坯料}=(0.8\sim1.0)\sqrt[3]{V_{坯料}}$$

对于方截面坯料： $$L_{坯料}=(0.75\sim0.9)\sqrt[3]{V_{坯料}}$$

轴杆类、弯曲类锻件的第一道工序一般是拔长，坯料截面面积 $A_{坯料}$ 的大小应保证能够得到所要求的锻造比，即 $A_{坯料} \geqslant Y_{拔长} A_{max}$（$A_{max}$ 是拔长后锻件的最大横截面面积）。由 $A_{坯料}$ 便可求出坯料的直径或边长。

对于圆截面坯料： $$D_{坯料}=1.13\sqrt{A_{坯料}}$$

对于方截面坯料： $$L_{坯料}=\sqrt{A_{坯料}}$$

由计算所得的坯料直径或边长，还应参照有关标准加以修正。根据坯料体积和截面尺寸，即可确定坯料长度。锻造大型锻件通常直接用钢锭做坯料，锻造中、小型锻件时，常以轧制的圆钢或方钢等作坯料，这些材料可用剪切、锯割、火焰或等离子弧切割等方法下料。

3. 选择锻造工序

自由锻造工序是根据具体锻件形状和工序特点来确定的。其中包括：确定锻件所必需的基本工序、辅助工序和精整工序；确定工序顺序，设计各工序工件的尺寸等。另外，毛坯加热次数（火次）与每一火次中毛坯成形所经工序都应明确规定出来，写在工艺卡上。自由锻件按形状及工艺特点可分为六类，对不同类型的锻件所需的工序见表 2.4。

表 2.4 锻件分类及相应锻造工序表

序号	类别	图 例	锻造工序	实例
1	饼块类	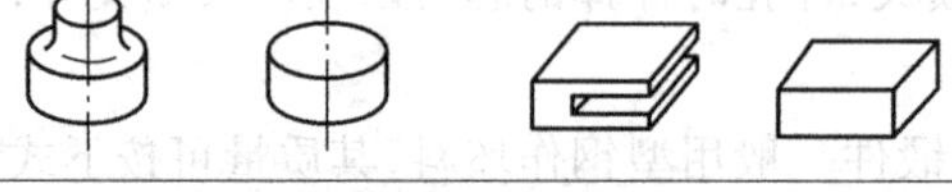	镦粗（或镦粗及拔长）、冲孔	圆盘、齿轮、模块、锤头等
2	轴杆类		拔长（或镦粗及拔长）、切肩和锻台阶	主轴、传动轴、连杆等
3	空心类	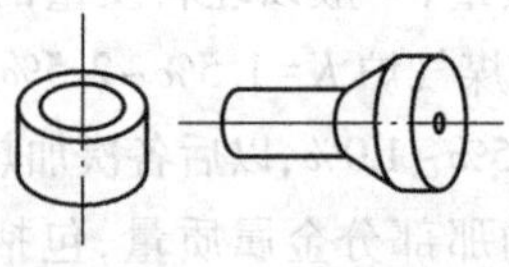	镦粗、冲孔、扩孔（或心轴上拔长）	空心轴、圆筒、齿圈、圆环、法兰等
4	曲轴类	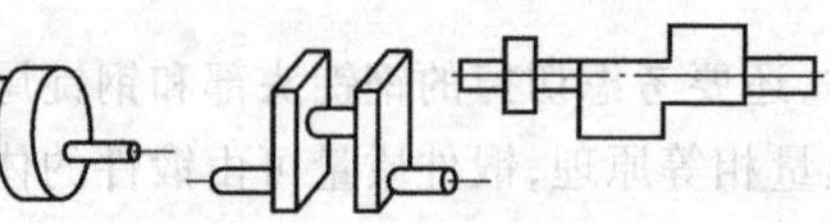	拔长（或镦粗及拔长）、错移、锻台阶、扭转	曲轴、偏心轴等
5	弯曲类	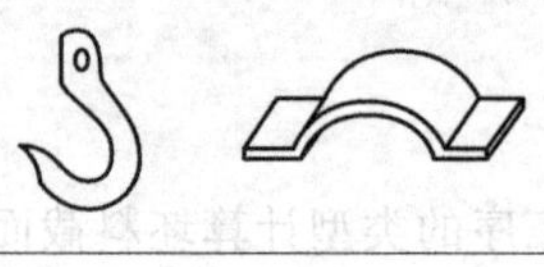	拔长、弯曲	吊钩、弯杆、轴瓦盖等

续表

序号	类别	图例	锻造工序	实例
6	复杂形状类	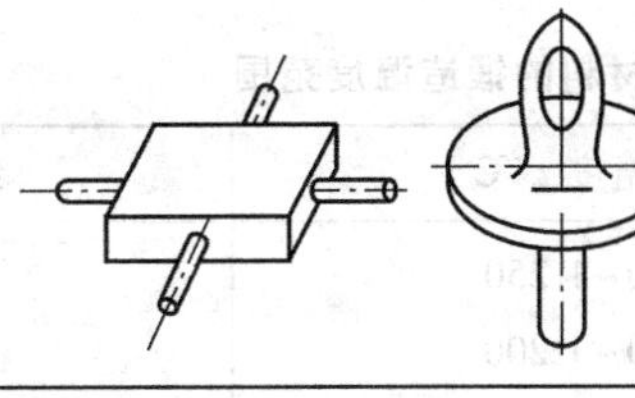	前几类锻件工序的组合	阀杆、叉杆、十字轴、吊环等

4. 选择锻造设备

一般根据锻件的变形面积、锻件的质量、锻件材质、变形温度及锻造基本工序等因素，并结合生产实际条件选择设备及吨位。

对于低碳钢、中碳钢和普通低合金钢可按表 2.5 选择锻锤吨位。

表 2.5　自由锻锤的锻造能力范围

锻件类型 \ 锻锤落下部分质量/t		0.25	0.5	0.75	1	2	3	5
圆盘	D/mm	<200	<250	<300	≤400	≤500	≤600	≤750
	H/mm	<35	<50	<100	<150	<200	≤300	≤300
圆环	D/mm	<150	<350	<400	≤500	≤600	≤1 000	≤1 200
	H/mm	≤60	≤75	<100	<150	<200	<250	≤300
圆筒	D/mm	<150	<175	<250	<275	<300	<350	≤700
	d/mm	≥100	≥125	>125	>125	>125	>150	>500
	L/mm	≤165	≤200	≤275	≤300	≤350	≤400	≤550
圆轴	D/mm	<80	<125	<150	≤175	≤225	≤275	≤350
	m/kg	<100	<200	<300	<500	≤750	≤1 000	≤1 500
方块	$H=B$/mm	≤80	≤150	≤175	≤200	≤250	≤300	≤450
	m/kg	<25	<50	<70	≤100	≤350	≤800	≤1 000
扁方	B/mm	≤100	>160	>175	≤200	<400	≤600	≤700
	H/mm	>7	≥15	≥20	≥25	≥40	≥50	≥70
钢锭直径/mm		125	200	250	300	400	450	600
钢坯直径/mm		100	175	225	275	350	400	550

注：D——锻件外径；d——锻件内径；H——锻件高度；B——锻件宽度；L——锻件长度；m——锻件质量。

用铸锭或大截面毛坯作为大型锻件的坯料时，可能需要多次镦、拔操作，在锻锤上操作比较困难，并且心部不易锻透。而在水压机上因其行程较大，且下砧可前后移动，镦粗时可换用镦粗平台，所以大多数大型锻件都在水压机上生产。

5. 确定锻造温度范围和锻件冷却规范

锻造温度范围是指锻件由始锻温度到终锻温度的间隔。自由锻坯料加热的目的是为了提高金属的塑性，减小变形抗力，使之易于变形，并获得良好的锻后组织和力学性能。因此锻造温度范围的确定直接关系到锻造的难易程度与锻件的质量。

确定锻造温度范围的原则是：保证金属在锻造过程中具有良好的锻造性能；同时锻造温度范围要尽可能宽一些，以便有足够的时间进行锻造成形，从而减少加热次数，降低材料消耗，提高生产率。常用金属材料的锻造温度范围见表 2.6。

表 2.6　常用金属材料的锻造温度范围

合 金 种 类	始锻温度 t/℃	终锻温度 t/℃
碳素钢：w_C0.3%以下	1 200～1 250	750～800
w_C0.3%～0.5%	1 150～1 200	800
w_C0.5%～0.9%	1 100～1 150	800
w_C0.9%～1.5%	1 050～1 100	800
合金钢：合金结构钢	1 150～1 200	850
低合金工具钢	1 100～1 150	850
高速钢	1 100～1 150	900
非铁合金：9-4 铝铁青铜	850	700
10-4-4 铝铁镍青铜	850	700
硬铝	470	380

锻后锻件的冷却是保证锻件质量的重要环节。冷却过程中温度与时间的关系称为冷却规范。采用不同的冷却方法，可有不同的冷却规范。常见的冷却方法有：空冷、堆冷、坑冷、灰砂冷（将热态锻件埋入炉渣或灰砂中缓慢冷却）、炉冷等，其冷却速度依次降低。

热锻成形的锻件，通常要根据其化学成分、尺寸、形状复杂程度等来确定相应的冷却方法。低、中碳钢小型锻件锻后常采用空冷或堆冷的方式进行冷却；低合金钢锻件及截面宽大的锻件需要坑冷或灰砂冷；高合金钢锻件、大型锻件及其形状复杂的重要锻件冷却速度要缓慢，通常要随炉缓冷。

6. 编制工艺卡

典型自由锻件（半轴）的锻造工艺卡如表 2.7 所示。

表 2.7　半轴自由锻工艺卡

<table>
<tr><td>锻件名称</td><td>半　轴</td><td>图　例</td></tr>
<tr><td>坯料质量</td><td>25 kg</td><td rowspan="3">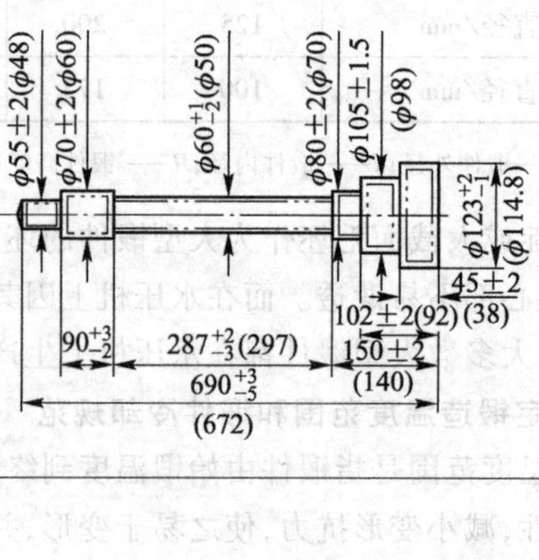
</td></tr>
<tr><td>坯料尺寸/mm</td><td>φ130×240</td></tr>
<tr><td>材料</td><td>18CrMnTi</td></tr>
</table>

续表

火　次	工　序	图　例
1	锻出头部	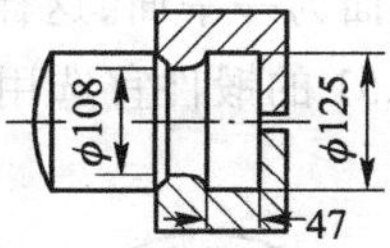
	拔长	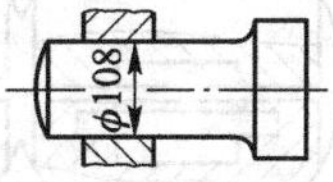
	拔长及修整台阶	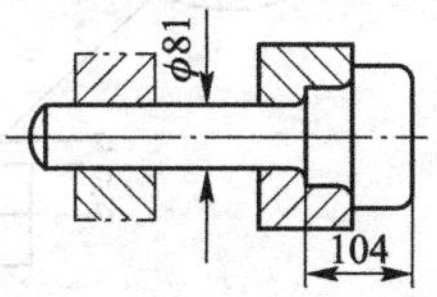
	拔长并留出台阶	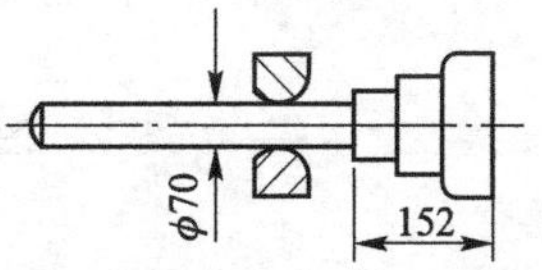
	锻出凹挡及拔长端部并修整	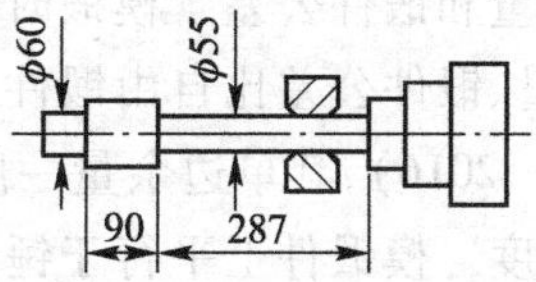

2.3.2　模锻工艺设计

模锻件的工艺设计包括制定模锻锻件图、计算坯料尺寸、确定模锻工步、选择设备及安排修整工序等。

1. 绘制模锻锻件图

模锻锻件图是设计和制造锻模、计算坯料尺寸及检查锻件的依据，它也是以零件图为基础绘制的。模锻锻件图的制定应考虑以下几个问题。

（1）分模面　分模面是上、下锻模在锻件上的分界面。锻件分模面的位置选择合适与否，关系到锻件成形、出模、材料利用率等问题。分模面的选择应遵循如下主要原则：

1）确保锻件容易从模膛中取出。图 2.51 所示的零件，若选用 $a—a$ 断面为分模面，则无法从模膛中取出锻件。一般情况下，分模面应选在模锻件最大尺寸的截面上。

2）按选定的分模面制成锻模后，应使上、下模在分模面处的模膛轮廓一致，以便在锻模的安装、调试和生产中发生错移现象时，能够及时发现并调整上、下模的位置。图 2.51 的 $c—c$ 断面作分模面时就不符合本原则。

3）尽量把分模面选在能使模膛深度最浅的位置处。这样有利于金属充满模膛和便于取出锻件，并有利于锻模的制造。如选图 2.51 的 $b—b$ 断面为分模面就不合适。

4）选定的分模面应使零件上所加的余块为最少。图 2.51 中的 $b—b$ 断面为分模面时，零件中间的孔不能锻出，否则锻件不能取出，只能用余块将此孔填上，其结果是既浪费原材料，又增加了切削加工的工作量。所以该截面不宜作为分模面。

5）最好使分模面为一平面，这样便于模具的加工制造。

综上所述，图 2.51 的锻件宜选用 $d—d$ 断面为分模面。

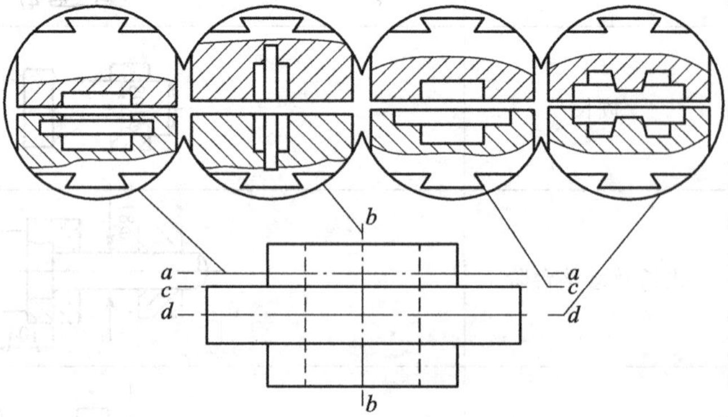

图 2.51　分模面的选择

（2）加工余量和锻件公差　模锻时金属坯料是在锻模的模膛中成形的，因此锻件尺寸精度较高，其加工余量、锻件公差比自由锻件小得多。根据锻件尺寸和形状的不同，有相应的国家标准（GB/T 12362—2016），其单边余量一般为 1～4 mm，公差一般为±0.3～±3 mm。

（3）模锻斜度　模锻件上平行于锤击方向的表面必须有一定的倾斜角度，以便从模膛中取出锻件，如图 2.52 所示。对于锤上模锻，其模锻斜度一般取 5°～15°。模锻斜度与模膛深度及宽度有关。当模膛深度与宽度的比值（h/b）较大时，取较大的斜度值。通常取外壁斜度 α_1 小于内壁斜度 α_2，因为锻件冷却收缩将使锻件内壁夹紧模具造成脱模困难。

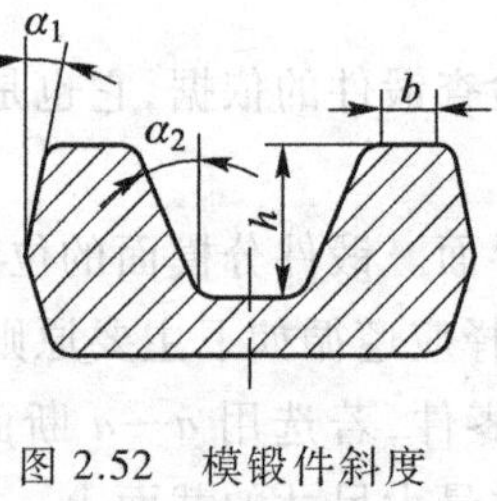

图 2.52　模锻件斜度

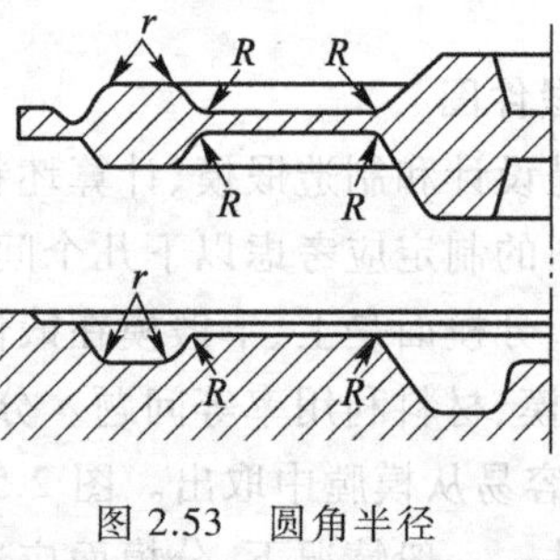

图 2.53　圆角半径

（4）圆角半径　锻件上所有凸出或凹入的部分，必须有一定大小的圆角，如图 2.53 所示。凹圆角半径 R 的作用是使金属易于流动充满模膛，避免产生折叠，防止模膛压塌变形。凸圆角半径 r 的作用是避免锻模的相应部分产生应力集中造成开裂。钢质模锻件的凸圆角半径 r 取 1.5～12 mm之间，凹圆角半径 R 取凸圆角半径 r 的 2～3 倍。模膛越深，圆角半径越大。

（5）冲孔连皮　对于具有通孔的锻件，由于锤上模锻时不能靠上、下模的冲孔凸台把孔内金属完全挤掉，因此不能锻出通孔。终锻后的孔内仍留有一薄层金属，称为冲孔连皮，需锻后利用切边模将其去除。冲孔连皮可起到减轻上、下模刚性接触的缓冲作用，避免锻模的损坏，并使金属易于充型，因此其厚度不能太薄。但太厚不仅浪费金属，还会在切除时造成锻件的变形。所以必须合理确定连皮的形状和尺寸。常用的连皮形式是平底连皮，如图 2.54 所示。对于孔径 $d>25$ mm 的带孔锻件的孔应锻出。冲孔连皮的厚度与孔径 d 有关，当孔径 d 为 30~80 mm 时，冲孔连皮厚度 t 取 4~8 mm，可按下式计算：

$$t=0.45(d-0.25h-5)^{0.5}+0.6h^{0.5}$$

式中：d——锻件内孔直径，mm；

h——锻件内孔深度，mm。

连皮上的圆角半径 R_1，因模锻成形过程中金属流动激烈，应比内圆角半径 R 大一些，可按下式确定：

$$R_1=R+0.1h+2\ \text{mm}$$

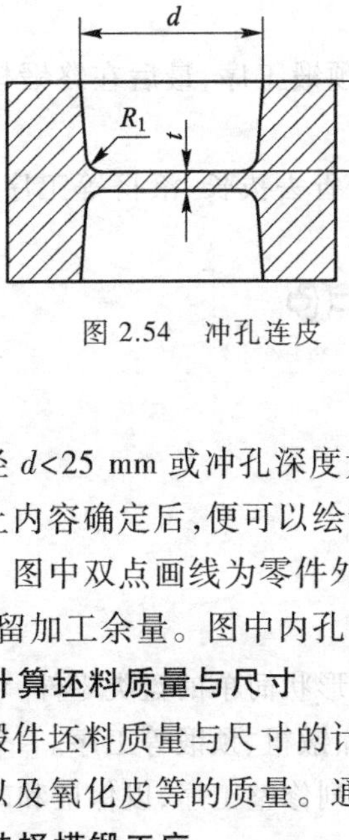

图 2.54　冲孔连皮

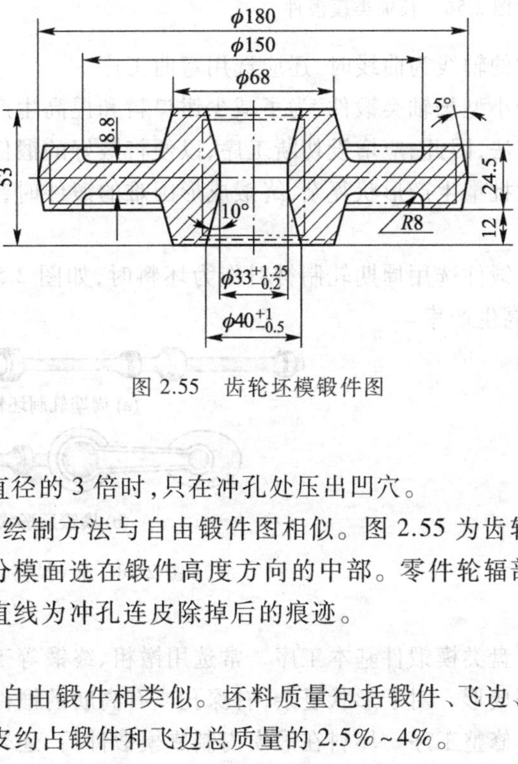

图 2.55　齿轮坯模锻件图

孔径 $d<25$ mm 或冲孔深度大于凸模直径的 3 倍时，只在冲孔处压出凹穴。

以上内容确定后，便可以绘制锻件图，绘制方法与自由锻件图相似。图 2.55 为齿轮坯的模锻件图。图中双点画线为零件外形轮廓，分模面选在锻件高度方向的中部。零件轮辐部分不加工，故不留加工余量。图中内孔中部两条直线为冲孔连皮除掉后的痕迹。

2. 计算坯料质量与尺寸

模锻件坯料质量与尺寸的计算步骤与自由锻件相类似。坯料质量包括锻件、飞边、连皮、钳口料头以及氧化皮等的质量。通常，氧化皮约占锻件和飞边总质量的 2.5%~4%。

3. 选择模锻工序

模锻工序主要根据锻件的形状与尺寸来确定。根据已确定的工序即可设计出制坯模膛、预锻模膛及终锻模膛。模锻件按形状可分为两类：长轴类零件与盘类零件，如图 2.56 和图 2.57 所示。长轴类零件的长度与宽度之比较大，例如台阶轴、曲轴、连杆、弯曲摇臂等；盘类零件在分模面上的投影多为圆形或近于矩形，例如齿轮、法兰盘等。

（1）长轴类模锻件基本工序　常用的工序有拔长、滚挤、弯曲、预锻和终锻等。

拔长和滚挤时，坯料沿轴线方向流动，金属体积重新分配，使坯料的各横截面积与锻件相应的横截面积近似相等。坯料的横截面积大于锻件最大横截面积时，可只选用拔长工序；当坯料的横截面积小于锻件最大横截面积时，应采用拔长和滚挤工序。

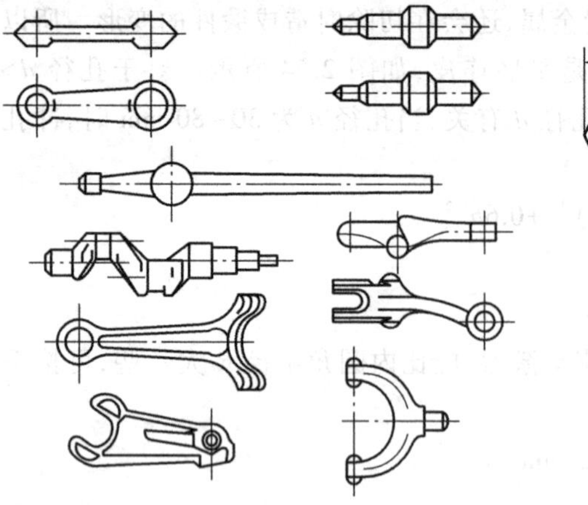

图 2.56　长轴类模锻件

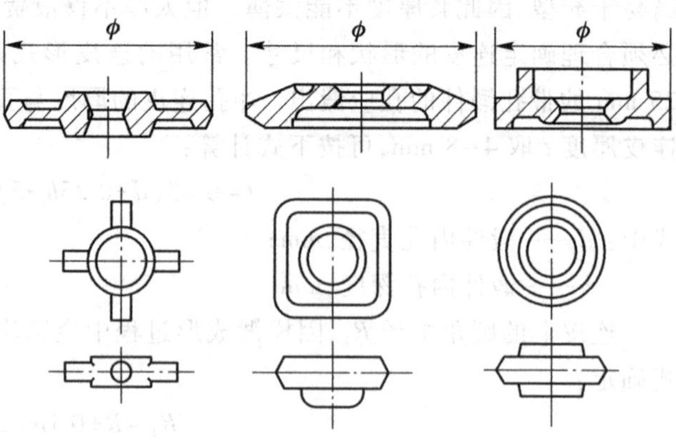

图 2.57　盘类模锻件

锻件的轴线为曲线时，还应选用弯曲工序。

对于小型长轴类锻件，为了减少钳口料和提高生产率，常采用一根棒料上同时锻造数个锻件的锻造方法，因此，应增设切断工序，以便将锻好的锻件分离。

当大批量生产形状复杂、终锻成形困难的锻件时，还需选用预锻工序，最后在终锻模膛中模锻成形。

某些锻件选用周期轧制材料作为坯料时，如图 2.58 所示，可省去拔长、滚挤等工序，以简化锻模，提高生产率。

(a) 周期轧制坯料

(b) 模锻后形状

图 2.58　轧制坯料模锻

（2）盘类模锻件基本工序　常选用镦粗、终锻等工序。对于形状简单的盘类零件，可只选用终锻工序成形。对于形状复杂，有深孔或有高肋的锻件，则应增加镦粗、预锻等工序。

（3）修整工序　坯料在锻模内制成模锻件后，还须经过一系列修整工序，以保证和改善锻件质量。修整工序包括以下内容。

1）切边与冲孔　模锻件一般都带有飞边及连皮，须在压力机上进行切除。切边和冲孔可在热态或冷态下进行。对于合金钢锻件和较大的锻件，常利用模锻后的余热立即进行切边和冲孔，这时所需的切断力较小，但锻件在切边和冲孔后易变形。对于尺寸较小和精度要求较高的模锻件，常采用冷切的方法。其特点是切断后锻件较整齐，不易产生变形，但所需切断力较大。

切边模如图 2.59a 所示，由活动凸模和固定凹模组成。凹模的通孔形状与锻件在分模面上的轮廓一致，凸模工作面的形状与锻件上部外形相符。冲孔模如图 2.59b 所示，凹模作为锻件的支座，冲孔连皮从凹模孔中冲下。

2）校正　在切边和其他工序中都可能引起锻件的变形，许多锻件，特别是形状复杂的锻件在切边冲孔后还应该进行校正。校正可在终锻模膛或专门的校正模内进行。

3）热处理　其目的是消除模锻件的过热组织或加工硬化组织，提高组织的均匀性，以达到所需的力学性能。常用的热处理方法是正火或退火。

4）清理　为了提高模锻件的表面质量，改善模锻件的切削加工性能，模锻件需要进行表面清理，去除在生产中产生的氧化皮、油污及其他表面缺陷等。

5）精压　对于要求尺寸精度高和表面粗糙度小的模锻件，还应在压力机上进行精压，精压分为平面精压和体积精压两种。

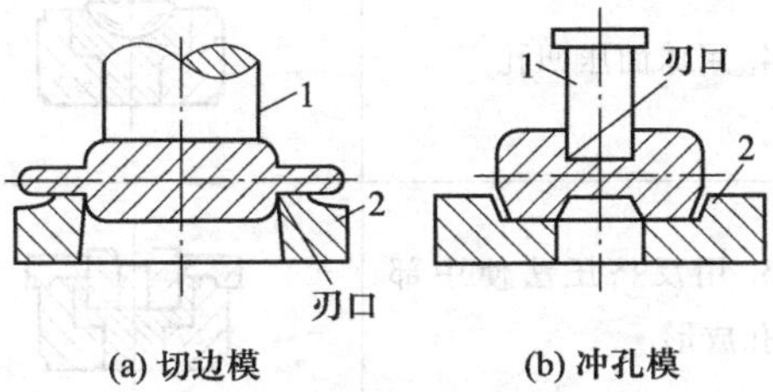

(a) 切边模
(b) 冲孔模

图 2.59　切边模和冲孔模

1—凸模；2—凹模

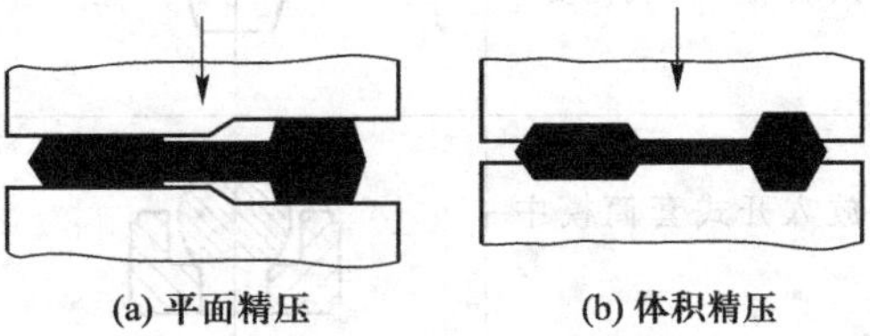

(a) 平面精压
(b) 体积精压

图 2.60　精压

平面精压如图 2.60a 所示，用来获得模锻件某些平行平面间的精确尺寸。体积精压如图 2.60b所示，主要用来提高锻件所有尺寸的精度、减小模锻件的质量差别。精压模锻件的尺寸精度偏差可达±0.1～±0.25 mm，表面粗糙度 *Ra* 可达 0.8～0.4 μm。

4. 选择模锻设备

锤上模锻设备的选择应结合模锻件的大小、质量、形状复杂程度及所选择的基本工序等因素确定，并充分考虑到工厂的实际情况。一般工厂中主要使用蒸汽-空气模锻锤。

5. 确定锻造温度范围

模锻件的加热温度范围与自由锻生产相似。

2.3.3　胎模锻工艺设计要点

胎模锻工艺规程的内容基本和模锻的相同，包括设计锻件图、确定锻造工序、设计胎模和选择设备等。但胎模锻造工艺十分灵活，可以根据企业或车间的具体情况制定出相应的胎模锻工艺，以进行不同类型零件的锻造。在制定工艺规程时，分模面的选取可灵活一些，数量不限于一个，而且在不同工序中可以选取不同的分模面，以便于制造胎模和锻件成形。表 2.8 为某阀体的胎模锻工艺卡，其锻造过程为下料—加热—锻打—胎模成形—冲孔。

表 2.8 阀体的胎模锻工艺卡

锻件名称	阀体	图例	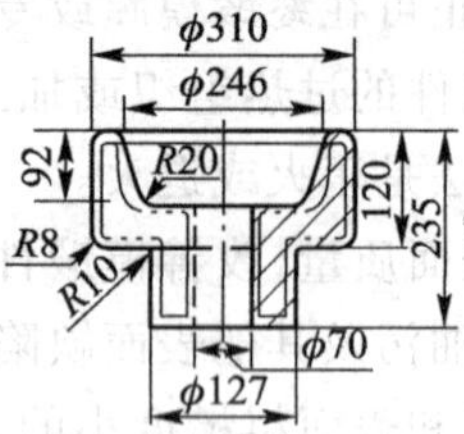 锻件  坯料
毛坯质量	58 kg		
锻造设备	30 kN 自由锻锤		
工　序	简　图	工　序	简　图
1. 预镦粗及去氧化皮	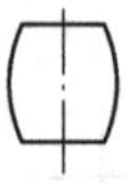	4. 用球面压凹孔	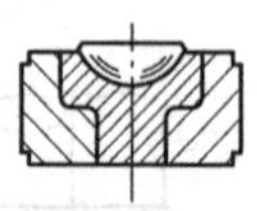
2. 放入开式套筒模中镦粗	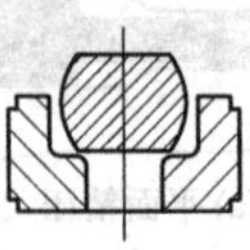	5. 用反挤压法使中部凹孔成形	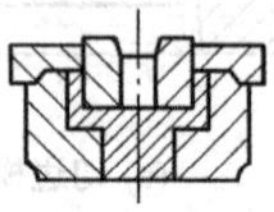
3. 用垫铁镦平顶部	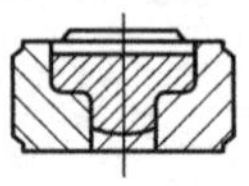	6. 冲孔	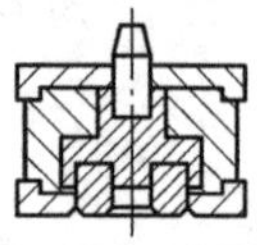

2.3.4 冲裁工艺设计

冲裁工艺设计的内容主要有：冲裁件结构工艺性分析、冲裁间隙的选择、冲裁模刃口尺寸计算、冲裁力计算和排样设计等。

1. 冲裁间隙的选择

冲裁间隙 z 是指凸模和凹模刃口部分之间的双边间隙。冲裁间隙的大小，直接影响冲裁件的断面质量，影响模具的寿命和冲裁力的大小。冲裁间隙增大，则冲裁件断面斜度大，毛刺高而粗，光亮带窄，冲裁件平整度差；但冲裁力下降，模具寿命增加。冲裁间隙减小，则冲裁件断面斜度小，光亮带大，毛刺细长；但使冲裁力增大，并对模具寿命不利。

合理的冲裁间隙应该是：既能保证冲裁件的质量，又能延长模具的寿命和降低冲裁力。合理的间隙值可按表 2.9 选取或按下式计算：

$$z = mt$$

式中：t——材料的厚度，mm；

m——与材料性能、厚度有关的系数（当 $t<3$ mm 时，低碳钢和纯铁 $m=0.06\sim0.09$；铜和铝合金 $m=0.06\sim0.10$；高碳钢 $m=0.08\sim0.12$）。

表 2.9　冲裁模双边合理间隙值　mm

材料种类	材料厚度 t/mm				
	0.1～0.4	0.4～1.2	1.2～2.5	2.5～4	4～6
软钢、黄铜	0.01～0.02	(7%～10%)t	(9%～12%)t	(12%～14%)t	(15%～18%)t
硬钢	0.01～0.05	(10%～17%)t	(18%～25%)t	(25%～27%)t	(27%～29%)t
磷青铜	0.01～0.04	(8%～12%)t	(11%～14%)t	(14%～17%)t	(18%～20%)t
铝及铝合金(软)	0.01～0.03	(8%～12%)t	(11%～12%)t	(11%～12%)t	(11%～12%)t
铝及铝合金(硬)	0.01～0.03	(10%～14%)t	(13%～14%)t	(13%～14%)t	(13%～14%)t

2. 冲裁模刃口尺寸的确定

冲裁模的刃口尺寸取决于冲裁件尺寸和冲模间隙。对于形状简单(如方形、圆形等)的冲裁件,凸、凹模可采用分别加工的方法制造,其刃口尺寸的确定有以下原则。

(1) 落料时,落料件的尺寸是由凹模刃口尺寸决定的,因此,应以落料凹模为设计基准,即按落料件尺寸确定凹模刃口尺寸。考虑到凹模磨损后会使落料件的尺寸增大,为提高模具使用寿命,因而凹模刃口的基本尺寸应接近于落料件的最小极限尺寸。而凸模的刃口尺寸等于凹模刃口尺寸减去最小合理间隙。

(2) 冲孔时,孔的尺寸是由凸模刃口尺寸决定的,因此,应以冲孔凸模为设计基准,即按孔的尺寸确定凸模刃口尺寸。模具使用过程中,由于磨损会使冲出孔的尺寸减小,故凸模刃口的基本尺寸应接近于孔的最大极限尺寸。而凹模的刃口尺寸等于凸模刃口尺寸加上最小合理间隙。

(3) 凸、凹模的制造公差一般为冲裁件公差的1/3～1/4。此外,当凸、凹模分开加工时,其制造偏差之和应小于或等于最大与最小合理间隙之差的绝对值,即满足$(\delta_{凹}+\delta_{凸})\leqslant|z_{max}-z_{min}|$。

根据上述尺寸计算原则,冲裁模刃口尺寸的计算公式如下:

落料

$$D_{凹}=(D_{max}-X\Delta)^{+\delta_{凹}}_{0}$$

$$D_{凸}=(D_{凹}-z_{min})=(D_{max}-X\Delta-z_{min})^{0}_{-\delta_{凸}}$$

冲孔

$$d_{凸}=(d_{min}+X\Delta)^{0}_{-\delta_{凸}}$$

$$d_{凹}=(d_{凸}+z_{min})=(d_{min}+X\Delta+z_{min})^{+\delta_{凹}}_{0}$$

式中:$D_{凹}$、$D_{凸}$——分别为落料凹、凸模的基本尺寸,mm。

$d_{凸}$、$d_{凹}$——分别为冲孔凸、凹模的基本尺寸,mm。

$\delta_{凹}$、$\delta_{凸}$——凹、凸模的制造偏差,mm。

D_{max}——落料件的最大极限尺寸,mm。

d_{min}——冲孔件孔的最小极限尺寸,mm。

Δ——冲裁件的公差,mm。

X——磨损系数,其值在0.5～1.0之间,与冲裁件精度有关。可查有关表格或按冲裁件的公差等级选取:当工件公差为IT10以上时,取$X=1$;为IT11～IT13时,取$X=0.75$;为IT14以下时,取$X=0.5$。

3. 冲裁力的计算

冲裁时材料对凹模的最大抗力称为冲裁力。它是合理选择冲压设备和检验模具强度的一个重要依据。为此需正确计算冲裁力。其大小与材质、料厚及冲裁件周边长度有关。平刃冲模冲裁力的计算公式如下：

$$F_{冲}=KLt\tau \quad 或 \quad F_{冲}\approx LtR_m$$

式中：$F_{冲}$——冲裁力，N；

L——冲裁件周边长度，mm；

K——系数，常取 $K=1.3$；

t——板料厚度，mm；

τ——材料的抗剪强度，MPa；

R_m——材料的抗拉强度，MPa。

4. 排样设计

冲裁件在板料或条料上排列布置的方式称为排样。排样设计应使废料最少，以提高材料的利用率。对于冲裁件来说，材料费用通常占制造总成本的60%以上，因此，材料利用率是一个很重要的经济指标。排样合理，可在有限的材料面积上冲出最多数量的冲裁件，废料最少，材料利用率最高，冲裁件成本降低。根据材料的利用情况，排样方法可分为三种：

(1) 有废料排样　如图 2.61a 所示。沿工件全部外形冲裁，其周边都有搭边（即各冲裁件之间及冲裁件与条料侧边均留有一定尺寸的余量），其优点是毛刺小，冲裁尺寸准确，质量高，模具寿命长，但材料消耗多。

(2) 少废料排样　如图 2.61b 所示。沿工件部分外形冲裁，只有局部搭边（或没有搭边）和余料。

(3) 无废料排样　无任何搭边和余料，如图 2.61c 所示。

采用少、无废料排样时，虽可提高材料利用率，但冲裁件的尺寸精度和质量不易保证，主要用于质量要求不高的冲裁件。此外，由于是单边剪切，也影响模具的寿命。

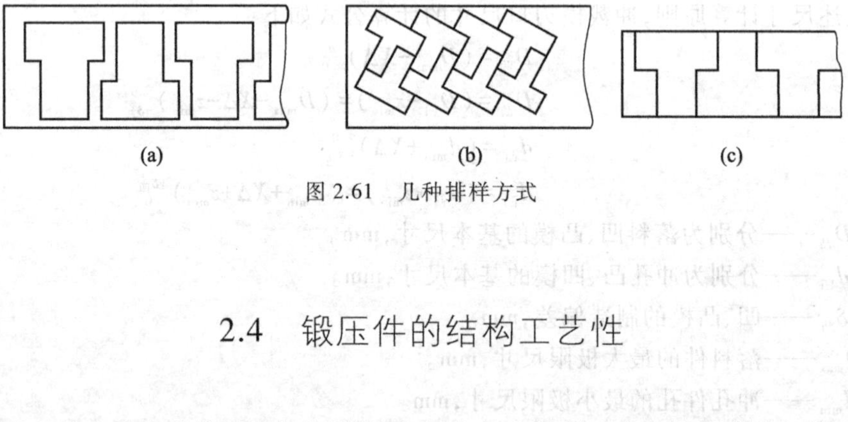

图 2.61　几种排样方式

2.4　锻压件的结构工艺性

锻压件的结构在满足其使用性能的前提下，还应符合锻压生产工艺的特点。锻压件的结构工艺性良好，可以简化锻压工艺，提高生产率，降低生产成本，而且易于保证锻压件质量。

2.4.1　自由锻件的结构工艺性

考虑到自由锻设备和工艺的特点，自由锻件结构的设计原则是：在满足使用性能的前提下，锻件的形状应尽量简单、规则，易于锻造。

1. 避免锥体或斜面结构

锻造具有锥体或斜面结构的锻件,需制造专用工具,锻件成形也比较困难,从而使工艺过程复杂,不便于操作,影响设备使用效率,应尽量避免,如图 2.62 所示。

2. 避免以空间曲面相交的结构

圆柱面与圆柱面相交处,自由锻成形十分困难,应改为圆柱体与平面相交或平面与平面相交。还应避免工字形、椭圆形或其他非规则曲线形表面结构,而采用简单、平直形状的结构,以消除空间曲线,使锻造较容易,如图 2.63 所示。

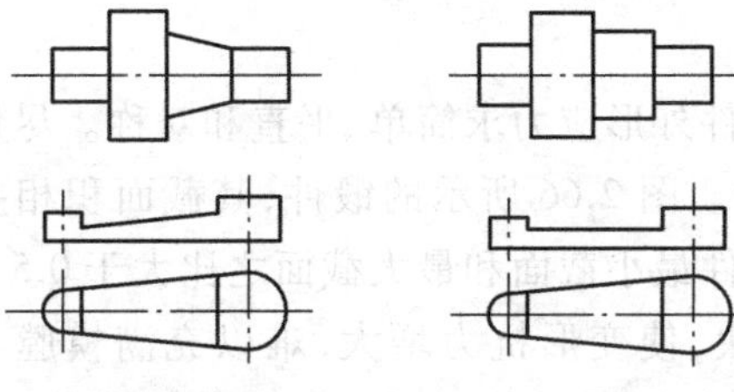

图 2.62　避免锥体或斜面的锻件结构

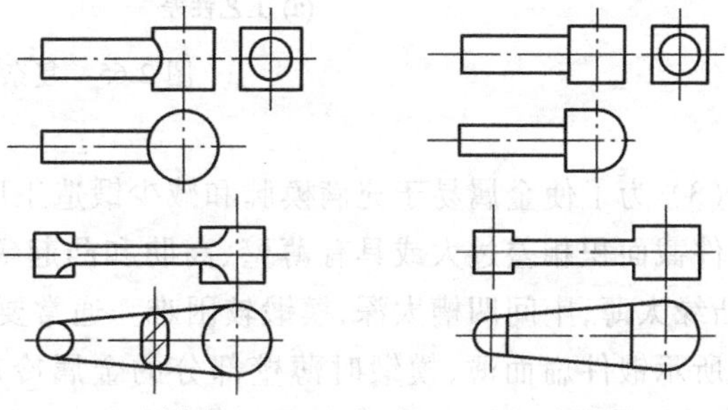

图 2.63　避免以空间曲面相交的锻件结构

3. 避免加强肋和凸台等结构

如图 2.64a 所示的锻件结构,难以用自由锻方法获得,若采用特殊工艺来生产,会降低生产率,增加成本。可适当加强厚度或将凸台改为图 2.64b 中的结构。

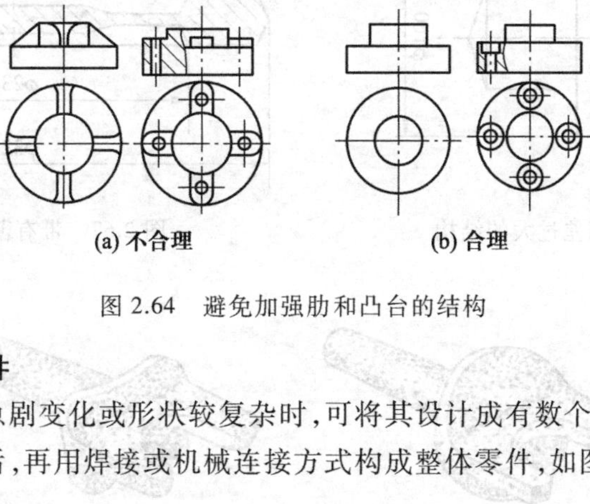

图 2.64　避免加强肋和凸台的结构

4. 合理采用组合锻件

锻件的横截面积有急剧变化或形状较复杂时,可将其设计成有数个简单件构成的组合体,每个简单件分别锻造成形后,再用焊接或机械连接方式构成整体零件,如图 2.65 所示。

2.4.2　模锻件的结构工艺性

模锻主要依靠锻模模膛使坯料成形,因此模锻件形状可较复杂。但为便于生产和降低成本,根据模锻的特点和工艺要求,设计模锻件时,应使其结构符合下列原则。

(1) 模锻零件必须具有一个合理的分模面,以保证金属易于充满模膛,锻件便于从模具中取出,余块最少,锻模制造容易。

(2) 锻件上与锤击方向平行的非加工表面,应设计模锻斜度,以便于脱模。非加工表面所形成的圆角应按模锻圆角设计,以利于金属对模膛的流动充填和提高模具寿命。

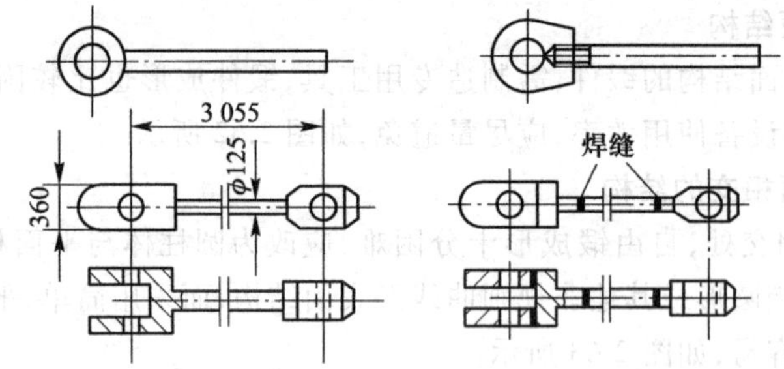

(a) 工艺性差　　(b) 工艺性好

图 2.65　复杂锻件结构

(3) 为了使金属易于充满模膛和减少锻造工序，锻件外形应力求简单、平直和对称。尽量避免锻件截面积相差过大或具有薄壁、高肋和凸起等结构。图 2.66 所示的锻件，其截面积相差太大，凸缘太薄，中间凹槽太深，模锻较困难。通常要求锻件最小截面和最大截面之比大于 0.5。图 2.67 所示锻件扁而薄，模锻时薄壁部分的金属冷却较快，使变形抗力增大，难以充满模膛。图 2.68a所示的零件有一个高而薄的凸缘，其成形和脱模均较困难。若不影响零件使用性能，可将其改为图 2.68b 所示的形状。

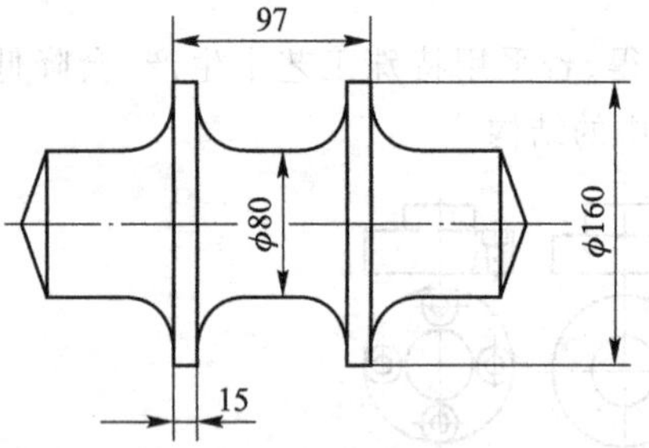

图 2.66　截面积相差过大的结构

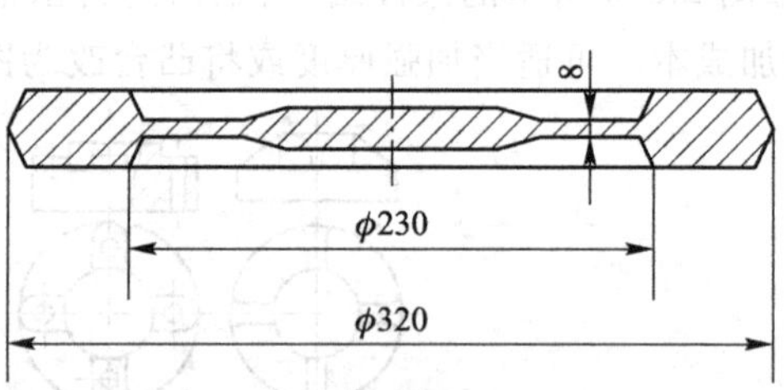

图 2.67　带有薄壁的模锻件

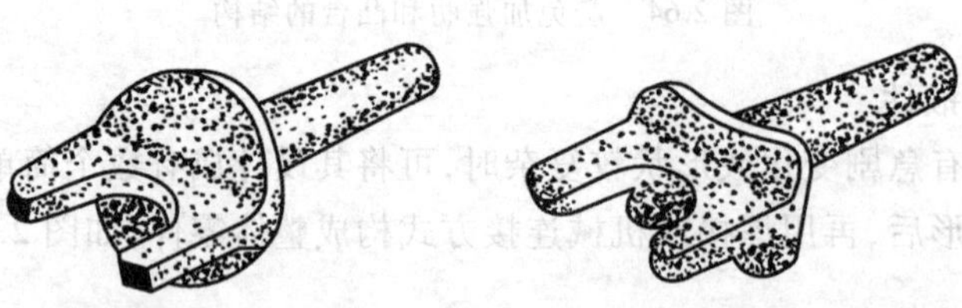

(a)　　(b)

图 2.68　有凸缘结构的模锻件

(4) 模锻件设计应尽量避免深孔结构和多孔结构。如图 2.69 所示的齿轮上的四个直径为 ϕ20 mm 小孔，一般不直接锻出，而是通过机械加工得到。

(5) 在条件允许的情况下，可采用锻-焊组合结构，以简化模锻工艺。图 2.70 所示的锻件，可用图 2.70a 的形式分件锻造，再用焊接方法组合成图 2.70b 所示的整体件。

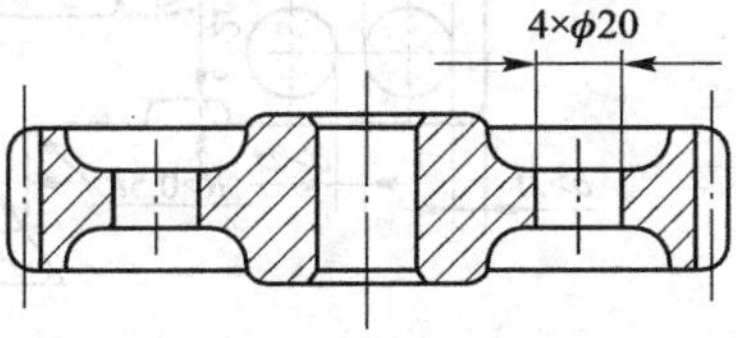

图 2.69　多孔齿轮

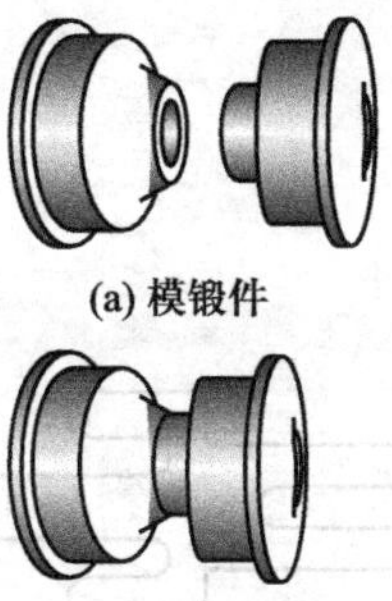

(a) 模锻件

(b) 焊合件

图 2.70　锻焊结构的模锻件

2.4.3　冲压件结构工艺性

冲压件的结构工艺性是指冲压件的结构对冲压加工工艺的适应性。影响冲压件结构工艺性的主要因素有冲压件的形状、尺寸和表面质量要求等。

1. 冲裁件的结构工艺性

(1) 冲裁件的形状　冲裁件的形状应力求简单、对称，并尽可能采用圆形、矩形等规则形状，避免长槽和细长悬臂结构(图 2.71)，避免设计成非圆曲线的形状，并使排样时废料最少。在冲裁件的转角处，除无废料冲裁或采用镶拼模冲裁外，都应有适当的圆角，其半径 R 的最小值见表 2.10。

表 2.10　冲裁件圆角半径 R 的最小值　　mm

工件邻边夹角		工件材料		
		黄铜、铝	低碳钢	高碳钢、合金钢
落料	≥90°	$0.18t$	$0.25t$	$0.35t$
	<90°	$0.35t$	$0.5t$	$0.7t$
冲孔	≥90°	$0.2t$	$0.3t$	$0.45t$
	<90°	$0.4t$	$0.6t$	$0.9t$

注：t 为材料厚度，mm。当 $t<1$ mm 时，均以 $t=1$ 计算。

(2) 冲裁件尺寸　冲裁时由于受凸、凹模强度和模具结构的限制，冲裁件的最小尺寸有一定限制，其大小与孔的形状、材料的厚度、材料的力学性能及冲孔方式有关。对冲孔的最小尺寸，孔与孔、孔与边缘之间的距离等尺寸都有一定的限制，如图 2.72 所示。

(3) 冲裁件的精度和表面质量　冲裁件的精度一般为 IT10～IT12，较高时可达 IT8～IT10，冲孔比落料的精度约高一级。若冲裁件精度高于上述要求，则冲裁后需通过修整或采用精密冲裁等工序，使产品成本大为提高。

对于冲裁件表面质量所提出的要求，一般不要高于原材料所具有的表面质量，否则将增加切削加工等工序，提高成本。

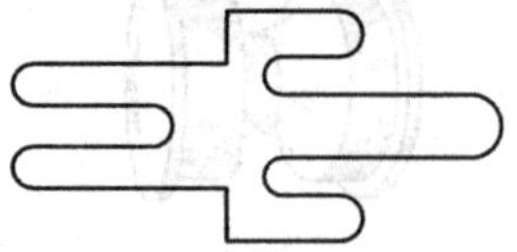

图 2.71　冲压件的长槽和细臂结构

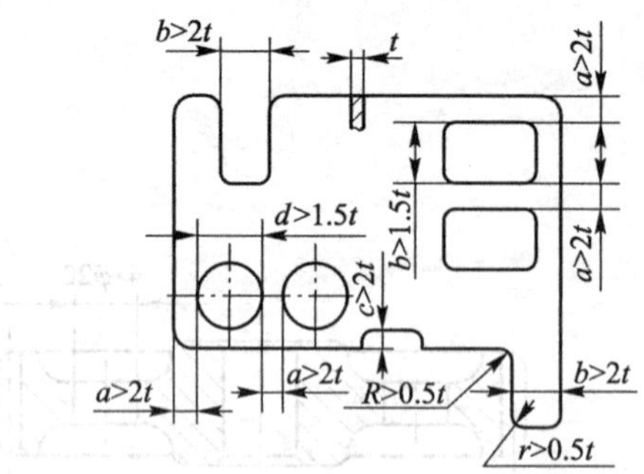

图 2.72　冲裁件有关尺寸的限制

2. 弯曲件结构工艺性

（1）弯曲件的弯曲半径　弯曲件的最小弯曲半径 $r_{\min}$ 不能小于材料允许的最小弯曲半径，否则将弯裂。但 $r_{\min}$ 过大时回弹增大，不能保证弯曲件的精度。

（2）弯曲件的直边高度　弯曲件的直边高度 $H>2t$。若 $H<2t$，则应增加直边高度，弯好后再切掉多余材料，如图 2.73a 所示。

（3）弯曲件孔边距　弯曲预先已冲孔的毛坯时，必须使孔位于变形区以外，如图 2.73a 所示，以防止孔在弯曲时产生变形，并且孔到弯曲半径中心的距离应根据料厚取值：

当 $t<2$ mm 时，$L\geqslant t$；

当 $t\geqslant 2$ mm 时，$L\geqslant 2t$。

若 L 过小，可在弯曲线处冲凸缘形缺口或冲出工艺孔，以转移变形区，如图 2.73b、c 所示。

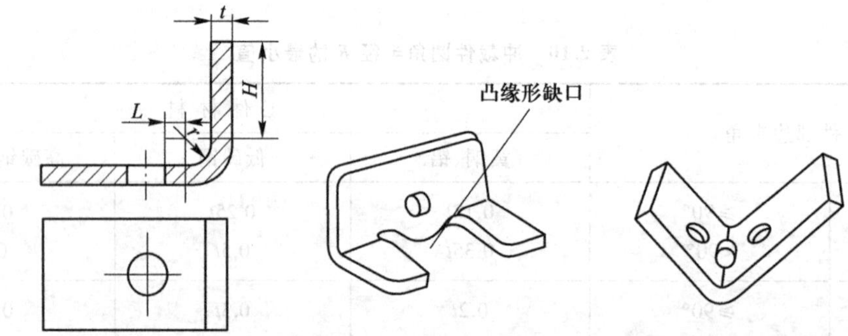

(a) 弯曲件的直边高度和孔边距
(b) 冲出凸缘形缺口
(c) 冲出工艺孔

图 2.73　带孔件的弯曲

（4）弯曲件的形状　弯曲件的形状应尽量对称，弯曲半径应左右一致，保证板料受力时平衡，防止产生偏移。当弯曲不对称制件时，也可考虑成对弯曲后再切断，如图 2.74 所示（图2.74b 的俯视图中剖面处表示切断位置）。

（5）弯曲件的尺寸公差　弯曲件的尺寸公差最好在 IT13 以下，角度公差大于 15′，否则会增加修整工作量，提高成本。

3. 拉深件的结构工艺性

（1）拉深件的形状　拉深件的形状应力求简单、对称，尽量采用圆形、矩形等规则形状，以有

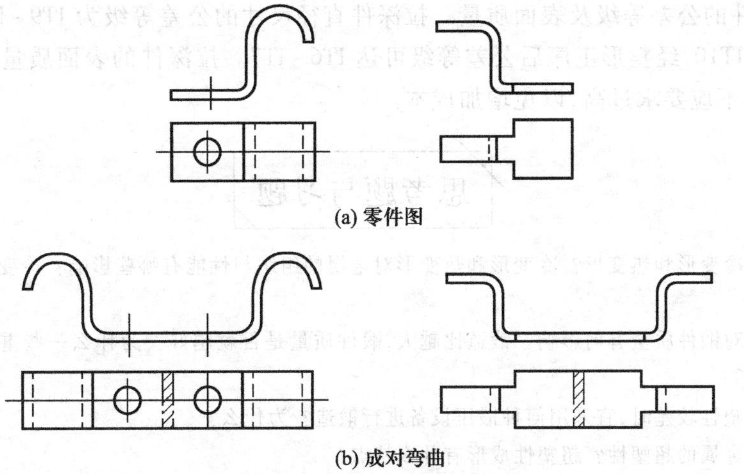

图 2.74　不对称制件的成对弯曲

利于拉深。其高度应尽量减小,以便用较少的拉深次数成形。

(2) 拉深件的圆角半径　拉深件的圆角半径应尽量大些,以便成形和减少拉深次数及整形工序。如图 2.75 所示,$r_{\text{凹}}>r_{\text{凸}}$,一般 $r_{\text{凸}}\geqslant 2t$、$r_{\text{凹}}\geqslant(2\sim4)t$,其中 t 为板厚。

(3) 拉深件各部分的尺寸比例　拉深件各部分的比例应合理,其凸缘的宽度应尽量窄且一致,以便使拉深工艺简化。如图 2.76a 所示的拉深件,空腔虽不深,但凸缘直径大。如果 $d_t>2.5d$,拉深时,因凸缘金属难以向直壁转移,需拉深 4~5 次,并通过中间退火才能成形。若将凸缘直径减小(图 2.76b),若 $d_t<1.5d$,只需拉深 1~2 次即可成形。而图 2.77b 所示的拉深件结构比图 2.77a 的好,其原因是后者不仅可减少拉深次数,而且还可减少修边的材料消耗。

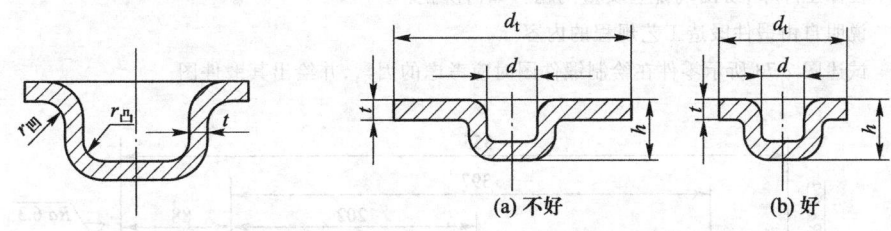

图 2.75　拉深件的圆角半径

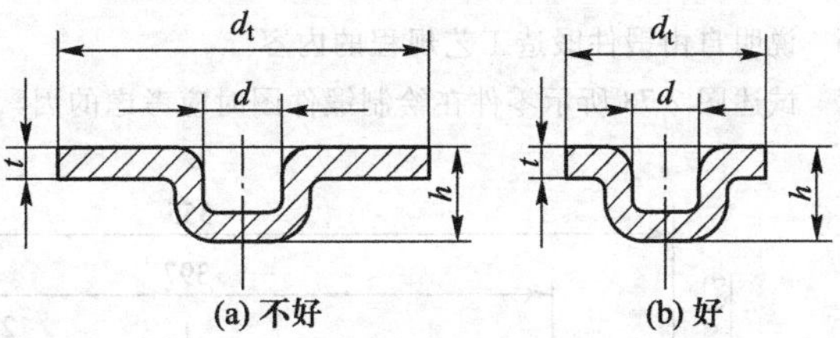

图 2.76　拉深件各部分的尺寸比例

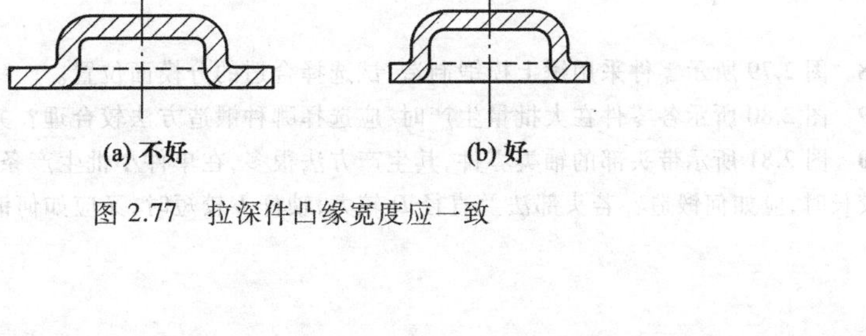

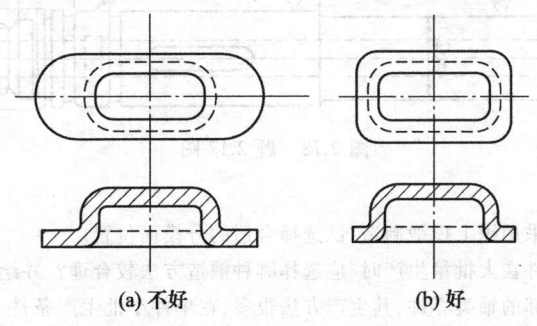

图 2.77　拉深件凸缘宽度应一致

(4) 拉深件的公差等级及表面质量　拉深件直径尺寸的公差等级为 IT9～IT10,高度尺寸公差等级为 IT8～IT10,经整形工序后公差等级可达 IT6～IT7。拉深件的表面质量取决于原材料的表面质量,一般不应要求过高,以免增加成本。

思考题与习题

2.1　什么是冷变形和热变形?冷变形和热变形对金属的组织与性能有哪些影响?冷变形加工和热变形加工各有何优缺点?

2.2　锻造比对锻件质量有何影响?锻造比越大,锻件质量是否就越好?为什么一些重要的锻件都要经过镦粗工序?

2.3　金属的塑性较差时,宜采用何种锻压设备进行锻造?为什么?

2.4　什么是金属的超塑性?超塑性成形有什么特点?

2.5　焊锡($w_{\Sigma v}=60\%$、$w_{\Pi\beta}=40\%$)的强度和塑性都很低,焊锡丝的制造宜采用什么方法?为什么?

2.6　何谓自由锻,它在应用上有何特点?与自由锻相比,模锻有哪些特点?

2.7　自由锻工序如何分类?如何应用?

2.8　锻造为什么要进行加热?如何选择锻造温度范围?根据你所学的知识说明“趁热打铁”的意思和道理。

2.9　为什么同样吨位的锻造设备,所锻的自由锻件比模锻件质量大得多?

2.10　锻模模膛有哪些类型?选择锻模分模面时要注意哪些原则?

2.11　何谓胎模锻?有哪几种常用形式?应用上有何特点?

2.12　板料冲压有哪些特点?

2.13　冲压的基本工序包括哪些主要的形式?

2.14　冲裁变形过程分为哪几个阶段?冲裁件的断面有什么特征?

2.15　拉深工序中,易出现哪些质量问题?如何防止?

2.16　说明自由锻件锻造工艺规程的内容。

2.17　试述图 2.78 所示零件在绘制锻件图时应考虑的因素,并绘出其锻件图。

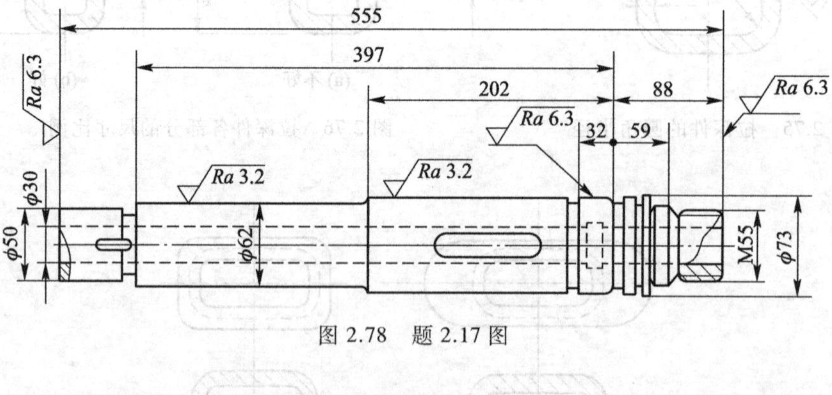

图 2.78　题 2.17 图

2.18　图 2.79 所示零件采用锤上模锻制造,试选择合适的分模面位置。

2.19　图 2.80 所示各零件在大批量生产时,应选择哪种锻造方法较合理?并绘出其锻件图。

2.20　图 2.81 所示带头部的轴类零件,其生产方法很多,在单件小批生产条件下,若头部法兰直径 D 较小,轴杆 L 较长时,应如何锻造?若头部法兰直径 D 较大,轴杆 L 较短时,又应如何锻造?

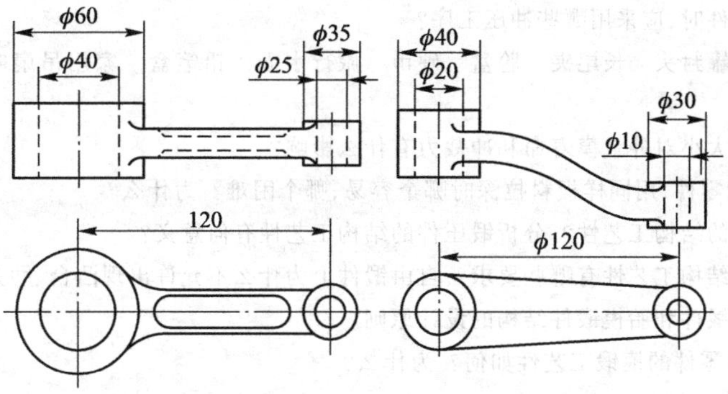

(a) (b)

图 2.79 题 2.18 图

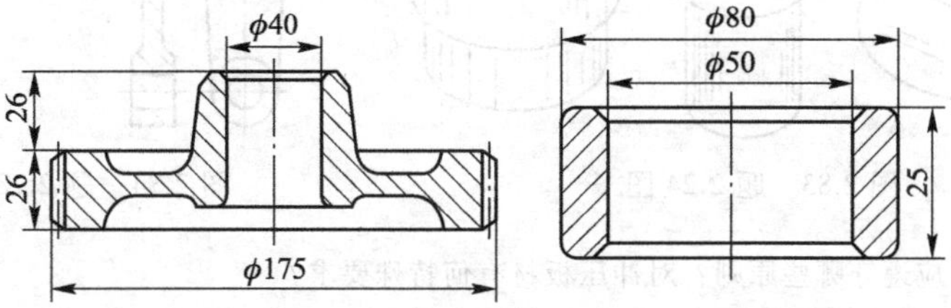

(a) (b)

图 2.80 题 2.19 图

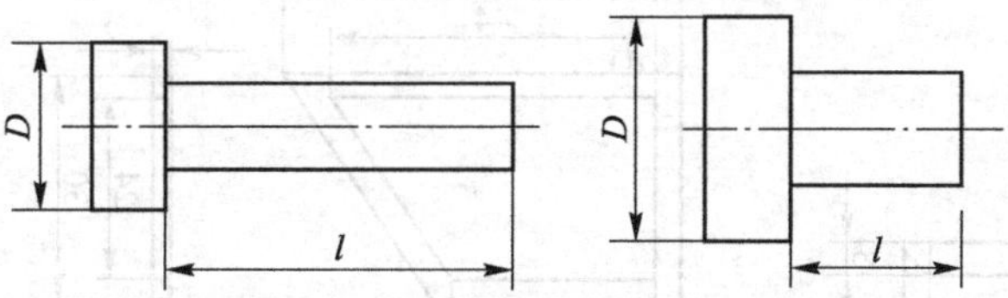

(a) (b)

图 2.81 题 2.20 图

2.21 图 2.82 所示工件，材料为 Q235 钢，板厚 $t=3$ mm，试计算落料和冲孔凸、凹模刃口部分的尺寸，并计算冲裁力。

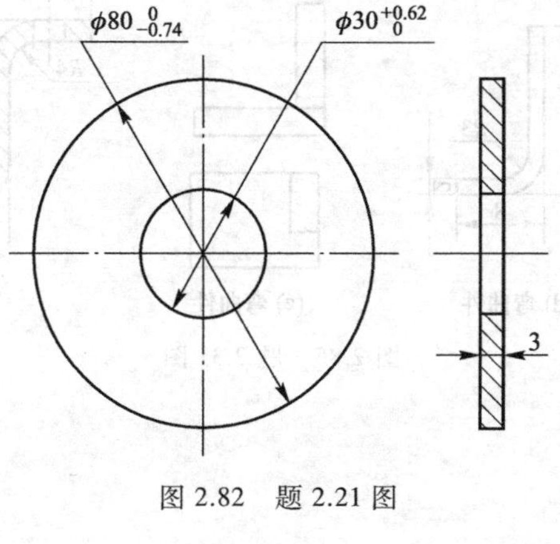

图 2.82 题 2.21 图

2.22 冲压下列零件时，应采用哪些冲压工序？

饭盒　煤气罐封头　长尾夹　脸盆　硬币　旅行水壶　铅笔盒　家用吊扇叶片　电脑机箱　汽车牌照板

2.23 冲裁间隙的大小对冲裁模寿命和冲裁力有什么影响？

2.24 图 2.83 所示零件，用同样板料拉深时哪个容易，哪个困难？为什么？

2.25 何谓锻压件的结构工艺性？分析锻压件的结构工艺性有何意义？

2.26 自由锻件的结构工艺性有哪些要求？自由锻件上为什么不允许出现凸台、肋条和斜面？

2.27 举例说明模锻件和胎模锻件结构的设计原则。

2.28 图 2.84 所示零件的模锻工艺性如何？为什么？

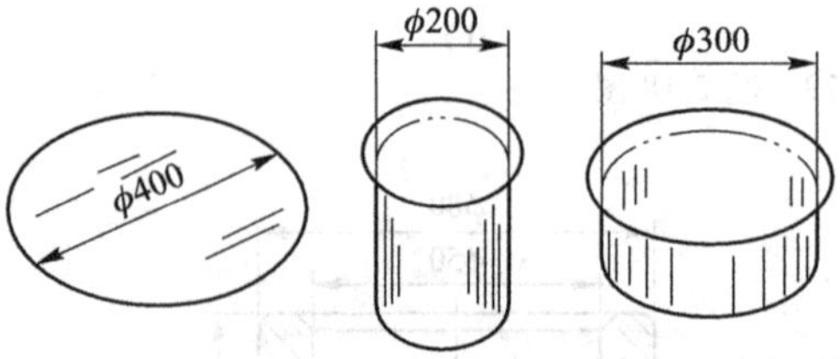

图 2.83　题 2.24 图

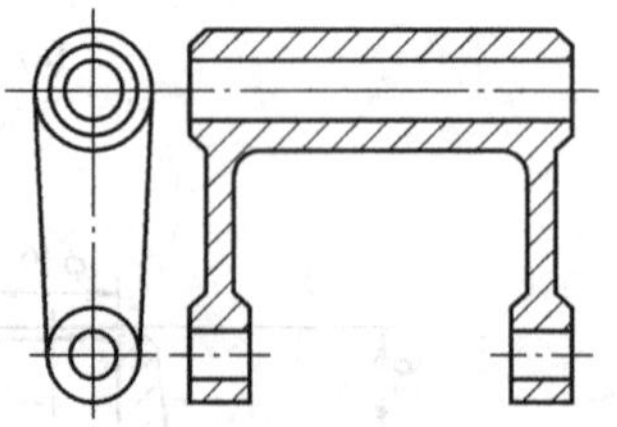

图 2.84　题 2.28 图

2.29 冲压件设计应遵守哪些原则？对冲压板材有何特殊要求？

2.30 对于冲裁件、弯曲件和拉深件，在形状设计上有何特别要求？

2.31 图 2.85 所示的冲压件，其结构设计是否合理？为什么？将不合理的部位加以修改。

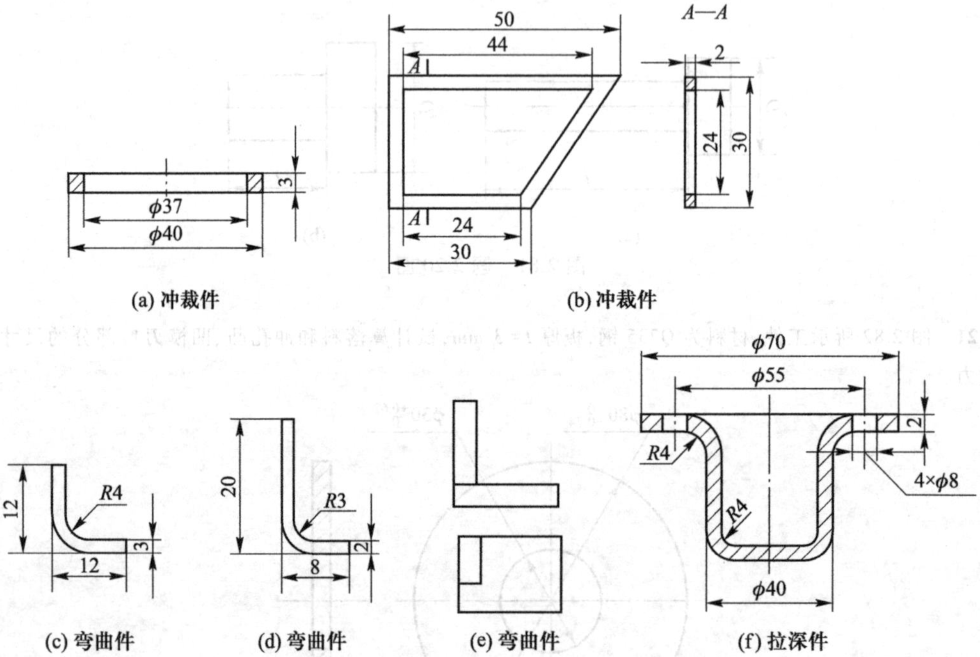

图 2.85　题 2.31 图

第3章 连接成形

本章教学目标

知识获取：理解熔焊的基本原理，了解电阻焊和钎焊的基本原理，熟悉电弧焊、电阻焊和钎焊的工艺过程、特点及应用范围，了解其他焊接方法的特点，熟悉常用金属材料焊接的基本知识，掌握制定焊接工艺的基本知识，掌握焊缝布置应考虑的原则，了解焊接新技术与新工艺，了解粘接技术的基本知识。

能力达成：具有分析和判断金属材料焊接性好坏的基本能力，具有较合理地选用焊接方法及相关焊接材料的能力，具有分析焊接件结构设计的合理性和焊接缺陷的初步能力。

连接成形在现代工业中正显示出越来越重要的地位和作用，连接成形技术的应用已遍及机械制造、冶金、能源、交通、轻工、电子、通信、造船、航空航天等工业部门及国民经济的其他各个领域。常见的连接成形工艺主要有：机械连接、焊接和粘接三大类。机械连接包括螺纹连接、销钉连接、键连接和铆接，除铆接外，其余均为可拆卸连接。机械连接所用的连接件一般为标准件，具有良好的互换性和可靠性，其技术与工艺已相当成熟和完善。焊接和粘接都是通过物理化学过程而形成的不可拆卸连接，与机械连接相比，它们具有密封性好、接头重量轻及节约材料等优点。本章主要介绍焊接和粘接。

3.1 焊接成形基本原理

焊接是通过加热或加压，或两者并用，使分离的物体在被连接的表面间产生原子结合而连接成一体的成形方法。根据焊接过程中工艺特点的不同，焊接方法可以分为三大类：

(1) 熔焊　是指将被焊金属结合处局部加热到熔化状态，通常还加入填充金属，形成熔池，冷却结晶后形成焊缝，将被焊工件结合为整体的焊接方法。

(2) 压焊　是指在焊接过程中必须对焊件施加压力(加热或不加热)，以完成焊接的方法。

(3) 钎焊　是指将比母材熔点低的填充金属(即钎料)熔化之后填充被焊工件接头间隙，并与被焊金属相互扩散实现连接的焊接方法。

在金属焊接成形过程中，通常包含热过程、物理化学或冶金过程以及应力变形过程，这三个过程几乎是同时发生而又相互影响的，并在很大程度上决定着焊接生产的效率和焊件的质量。目前在生产领域中，以电弧焊为代表的熔焊方法应用最为广泛，因此以下将以熔焊为主介绍焊接成形的基本原理。

3.1.1 熔焊焊缝的形成过程

与金属铸造和塑性成形过程不同,金属的焊接不是通过整体材料的变形,而是通过离散材料的连接来实现成形的,因此,焊接成形过程主要是金属的连接部位即焊缝的形成过程。

1. 熔焊的冶金过程特点

熔焊时形成的金属熔池可以看作是一个微型的冶金炉,其中所发生的焊接化学冶金过程在本质上与普通化学冶金(如炼钢)过程是相同的,都是液态金属、熔渣和气体三者相互作用的金属再冶炼过程。但由于焊接条件的特殊性,焊接化学冶金过程又有着与一般冶炼过程不同的特点。

(1) 焊接冶金温度高,相界面大,化学反应激烈。焊接钢材时,焊接熔滴温度和熔池温度一般要比炼钢时钢液温度高几百摄氏度,焊接熔滴与气相和熔渣的接触面比炼钢时要大 1 000 倍左右。电弧焊时,电弧区中大量气体分解呈原子态,其化学活性大为增强。因此,熔焊时金属元素的蒸发较强烈;如果焊接区中有大气侵入,液态金属将与之发生剧烈的氧化和氮化反应。其中,金属与氧的作用对焊接影响最大。例如,电弧焊时,受电弧高温作用而分解形成的氧原子与金属接触可发生如下氧化反应:

$$Fe+O \rightarrow FeO, \qquad C+O \rightarrow CO$$

$$Mn+O \rightarrow MnO, \qquad Si+2O \rightarrow SiO_2$$

$$2Cr+3O \rightarrow Cr_2O_3, \qquad 2Al+3O \rightarrow Al_2O_3$$

有的氧化物(如 FeO)能熔于熔池中,冷凝时因溶解度下降而折出,易成为焊缝中的夹杂物。大部分氧化物(如 SiO_2、MnO 等)不溶于液态金属,会浮出熔池进入渣中,造成合金元素的烧损。

(2) 焊接熔池体积小,且周围是冷金属,散热快,因此熔池冷却迅速。这使得各种冶金反应难以达到平衡状态,焊缝中化学成分不均匀,并且熔池中气体和杂质等来不及浮出,容易形成气孔、夹渣等缺陷,甚至产生裂纹。

氮和氢在高温时能溶解于液态金属中,熔池快速冷凝时,其溶解度急剧下降,析出的氮、氢若未能浮出便成为气孔;来不及析出的氮、氢则固溶于焊缝金属中。氢的存在使焊缝脆化(氢脆),增加发生冷裂纹的倾向。氮还会与铁形成脆性的 Fe_4N 化合物,使焊缝塑性与韧性下降。

2. 保证焊缝质量的措施

为使焊接冶金过程朝着有利的方向进行,获得优质的焊缝,熔焊时应采取以下措施:

(1) 在焊接过程中对熔化金属进行有效的保护,使之与空气隔离。例如,对于电弧焊,保护的方式有气体保护、熔渣保护和气渣联合保护等三种;对于激光焊和电子束焊等,还可采用真空保护。

(2) 对焊接熔池进行脱氧、脱硫、脱磷处理,清除进入熔池中的有害杂质。通常是通过在焊条药皮或焊剂中加入铁合金(如硅铁、锰铁)等对熔化金属进行上述处理。例如:

脱氧反应: $2FeO+Si \rightarrow SiO_2+2Fe, \quad FeO+Mn \rightarrow MnO+Fe$

脱硫反应: $FeS+Mn \rightarrow Fe+MnS, \quad FeS+CaO \rightarrow CaS+FeO$

(3) 对焊缝金属渗合金,以补偿合金元素的烧损。通过在焊丝或焊剂中加入一定量的合金元素,焊接时过渡到熔池中,从而保证焊缝金属的化学成分符合要求。

3.1.2 焊接接头的组织与性能

焊接过程结束后,熔池凝固冷却形成焊缝。同时,靠近焊缝的一部分母材金属由于受到焊接时的热传导作用也有不同程度的温度升高，以致冷却后其组织和性能与焊接前的状态相比发生了变化，这一区域称为焊接热影响区。在焊缝与热影响区之间还存在一个极窄的过渡区域，称为熔合区。所以，熔焊的焊接接头是由焊缝、熔合区和热影响区组成。

1. 焊缝金属的组织与性能

焊缝金属是由母材和填充材料熔化后结晶形成的。焊缝金属的结晶，是以熔池边界处的呈半熔化状态的母材金属晶粒为晶核，沿着垂直于散热面方向，反向生长成为柱状晶粒，最后两侧的柱状晶生长至焊缝中心相接触而完成结晶过程。由于熔池冷却速度快，金属结晶时其化学成分来不及通过扩散而均匀化，同时柱状晶向前生长时会将杂质推向焊缝中心区而在此形成硫、磷等低熔点杂质的偏析。

因此，焊缝金属的晶粒较粗大，成分不均匀，组织不够致密。但由于焊丝本身的杂质含量低，以及焊接冶金处理中的合金化作用，使焊缝化学成分优于母材，所以焊缝金属的力学性能一般不低于母材。

2. 熔合区的组织与性能

熔合区处于焊缝和热影响区之间，宽度只有约 0.1~0.4 mm。焊接时该区被加热到液相线与固相线之间的温度范围内，因此金属呈现半熔化状态，故也称半熔化区。熔合区的化学成分和组织都很不均匀，其组织中包括较粗大的液态结晶组织和未熔化但受高温加热而长大的粗晶过热组织，它是焊接接头中力学性能最差的薄弱部位。

3. 热影响区的组织与性能

热影响区是靠近焊缝的金属由于受焊接过程的加热和冷却作用而产生组织和性能变化的区域，但热影响区的加热温度是不均匀的，越靠近焊缝，加热温度越高。现以低碳钢为例，根据焊接接头的温度分布曲线，并对照铁碳合金相图中与之相对应的相区，可将热影响区按加热温度的不同划分为过热区、正火区、不完全重结晶区等区域，如图 3.1 所示。

(1) 过热区　焊接时该区被加热到1 100 ℃至固相线的高温范围，奥氏体晶粒因过热而严重长大，冷却后的组织也随之粗大，使金属的塑性和韧性明显下降。过热区也是焊接接头的薄弱部位。

(2) 正火区　此区的加热温度在 Ac_3~1 100 ℃之间，加热时的组织为晶粒较细小的奥氏体，空冷后获得均匀细小的铁素体和珠光体，相当于热处理中的正火组织，其力学性能不低于母材。

(3) 不完全重结晶区　焊接时其加热温度在 Ac_1~Ac_3 之间，只有部分组织发生重结晶转变为奥氏体，冷却后获得细小的铁素体和珠光体，其他部分仍保持原始组织。因此，该区的组织不均匀，其力学性能稍差。

此外，如果母材在焊接之前经历过冷塑性变形，则加热温度在 450 ℃ ~Ac_1 之间区域的金属会发生再结晶，该区称为再结晶区，但其力学性能变化不大。

对于碳含量或合金元素含量较高的易淬火钢，如中碳钢、高强度合金钢等，由于焊后冷却速度快，其热影响区中会产生淬硬组织。热影响区中加热温度在 Ac_3 以上的区域，焊后得到马氏体组织，被称为淬火区，其中靠近焊缝的高温区为粗大的马氏体组织，其脆性很大；加热温度在 Ac_1~Ac_3的区域，焊后形成马氏体+铁素体的混合组织，被称为不完全淬火区。

可见，由于粗大的过热组织或粗大的淬硬组织及其所造成的脆性倾向对于焊接接头的组织和性能影响最为不利，而熔合区和过热区(或淬火区)是通常造成这一不利影响的薄弱部位。因

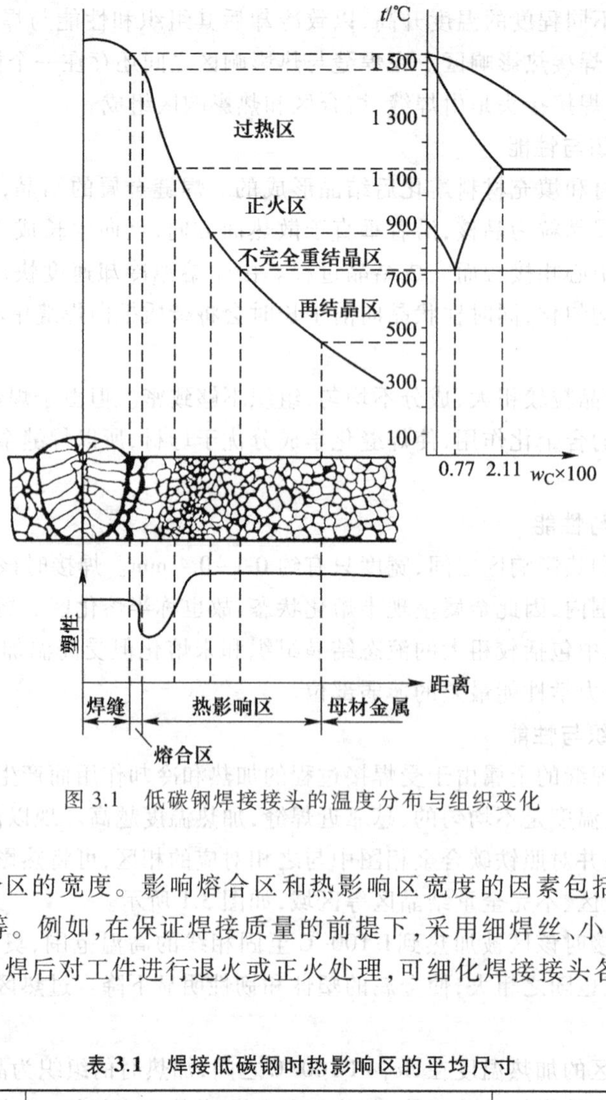

图 3.1　低碳钢焊接接头的温度分布与组织变化

此,应尽量减小这两个区的宽度。影响熔合区和热影响区宽度的因素包括焊接材料、焊接方法(表 3.1)和焊接工艺等。例如,在保证焊接质量的前提下,采用细焊丝、小电流、高焊速,可减小热影响区宽度。此外,焊后对工件进行退火或正火处理,可细化焊接接头各区域的组织,改善焊接接头的力学性能。

表 3.1　焊接低碳钢时热影响区的平均尺寸　　mm

焊接方法	各区平均尺寸			热影响区总宽度
	过热区	正火区	不完全重结晶区	
焊条电弧焊	2.2~3.0	1.5~2.5	2.2~3.0	5.9~8.5
埋弧焊	0.8~1.2	0.8~1.7	0.7~1.0	2.3~3.9
电渣焊	18~20	5.0~7.0	2.0~3.0	25~30
气焊	21	4.0	2.0	27
电子束焊	—	—	—	0.05~0.75

4. 焊接接头的冶金缺陷

焊接缺陷通常可分为工艺缺陷和冶金缺陷两大类,前者主要是指工艺成形方面的缺陷,如咬边、焊瘤、未焊透和未熔合等;后者是由于焊接冶金过程的不完善而导致的缺陷,主要包括气孔和各种裂纹。

（1）气孔

焊接气孔的产生是由于熔池金属中的气体在金属冷却结晶前来不及逸出，从而以气泡的形式残留在焊缝金属内部或出现在焊缝表面。

焊接气孔主要有三种：氢气孔、氮气孔和一氧化碳气孔。其中氢气孔和氮气孔属于析出性气孔，是由于高温时熔池中溶解了较多的氢或氮，金属凝固时因溶解度突然急剧下降而析出所造成的气孔。一氧化碳气孔是反应性气孔，是由熔池中的氧或氧化物与钢中的碳发生反应生成一氧化碳气体所形成的气孔。

防止气孔的措施有：焊条和焊剂要烘干；严格清除坡口及两侧母材上的水、锈、油；采用短弧焊（尤其是碱性焊条），控制焊接速度，使溶池中的气体逸出等。

（2）热裂纹

热裂纹是在固相线附近的高温下在焊缝金属或焊接热影响区中产生的一种沿晶裂纹。发生在焊缝区的热裂纹是在焊缝结晶过程中产生的，称为结晶裂纹；发生在热影响区的热裂纹是靠近焊缝的母材被加热到过热温度时，晶间低熔点杂质发生熔化而形成的裂纹，称为液化裂纹。

结晶裂纹和液化裂纹的产生都与晶界存在液膜有关，在焊缝结晶过程中，由于低熔点杂质在晶界偏析，会形成晶界液膜；在热影响区的过热区，当晶界存在较多低熔点杂质时，也会形成晶界液膜。当受到焊接拉应力作用时，晶界液膜被拉开而形成热裂纹。

防止热裂纹的措施主要有：限制焊接材料中的低熔点杂质，如硫、磷含量；采取工艺措施减小焊接应力；调整焊缝化学成分，细化焊缝晶粒，减少偏析；采用碱性焊条和焊剂，增强脱硫、脱磷能力。

（3）冷裂纹

冷裂纹是焊接接头在室温附近的温度下产生的裂纹。冷裂纹多发生在热影响区，有时也发生在焊缝中。最常见的冷裂纹是延迟裂纹，即在焊后延迟一段时间（几小时，几天甚至更长时间）才发生的裂纹。由于延迟裂纹不能在焊后立即发现，需经过一段时间，甚至在使用过程中才出现，因此它是对焊接结构和工件危害性最大的一种焊接缺陷。

焊接冷裂纹的形成有三个基本要素：

1）焊接接头存在淬硬组织，使接头性能发生脆化。

2）焊接接头的含氢量较高，造成氢脆；并且氢通过扩散在某些焊接缺陷处聚集，形成局部高应力区而引发裂纹。

3）焊接接头存在较大的焊接应力的作用。

防止焊接冷裂纹就是针对以上三个方面因素采取相应措施，主要包括：控制焊后冷却速度，例如采用焊前预热或焊后缓冷，避免产生淬硬组织；选用碱性焊条，减少焊缝金属中的氢含量；焊条和焊剂在使用前严格烘干，清除坡口及两侧母材的锈、油、水，减少氢的来源；采取工艺措施减小焊接应力；焊后进行热处理，消除焊接残余应力，促进焊缝中的氢扩散逸出。

3.1.3 焊接应力与变形

在金属焊接过程，必然会伴随应力和变形的产生，这是焊接成形所特有的且与其他成形方法相比更为突出的问题，它直接影响到焊接结构的生产和质量。焊接应力的存在会影响焊后工件机械加工的精度，降低焊接结构的承载能力，在一定的条件下还会引发焊接裂纹。焊接变形的存在会使焊件形状和尺寸发生变化，影响焊接结构的配合质量，往往需要增加矫正工序，使生产成本提高；如果变形过大，则可能因无法矫正而使焊件报废。了解焊接应力和变形的形成原因与发生规律，就能在生产中对其加以控制和消除。

1. 焊接应力和变形的产生原因

焊接过程中焊件受到的不均匀局部加热和冷却是导致焊接应力和变形产生的根本原因。现以图 3.2 所示的平板对接焊为例，说明焊接应力和变形的形成过程。

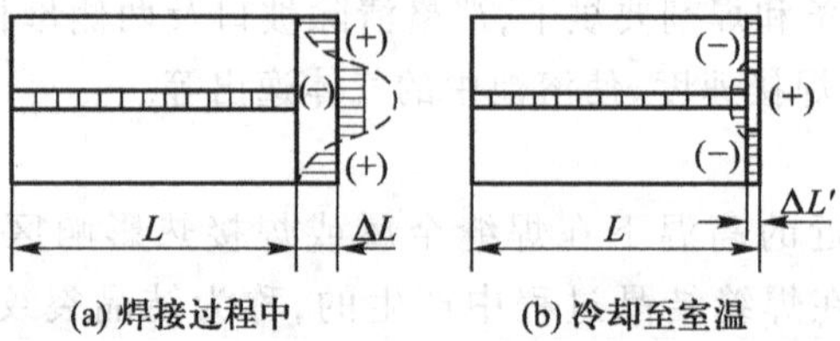

图 3.2　平板对接焊时变形和应力的形成

在焊接过程中，加热集中在焊缝区，因此焊缝区的温度最高，焊件其余区域的温度随着离焊缝距离的增大而降低，而各区域因温度升高而产生的纵向膨胀伸长量也随远离焊缝而减小。如果焊件的各部位能够自由膨胀，则焊件伸长后的端面轮廓（假设只向右边伸长）将如图 3.2a 中的虚线所示，即与温度分布曲线相似。但实际上焊件已连成一整体，因各处温升不同而呈曲线状端面是不可能的，平板只能沿整个宽度同时向右伸长 ΔL。这样高温的焊缝和近缝区金属受到两侧远离焊缝的区域的阻碍而产生压应力，而远离焊缝区的部位则产生拉应力。当焊缝和近缝区的压应力超过金属在该温度下的屈服点时，便会产生压缩塑性变形（向厚度方向展宽）。图 3.2a 中虚线包围的空白部分即为此压缩塑性变形量，虚线包围的阴影区部分则分别是近缝区受压缩和两侧受拉伸的弹性变形量。焊后冷却时，金属若能自由收缩，由于焊缝和近缝区金属在高温时产生的塑性压缩变形不能复原，因此冷到室温时应缩短至图3.2b 的虚线位置，两侧的金属则恢复到焊接前的原长 L。但由于整体间的相互制约作用，平板的端面最终将共同缩短到比原始长度短 $\Delta L'$的位置，这样造成焊缝及近缝区受拉应力作用，而其两侧受压应力作用，两应力间相互平衡。这种室温下保留下来的焊接应力和变形，称为焊接残余应力和变形。

在焊接结构生产中，焊接应力和焊接变形一般是同时存在且相互制约的。当结构的刚度较小，焊接过程中能够比较自由地膨胀和收缩时，则焊接应力较小而变形较大；反之，则变形较小而焊接应力较大。当结构内部原有的焊接应力间的平衡被破坏时（如焊后进行切削加工），则会发生应力的重新分布以达到新的平衡，同时变形的情况也会发生变化（如出现新的变形）。

2. 焊接变形的基本形式

在实际的焊接生产中，由于焊接结构特点、焊缝的位置、母材的厚度和焊接工艺等的不同，焊接变形可表现出多种多样的形式。表 3.2 所示为焊接变形的几种基本形式。

表 3.2 焊接变形的基本形式

变形方式	变形示意图	产 生 原 因
收缩变形	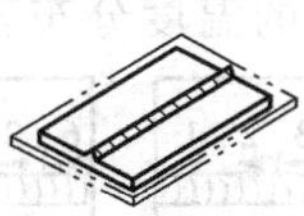	焊接后,焊件沿着纵向(平行于焊缝)和横向(垂直于焊缝)收缩引起
角变形	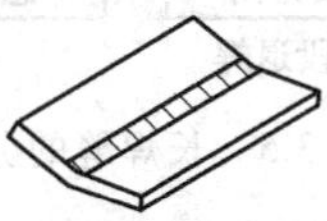	由于焊缝截面上下不对称,横向收缩不均匀造成的,焊件一般向焊缝尺寸大的表面翘起
弯曲变形		一般在焊接 T 形梁时出现,由于焊缝不对称,焊件向焊缝集中的一侧弯曲
扭曲变形		由于焊接顺序和焊接方向不合理,造成焊接应力在工件上产生较大的扭矩所致
波浪变形	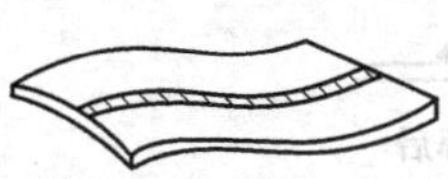	一般在焊接薄板时出现,工件在焊接残余压应力作用下失稳变形

3. 减小焊接应力和控制焊接变形的措施

减小和控制焊接应力与变形的措施可以从焊接结构设计和焊接工艺两个方面着手,在此仅介绍工艺方面的措施。

(1) 减小焊接应力的措施

1) 焊前预热　焊前先将被焊工件加热到 400 ℃以下的适当温度,然后进行焊接。通过预热可以减小焊件上各区域的温度差,使焊件各部分的膨胀和收缩量相对较均匀,从而减小焊接应力。焊后缓冷也能起到同样的作用。

2) 加热减应区　焊接前或焊接时对焊件上的适当部位(即减应区)加热使之伸长,以减少其对焊接部位伸长的约束;焊后冷却时,加热部位与焊接处一起收缩,从而减小焊接应力。采用加热减应区法时必须正确地确定减应区的所在部位,即减应区应是焊件上妨碍焊缝区在焊接时自由膨胀与收缩的区域,如图 3.3 所示。

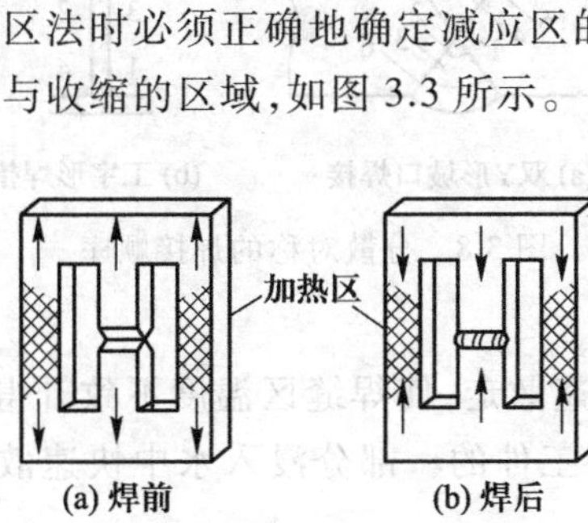

(a) 焊前　　(b) 焊后

图 3.3　加热减应区法

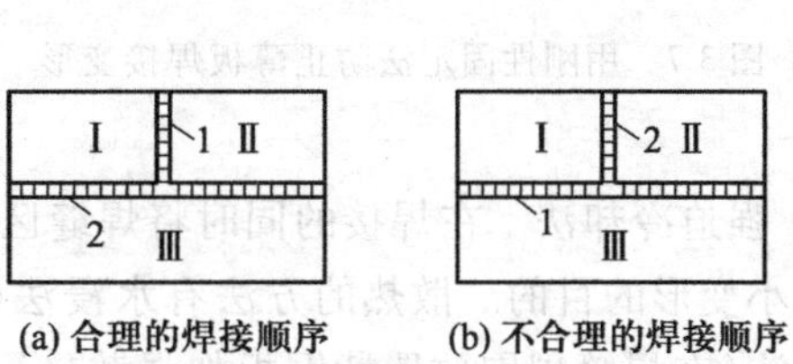

(a) 合理的焊接顺序　　(b) 不合理的焊接顺序

图 3.4　平板拼焊的焊接顺序

3) 选择合理的焊接顺序和方向　确定焊接顺序应尽量使焊缝能比较自由地收缩,先焊收缩量较大的焊缝,从而使焊接残余应力较小。例如,平板拼焊时,应先焊错开的横向焊缝,后焊直通的纵向焊缝,如图 3.4a 所示。图 3.4b 因先焊纵焊缝 1 使横焊缝 2 的约束度增大,收缩不能自由进行,残余应力较大。

焊接长焊缝应尽可能采用分段退焊或跳焊的方法,以使整条焊缝的温度分布较均匀且温升较低,从而有利于减小应力,如图 3.5 所示。

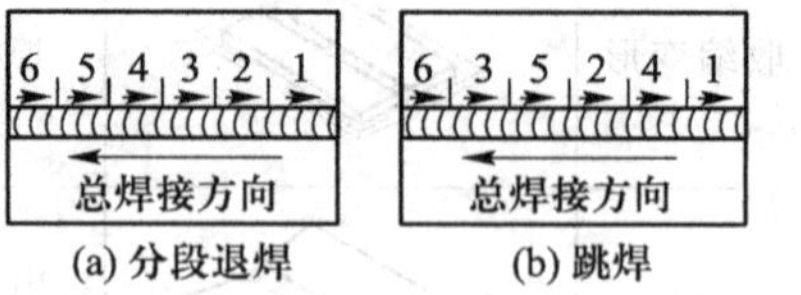

图 3.5　长焊缝的分段焊

4）锤击焊缝　焊后用小锤对红热状态下的焊缝进行均匀迅速的锤击,利用焊缝金属在高温时的良好塑性使其得以伸展,从而抵消一部分收缩,减小了焊接残余应力。

(2) 控制和减小焊接变形的措施

1）反变形法　根据经验或试验,预测出焊件在焊后将发生的变形的大小和方向,据此在焊接前先将被焊工件向焊接变形相反的方向进行人为的变形,以达到抵消焊接变形的目的,如图 3.6所示。

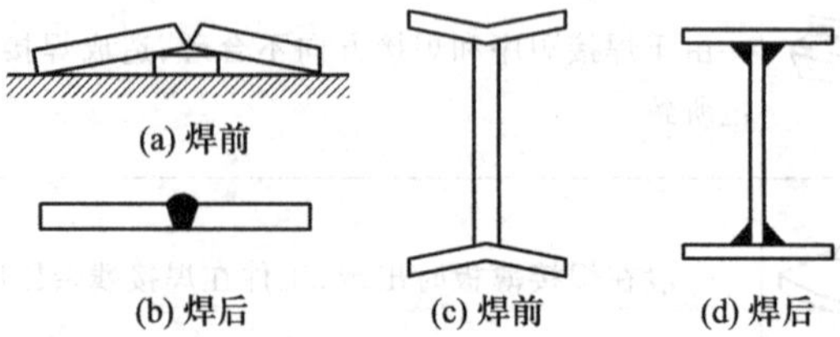

图 3.6　反变形法

2）刚性固定法　在刚性固定的条件下对被焊工件进行焊接,利用外力强行限制其产生焊接变形。但此法会产生较大的焊接应力,因此只适用于塑性较好的低碳钢结构。刚性固定可使用夹具或胎具等对焊件进行装夹来实现;也可以采用先组装后焊接的办法,即先将被焊工件用点焊或分段焊定位后再进行焊接,以借助焊件整体结构之间的相互约束来限制焊接变形。图 3.7 所示为采用压铁和分段焊临时定位法对薄板焊件进行刚性固定,以防止焊接变形。

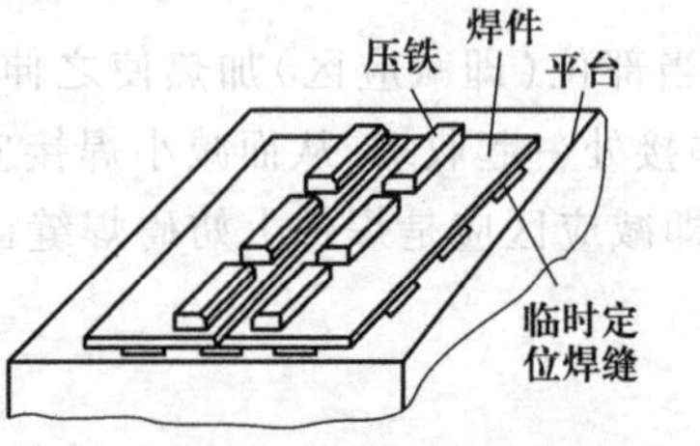

图 3.7　用刚性固定法防止薄板焊接变形

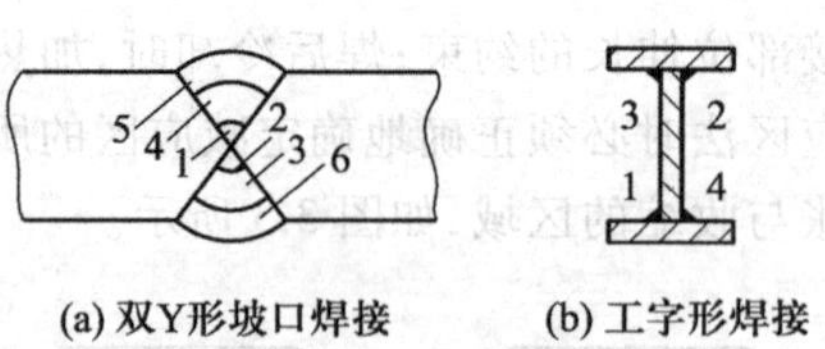

图 3.8　分散对称的焊接顺序

3）强迫冷却法　在焊接的同时将焊缝区的热量迅速散走,使焊缝区温度不致升得太高,以达到减小变形的目的。散热的方法有水浸法(焊接时将工件的一部分浸入水中快速散热)和铜冷散热法(在焊缝周围放置紫铜板加强散热)。

4）采用合理的焊接顺序　焊接顺序应分散对称,以使焊接变形能在一定程度上相互抵消而得以减小,如图 3.8 所示。

此外,焊前预热、锤击焊缝、分段退焊等方法在减小焊接应力的同时,也能减小焊接变形。

4. 消除焊接应力和矫正焊接变形的方法

（1）消除焊接应力的方法

1）焊后热处理　对焊件进行去应力退火是消除残余应力的最常用方法。对于钢制焊件通常加热到 550~650 ℃，保温适当时间后缓慢冷却。根据焊件的大小可采用整体加热退火或局部加热退火。整体去应力退火可消除 80%左右的焊接残余应力；局部去应力退火只加热焊缝及其附近区域，消除应力的效果较差，但可使残余应力的峰值降低。

2）机械拉伸法　对焊件进行加载，使焊缝区得到塑性拉伸，以抵消其原有的一部分塑性压缩变形，从而降低残余应力。例如，压力容器进行水压试验时，在过载情况下焊缝区发生的微量拉伸塑性变形可使部分应力被消除。

此外，还可以采用振动法等来消除焊接残余应力。

（2）矫正焊接变形的方法

当焊接变形超过了设计规定的范围时，就必须对其加以矫正。矫正变形的基本原理是设法使焊件产生新的变形来抵消原有的变形。

1）机械矫正法　它是利用机械力来迫使焊件产生与焊接变形的变形量相等而方向相反的塑性变形，使二者互相抵消。机械矫正可使用压力机、矫直机等设备来进行（图 3.9），有些情况下也可用人工锤击矫正。

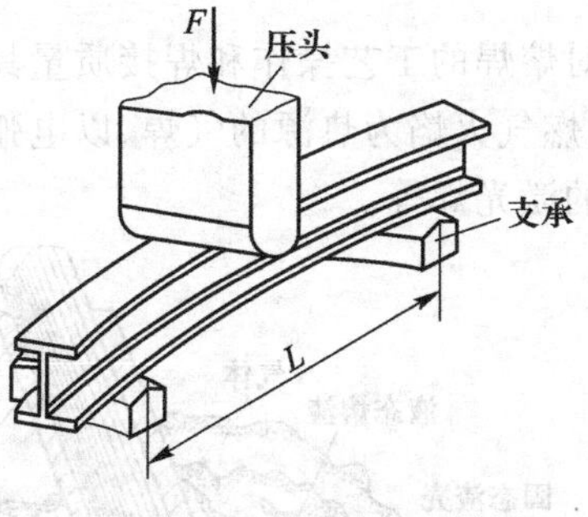

图 3.9　使用压力机进行机械矫正

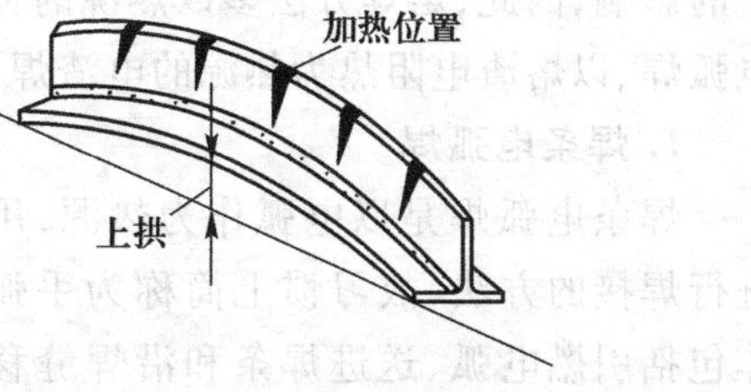

图 3.10　T 形梁上拱变形的火焰矫正

2）火焰矫正法　它是利用火焰局部加热焊件上的适当部位，通过其冷却时产生的收缩变形来抵消原有的焊接变形。火焰矫正一般采用气焊焊炬，操作灵活方便，且不受焊件尺寸的限制。其效果主要取决于火焰的加热位置和加热温度，加热区多呈三角形，加热温度范围通常为 600~800 ℃。图 3.10 为 T 形梁上拱变形的火焰矫正。火焰矫正法主要用于低碳钢和淬硬倾向小的低合金钢焊件。

3.2　焊接方法及其应用

焊接成形有以下特点：能化大为小，以小拼大，特别适于制造大型的金属结构和机器零件；焊接与铸造、锻造等工艺相结合，可使复杂零件的成形工艺得以简化；焊接接头具有良好的力学性能、密封性、导电性等；焊接生产便于实现机械化和自动化。除金属材料之外，焊接还可用于连接某些非金属材料(如陶瓷、塑料等)。但焊接也存在一些不足之处,如焊接结构是不可拆卸的,不便于零、部件的更换和修理;焊接结构易产生应力和变形,在焊接接头处会产生裂纹、气孔等焊接缺陷而影响焊件的形状与尺寸精度以及使用性能等。

焊接方法很多,熔焊、压焊和钎焊中的每一类又可根据所用热源、保护方式和焊接设备等的不同而进一步分成多种焊接方法。常用的焊接方法可分类如下:

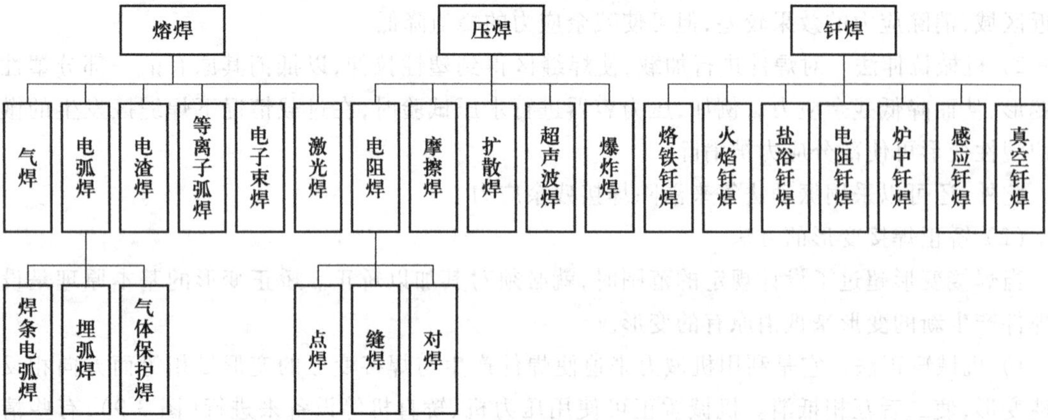

3.2.1 熔焊

熔焊是应用最广泛的焊接方法。熔焊所用的热源对熔焊的工艺操作和焊接质量具有特别重要的影响,因此,熔焊方法多以热源的种类命名,例如以燃气火焰为热源的气焊、以电弧为热源的电弧焊、以熔渣电阻热为热源的电渣焊、以激光为热源的激光焊等。

1. 焊条电弧焊

焊条电弧焊是以电弧作为热源,用手工操纵焊条进行焊接的方法,故习惯上简称为手弧焊。其手工操作包括引燃电弧、送进焊条和沿焊缝移动焊条。焊条电弧焊焊接过程如图 3.11 所示。电弧在焊条与工件(母材)之间燃烧,电弧热使母材熔化形成熔池,焊条金属芯熔化以熔滴形式借助重力和电弧吹力进入熔池,熔化的药皮进入熔池成为熔渣覆盖在熔池表面,保护熔池不受空气侵害。药皮分解产生的气体环绕在电弧周围,隔绝空气,保护电弧、熔滴和熔池金属。当焊条向前移动熔化新母材时,原熔池和熔渣凝固,形成焊缝和渣壳。

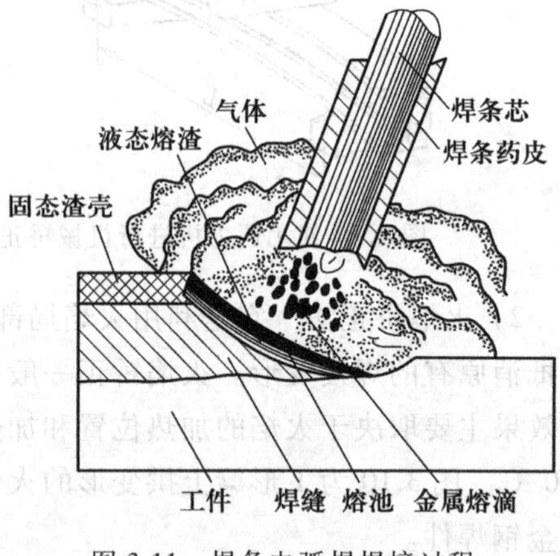

图 3.11 焊条电弧焊焊接过程

(1) 焊接电弧 焊接电弧是由焊接电源维持的、在有一定电压的两电极间或电极与工件间的气体介质中产生的强烈而持久的放电现象。

1) 焊接电弧的形成与特点 在一般情况下,气体的分子或原子呈中性,其中没有带电质点,因此气体不能导电,焊条端部与焊件之间的电弧是不能自发产生的。当两电极(焊条与工件)相接触,在电路闭合瞬间,强大的电流流经焊条与工件的接触点,在此处产生强烈电阻热将焊条与工件表面加热到熔化，甚至蒸发、汽化，为气体介质电离和电子发射做好准备。然后迅速将焊条拉开至一定距离，当两个电极脱离瞬间，由于电流的急剧变化，产生比电源电压高得多的感应电动势，使得极间电场强度达到很大数值（约为 10^6 V/cm），因此阴极材料表面的热电子获得足够的动能（逸出功），自阴极高速射向阳极。途中与中性的气体分子碰撞，促使气体分子电离成电子和正离子。这些带电粒子在向两极运动的途中和到达两极表面时，又会不断碰撞与复合，从而产生大量的热和弧光，形成电弧，如图 3.12 所示。

电弧具有电压低、电流大、温度高、移动方便等特点，所以是理想的焊接热源。

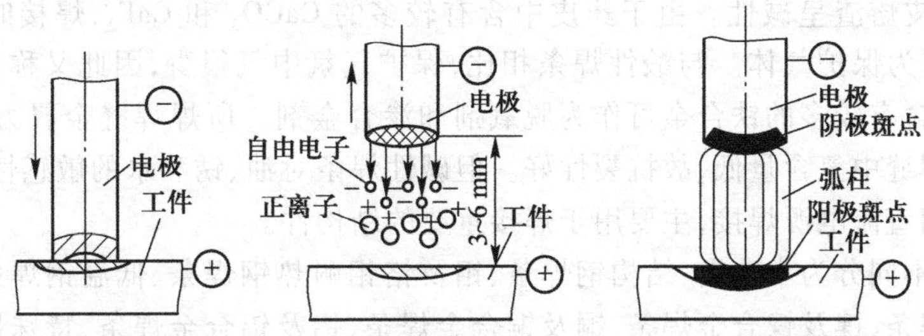

图 3.12　焊接电弧产生过程示意图

2）焊接电弧的构成　焊接电弧由阴极区、弧柱区和阳极区组成。阴极区是指电弧紧靠负电极的区域。阴极区很窄，在其表面有一明显的光亮斑点，称为阴极斑点，它是电弧放电时负电极表面上集中发射电子的区域。阳极区是指电弧紧靠正电极的区域。阳极区比阴极区宽，在阳极表面也有一个光亮斑点，称为阳极斑点，它是电弧放电时正极表面接收电子的区域。弧柱区是指电弧阴极区和阳极区之间的部分。一般情况下，阴极区的热量主要是正离子碰撞阴极时，由正离子的动能和它与阴极区电子复合时释放的位能转化而来的；阳极区的热量主要是电子撞入阳极时，由电子的动能和逸出功转化而来。电弧各部分的温度分布不同，其中，弧柱区的温度较高，其中心温度可达 5 000~50 000 K；而阴极区和阳极区的温度要低一些，至于阴极和阳极的温度哪个更高些，则不仅与该极区的产热量有关，而且还受材料热物理性能（熔点、沸点和导热性能等）、电极几何尺寸以及周围散热条件的影响。

采用直流弧焊电源焊接时，工件接正极，焊条接负极，称为正接；工件接负极，焊条接正极，称为反接。用交流弧焊电源焊接时，由于电弧极性不断交替变化，故不存在正、反接问题。电源极性对焊缝成形有一定影响。例如，熔化极电弧焊和埋弧焊时采用直流反接，工件为阴极，发热量较大，同时还接受质量较大的正离子的冲击，因而焊缝熔深和熔宽皆比直流正接时要大；交流焊接时，熔深、熔宽介于直流正接和电流反接之间。

（2）焊条　焊条是涂有药皮的供焊条电弧焊使用的焊接材料。焊条由焊芯和药皮两部分组成，焊芯是金属丝，药皮是压涂在焊芯表面上的涂料层。

焊芯的作用是作为电极传导电流并在熔化后作为填充金属与母材形成焊缝。焊芯的化学成分和杂质含量直接影响焊缝质量。药皮有三个方面的作用，一是改善焊接工艺性，如药皮中含有稳弧剂，使电弧易于引燃和保持燃烧稳定；二是对焊接区起保护作用，药皮中含有造渣剂、造气剂等，造渣后熔渣与药皮中有机物燃烧产生的气体对焊缝金属起双重保护作用；三是起有益的冶金化学作用，药皮中含有脱氧剂、渗合金剂、稀渣剂等，使熔化金属顺利进行脱氧、脱硫、去氢等冶金化学反应,并补充被烧损的合金元素。

1) 焊条的分类　按药皮熔化后形成熔渣的化学性质不同,焊条可分为酸性焊条和碱性焊条两类。酸性焊条的药皮中含有 SiO_2、TiO_2、MnO 等物质,其熔渣的化学性质呈酸性。酸性渣氧化性较强,焊缝中氧、氮的含量较高,合金元素烧损较大;同时酸性渣脱硫能力差,焊缝金属中氢的含量较高,所以焊缝金属的塑性和韧性比采用碱性焊条时要低,抗裂性差。但酸性焊条具有良好的工艺性(如稳弧性好,易脱渣,飞溅小等),对油、锈和水的敏感性不大,焊接电源可采用直流或交流,因此广泛用于一般结构件的焊接。

碱性焊条药皮熔渣呈碱性。由于药皮中含有较多的 $CaCO_3$ 和 CaF_2,焊接时 $CaCO_3$ 分解成 CaO 和 CO_2,可作为保护气体。与酸性焊条相比,保护气氛中氢很少,因此又称为低氢焊条。碱性焊条药皮中还含有较多的铁合金可作为脱氧剂和渗合金剂。所焊焊缝金属力学性能好,尤其是韧性较高,且焊缝中氢含量低,故抗裂性好。但碱性焊条对油、锈和水的敏感性大,电弧稳定性差,一般要求采用直流电源焊接,主要用于焊接重要的结构件。

焊条按用途不同分为十大类:结构钢焊条、钼及铬钼耐热钢焊条、低温钢焊条、不锈钢焊条、堆焊焊条、铸铁焊条、镍及镍合金焊条、铜及铜合金焊条、铝及铝合金焊条、特殊用途焊条等。其中结构钢焊条分为碳钢焊条和低合金钢焊条两类。

2) 焊条的型号与牌号　焊条型号是国家标准中规定的焊条代号。焊接结构生产中应用最广的是碳钢焊条和低合金钢焊条,相应的国家标准为 GB/T 5117—2012 和 GB/T 5118—2012。标准规定,碳钢焊条型号由字母“E”和四位数字组成。焊条型号的字母“E”表示焊条;前两位数字表示熔敷金属抗拉强度的最小值,单位为 10 MPa;第三位数字表示焊条的焊接位置,“0”及“1”表示焊条适用于全位置焊(平焊、立焊、横焊、仰焊),“2”表示焊条适用于平焊及平角焊,“4”表示焊条适用于向下立焊。第三位和第四位数字组合表示焊接电流种类及药皮类型。例如 E5015,“E”表示焊条;“50”表示熔敷金属抗拉强度不低于 500 MPa;“1”表示焊条适用于全位置焊接;“15”表示低氢钠型焊条药皮,电流种类为直流反接。

焊条牌号是焊条生产行业统一的焊条代号。表 3.3 为焊条用途不同的分类与对应牌号。

表 3.3　焊条用途类别与表示方法

名　　称	国标代号	焊条牌号	名　称	国标代号	焊条牌号
结构钢焊条	E	J×××	铸铁焊条	EZ	Z×××
钼及铬钼耐热钢焊条	E	R×××	镍及镍合金焊条	—	Ni×××
低温钢焊条	E	W×××	铝及铝合金焊条	TAl	L×××
不锈钢焊条(铬)	E	G×××	铜及铜合金焊条	TCu	T×××
不锈钢焊条(奥)	E	A×××	特殊用途焊条	—	TS×××
堆焊焊条	ED	D×××			

焊条牌号前的字母表示焊条的用途类别,“×××”是三位数字,前两位数字代表焊缝金属抗拉强度等级,末位数字表示焊条的药皮类型和焊接电流种类(表 3.4)。

表 3.4　焊条牌号末位数字与焊条药皮类型及焊接电流种类之间的关系

末位数字	0	1	2	3	4	5	6	7	8	9
药皮类型	不属于规定类型	氧化钛型/酸性	氧化钛钙型/酸性	钛铁矿型/酸性	氧化铁型/酸性	纤维素型/酸性	低氢钾型/碱性	低氢钠型/碱性	石墨型	盐基型
焊接电流种类	—	交、直流	交、直流	交、直流	交、直流	交、直流	交流或直流反接	直流反接	交、直流	直流反接

表 3.5 列举出部分常用碳钢焊条型号与对应的焊条牌号及数字的含义。

表 3.5　部分常用碳钢焊条型号与牌号对应表

<table>
<tr><th rowspan="2">焊条型号</th><th rowspan="2">焊条牌号</th><th colspan="2">熔敷金属抗拉强度数值(≥)</th><th rowspan="2">药皮种类</th><th rowspan="2">焊条类别</th><th rowspan="2">电流种类与极性</th><th rowspan="2">用途</th></tr>
<tr><th>kgf/mm²</th><th>MPa</th></tr>
<tr><td>E4301</td><td>J423</td><td>43</td><td>420</td><td>钛铁矿型</td><td rowspan="5">酸性焊条</td><td rowspan="3">交流或直流正、反接</td><td rowspan="3">较重要的碳钢结构</td></tr>
<tr><td>E4303</td><td>J422</td><td>43</td><td>420</td><td rowspan="2">钛钙型</td></tr>
<tr><td>E5003</td><td>J502</td><td>50</td><td>490</td></tr>
<tr><td>E4311</td><td>J425</td><td>43</td><td>420</td><td rowspan="2">高纤维素钾型</td><td rowspan="2">交流或直流反接</td><td rowspan="2">一般碳钢结构</td></tr>
<tr><td>E5011</td><td>J505</td><td>50</td><td>490</td></tr>
<tr><td>E4315</td><td>J427</td><td>43</td><td>420</td><td rowspan="2">低氢钠型</td><td rowspan="5">碱性焊条</td><td rowspan="2">直流反接</td><td rowspan="5">重要碳钢、低合金钢结构</td></tr>
<tr><td>E5015</td><td>J507</td><td>50</td><td>490</td></tr>
<tr><td>E4316</td><td>J426</td><td>43</td><td>420</td><td rowspan="2">低氢钾型</td><td rowspan="3">交流或直流反接</td></tr>
<tr><td>E5016</td><td>J506</td><td>50</td><td>490</td></tr>
<tr><td>E5018</td><td>J506Fe</td><td>50</td><td>490</td><td>铁粉低氢钾型</td></tr>
</table>

3)焊条的选用　焊条的种类很多,使用时应综合考虑,正确选择。选用焊条的一般原则是,应使焊缝金属与母材具有相同的使用性能,通常遵循的是“等强度原则”和“同成分原则”。等强度原则主要适用于结构钢的焊接,即焊接低、中碳钢或低合金钢的结构件时,应选择与母材强度级别相等或稍高的结构钢焊条。同成分原则主要适用于特殊性能钢(不锈钢、耐热钢等)的焊接,即焊接此类钢时,为保证接头的特殊性能,应选择与母材化学成分相同或相近的焊条。也有些时候(如焊接非铁合金等)则需要同时考虑这两条原则。

在满足焊条选用一般原则的基础上,还应根据焊件所受载荷情况、焊条的工艺性和生产成本等,考虑采用酸性焊条还是碱性焊条。例如,对于焊前清理困难,且容易产生气孔的焊件,应选用酸性焊条;对于承受交变或冲击载荷的重要结构件,或形状复杂、刚度大的焊接件,以及母材中碳、硫、磷含量较高的焊件，应选用抗裂性好的碱性焊条；当酸、碱性焊条都能满足要求时，应选用价格相对较低的酸性焊条。

焊条类型选定后，还要确定焊条的标称直径。通常是焊件越厚，焊条直径越大。

(3) 焊条电弧焊的特点与应用　焊条电弧焊是熔焊中最基本的一种方法，焊条电弧焊设备简单、操作灵活、方便，适用于各种接头形式和任意空间位置的焊接，设备简单，但劳动条件差，生产效率低，对工人技术水平要求较高，焊接质量不够稳定。因此，焊条电弧焊主要用于结构件的单件小批生产，如焊接碳钢、低合金结构、不锈钢及对铸铁的焊补等。焊接板厚一般为3~20 mm。

2. 埋弧焊

埋弧焊是以颗粒状焊剂作为保护介质，将电弧埋在焊剂层下燃烧进行焊接的方法。现在生产中通常使用的是埋弧自动焊，其焊接过程中的引弧、焊丝送进及电弧移动等操作均通过机械化和自动化完成。

(1) 埋弧焊的设备与焊接材料　埋弧自动焊的设备如图 3.13 所示，它主要由焊接电源、控制箱及焊接小车等组成。控制箱的主要作用是实现对电弧的自动控制，完成引弧、稳弧和熄弧等动作。焊接小车上装有送丝机头、焊丝盘、焊剂漏斗和操作盘等，小车行走机构和送丝机构分别由两台电动机驱动，操作盘上装有用来调节、控制和指示各种焊接规范参数的控制开关、旋钮及仪表等。

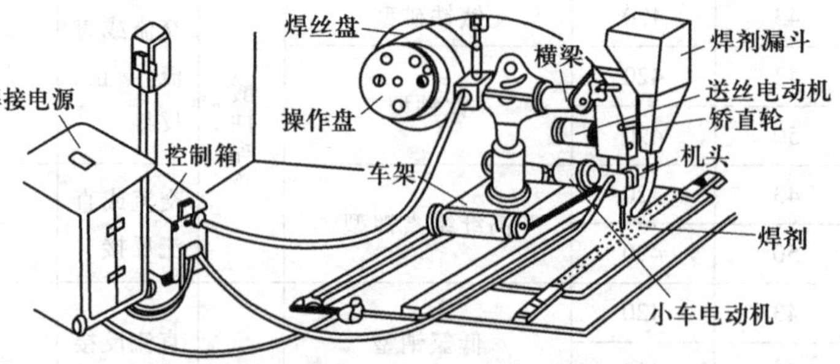

图 3.13　埋弧自动焊机外形图

埋弧焊焊丝和焊剂选配的基本原则是：根据母材金属的化学成分和力学性能，选择焊丝，再根据焊丝选配相应的焊剂。例如，焊接普通低碳钢结构件，选用焊丝 H08A，配合 HJ431 焊剂。焊接较重要的低合金钢结构件，选用焊丝 H08MnA 或 H10Mn2，配合 HJ431 焊剂。焊接不锈钢，选用与母材成分相同的焊丝配合低锰焊剂。

(2) 埋弧焊的焊接过程与工艺　埋弧焊焊接及焊缝形成的过程如图 3.14 所示。电源与导电嘴和工件相接，焊剂流经漏斗及漏管均匀地堆覆在焊件上，形成厚度 40~60 mm 的焊剂层。焊丝经送丝滚轮和导电嘴连续进入焊剂层下的电弧区，维持电弧燃烧。随着焊接小车的匀速行走，实现电弧沿焊缝自行移动。在焊剂层下燃烧的电弧使其附近的焊丝、焊件和焊剂熔化，并蒸发出气体。焊丝、焊件熔化形成金属熔池，焊剂熔化形成熔渣，蒸发的气体使液态熔渣形成一个笼罩着电弧和熔池的封闭的熔渣泡。具有表面张力的熔渣泡有效阻止空气侵入熔池和熔滴，使熔化金属得到焊剂层和熔渣泡的双重保护，同时阻止熔滴向外飞溅，减少热量损失，加大熔深。随着焊丝沿焊接方向不断前移，熔池凝固成焊缝，比重轻的熔渣结成覆盖焊缝的渣壳。没有熔化的大部分焊剂回收后可重新使用。

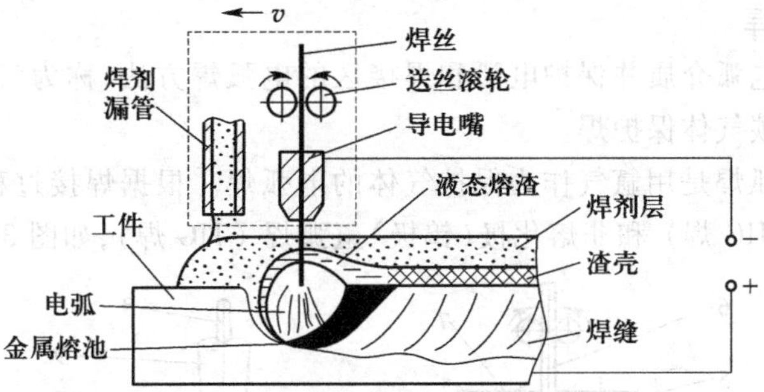

图 3.14 埋弧焊焊接及焊缝形成过程

埋弧焊的焊丝从导电嘴伸出的长度较短，所以可大幅度提高焊接电流，使熔深明显加大。一般埋弧焊电流强度比焊条电弧焊可高 4 倍左右。小于 24 mm 的板厚对接焊时，不开坡口也能将工件焊透，但为保证焊接质量，一般当板厚在 10 mm 以上时就要开坡口。根据焊接厚度的不同，对接坡口的形式有 Y 形、带钝边 U 形，双面焊的双 Y 形、带钝边双 U 形坡口等。并且对工件的下料、坡口加工及清理都有较严格的要求。单面焊时，为防止烧穿，保证焊缝的反面成形，应采用反面衬垫。

埋弧焊也适于焊接大直径（大于 250 mm）筒体环焊缝，焊接时需采用滚轮架，使被焊筒体转动，而焊丝位置不动，如图 3.15 所示。

埋弧焊的工艺参数（焊丝直径、焊接电流、电弧电压和焊接速度等）决定着焊接质量和生产率。一般情况下电流越大，熔深越深，焊接速度越快，生产率越高。

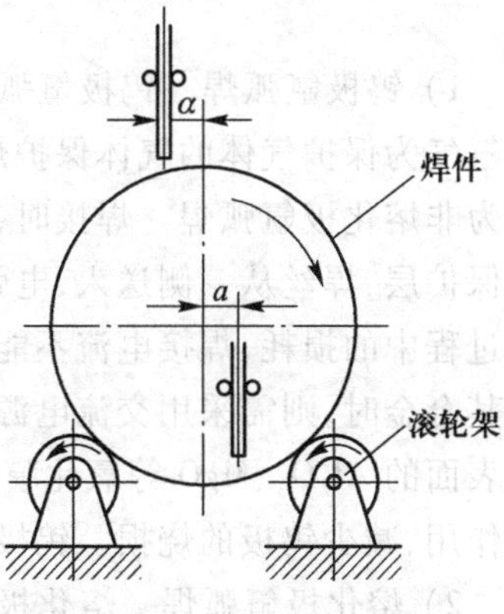

图 3.15 环焊缝埋弧焊示意图

（3）埋弧焊的特点与应用　埋弧自动焊与焊条电弧焊相比，具有以下特点：

1）生产率高　因焊丝外无药皮，故焊接电流可以比焊条电弧焊大得多，且焊接过程可连续进行而无需停弧换焊条，所以生产率比焊条电弧焊提高 5~10 倍。

2）焊缝质量好　由于熔池保护效果好，液态保持时间长，冶金反应比较充分，焊接工艺参数稳定，故焊缝质量好，且成形美观。

3）成本低　因熔深大，工件可不开或少开坡口，没有焊条头损失和飞溅，所以节约了焊接材料、加工工时及电能消耗。

4）劳动条件好　无弧光伤害，烟尘少，劳动强度低，对焊工技术水平的要求大大降低。

5）适应性差　通常只适合于水平位置焊接直缝和环缝。

6）对焊前准备要求严　工件坡口加工要求较高，在装配时须保证组装间隙均匀。

7）焊接设备较复杂，设备费一次投资较大。

因此，埋弧自动焊主要用于成批生产厚度为 6~60 mm、处于水平位置的长直焊缝或较大直径的环形焊缝，适焊材料有钢、镍基合金、铜合金等。在造船、锅炉、压力容器、桥梁、车辆、工程机械、核电站等工业生产中得到广泛应用。

3. 气体保护电弧焊

用外加气体作为电弧介质并保护电弧和焊接区的电弧焊方法，称为气体保护电弧焊。常用的有氩弧焊和二氧化碳气体保护焊。

（1）氩弧焊　氩弧焊是用氩气作为保护气体的电弧焊。根据焊接过程中电极是否熔化，可分为熔化极氩弧焊（MIG 焊）和非熔化极（钨极）氩弧焊（TIG 焊），如图 3.16 所示。

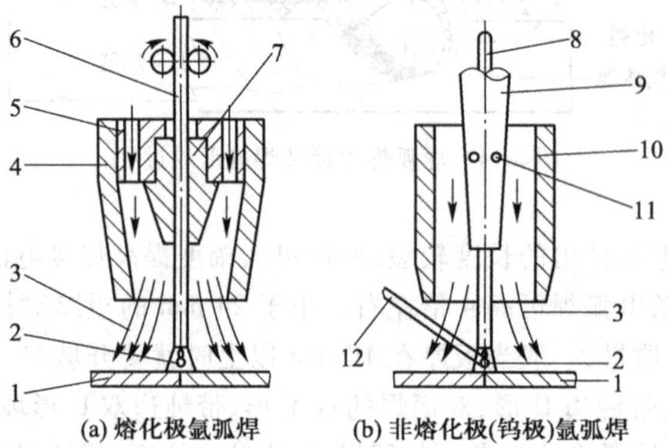

图 3.16　氩弧焊示意图

1—焊件；2—熔滴；3—氩气；4、10—喷嘴；5、11—氩气喷管；
6—熔化极焊丝；7、9—导电嘴；8—非熔化极钨棒；12—外加焊丝

1）钨极氩弧焊　钨极氩弧焊是用高熔点的钨或钨合金（钨钍合金或钨铈合金）棒作电极，用氩气为保护气体的气体保护焊。在焊接过程中，钨极不熔化，需另用焊丝作为填充金属，所以称为非熔化极氩弧焊。焊接时，氩气从喷嘴中喷出，在钨极和工件之间产生电弧并在电弧周围形成保护层，焊丝从一侧送入，电弧热将焊丝与工件局部熔化，冷凝后形成焊缝。为减少钨极在焊接过程中的损耗，焊接电流不能过大，因而熔深较浅。焊接钢材时，常采用直流正接。焊接铝、镁及其合金时，则需采用交流电源，以利用交流电负半周时大质量的氩正离子对熔池进行撞击，使其表面的 Al_2O_3、MgO 等氧化膜得以破碎（此现象称为阴极破碎）；同时又利用正半周对钨极的冷却作用，减少钨极的烧损。钨极氩弧焊一般用于焊接厚度为 0.5~6 mm 薄板。

2）熔化极氩弧焊　熔化极氩弧焊是采用焊丝作为电极，由氩气来保护电弧和熔池的一种焊接方法。焊接时焊丝熔化，起导电和填充金属作用，所以称为熔化极氩弧焊。熔化极氩弧焊所用电流较大，熔深较深，适用于焊接厚度 8~25 mm 的焊件。为使电弧稳定，以及在焊接铝、镁合金时需要利用阴极破碎作用，一般采用直流反接。

（2）CO_2 气体保护电弧焊　CO_2 气体保护电弧焊是利用廉价的 CO_2 气体作为保护气体的气体保护焊。它用焊丝既作为电极又作为填充金属，利用电弧热熔化金属，以自动或半自动方式进行焊接。目前应用较多的是 CO_2 半自动焊。

CO_2 焊的焊接过程如图 3.17 所示。焊丝由送丝轮经导电嘴送进，在焊丝和焊件间产生电弧，CO_2 气体经焊枪的喷嘴沿焊丝周围喷射形成保护层，使电弧、熔滴和熔池与空气隔绝。由于 CO_2 气体是氧化性气体，在高温下气体分解后要氧化金属，烧损合金元素，所以不能焊接易氧化的非铁金属和高合金钢等。因 CO_2 气体冷却能力强，熔池凝固快，焊缝中易产生气孔。若焊丝

中含碳量高，飞溅较大。因此要使用焊接冶金过程中能脱氧和渗合金的特殊焊丝来完成 CO_2 焊。常用的 CO_2 焊焊丝是 H08Mn2SiA，适于焊接低碳钢和普通低合金结构钢（$R_m<600$ MPa）。还可使用 Ar 和 CO_2 气体混合保护，焊接强度级别较高的普通低合金结构钢。CO_2 气体保护电弧焊时，金属熔滴进入熔池的过渡形式有短路过渡和颗粒过渡两种，所采用的焊接规范亦不同。短路过渡一般用于直径 0.6~1.2 mm 的细焊丝，采用低电压、小电流，适合焊接 0.8~4 mm 的薄板及全位置焊，生产中应用较多。颗粒过渡一般用于直径 1.6~4 mm 的粗焊丝，采用较大的焊接电流和电压，适合焊接 3~25 mm 的中厚板。为了稳定电弧，减少飞溅，CO_2 焊采用直流反接。

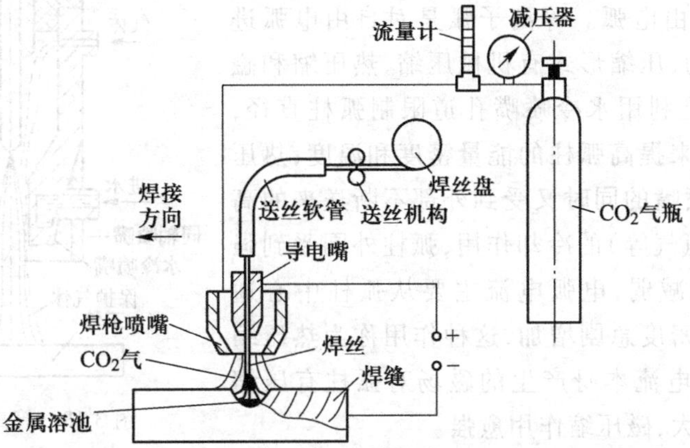

图 3.17　CO_2 气体保护电弧焊示意图

CO_2 焊目前广泛用于造船、机车车辆、汽车制造等工业生产。对于单件小批生产的焊件或短曲、不规则焊缝，采用半自动焊（送丝自动，电弧移动靠手工操作）；对于成批生产的焊件或长直焊缝和环焊缝，可采用自动焊（送丝和电弧移动均自动进行）。

（3）气体保护焊的特点和应用　气体保护焊（包括氩弧焊和 CO_2 焊）的共同特点是：

1）明弧焊接，便于观察、操作和控制。

2）适合于各种空间位置的焊接，易于实现机械化和自动化。

3）电弧在气流压缩下燃烧，热量集中，焊接热影响区较窄，焊接变形小。

4）焊接电流密度大，熔深大（TIG 焊除外）；焊接速度快，焊后不需清渣，因此生产率高。

5）焊接设备和控制系统较复杂。

除以上共有的特点外，氩弧焊和 CO_2 焊还有以下几方面的不同点：

1）成本不同　氩气价格贵，焊接成本高；CO_2 气体价廉，成本低，其焊接成本仅为焊条电弧焊和埋弧自动焊的 40%左右。

2）保护效果不同　氩气是惰性气体，它不与金属起化学反应，又不溶于金属液中，是一种理想的保护气体，可以获得高质量的焊缝。所以氩弧焊保护效果好，且焊缝成形好。CO_2 是一种氧化性气体，在高温时会分解，使电弧气氛具有强烈的氧化性，使焊件金属和合金元素烧损而降低焊缝金属力学性能，而且还会导致飞溅和气孔，焊缝成形较差。但 CO_2 焊焊缝含氢量低，所以焊缝的裂纹倾向小。

3）适用材料不同　氩弧焊主要适用于焊接化学性质活泼的金属（铝、镁、钛及其合金）、稀有金属（锆、钼、钽及其合金）、高强度合金钢、不锈钢、耐热钢及低合金结构钢等。CO_2焊主要适用于焊接低碳钢和强度等级不高的低合金结构钢，也可用于堆焊磨损件或焊补铸铁件，不适于焊接易氧化的非铁金属和高合金钢。

4. 等离子弧焊

等离子弧焊是利用具有高能量密度的等离子弧作为焊接热源的熔焊方法（图 3.18）。

（1）等离子弧的形成　普通焊接电弧未受到外界的压缩，弧柱截面随着功率的增加而增加，因而其电流密度近乎常数，故称为自由电弧。等离子弧是对自由电弧进行强迫压缩而获得的，压缩形式有机械压缩、热压缩和磁压缩等。机械压缩是利用水冷喷嘴孔道限制弧柱直径，使弧柱截面积减小，来提高弧柱的能量密度和温度；热压缩是电弧通过水冷喷嘴的同时又受到外部不断送来的高速冷却气流（氮气、氩气等）的冷却作用，弧柱外围受到强烈冷却，电离度大大减弱，电弧电流主要从弧柱中心通过，这时电弧的电流密度急剧增加，这种作用称为热压缩效应；磁压缩是弧柱电流本身产生的磁场对弧柱有压缩作用，且电流密度愈大，磁压缩作用愈强。

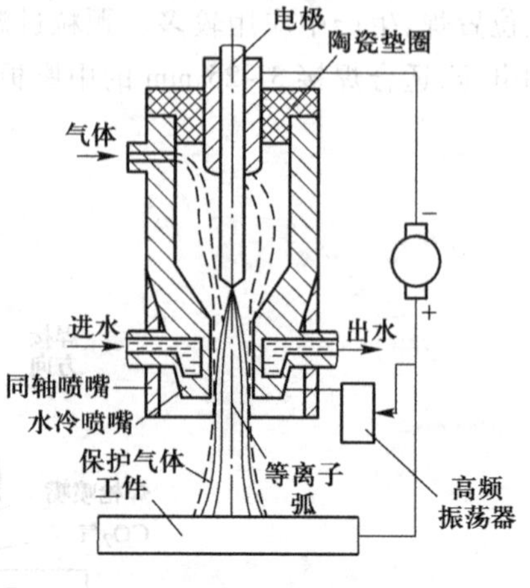

图 3.18　等离子弧焊示意图

（2）等离子弧焊接　等离子弧由于弧柱断面被压缩得较小，因而能量集中（能量密度可达 $10^2 \sim 10^6 W/cm^2$），温度高（弧柱中心温度 24 000~50 000 K）。等离子弧焊可以是手工焊，也可以是自动焊；可以添加填充金属，也可不添加填充金属。

等离子弧焊具有以下的特点：

1）温度高，能量密度大，穿透能力强，厚度小于 12 mm 的工件可不开坡口，不留间隙，能一次焊透双面成形。

2）焊接速度快，生产率高，热影响区小，焊接变形小，焊缝质量好。

3）电弧挺直性好，当电流小于 0.1 A 时，电弧仍能稳定燃烧。能够焊接很细很薄的零件，如 0.025 mm厚的金属箔和薄板。

4）设备及控制线路较复杂，气体消耗量大，只宜在室内焊接。

等离子弧焊是一项先进焊接工艺，主要应用在国防工业和尖端技术中，它几乎可以焊接所有的金属，尤其是焊接多种难熔金属及易氧化、热敏感性强的材料，如钼、钨、铬、铍、钽、镍、钛及其合金以及不锈钢、超高强度钢等。在极薄金属焊接方面，其地位是不可替代的。例如，钛合金的导弹壳体、飞机上的一些薄壁容器、起落架等。

除焊接外，等离子弧还可用于切割。等离子弧切割的割炬与等离子弧焊接的焊枪相同。由于等离子弧柱的温度远远超过金属或非金属材料的熔点，其切割过程不是依靠氧化反应，而是靠熔化来进行的，因此可以切割绝大部分金属，尤其是气割所不能切割的金属，如不锈钢、耐热钢、铸铁、铝、铜、钛、钨及其合金等。还可切割非金属材料，如耐火砖、混凝土、花岗岩等。等离子弧切割的切口较窄、平直、整洁，热影响区小，变形小。切割工件厚度可达 150~200 mm。

5. 电渣焊

电渣焊是利用电流通过液态熔渣所产生的电阻热熔化母材和填充金属进行焊接的方法。

（1）电渣焊的焊接过程　电渣焊一般以立焊方式进行，焊接过程如图 3.19 所示。焊件与填充焊丝接电源两极，焊剂堆放在引弧板上。焊丝引燃电弧后熔化焊剂和母材，形成熔池和浮在熔池之上的渣池。随着不断加入的焊剂熔化，使渣池达到一定深度时，将焊丝插入渣池但不进入熔池，电弧被淹灭，使电弧过程过渡到电渣过程。焊接电流通过液态熔渣时产生大量电阻热使渣池温度升高，将焊丝和渣池边缘的工件母材熔化，熔化的焊丝金属占熔池大部分，比重轻的渣池始终浮在上面，既作为热源，又隔离空气，对熔池金属和通过渣池向熔池内过渡的金属熔滴起保护作用。随着焊丝的熔入，熔池不断上升，熔池下部的金属在成形板（铜滑块）冷却下不断凝固形成焊缝。

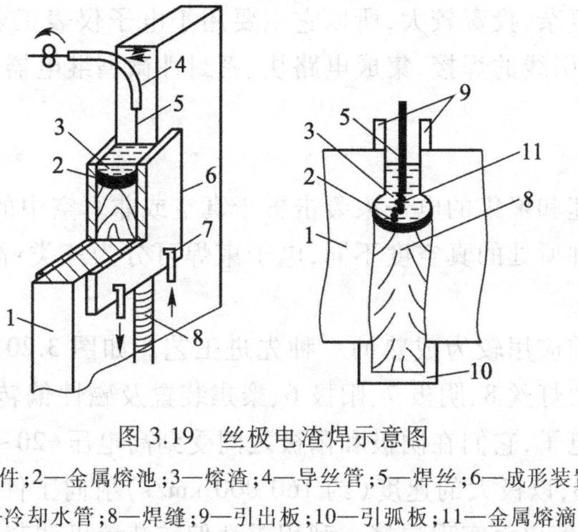

图 3.19　丝极电渣焊示意图

1—工件；2—金属熔池；3—熔渣；4—导丝管；5—焊丝；6—成形装置；
7—冷却水管；8—焊缝；9—引出板；10—引弧板；11—金属熔滴

除了上述的丝极电渣焊之外，根据电极形状不同，还有板极电渣焊、熔嘴电渣焊等。

（2）电渣焊的特点

1）厚大截面焊件可以一次焊成，生产率高。工件不必开坡口，节省材料和工时，成本低。

2）渣池对被焊工件有较好的预热作用，焊件不易出现淬硬组织，冷裂倾向较小。

3）渣池的保护效果好，熔池冶金反应充分，不易产生气孔和夹渣等缺陷。

4）整个焊接截面一次焊成，加热时间长，热影响区宽，焊缝和热影响区晶粒均较粗大，所以焊后要进行正火处理，以消除过热组织，保证焊接质量。

电渣焊适用于厚度在 40 mm 以上结构件的焊接。一般用于直缝焊接，也可焊接环缝。可以焊接碳钢、低合金钢和不锈钢等。广泛用于锻-焊和铸-焊结构件，如大吨位压力机或重型机床的机座、大型水轮机转子等。

6. 激光焊

激光焊是利用聚焦的激光束作为能源轰击工件所产生的热量进行焊接的方法。激光具有亮度高、方向性好和单色性好的特点。激光被聚焦后在焦点上的能量密度可高达 $10^6 \sim 10^{12}$ W/cm^2，在极短时间（以毫秒计）内，光能转变为热能，温度可达万度以上，是一种理想的焊接和切割热源。激光焊时，由激光器产生激光束，通过光学系统聚焦使其能量进一步集中，当射到工件的焊缝上时，光能转化为热能，实现焊接。

激光焊的优点是：

1）能量密度大，穿透深度大，焊缝可以极为窄小；热量集中，作用时间短，热影响区小，焊接残余应力和变形极小,特别适于热敏感材料焊接。

2）可以焊接一般焊接方法难以焊接的材料,如高熔点金属等,甚至可用于非金属材料,如陶瓷、塑料等的焊接。还可以实现异种材料的焊接,如钢和铝、铝和铜、钢和铜等。

3）激光可以反射、透射,能在空间传播相当远的距离而衰减很小,因而可进行远距离焊接或一些难于接近部位的焊接。

4）焊接过程时间极短,不仅生产率高,而且焊件不易氧化,因此不论在真空、保护气体或空气中焊接,其效果几乎相等。

但激光焊的设备较复杂,投资较大,所以它主要用于电子仪表工业和航空技术、原子能反应堆等领域,如集成电路外引线的焊接,集成电路块、密封性微型继电器、石英晶体等器件外壳和航空仪表零件的焊接等。

7. 电子束焊

电子束焊是利用加速和聚集的电子束轰击置于真空或非真空中的工件所产生的热量进行焊接的方法。根据被焊工件所处的真空度不同,电子束焊可分为三类:高真空电子束焊、低真空电子束焊、非真空电子束焊。

真空电子束焊是目前应用较为成熟的一种先进工艺。如图 3.20 所示,电子枪、工件等均置于真空室 1 内。电子枪由灯丝 8、阴极 7、阳极 6、聚焦装置及磁性偏转装置 4 等组成。当阴极被灯丝加热后发射出大量电子,它们在阴极和阳极之间受到高电压(20~150 kV)的作用被加速,经聚焦透镜 5 聚成电子束 3,以极大的速度(约 160 000 km/s)射向工件 2,撞击工件后电子的动能转变为热能,使工件迅速熔化而实现焊接。利用磁性偏转装置可调节电子束的方向。

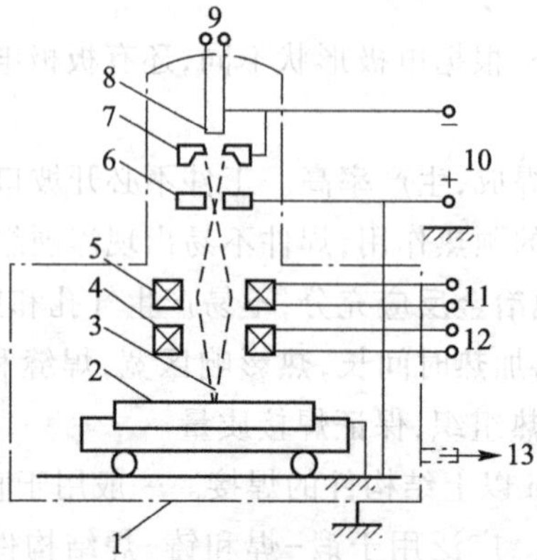

图 3.20　真空电子束焊示意图

1—真空室;2—工件;3—电子束;4—磁性偏转装置;5—聚焦透镜;6—阳极;7—阴极;8—灯丝;9—交流电源;10—直流高压电源;11、12—直流电源;13—排气装置

非真空电子束焊时,电子束仍在高真空条件下产生,然后穿过一组光阑射到处于大气环境中的工件上,由于散射,电子束能量密度明显下降,焊接工件的厚度受到限制,但这种方法的优点是不需要真空室,因而可以焊接尺寸较大的工件。目前,移动式真空室或局部真空室电子束焊接方法既保留了真空电子束高能量密度的优点,又不需要真空室,因而在大型工件的焊接上有广阔的应用前景。

真空电子束焊与其他焊接方法相比有以下特点：

1）电子束能量密度很高，穿透能力强。电子束焊缝的深宽比可以达到 50∶1，焊接厚板时可以不开坡口一次焊透，比电弧焊节约能源和节省辅助材料。

2）焊接速度快，热影响区小，焊接变形小，可对精加工后的零件进行焊接。

3）在真空中进行焊接，既可以防止熔化金属受氧、氮等有害气体侵蚀，又有利于焊缝金属的除气和净化，因而特别适合于活性或高纯度金属以及难熔金属的焊接。

4）电子束焊工艺参数可在较广的范围内进行调节，控制灵活，适应性强。可焊 0.1 mm 薄板，也可焊 200~300 mm 厚板；能焊接各种金属材料、复合材料以及异种材料等。

5）对焊接接头的装配质量要求较高，被焊工件的尺寸和形状常受到真空室的限制。

6）设备复杂，成本高，使用、维修较困难。电子束产生的 X 射线需要防护。

目前电子束焊已在航空、航天、仪器仪表、原子能、机械等领域得到应用。如原子能燃料元件、导弹外壳、核电站锅炉汽包、齿轮组合件、轴承、卡车后桥等工件的焊接。

3.2.2 压焊

压焊是焊接方法的一个种类，广泛应用于汽车、拖拉机、航空航天、原子能、电子技术及轻工业等工业部门。压焊的方法较多，最常用的是电阻焊。

1. 电阻焊

电阻焊又称接触焊，是将工件组合后通过电极施加压力，利用电流通过接头的接触面及邻近区域产生的电阻热进行焊接的方法。

电阻焊焊接接头形成原理是将被焊工件组合后，通过电极施加压力，利用电流通过接头的接触面及邻近区域产生的电阻热将其加热到熔化或高温塑性状态，并在大量塑性变形能量作用下，使两个分离表面的金属原子之间接近到晶格距离，形成金属键，在结合面上产生足够数量的共同晶粒，从而获得焊接接头，如图 3.21 所示。电阻焊热源产生于焊接金属本身，因而对焊接区的加热比熔焊更为迅速、集中。电阻焊时产生的热量 Q 符合焦耳-楞茨定律，即 $Q=I^2Rt$。

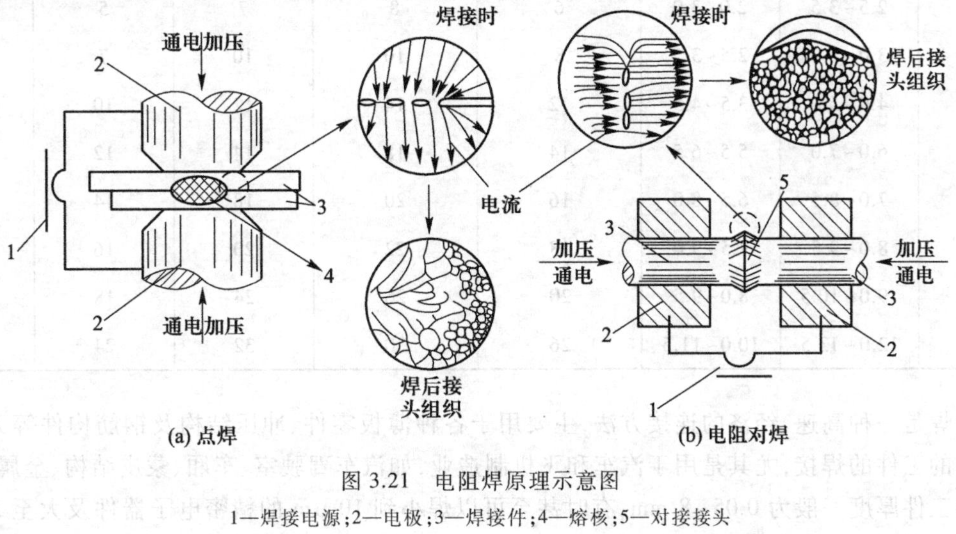

图 3.21　电阻焊原理示意图

1—焊接电源；2—电极；3—焊接件；4—熔核；5—对接接头

电阻焊时，焊接回路中总电阻 R 较小，为缩短通电时间 t(1/100 秒至几秒)，快速获得电阻热 Q，必须使用低电压(10 V 以下)、大电流(一般 2~40 kA，最高可达 200 kA)的大功率焊机(50~1 200 kW)。

按工件接头形式与电极形状不同，电阻焊分为点焊、缝焊和对焊三种。

(1) 点焊　点焊是将焊件装配成搭接接头，并压紧在两电极之间，利用电阻热加热母材金属形成焊点的电阻焊方法，如图 3.22a 所示。

点焊时，柱状电极压紧焊件的搭接接头，通电后电极与焊件表面、焊件搭接接头之间三处接触点的电阻最大，产生的热量最多，由于电极本身有冷却水系统，电阻热只将焊件搭接之处的接触点加热到局部熔化状态，形成一个熔核(其周围为塑性壳)。断电后在压力作用下熔核结晶形成焊点，然后移动焊件或电极到下一焊点继续焊接。

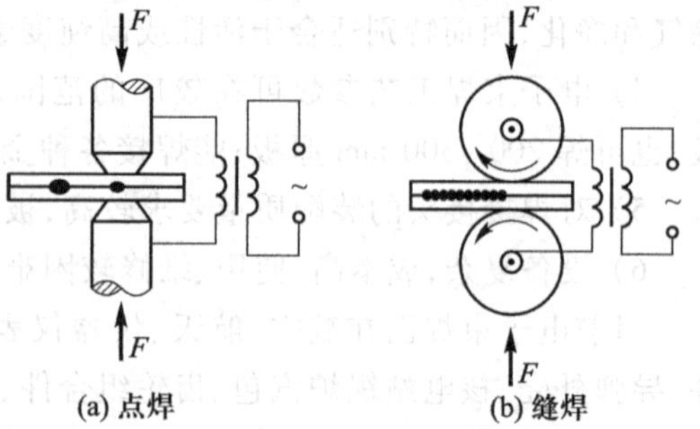

图 3.22　点焊与缝焊示意图

焊接新焊点时，一部分电流从邻近已焊的焊点流过，减少了新焊点电流强度，出现"分流"现象。为减少分流，两焊点之间要有一定距离。焊点间距的大小与母材材质、厚度有关，焊件厚度越大，焊点距离应越大；铝、铜合金导电性好，所以焊点距离也要大些。焊前须清除焊件表面氧化物和油污等。焊点直径的大小影响焊件承载能力，所以在搭边允许的条件下，焊点直径要尽量大。焊接接头推荐使用尺寸见表 3.6。典型的点焊接头形式如图 3.23 所示。

表 3.6　点焊、缝焊接头推荐使用尺寸

工件厚度/mm	点焊焊点直径/mm	缝焊焊缝宽度/mm	单排焊点最小搭边直径/mm		点焊最小点距/mm		
			碳钢、低合金钢、不锈钢	铝、镁、铜及其合金	碳钢、低合金钢	不锈钢、钛合金	铝、镁、铜及其合金
0.3	2.5~3.5	2.0~3.0	6	8	7	5	8
0.5	3.0~4.0	2.5~3.5	8	10	10	7	11
1.0	4.0~5.0	3.5~4.5	12	14	12	10	15
1.5	6.0~7.0	5.5~6.5	14	18	14	12	18
2.0	7.0~8.5	6.5~8.0	16	20	18	14	22
2.5	8.0~9.5	7.5~9.0	18	22	20	16	26
3.0	9.0~10.5	8.0~9.5	20	26	24	18	30
4.0	12.0~13.5	10.0~11.5	26	30	32	24	40

点焊是一种高速、经济的连接方法，主要用于各种薄板零件、冲压结构及钢筋构件等无密封性要求的工件的焊接，尤其是用于汽车和飞机制造业，如汽车驾驶室、车厢、蒙皮结构、金属网等。点焊的工件厚度一般为 0.05~8 mm，有时甚至可以焊小到 10 μm 的精密电子器件及大至 30 mm 的钢梁、框架等。

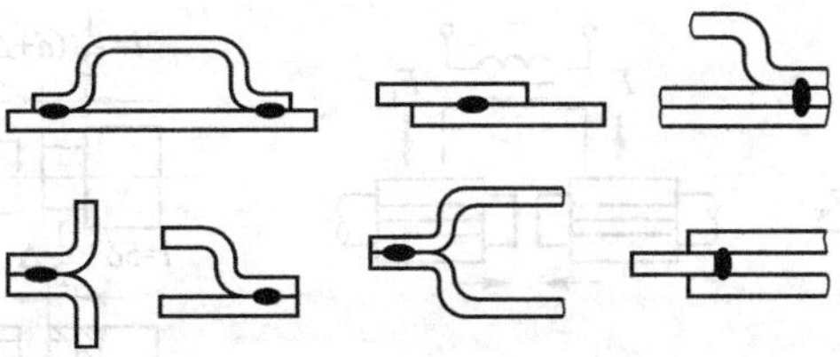

图 3.23　点焊的接头形式

(2) 缝焊　缝焊是将工件装配成搭接接头并置于两滚轮电极之间,滚轮转动并加压工件,连续或断续送电,形成一条连续焊缝的电阻焊方法(图 3.22b)。

由于缝焊时分流现象严重,焊接相同厚度的工件,其焊接电流为点焊的 1.5~2 倍。

缝焊一般仅适用于 3 mm 以下的薄板搭接焊。主要用于焊缝较规则、有密封性要求的薄板结构的焊接,如油箱、小型容器、消声器、管道等。

(3) 对焊　对焊是将焊件装配成对接接头进行的电阻焊方法,分为电阻对焊和闪光对焊两种。

1) 电阻对焊　其焊接过程如图 3.24a 所示。将焊件装配成对接接头,通过夹紧力 F_j 和挤压力(也称焊接压力)F_w 使其端面紧密接触,利用通电时在接触面上产生的电阻热将接头加热至塑性状态,然后迅速施加顶锻压力 F_d 完成焊接。焊前接头端面要平滑、清洁,否则接触面易发生加热不均匀,容易产生氧化物夹杂等缺陷影响焊接质量。

电阻对焊操作简单,焊后接头凸起,外形较圆滑,一般用于截面简单、直径小于 20 mm 和强度要求不高的棒材和线材。若在保护气氛(如 N_2、Ar 等)中进行可提高焊件强度。

2) 闪光对焊　其焊接过程如图 3.24b 所示。将准备对接的焊件的两部分通电后缓慢靠拢,由于接触面凹凸不平,端面局部接触,接触点在强电流通过时被迅速熔化,由于电流密度很大,金属被快速加热并产生金属蒸气和发生爆破,金属微粒飞溅并被氧化而产生闪光。这一过程持续一段时间后,当对焊接头端面金属熔化至一定深度范围并且达到预定温度时,断电并迅速施加顶锻压力完成焊接。闪光对焊顶锻时随着熔化金属被挤出,接触面上的氧化物及夹杂被彻底清除,所以闪光对焊的接头强度较高,承载能力强。但焊后在焊缝周围有大量毛刺,结合面处有较小凸起,需对其进行清理。由于焊接时的金属损耗,焊件需留较大余量;焊接时火花飞溅,需隔离防护。

闪光对焊可焊接细小金属丝,也可以焊接钢轨、大直径油管,还可进行不同钢种之间、铜与铝等异种金属之间的焊接,适用于承受较大载荷的零件或重要零件的焊接。

对焊时,为使两焊件接触面均匀加热,保证焊接质量,对焊工件的接触端面的形状和尺寸应相同或相近,如图 3.25。

(4) 电阻焊的特点　不需填充金属,不用另加保护措施;由于焊接电压很低,焊接电流很大,可在很短时间(0.01 秒至数秒)内获得焊接接头,所以生产率很高;操作简单,噪声小,无弧光,烟尘及有害气体很少,劳动条件好,易于实现机械化、自动化。但电阻焊设备较复杂,设备投资大。一般适于成批大量生产,在自动化生产线上应用较多,如汽车、飞机、仪器仪表的制造等。

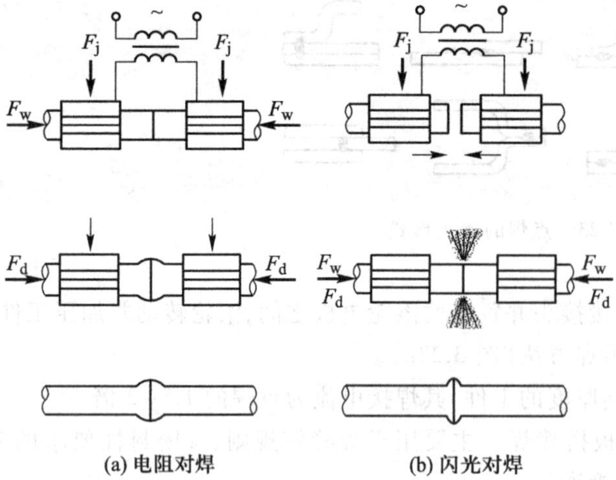

图 3.24　对焊焊接过程示意图

F_j—夹紧力；F_w—挤压力；F_d—顶锻压力

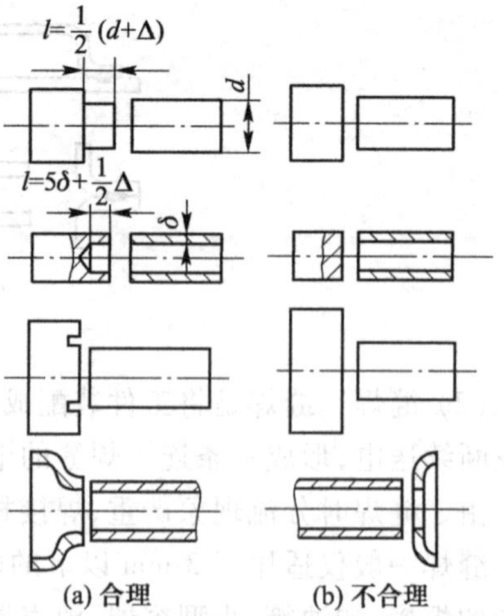

图 3.25　对焊接头形式

2. 摩擦焊

摩擦焊是将焊件连接表面相互压紧并使之发生相对运动，利用连接表面上生成的摩擦热作为热源将焊件端面加热到塑性状态，然后迅速顶锻，形成焊接接头的一种压焊方法。按焊件相对运动的轨迹不同，摩擦焊又分为旋转式摩擦焊和轨道式摩擦焊两种。

旋转式摩擦焊过程如图 3.26 所示。一个焊件以选定的转速 n 旋转，另一个焊件向旋转焊件靠拢到接触，并施加轴向挤压力 F_w，开始摩擦加热。待接头处被加热到焊接所需温度时，立即使焊件停转，同时对接头施加更大的轴向顶锻压力 F_d。接头即在 F_d 作用下产生一定的塑性变形而焊合在一起，卸压后完成焊接。

轨道式摩擦焊是使焊件接合面上每个点相对于另一焊件的接合面都以一定的轨迹和相应的速度作直线往复或圆弧形移动摩擦，以实现焊接。它仅用于非圆截面焊件的焊接。

摩擦焊的特点是：不需填充金属和另加保护措施，加工成本低；焊接金属范围广，可焊同种金属或异种金属；焊接变形小，焊接接头质量好而且稳定；操作简单，易于实现机械化和自动化，生产率高。但摩擦焊对非圆断面工件的焊接很困难；由于受设备功率和压力的限制，焊件截面不能太大；摩擦系数特别小的和易碎的材料难以进行摩擦焊；摩擦焊的一次性投资较大，主要适合于大批量生产。

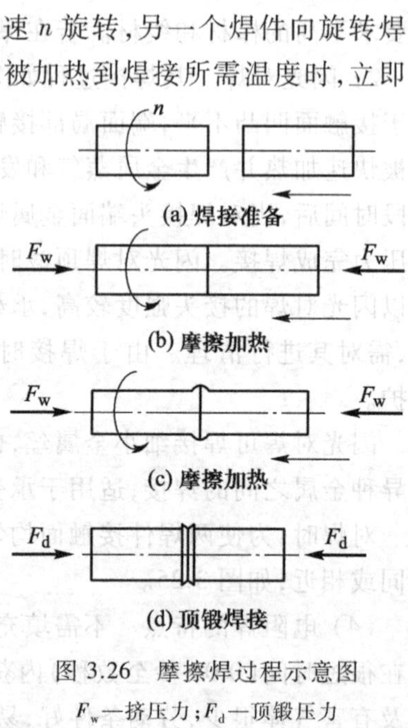

图 3.26　摩擦焊过程示意图

F_w—挤压力；F_d—顶锻压力

摩擦焊多用于焊接圆形截面的棒料或管子，或将棒料、管子焊在平板上。可焊实心工件的直径为 2~100 mm，管子外径可达几百毫米。目前，摩擦焊在汽车、拖拉机、电站锅炉、金属切削刀具、石油、电力电器和纺织等工业部门得到较广泛的应用。

3. 其他压焊方法

(1) 超声波焊　超声波焊是利用超声波的高频振荡使焊件局部接触处加热和变形,然后施加一定压力实现焊接的一种压焊方法。超声波是具有超声频率的弹性机械振动,焊件局部接触处受到它的作用时,接触面之间产生高频、高速的相对运动,造成强烈的摩擦、升温和变形,并将氧化物清除,从而使纯净的金属表面在压力下充分接近而形成原子间结合的焊接接头。

超声波焊的特点是:对金属组织影响小,焊接应力和变形也很小;同时耗电较少,对焊件表面清理的要求不高。超声波焊适用于各种金属的焊接,尤其适合焊接铜、铝、银等导电、导热性好的金属;也可以焊接一些物理性能差别很大的异种金属和某些非金属材料。

(2) 扩散焊　扩散焊是将焊件置于真空或保护气氛中,在一定温度(低于母材熔点)和压力下保持一段时间,使焊件接触面之间的原子相互扩散而形成接头的压焊方法。

扩散焊的优点有:接头强度高,焊接应力和变形小;可适用于各类同种材料和异种材料的焊接;能焊接结构复杂和厚薄相差大的工件等。扩散焊的不足之处是:焊接时间长,生产率低;设备投资大,成本高;焊前对工件的清理和表面加工要求较高等。扩散焊主要用于精密、复杂焊件的焊接,异种金属以及金属和非金属之间的焊接。目前,扩散焊不仅应用于电子、核能、航空航天等高科技领域,而且已推广至一般机械制造工业部门。

(3) 爆炸焊　爆炸焊是利用炸药爆炸产生冲击波使焊件迅速撞击,其接触处在高温下产生金属射流清除表面氧化物,液态金属在高压下冷却,形成焊接接头。爆炸焊适于焊接双金属构件等。

3.2.3　钎焊

钎焊是采用熔点低于母材的钎料作为中介物,利用液态钎料润湿母材,填充接头间隙并与母材相互扩散实现连接工件的焊接方法。

1. 钎焊焊接接头形成原理

钎焊也是一种通过冶金结合实现材料连接成形的方法,但它与熔焊和压焊相比,存在着机理上的差别:钎焊时只有钎料熔化而母材保持固态;由于钎料的熔点低于母材的熔点,因而其成分与母材差别较大。填充接头间隙的过程依靠的是润湿作用和毛细作用。液态钎料在润湿母材的同时,两者之间即开始发生相互作用:一方面是固态母材向液态钎料的溶解;另一方面是钎料组分向母材的扩散。这些相互作用影响着钎焊接头的性能。所形成的钎焊接头基本上由三个区域组成,从母材向焊缝中心依次是扩散区、界面区和中心区。扩散区的组织是钎料组分向母材扩散形成的,界面区的组织是母材向钎料溶解并冷凝后形成的,中心区的组织则接近钎料原始组织。由于钎焊时钎料与母材的相互作用,焊缝的组织和成分与钎料原有组织和成分差别较大,并且是很不均匀的。

2. 钎焊的焊接材料(钎料与钎剂)

钎料是形成钎焊接头的填充金属,钎焊的质量在很大程度上取决于钎料。钎料应具有合适的熔点、良好的润湿性和填缝能力,能与母材发生互相扩散,还应具有所需的力学性能和物理化学性能,以满足接头的使用性能要求。

在钎焊过程中常使用钎剂,其作用是消除工件表面的氧化物、油污和其他杂质,保护工件和钎料不被氧化,增加液态钎料的润湿性和毛细流动性。

3. 钎焊的种类

钎焊按钎料熔点不同，分为软钎焊和硬钎焊。

（1）软钎焊　钎料熔点低于 450 ℃的钎焊称为软钎焊。常用的钎料有锡基、铅基、镉基和锌基等，钎剂为松香或氯化锌溶液。软钎料对大多数金属都具有良好的润湿性，因而能焊接大多数金属与合金，如钢、铁、铜、铝及其合金等。但由于钎料熔点低，焊接接头强度较低（R_m = 60～140 MPa），主要用于受力不大或工作温度不高的工作焊接，在电子、电器、仪表等工业部门应用广泛。

（2）硬钎焊　钎料熔点高于 450 ℃的钎焊称为硬钎焊。硬钎料主要有铝基、铜基、银基、镍基和锰基等，钎剂有硼砂、硼酸、氟化物、氯化物等。由于硬钎焊的钎料熔点较高，焊接接头强度较高（R_m>200 MPa），因此适用于受力较大、工作温度较高的工件的焊接，如机械零部件、切削刀具、自行车车架等的焊接。

4. 钎焊的接头形式和加热方法

钎焊接头的承载能力与接头连接面大小有关，因此，钎焊多采用搭接或镶接接头（图 3.27）。

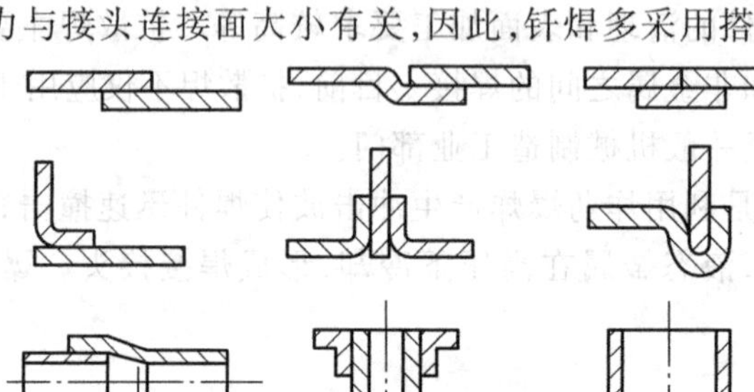

图 3.27　钎焊的接头形式

钎焊的热源和加热方式有多种，并可依此对钎焊进行分类，如火焰钎焊、电阻钎焊、感应钎焊、烙铁钎焊、波峰钎焊、炉中钎焊、激光钎焊、电子束钎焊等。

5. 钎焊的特点和应用

钎焊与熔焊相比，其特点是：钎焊加热温度低，对母材组织和性能影响较小，焊接变形小；焊接接头平整光滑，外表美观；钎焊可以焊同种或异种金属及其合金；钎焊可以采用整体加热，从而一次焊成整个结构的全部焊缝，生产率高；所用设备简单，易于实现机械化和自动化。但钎焊接头强度低，不耐高温，焊前对工件清理和装配要求严格，而且不适于焊接大型构件。

钎焊主要应用于电子、仪器仪表、航空航天及机械制造等工业部门。

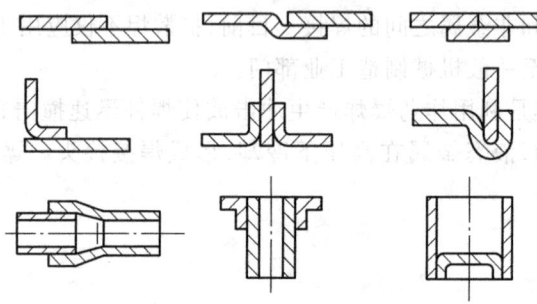

3.2.4　焊接新技术

1. 搅拌摩擦焊

相对于传统的摩擦焊而言，搅拌摩擦焊是一种创新性的焊接方法，它在焊接时需要借助一种称为搅拌头的工具，其原理如图 3.28 所示。焊接时，由轴肩和搅拌针构成的搅拌头高速旋转着进入两块板状工件的待接合部位，在耐磨耐高温的搅拌针与被焊材料之间产生大量摩擦热，使周围的被焊材料软化而达到塑性状态；该塑性软化区中的金属受到搅拌头的搅拌与挤压作用，且随着搅拌头的旋转而向其后侧流动，并在搅拌头离开后迅速冷却而形成焊缝。可见，搅拌摩擦焊是在非耗损的搅拌头的摩擦热和机械挤压的联合作用下形成接头，属于固相焊接。

搅拌摩擦焊具有以下优点：避免了熔焊中熔池凝固时容易产生的裂纹、气孔等问题，因而可以焊接用普通熔焊方法难以焊接的材料（如 2000 和 7000 系列超高强铝合金），特别适用于各种有色金属或异种有色金属的焊接；便于机械化、自动化操作，焊接质量较稳定；不用填充材料，也不用焊剂或保护气体，焊接成本较低；焊接温度较低，焊件变形很小；适用于多种焊接接头形式，焊前及焊后处理简单（如厚焊件边缘不需加工坡口，铝材表面不用去氧化膜，只需去油污即可）；操作简单、安全，对环境无污染。搅拌摩擦焊现已在飞机、汽车、机车车辆和船舶制造中得到应用，主要用于焊接铝合金、镁合金、铜合金、钛合金和铝基复合材料等。例如，在飞机制造中过去广泛采用铆接，现在搅拌摩擦焊已开始应用在机身的纵向和环向焊缝、机身预成形件的组合焊缝、地板和方向舵翼板焊缝等的焊接。

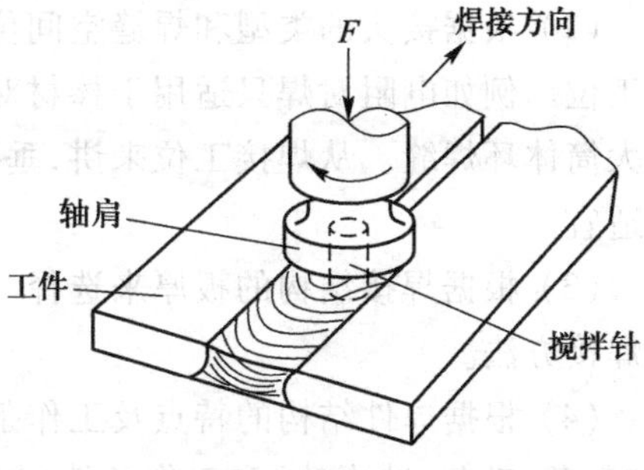

图 3.28　搅拌摩擦焊原理

2. 激光-电弧复合热源焊接

激光-电弧复合热源焊接是将两种物理性质和能量传输方式完全不同的热源复合在一起，同时作用于同一加工位置，通过两热源的相互作用及复合热源与工件作用，完成焊接过程。它既充分发挥了两种热源各自的优势，又相互弥补了各自的不足，从而形成一种全新的高效焊接热源。激光焊可焊接窄而深的焊缝，但设备投资大；电弧焊可焊出宽而浅的焊缝，焊接成本低。焊接时增加激光能量可增加熔深，增加电弧能量可增加熔宽，两者的组合不仅大大提高了焊接效率，而且也改善了焊接过程的稳定性和焊接质量。经过多年的开发，现已出现了多种复合焊方法，如激光-氩弧焊、激光-等离子弧焊和激光-双电弧焊等。目前，激光-电弧复合焊技术已在汽车、船舶制造工业中获得广泛的应用。

3. 活性钨极氩弧焊

钨极氩弧焊是一种焊接质量较高的惰性气体保护焊方法，但却存在焊接熔深浅、生产效率低的缺点。活性钨极氩弧焊（A-TIG 焊）就是焊前在待焊区涂敷某种活性焊剂，导致焊缝熔深增加的一种焊接新工艺，采用该技术可使焊接熔深比常规的钨极氩弧焊增加 1~3 倍。与传统的焊条电弧焊、钨极氩弧焊等相比，A-TIG 焊接具有焊缝质量好、生产效率高等特点，同时还可减小焊接变形；与先进的激光焊、电子束焊相比，因其所用的活性焊剂材料来源丰富、价格便宜，且无需昂贵的焊接设备，因而具有成本低廉、经济性好的优点。目前 A-TIG 焊可以用于焊接不锈钢、碳钢、镍基合金和钛合金等材料，它在电力、压力容器、汽车、航天、化工、船舶等工业领域具有较好的应用前景。

3.2.5　焊接方法的选择

焊接方法应根据焊接件的形状、尺寸、材料的性质，焊缝的位置以及选用方法的生产率和经济性等来综合确定。归纳起来，应着重考虑以下几个方面。

(1) 根据材料来选择焊接方法　低碳钢的焊接性能良好，几乎所有的焊接方法都能适用，所以在选择具体焊接方法时，生产率和经济性就成为主要的取舍依据。其他材料就不同，例如不锈钢、铝及铝合金用氩弧焊焊接时质量较高；铸铁的补焊则宜用焊条电弧焊或气焊较为理想。

(2) 根据接头的类型和焊缝空间位置来选择　各种焊接方法均有自己适应的接头形式及焊接工位。例如电阻对焊只适用于棒材对接而不能焊长的对接焊缝；埋弧焊却适用焊接长直焊缝及大筒体环焊缝。从焊接工位来讲，垂直位置的焊缝，埋弧焊几乎无法实现，而气体保护焊则十分适宜。

(3) 根据焊接结构的板厚来选择　必须了解各种焊接方法适用的厚度范围，合理选择适当的焊接方法。

(4) 根据焊件结构的特点及工作条件来选择　选择焊接方法还应考虑满足结构的载荷要求(如静载、动载、冲击等)和工作条件(如耐热、耐蚀、耐磨及低温工作等)。

焊接方法的选择可参考表 3.7。

表 3.7　常用焊接方法比较

焊接方法	焊接热源	主要接头形式	焊接位置	钢板厚度 δ/mm	被焊材料	生产率	应用范围
焊条电弧焊	电弧热	对接，搭接，T形接，卷边接	全位置	3~20	碳钢，低合金钢，铸铁，铜及铜合金	中等偏高	要求在静止、冲击或振动载荷下工作的机件，焊补铸铁件缺陷和损坏的机件
埋弧自动焊	电弧热	对接，搭接，T形接	平焊	6~20	碳钢，低合金钢，铜及铜合金	高	在各种载荷下工作，成批中厚板长直焊缝和较大直径环缝
氩弧焊	电弧热	对接，搭接，T形接	全位置	0.5~25	铝、铜、镁、钛及钛合金、耐热钢、不锈钢	中等偏高	要求致密、耐蚀、耐热的焊件
CO_2焊	电弧热	对接，搭接，T形接	全位置	0.8~25	碳钢，低合金钢，不锈钢	很高	要求致密、耐蚀、耐热的焊件
电渣焊	熔渣电阻热	对接	立焊	40~450	碳钢，低合金钢，不锈钢，铸铁	很高	一般用来焊接大厚度铸、锻件
等离子弧焊	压缩电弧热	对接	全位置	0.025~12	铜、镍、钛及钛合金、耐热钢、不锈钢	中等偏高	用一般焊接方法难以焊接的金属及合金
对焊	电阻热	对接	平焊	≤20	碳钢，低合金钢，不锈钢，铝及铝合金	很高	焊接杆状零件
点焊	电阻热	搭接	全位置	0.5~3	碳钢，低合金钢，不锈钢，铝及铝合金	很高	焊接薄板壳体

续表

焊接方法	焊接热源	主要接头形式	焊接位置	钢板厚度 δ/mm	被焊材料	生产率	应用范围
缝焊	电阻热	搭接	平焊	<3	碳钢,低合金钢,不锈钢,铝及铝合金	很高	焊接薄壁容器和管道
钎焊	各种热源	搭接、套接	全位置	—	碳钢,合金钢,铸铁、铜及铜合金	高	用其他焊接方法难以焊接的焊件,以及对强度要求不高的焊件

3.3 常用金属材料的焊接

3.3.1 金属的焊接性

1. 金属的焊接性及其影响因素

(1) 金属焊接性的概念

金属的焊接性是指金属材料在限定的施焊条件下,焊接成形并获得符合设计要求及满足使用要求的焊件的能力。它包括两个方面的含义:一是结合性能,也称工艺焊接性,即在一定的焊接工艺条件(包括焊接方法、焊接材料、焊接工艺参数和焊接结构形式等)下焊接时,被焊金属形成完好焊接接头的能力,特别是接头中产生焊接缺陷的倾向性;二是使用性能,也称使用焊接性,是指在一定的焊接工艺条件下,被焊金属的焊接接头是否满足预定的各种使用性能的要求,如力学性能或其他特殊性能(耐热性、耐蚀性等)的要求。在各种焊接缺陷中,以裂纹的危害性最大,所以通常把焊接性的重点放在关注被焊材料的抗裂性能上。

(2) 金属焊接性的影响因素

焊接性反映出金属材料对焊接成形加工的适应性,它不仅取决于金属本身的性质,而且还与工艺条件、焊件结构和使用条件等因素有关。

1) 金属的化学成分　不同种类或不同化学成分的金属,其焊接性不同。以铁碳合金为例,低碳钢具有优良的焊接性,中、高碳钢一般焊接性较差,铸铁的焊接性更差。

2) 焊接工艺条件　包括焊接方法、焊接材料和焊接工艺规程等,它们都会影响金属的焊接性。以焊接方法为例,相同的金属材料采用不同的焊接方法,其焊接性差别很大。如铝合金、钛合金等采用焊条电弧焊和气焊时很难获得优质接头,即表现为焊接性差;但采用氩弧焊时,则可以实现高质量焊接,即焊接性好。

3) 焊件结构　焊件结构的刚度越大(如板厚越大或结构越复杂),交叉焊缝越多,焊接时就越容易产生较大的焊接应力和裂纹,焊接性也越差。

4) 使用条件　一般说来,焊件的使用条件越苛刻,对焊接接头的质量要求就越高,获得合格的焊接接头就越困难,焊接性也就越差。

2. 金属焊接性的评定方法

焊接性的评定是设计焊接结构、确定焊接方法和制定焊接工艺的重要依据。评定金属焊接性的方法很多,大体上可分为两类:直接试验法和间接评估法。

(1) 直接试验法　它是模拟实际情况下的焊接条件,通过观察焊接过程中是否发生某种焊接缺陷(如裂纹)及其程度,或对焊好的试样进行有关的性能试验,从而直观地评判材料焊接性的好坏。常用的试验方法有:焊接裂纹试验、焊接接头力学性能试验、焊接接头耐腐蚀性试验、焊接热影响区最高硬度试验等。可按相应的国家标准的规定来进行这些试验。

(2) 间接评估法　它是依据某些建立在大量试验的基础上的统计经验公式来间接评估焊接性的方法。这类方法虽不如直接试验法可靠,但因其具有经济、方便的优点,所以也被经常使用。

钢是用于焊接结构最多的金属材料,所以评定钢的焊接性显得尤为重要。使用最多的是以对冷裂纹的敏感性来评定钢的焊接性的方法。

1) 碳当量法　由于钢的冷裂纹倾向与其化学成分有密切关系,其中以碳的影响最大,其他合金元素可按各自影响程度的大小折算成碳的相当含量,将它们加在一起就称为碳当量,以其作为评定钢的焊接性的一种较粗略的参考指标。国际焊接学会推荐的碳钢和低合金结构钢的碳当量 w_{C_E} 公式为

$$w_{C_E}=w_C+\frac{w_{Mn}}{6}+\frac{w_{Cr}+w_{Mo}+w_V}{5}+\frac{w_{Cu}+w_{Ni}}{15}$$

式中的 w 符号表示该元素在钢中的质量分数。经验表明,碳当量越高,钢的淬硬倾向越大,冷裂纹敏感性越强,焊接性越差。一般认为,当 $w_{C_E}<0.4\%$ 时,焊接性良好;当 $w_{C_E}=0.4\%\sim0.6\%$ 时,冷裂纹倾向增加,焊接性较差;当 $w_{C_E}>0.6\%$ 时,冷裂纹倾向大,焊接性差。

2) 冷裂纹敏感系数法　此法综合考虑了钢的化学成分、焊缝含氢量以及通过母材板厚表现出来的结构刚性和冷却速度等对焊接性的影响,因而是比碳当量法更为完善的评定方法。其计算公式如下:

$$P_c=w_C+\frac{w_{Si}}{30}+\frac{w_{Mn}+w_{Cu}+w_{Cr}}{20}+\frac{w_{Ni}}{60}+\frac{w_{Mo}}{15}+\frac{w_V}{10}+5w_B+\frac{H}{60}+\frac{\delta}{600}$$

式中:P_c——冷裂纹敏感系数;

H——焊缝中的扩散氢含量,ml/100g;

δ——母材板厚,mm。

上式及碳当量公式中各元素的质量分数均取其成分范围的上限。

冷裂纹敏感系数越大,焊接时产生冷裂纹的倾向越大,钢的焊接性也越差。利用 P_c 还可以求出焊件所需的预热温度 t(℃),$t=1\,440P_c-392$。

3.3.2　碳素钢的焊接

1. 低碳钢的焊接

低碳钢的 w_C 小于 0.25%,碳当量数值小于 0.40%,一般没有淬硬、冷裂倾向,因此焊接性良好,焊接时通常不需要采取特殊的工艺措施,即能获得优质焊接接头。但在焊接较厚或刚性很大的构件时,应考虑焊后热处理;低温环境下焊接刚性大的结构时,应考虑焊前预热,例如在低于 0 ℃的环境温度焊接厚度大于 50 mm 的钢板时,应将其预热至 100~150 ℃。

低碳钢几乎可采用所有的焊接方法进行焊接，并都能保证焊接接头的良好质量。用得最多的焊接方法有焊条电弧焊、埋弧自动焊、CO_2 焊、电渣焊等。

低碳钢结构件焊条电弧焊时，根据母材强度等级，一般选用酸性焊条 E4303(J422)、E4320(J424)等；承受动载荷、结构复杂的厚大焊件，选用抗裂性好的碱性焊条 E4315(J427)、E4316(J426)等。CO_2 焊焊丝常采用 H08MnSi、H08MnSiA、H08Mn2SiA 等。

2. 中、高碳钢的焊接

中碳钢由于含碳量较高，焊接接头易出现淬硬组织和冷、热裂纹，焊接性较差。中碳钢焊接时，通常需选用抗冷裂及抗热裂能力较强的低氢型焊条；一般要焊前预热，预热温度一般不超过 400 ℃；采用小电流、慢速焊、多层焊、坡口开成 U 形等，以减小含碳量较高的母材金属熔入焊缝的比例；焊后尽可能缓冷；采用锤击焊缝的方法减少焊接残余应力。

高碳钢的 $w_C>0.6\%$，其焊接性能更差，一般不用来制作焊接结构，但可采用焊条电弧焊或气焊对高碳钢产品在发生破损时进行修补工作，且焊前要预热，焊后要缓冷。

3.3.3 低合金结构钢的焊接

在焊接生产中常见的低合金结构钢可分为两大类：强度用钢和特殊性能钢。强度用钢按照屈服强度数值分成两类：$R_{el}=294\sim490$ MPa 的热轧及正火钢（焊前为热轧或正火状态），$R_{el}=441\sim980$ MPa 的低碳调质钢（$w_C=0.25\%\sim0.45\%$，焊前为调质状态）。特殊性能钢包括耐热钢、耐蚀钢和低温钢。

1. 强度用钢的焊接

热轧及正火钢的碳当量数值大多小于 0.45%，热影响区淬硬倾向稍大于低碳钢，焊接性较好，表 3.8 列出几种常用的热轧及正火钢焊接工艺特点。

表 3.8 几种常用强度用钢焊接工艺特点

钢号	Q295(09Mn2)	Q345 (16Mn)	Q390 (15MnV)	Q420(15MnVN)
碳当量值	0.36%	0.39%	0.40%	0.43%
屈服强度 R_{el} / MPa	294	343	392	441
抗拉强度 R_m / MPa	≈420	≈490	≈540	≈590
预热温度 t_b / ℃	不预热（板厚 h ≤16mm）	100~150 (h≥30 mm)	100~150(h≥28 mm)	100~150 (h≥25 mm)
焊条型号	E4303、E4315	E5003、E5015、E5016	E5003、E5015、E5016、E5515	E5515、E6015
CO_2 焊焊丝	H08Mn2Si、H08Mn2SiA			
焊后热处理规范	电弧焊、电渣焊：不热处理	电弧焊：600 ~ 650 ℃回火 电渣焊：900 ~ 930 ℃正火 600~650 ℃回火	电弧焊：550 ℃或 600 ℃回火 电渣焊：950 ~ 980 ℃正火 550 ℃或 600 ℃回火	电弧焊：550 ~ 600 ℃回火 电渣焊：950 ℃正火 650 ℃回火

焊前预热的温度取决于焊件厚度和现场温度,表 3.9 为 Q345(16Mn)钢的预热温度。

表 3.9　不同环境温度下焊接 Q345(16Mn)钢的预热温度

板厚/mm	不同气温下的预热温度
<16	不低于-10 ℃不预热,-10 ℃以下预热 100~150 ℃
16~25	不低于-5 ℃不预热,-5 ℃以下预热 100~150 ℃
25~40	不低于 0 ℃不预热,0 ℃以下预热 100~150℃
>40	均预热 100 ~150 ℃

低、中碳调质钢的碳当量数值在 0.45%以上,焊接时热影响区产生淬硬组织倾向较大,易产生冷裂纹,且钢的强度级别越高,冷裂倾向越大。因此,焊接前应预热,低碳调质钢预热温度 100~250 ℃,中碳调质钢焊接性更差,所以预热温度更高,为 200~350 ℃。

焊接强度用钢的常用方法有焊条电弧焊、埋弧焊和 CO_2 焊等。钨极氩弧焊可用于要求全焊透的管形工件的打底焊。焊接厚板工件如厚壁压力容器,可采用电渣焊。

2. 特殊性能钢的焊接

耐热钢的焊接性一般均较差。如最常见的珠光体耐热钢是以 Cr、Mo 为主要合金元素的低、中合金钢,其碳当量数为 0.45%~0.90%,裂纹倾向较大。焊条电弧焊时,要选用与母材成分相近的焊条,预热温度 150~400 ℃,焊后应及时进行高温回火处理。

耐蚀钢中除 P 含量较高的钢以外,其他耐蚀钢焊接性较好,不需预热或焊后热处理等。但要选择与母材相匹配的耐蚀焊条。

3.3.4　不锈钢的焊接

不锈钢按其室温组织状态可分为奥氏体不锈钢、马氏体不锈钢和铁素体不锈钢。在不锈钢的焊接中,常遇到的大都是铬镍奥氏体不锈钢的焊接。

1. 奥氏体不锈钢的焊接

奥氏体型不锈钢如 0Cr18Ni9、1Cr18Ni9 等,虽然 Cr、Ni 元素含量较高,但 C 含量低,焊接性良好,焊接时一般不需要采取特殊工艺措施。焊条电弧焊、埋弧焊、钨极氩弧焊时,焊条、焊丝和焊剂的选用应保证焊缝金属与母材成分类型相同。奥氏体不锈钢焊接的主要问题是,若工艺操作不当,容易出现热裂纹或在使用中出现晶间腐蚀。

(1) 晶间腐蚀　奥氏体不锈钢采用不当的工艺规范焊接后,接头在腐蚀介质作用下易产生沿晶粒边界的腐蚀,即晶间腐蚀。其特点是腐蚀沿晶界深入金属内部,并引起金属力学性能和耐腐蚀性降低,这是奥氏体不锈钢极危险的一种破坏形式。

晶间腐蚀是由于晶界贫铬造成的。奥氏体不锈钢对晶间腐蚀的敏感程度与其成分、所受的热循环温度以及时间有关。奥氏体不锈钢在 450~850 ℃温度范围内停留一定时间后,晶界处会析出碳化铬($Cr_{23}C_6$),其中铬主要来源于晶粒表层,而内部的铬来不及扩散补充,使晶粒表层含铬量 w_{Cr}<12%而形成贫铬区。在强烈腐蚀介质作用下,晶界贫铬区受到腐蚀而形成晶间腐蚀。受到晶间腐蚀的不锈钢在表面上没有明显的变化,但在受力时会延晶界断裂。晶间腐蚀可以发

生在焊缝区，也可以发生在热影响区或熔合区。

控制奥氏体不锈钢晶间腐蚀的关键是防止晶粒表层区域的贫铬化。当加热温度高于 850 ℃ 时，晶内的铬向晶间扩散，使晶界的贫铬区得以恢复，从而防止晶间腐蚀。此外当不锈钢中含有足够的钛和铌等元素或超低碳时，可以防止晶间腐蚀的发生。因此通过合理地选择焊接材料和焊接工艺，可以防止和减轻晶间腐蚀。

目前，防止晶间腐蚀的主要措施有：① 选择超低碳（$w_C \leqslant 0.03\%$）或添加钛和铌等稳定元素的不锈钢焊条；② 采用奥氏体-铁素体双相钢，这种双相钢，不仅具有良好的耐晶间腐蚀性，而且具有很高的抗应力腐蚀能力；③ 通过合理地选择焊接工艺，减少在 450~850 ℃ 温度范围停留的时间，如采用小电流、快速不摆动焊，焊后加大冷速等；④ 焊接时，接触腐蚀介质的表面应最后施焊；⑤ 进行焊后固溶处理，将工件加热到 1 050~1 150 ℃ 后淬火，使晶间上的碳化物溶入晶粒内部形成均匀的奥氏体组织等。

(2) 热裂纹　奥氏体不锈钢焊缝中树枝晶方向性很强，有利于 S、P 等低熔点共晶形成和聚集。另外此类钢导热系数小，线胀系数大，所以焊接应力也大，焊缝很容易产生热裂纹。为了避免热裂纹，常采用以下措施：① 减少焊缝中的含碳量；② 通过焊接材料向焊缝中加入形成铁素体元素，如加入 Mo、Si 等可使焊缝形成铁素体加奥氏体的双相组织，减少偏析，避免热裂。

2. 铁素体型不锈钢和马氏体型不锈钢的焊接

铁素体型不锈钢如 1Cr17 等，焊接时热影响区中的铁素体晶粒易过热粗化，使焊接接头的塑、韧性急剧下降甚至开裂。因此，焊前预热温度应在 150 ℃ 以下，并采用小电流、快速焊等工艺，以降低晶粒粗大倾向。

马氏体型不锈钢焊接时，因空冷条件下焊缝就可转变为马氏体组织，所以焊后淬硬倾向大，易出现冷裂纹。如果碳含量较高，淬硬倾向和冷裂纹现象更严重。因此，焊前预热温度 200~400 ℃，焊后要进行热处理。如果不能实施预热或热处理，应选用奥氏体不锈钢焊条。铁素体型不锈钢和马氏体型不锈钢焊接的常用方法是焊条电弧焊和氩弧焊。

3.3.5　铸铁的焊补

铸铁由于含碳量高，杂质多，塑性差，所以焊接性很差。铸铁焊接时的主要问题是容易出现白口组织和裂纹。铸铁的焊接实际上只用于对存在有缺陷或损坏的铸铁件进行焊补。

目前铸铁的焊补方法主要是采用电弧焊或气焊，也可采用钎焊或电渣焊。

根据焊件在焊接前是否预热，铸铁焊补分为热焊法和冷焊法。

1. 热焊法

热焊法是指在焊接前将工件全部或局部加热到 600~700 ℃，并在焊接过程中保持一定温度，焊后在炉中缓冷。用热焊法时，焊件冷却缓慢，温度分布均匀，有利于消除白口组织，减小应力，防止产生裂纹。但热焊法成本较高，工艺复杂，生产周期长，焊接时劳动条件差。一般仅用于焊后要求切削加工或形状复杂的重要铸件，如机床导轨、气缸体等。

2. 冷焊法

冷焊法是指工件在焊前不预热或预热温度较低（400 ℃以下）。此法可以提高生产率，降低焊补成本，改善劳动条件，减少工件因预热时受热不均而产生的应力和工件已加工面的氧化，但焊补质量有时不易保证。焊接时，应选用小电流、分段焊、短弧焊等工艺，焊后立即轻轻锤击焊缝,以减小应力,防止产生裂纹。

3.3.6 非铁金属及合金的焊接

1. 铝及铝合金的焊接

铝及铝合金的焊接有如下特点:

(1) 易氧化　铝和氧的亲和力很大,在焊接过程中,金属表面及熔池上形成的氧化铝薄膜会阻碍金属之间的结合,且容易造成夹渣。

(2) 易产生气孔　液态铝能大量溶解氢,而固态铝几乎不溶解氢,因此易产生氢气孔。

(3) 易焊穿　铝及铝合金由固态转变为液态时,没有显著的颜色变化,所以不易判断熔池的温度,容易焊穿。

(4) 易产生热裂纹　铝的线膨胀系数比铁大将近一倍,而凝固时的收缩比铁大两倍,所以焊件不仅变形大,而且工艺措施不当还容易产生热裂纹。

焊前准备是保证铝及铝合金焊接质量的重要工艺措施。焊前准备包括化学清洗、机械清洗、焊前预热、工件背面加垫板等。化学清洗和机械清洗的目的是去除工件及焊丝表面的氧化膜和油污。为保证铝及铝合金焊接时能焊透而不致塌陷,常采用工艺垫板来托住熔池金属。薄小铝件一般不用垫板。厚度超过 5~8 mm 的焊件需焊前预热,预热时缓慢加热到 100~300 ℃。预热可防止变形、未焊透和减少气孔等。

焊接铝及铝合金常用的方法有:氩弧焊、焊条电弧焊、气焊、电阻焊和钎焊。目前,氩弧焊是焊接铝及铝合金较为理想的熔焊方法。钨极氩弧焊时使用交流电源,这样既对熔池表面铝的氧化膜有“阴极破碎”作用,又可采用较高的电流密度。熔化极氩弧焊适用于焊接厚度大于 8 mm 的铝及铝合金件,采用直流反接。对焊接质量要求不高的铝及铝合金工件,可采用气焊。气焊前须清除工件表面氧化膜,选用与母材化学成分相同的焊丝。此法灵活、方便、成本低,但焊接变形大,接头耐腐蚀性差,生产率低。适用于焊接薄件(厚为 0.5~2 mm)和焊补铝铸件。

铝及铝合金焊后需要及时清理残存在焊缝及邻近区的熔剂和熔渣,否则在空气中水分的作用下,熔渣容易破坏氧化铝薄膜,从而腐蚀焊件。

2. 铜及铜合金的焊接

铜及铜合金焊接性较差,焊接时存在的主要问题有:

(1) 难熔合　铜及铜合金的导热性强,其热导系数为低碳钢的 6~8 倍,大量的热被传导出去,焊件难以局部熔化,填充金属和母材不能很好地融合,产生焊不透的现象,热影响区很宽。因此,必须采用功率大、热量集中的热源,且焊前和焊接过程中还需预热。

(2) 焊件变形大　铜及铜合金的线膨胀系数和收缩率较大,焊接变形大。若焊件的刚性大,限制了焊件的变形,则焊接应力大。

(3) 易氧化　铜在 300 ℃以上时,其氧化能力很快增大,当温度接近熔点时,其氧化能力最强。生成的 Cu_2O 分布在铜的晶界上,大大降低了焊接接头的力学性能。

(4) 易产生气孔　铜及铜合金导热性好,焊接熔池凝固速度快,液态熔池溶解的大量气体来不及逸出,易形成气孔。

(5) 易产生热裂纹　铜及铜合金的线膨胀系数及收缩率都较大,而且铜在液态时氧化生成的低熔点共晶体等都易导热裂纹的产生。

铜及铜合金的焊接目前主要采用气焊、焊条电弧焊、钨极氩弧焊。紫铜气焊时可采用特制丝201或丝202(低磷铜焊丝),焊接火焰应选中性焰;焊条电弧焊时焊条可选用焊芯为纯铜或磷青铜,药皮均为低氢钠型,电源用直流反接;钨极氩弧焊焊接紫铜时,采用直流正接。黄铜是铜锌合金,焊接时会造成锌的大量蒸发,因此黄铜焊接时一般采用气焊,火焰采用轻微的氧化焰。青铜的焊接主要用于焊补铸件的缺陷和损坏的机件,也多选用气焊。

3.4 焊接结构与工艺设计

焊接结构已经广泛应用于国民经济的各个领域,设计焊接结构除应考虑结构的使用性能要求外,还应考虑结构的焊接工艺,以保证焊接质量,并力求做到高生产率、低成本。

3.4.1 焊接结构与工艺设计的内容

1. 焊接结构生产工艺过程

各种焊接结构的主要的生产工艺过程一般为:备料→装配→焊接→焊接变形矫正→质量检验→表面处理(油漆、喷塑或热喷涂等)。

备料的工作包括型材选择,型材外形矫正,按比例放样、划线,下料切割,边缘加工,成形加工(折边、弯曲、冲压、钻孔等)。装配是利用专用卡具或其他紧固装置将加工好的零件或部件组装成一体,进行定位焊,准备焊接。焊接时,根据焊件材质、尺寸、使用性能要求、生产批量及现场设备情况选择焊接方法,确定焊接工艺参数,按合理顺序施焊。

2. 焊接结构与工艺设计的主要内容

(1) 焊接结构材料的选择　在满足结构使用性能要求的前提下,应尽可能选用焊接性良好的材料来制造焊接结构件。一般低碳钢和低合金结构都具有良好的焊接性,应尽量选用。w_C>0.50%的碳钢和w_C>0.4%的合金钢,焊接性不好,一般不宜采用。

焊接结构应尽量选用同种金属材料制作。异种金属材料焊接时,往往由于两者物理性能、化学成分不同,焊在一起有一定困难,需通过焊接性试验确定。

(2) 焊接方法的选择　各种焊接方法都有其各自特点及适用范围,选择焊接方法时要根据焊件的结构形状及材质、焊接质量要求、生产批量和现场设备等,在综合分析焊件质量、经济性和工艺可能性之后,确定最适宜的焊接方法。常用焊接方法的特点及适用范围见表4.5。

选择焊接方法时应依据下列原则:

1) 焊接接头使用性能及质量要符合技术要求　选择焊接方法时既要考虑焊件能否达到力学性能要求,又要考虑接头质量能否符合技术要求。如点焊、缝焊都适于薄板轻型结构焊接,但有密封要求的焊缝只能采用缝焊。再如氩弧焊和气焊虽都能焊接铝材容器,但接头质量要求高时,应采用氩弧焊。又如焊接低碳钢薄板,若要求焊接变形小时,应选用CO_2焊或点(缝)焊,而不宜选用气焊。

2) 提高生产率,降低成本　若板材为中等厚度时,选择焊条电弧焊、埋弧焊和气体保护焊均可,如果是平焊长直焊缝或大直径环焊缝,批量生产,应选用埋弧焊。如果是位于不同空间位置的短曲焊缝,单件或小批量生产,采用焊条电弧焊为好。氩弧焊几乎可以焊接各种金属及合金,但成本较高，所以主要用于焊接铝、镁、钛合金结构及不锈钢等重要焊接结构。焊接铝合金工件，板厚大于 10 mm 采用熔化极氩弧焊为好，板厚小于 6 mm 采用钨极氩弧焊适宜。若是板厚大于 40 mm 钢材直立焊缝，采用电渣焊最适宜。

(3) 焊接结构设计　主要包括进行焊接结构的强度校核，确定焊接结构中各构件形状、尺寸和相互间的关系，焊缝的布置，焊接接头形式的设计等。

(4) 焊接工艺规范的制定　主要是焊接工艺参数的确定，包括选择焊条(丝)直径、焊接电流的种类及大小、焊接电压、焊接速度和层数等。

3.4.2　焊缝布置

焊缝是构成焊接接头的主体部分，焊接结构中焊缝的布置是否合理，对焊接接头质量和生产率都有很大影响。焊缝布置一般应考虑以下原则：

1. 焊缝布置应便于焊接操作

在平焊、横焊、立焊和仰焊这几种焊接位置中，平焊操作最方便，易于保证焊缝质量，因此在生产中应尽量使焊缝处于平焊位置。

布置焊缝时，要考虑有足够的焊接空间，以满足焊接运条的需要。图 3.29 为焊条电弧焊焊缝位置，图 3.30 为点焊或缝焊的焊缝位置。

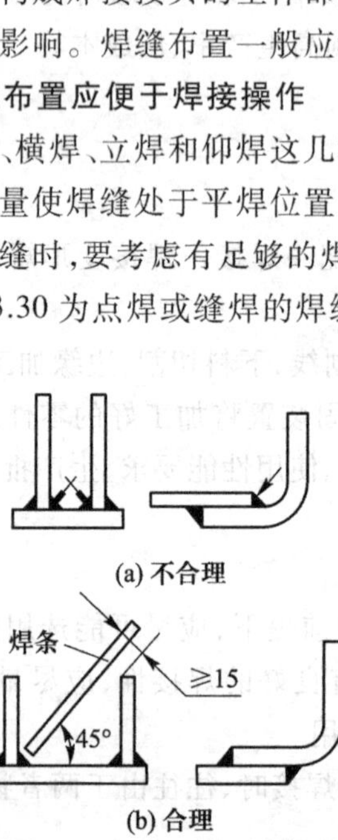

(a) 不合理

(b) 合理

图 3.29　焊条电弧焊焊缝位置

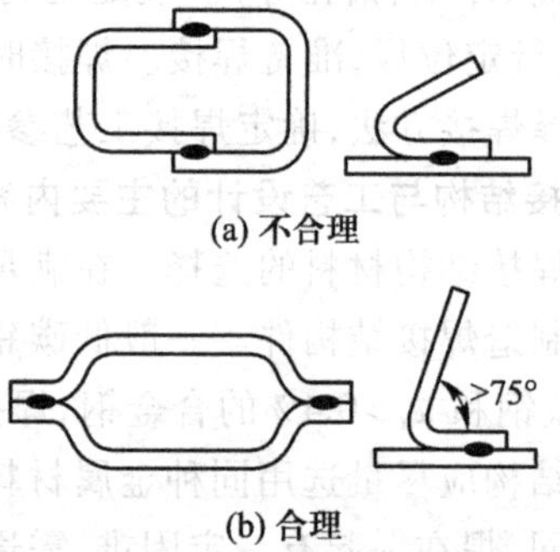

(a) 不合理

(b) 合理

图 3.30　点焊或缝焊的焊缝位置

2. 尽量减少焊缝数量

在设计焊接结构时，应尽量选用型材、板材和管材，形状复杂的部分可采用冲压件、锻件和铸钢件，以减少焊缝数量。这样不仅可以减少焊接应力和变形，而且也可以减少焊接材料消耗，提高生产率。图 3.31 为箱体结构，图 3.31a 有四条焊缝，而图 3.31b、c 只有两条焊缝。

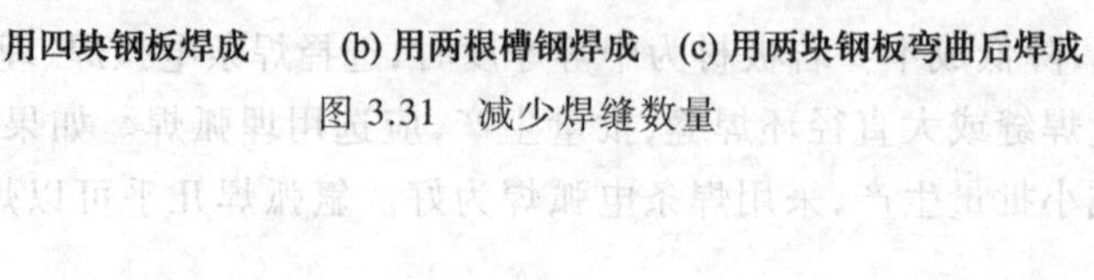
(a) 用四块钢板焊成　(b) 用两根槽钢焊成　(c) 用两块钢板弯曲后焊成

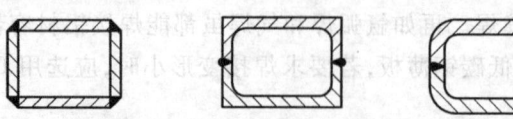

图 3.31　减少焊缝数量

3. 应避免密集和交叉的焊缝

焊缝密集或交叉会使接头处严重过热,力学性能下降,并将增大焊接应力。因此,一般两条焊缝的间距要大于三倍的钢板厚度,如图 3.32 所示。

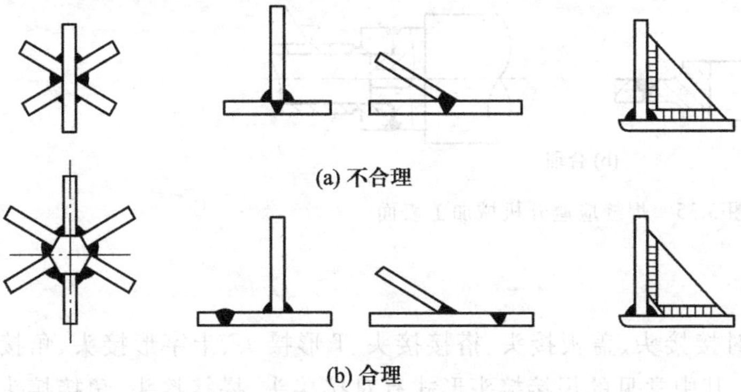

图 3.32　焊缝的分散布置

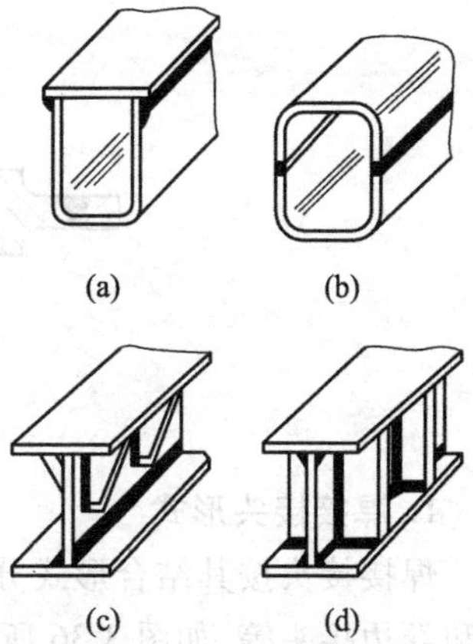

图 3.33　焊缝对称布置

4. 尽量使焊缝对称

焊缝对称布置可使各条焊缝产生的焊接变形相互抵消,这对减小梁、柱等结构的焊接变形有明显效果,如图 3.33 所示(图中 a、c 焊缝位置不对称,焊件易弯曲变形;b、d 焊缝位置对称,焊接变形较小)。

5. 焊缝应尽量避开最大应力和应力集中的位置

图 3.34a 为大跨度横梁,最大应力在跨度中间。横梁由两部分焊成,焊缝在中间使结构承载能力减弱。如改为图 3.34b 结构,虽增加了一条焊缝,但改善了焊缝受力情况,提高了横梁的承载能力。

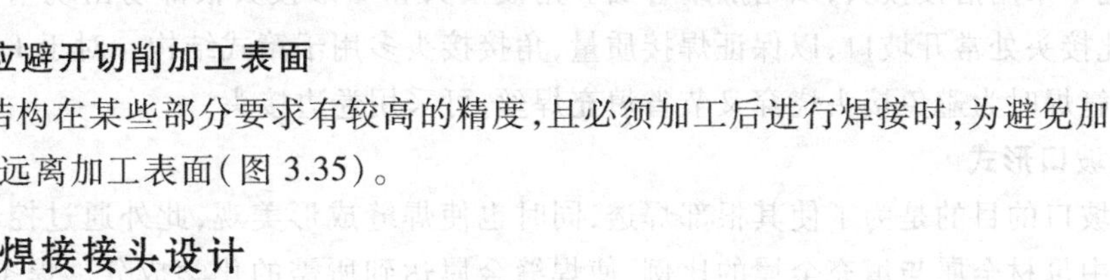

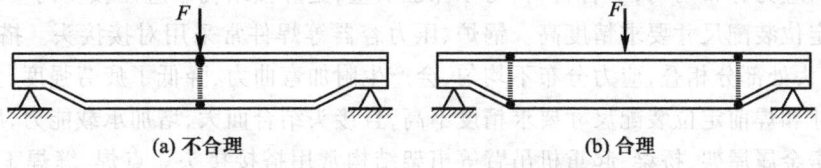

图 3.34　焊缝应避开最大应力和应力集中处

6. 焊缝应避开切削加工表面

若焊接结构在某些部分要求有较高的精度,且必须加工后进行焊接时,为避免加工精度受到影响,焊缝应远离加工表面(图 3.35)。

3.4.3　焊接接头设计

焊接接头设计包括焊接接头形式设计和坡口形式设计。设计接头形式主要考虑焊件的结构开头和板厚、接头使用性能要求等因素。设计坡口形式主要考虑焊缝能否焊透、坡口加工难易程度、生产率、焊条消耗量、焊后变形大小等因素。

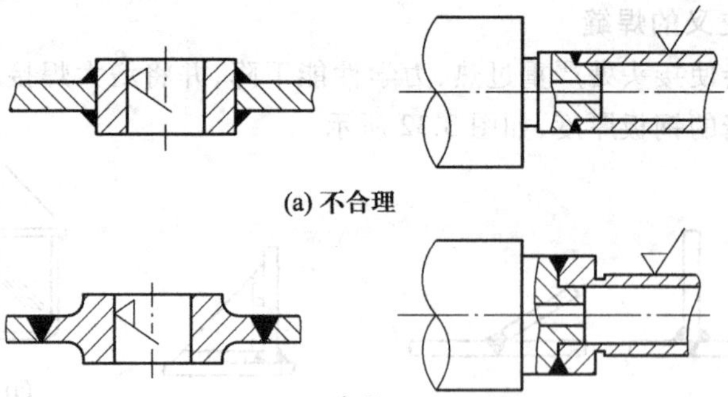

图 3.35　焊缝应避开机械加工表面

1. 焊接接头形式

焊接接头按其结合形式分为对接接头、盖板接头、搭接接头、T 形接头、十字形接头、角接接头和卷边接头等，如图 3.36 所示。其中常见的焊接接头形式有对接接头、搭接接头、角接接头和 T 形接头。

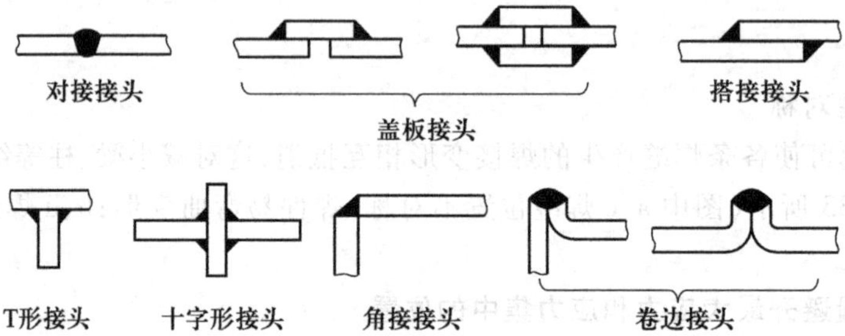

图 3.36　焊接接头形式

对接接头应力分布均匀，节省材料，易于保证质量，是焊接结构中应用较多的一种，但对下料尺寸和焊前定位装配尺寸要求精度高。锅炉、压力容器等焊件常采用对接接头。搭接接头不在同一平面，接头处部分相叠，应力分布不均匀，会产生附加弯曲力，降低了疲劳强度，多耗费材料，但对下料尺寸和焊前定位装配尺寸要求精度不高，且接头结合面大，增加承载能力，所以薄板、细杆焊件如厂房金属屋架、桥梁、起重机吊臂等桁架结构常用搭接接头。点焊、缝焊工件的接头为搭接，钎焊也多采用搭接接头，以增加结合面。角接接头和 T 形接头根部易出现未焊透，引起应力集中，因此接头处常开坡口，以保证焊接质量，角接接头多用于箱式结构。对于 1～2 mm 薄板，气焊或钨极氩焊时为避免接头烧穿又节省填充焊丝，可采用卷边接头。

2. 焊缝坡口形式

焊缝开坡口的目的是为了使其根部焊透，同时也使焊缝成形美观，此外通过控制坡口大小，能调节焊缝中母材金属与填充金属的比例，使焊缝金属达到所需的化学成分。焊条电弧焊的对接接头、角接接头和 T 形接头中各种形式的坡口，其选择主要依据焊件板材厚度。

坡口的常用加工方法有气割、切削加工（车或刨）和碳弧气刨等。

（1）对接接头坡口形式　对接接头的坡口基本形式有 I 形坡口（即不开坡口）、Y 形坡口、双

Y 形坡口、带钝边 U 形坡口、带钝边双 U 形坡口、单边 V 形坡口、双单边 V 形坡口、带钝边 J 形坡口、带钝边双 J 形坡口等。

（2）角接接头坡口形式　角接接头的坡口基本形式有 I 形坡口、错边 I 形坡口、Y 形坡口、带钝边单边 V 形坡口、带钝边双单边 V 形坡口等。

（3）T 形接头坡口形式　T 形接头的坡口基本形式有 I 形坡口、带钝边单边 V 形坡口、带钝边双单边 V 形坡口等。

焊条电弧焊常见的坡口形式如图 3.37 所示。

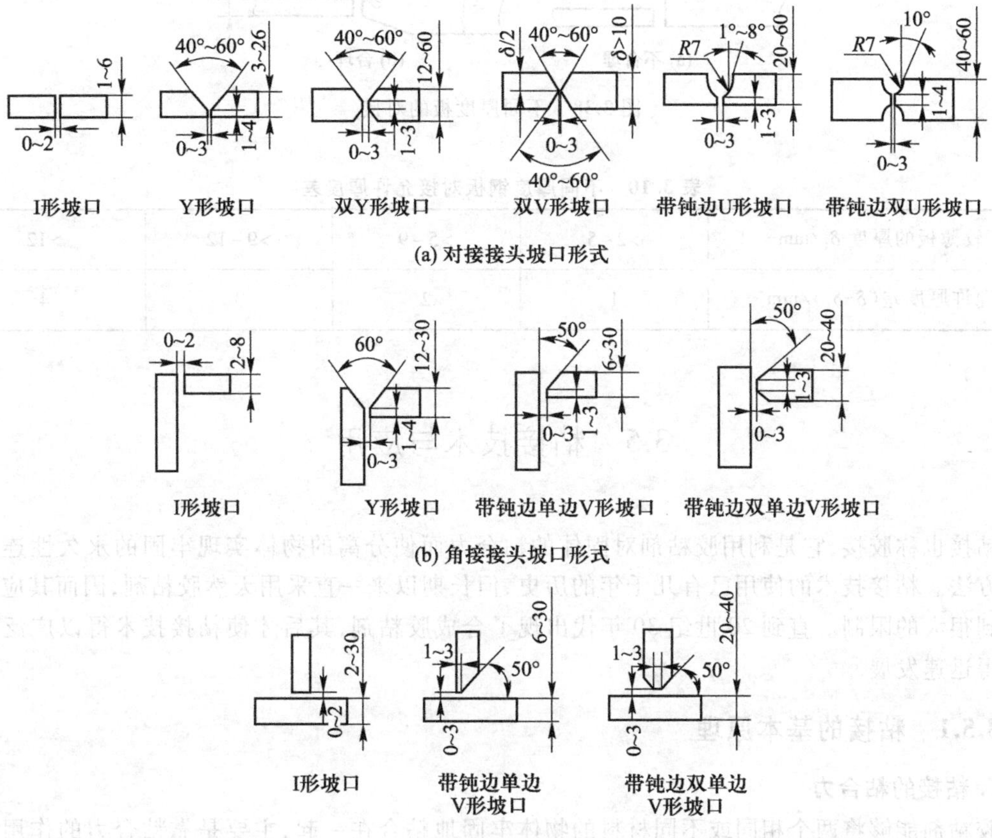

图 3.37　焊条电弧焊常见的坡口形式

焊条电弧焊板厚小于 6 mm 时，一般采用 I 形坡口；但重要结构件板厚大于 3 mm 就需开坡口，以保证焊接质量。板厚在 6 ~ 26 mm 之间可采用 Y 形坡口，这种坡口加工简单，但焊后角变形大。板厚在 12 ~ 60 mm 之间可采用双 Y 形坡口；同等板厚情况下，双 Y 形坡口比 Y 形坡口需要的填充金属量约少 1/2，且焊后角变形小，但需双面焊。带钝边 U 形坡口比 Y 形坡口省焊条，省焊接工时，但坡口加工较麻烦，需切削加工。

埋弧焊焊接较厚板采用 I 形坡口时，为使焊剂与焊件贴合，接缝处可留一定间隙。

坡口形式的选择既取决于板材厚度，也要考虑加工方法和焊接工艺性。如要求焊透的受力焊缝，能双面焊尽量采用双面焊，以保证接头焊透，变形小，但生产率下降。若不能双面焊时才开单面坡口焊接。

对于不同厚度的板材,为保证焊接接头两侧加热均匀,接头两侧板厚截面应尽量相同或相近,如图 3.38 所示。不同厚度钢板对接时允许厚度差见表 3.10。

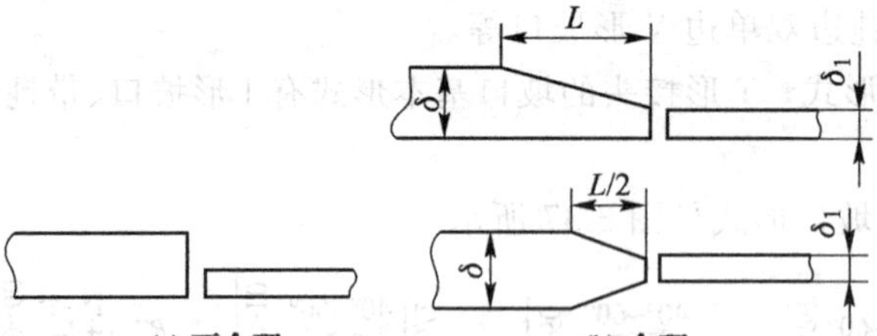

图 3.38　不同厚度板的对接

表 3.10　不同厚度钢板对接允许厚度差

较薄板的厚度 δ_1/mm	>2~5	>5~9	>9~12	>12
允许厚度差($\delta-\delta_1$)/mm	1	2	3	4

3.5　粘接技术与应用

粘接也称胶接,它是利用胶粘剂对固体的粘合力而使分离的物体实现牢固的永久性连接的成形方法。粘接技术的使用已有几千年的历史,但长期以来一直采用天然胶粘剂,因而其应用范围受到很大的限制。直到 20 世纪 30 年代出现了合成胶粘剂,其后才使粘接技术得以广泛应用并获得迅速发展。

3.5.1　粘接的基本原理

1. 粘接的粘合力

胶粘剂能够将两个相同或不同材料的物体牢固地粘合在一起,主要是靠粘合力的作用。粘合力的大小与胶层自身固化后的内聚力和胶层对被粘物表面的粘附力有关,并且由这两个力中的较小者所决定。当外力超过粘合力时,将使胶接接头破坏。如果内聚力小于粘附力,则破坏发生在胶层内部,称为内聚破坏;如果内聚力大于粘附力,则破坏发生在胶层与被粘物表面之间的界面上,称为粘附破坏;如果内聚力与粘附力相近,则破坏部分发生在胶层内,部分发生在粘附界面上,称为混合破坏。显然,最后一种情况最为理想,因为两种力的作用都得到了充分的发挥,达到了最高的粘合力。但实际上,内聚力通常要小于粘附力。

内聚力是胶粘剂内部分子之间的结合力,它取决于胶粘剂的性质、组成、配比和固化工艺等。胶层中存在的缺陷也会使内聚力降低,因此为了减小缺陷存在的概率,胶层宜薄一些为好。至于粘附力的形成,目前有以下几种理论对其加以解释。

2. 粘附力形成机理

(1) 机械结合理论　许多固体(如金属、材料、陶瓷等)的表面在被放大的条件下观察常常是粗糙多孔的，胶粘剂渗透到被粘物表面的这些细小孔隙中，固化后产生机械楔合作用而将其连接起来。该理论可以说明粗糙表面通常是比光滑表面有更好的粘接性的实验现象，但无法解释表面极光滑的物体也能很好的粘接的原因。

(2) 静电结合理论　该理论将胶粘剂与被粘物比作电容器，两者相互接触时像电容器的两个极板一样，产生正、负电的双电层，以静电引力作用而产生粘附力。静电理论能说明一些粘接现象(如胶层剥离时的带电现象等)，但难以解释很多非极性物质虽不能产生双电层，却也能很好的粘合的情况。

(3) 扩散理论　该理论主要适用于解释高分子材料之间的粘接。它认为通过胶粘剂分子向被粘物内部扩散，或双方形成互扩散，使二者的分子交织在一起而形成牢固结合。

(4) 吸附理论　该理论认为胶粘剂和被粘物的表面分子间相互吸引是形成粘附力的普遍原因。这种分子间的相互吸引主要来自于范德华力和氢键力的作用，因此，影响粘接强度的最主要因素是胶粘剂的极性和界面两相分子的接触点密度。有关研究已表明，在充分浸润以保证足够数量的分子接触时，胶粘剂与被粘物分子间的作用力可以提供足够的粘接强度。

综上所述，在各种粘接理论中，吸附理论能较好地反映粘接的本质，因而已被广泛接受。但对于不同物质的粘接而言，除了吸附机理在起作用之外，可能还有其他某种或某几种机理也在其中联合起作用。

3.5.2　胶粘剂

1. 胶粘剂的组成

胶粘剂的组成按照其来源不同而有较大差别，天然胶粘剂的组成比较简单，多为单一组分；合成胶粘剂则较为复杂，通常是以具有粘合作用的组分为基础加入多种添加剂而配制成的混合物。应用较多的是合成胶粘剂，其主要组分包括：

(1) 粘料　也称基料，是对胶粘剂的粘合作用和物理化学性质起主要作用的组分。粘料应满足如下要求：能够润湿被粘材料(即要有一定的流动性，如粘料本身能成为液态或能溶于溶剂中)，与被粘材料有良好的粘附性；具有一定的强度、韧性、耐热性、耐老化性等；对被粘材料不产生化学腐蚀。目前常用的粘料主要是一些合成高分子化合物，也有一些其他有机化合物和无机化合物。

(2) 固化剂　又称硬化剂，其作用是参与化学反应，使高分子化合物的分子结构由线型变成为网状或体型，从而使胶粘剂发生固化。

(3) 增韧剂　用于提高胶粘剂固化后的塑性和韧性，降低脆性。增韧剂按其是否参与固化反应而分为活性增韧剂和非活性增韧剂两类。

(4) 填料　用以改善胶粘剂的某些性能(如强度、抗老化性等)或降低成本。通常使用的填料有金属或金属氧化物粉末、非金属矿物粉末、玻璃或石棉纤维等。

(5) 稀释剂　用于降低胶粘剂的粘度，以便于涂胶施工。

此外，根据不同的需要，胶粘剂中还可以加入偶联剂(用以提高胶粘剂的粘附力)、促进剂(用以加快固化速度)、稳定剂、防老化剂和颜料等。

2. 胶粘剂的分类

根据胶粘剂的组分特点、主要用途、外观形态和固化方式等方面的不同，可有多种方法对其进行分类。

（1）按胶粘剂的粘料类型分类　可将胶粘剂分为有机胶粘剂和无机胶粘剂，其中有机胶粘剂又分为合成胶粘剂和天然胶粘剂。

（2）按胶粘剂的固化类型分类　可将胶粘剂分为反应型、溶剂型、热熔型和压敏型等胶粘剂。

1）反应型　此类胶粘剂是依靠化学反应而产生固化，这种化学反应是在粘料中加入固化剂，通过加热（或不加热）进行的。室温下呈粘流态的高分子化合物胶粘剂多属此类，如环氧树脂胶、酚醛-丁腈胶等。

2）溶剂型　胶粘剂中的溶剂从粘接面上挥发或由被粘物吸收而消失，剩下粘料等形成胶层而产生粘接力。某些可溶性的树脂或橡胶等可形成此类胶粘剂，如聚氯乙烯熔液胶、聚碳酸酯溶液胶等。

3）热熔型　此类胶粘剂以热塑料高分子化合物为主要成分，不含水或溶剂，通常呈颗粒状固体。粘接时将其加热熔融，然后经冷却而固化。如聚乙烯热熔胶、聚酰胺热熔胶等。

（3）按胶粘剂的外观形态分类　可将胶粘剂分为溶液型、乳液型、膏糊型、薄膜型（以纸、布等为基底，涂敷胶粘剂而成）、粉末型（如水溶性胶粘剂，使用前加水调匀）、颗粒型胶粘剂等。

（4）按胶粘剂的主要用途分类　可将胶粘剂分为结构胶粘剂、非结构胶粘剂、特种胶粘剂三类。结构胶粘剂有较高的粘接强度，可用于受力结构件的粘接；非结构胶粘剂用于不受力或只受次要力的部位；特种胶粘剂主要用于有特殊需要的场合，如耐高温、耐低温、导电、导磁等。

3. 胶粘剂的选用

目前，胶粘剂的品种及牌号很多，选用时应综合考虑以下几方面的因素：

（1）被粘物的材料种类、性质和使用条件　如热塑性塑料、橡胶制品等不能经受高温，应避免选用高温固化型胶粘剂；对于受力大的零部件，应选择粘接强度高的结构胶粘剂。

（2）被粘物的结构、尺寸和施工条件　如大型零件移动搬运困难，加热不便，不宜选用高温固化型胶粘剂；对于在流水生产线上加工的产品，应选用室温快干型胶粘剂。

（3）经济性和安全性　在其他条件允许的情况下，应优先选用成本低，施工方便，对人体健康和环境影响较小的胶粘剂。

3.5.3　粘接工艺

1. 粘接接头的设计

（1）粘接接头的受力形式　粘接接头的受力情况比较复杂，其中最主要的是机械力，其作用形式常见的有四种类型：剪切、拉伸、剥离和不均匀扯离，如图 3.39 所示。

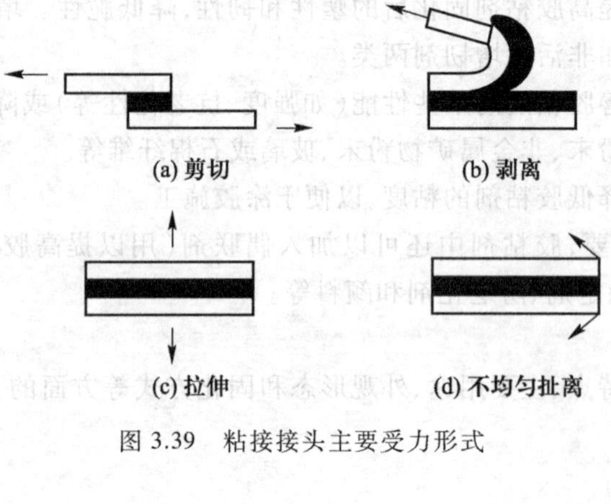

图 3.39　粘接接头主要受力形式

（2）粘接接头的类型　粘接接头的类型主要有：对接、斜接、搭接、槽接、套接、嵌接、角接、T形接头以及与其他连接方法并用的复合接头等，其中部分常见的接头类型如图 3.40 所示。

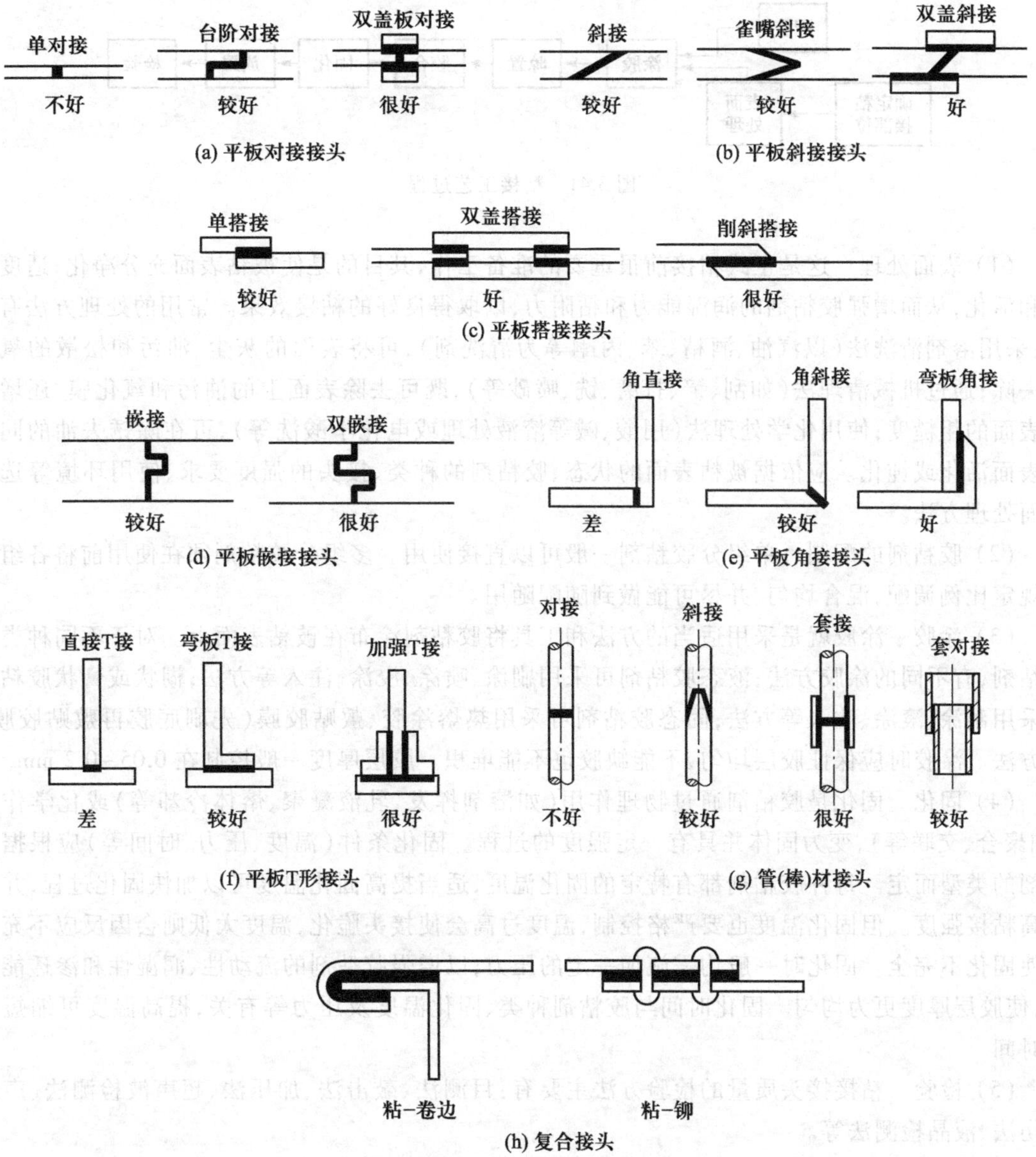

图 3.40　常见的粘接接头类型

为了提高粘接接头的承载能力，设计时应注意以下问题：

1）尽量使接头承受剪切应力，避免胶层承受剥离和不均匀扯离作用力。

2）尽量增大接头的粘接面积，如少用对接，尽可能采用搭接、槽接、斜接等。

3）对于受力较大的重要接头可采用复合接头，如粘-焊、粘-铆等接头。

2. 粘接工艺过程

粘接的工艺过程大致如图 3.41 所示，其中较重要的工序有表面处理、涂胶和固化等。

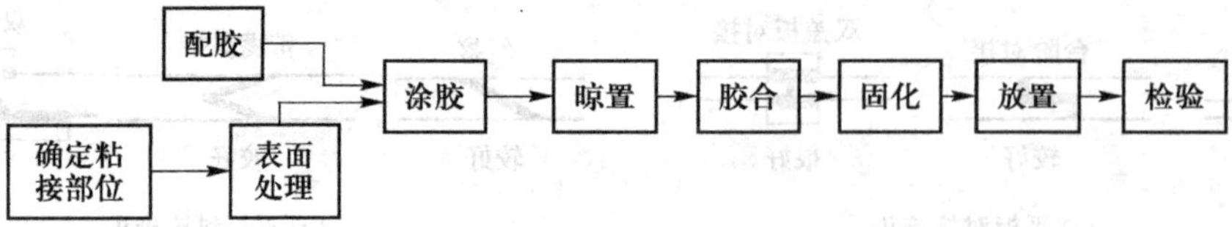

图 3.41　粘接工艺过程

（1）表面处理　这是正式粘接前很重要的准备工作，其目的是使被粘表面充分净化，适度粗化和活化，从而增强胶粘剂的润湿能力和粘附力，以取得良好的粘接效果。常用的处理方法有多种：采用溶剂清洗法（以汽油、酒精、苯、丙酮等为清洗剂），可将表面的灰尘、油污和松散的氧化膜去除；通过机械清理法（如刮、铲、打磨、铣、喷砂等），既可去除表面上的油污和氧化膜，还增加了表面的粗糙度；使用化学处理法（用酸、碱等溶液处理或电化学酸洗等），可在除锈去油的同时使表面活化或钝化。应依据被粘表面的状态、胶粘剂的种类、接头的强度要求、使用环境等选用表面处理方法。

（2）胶粘剂的配制　单组分胶粘剂一般可以直接使用。多组分胶粘剂须在使用前将各组分按规定比例调配，混合均匀，并尽可能做到随配随用。

（3）涂胶　涂胶就是采用适当的方法和工具将胶粘剂涂布在被粘表面上。对于不同种类的胶粘剂，有不同的涂胶方法：液态胶粘剂可采用刷涂、喷涂、浸涂、注入等方法；糊状或膏状胶粘剂可采用刮涂、滚涂、注入等方法；固态胶粘剂可采用热熔涂胶、敷贴胶膜（先刷底胶再敷贴胶膜）等方法。涂胶时应保证胶层均匀，不能缺胶也不能堆积。胶层厚度一般控制在 0.05~0.2 mm。

（4）固化　固化是胶粘剂通过物理作用（如溶剂挥发、乳液凝聚、熔体冷却等）或化学作用（如聚合、交联等），变为固体并具有一定强度的过程。固化条件（温度、压力、时间等）应根据胶粘剂的类型而定。每种胶粘剂都有特定的固化温度，适当提高固化温度可以加快固化过程，并能提高粘接强度。但固化温度也要严格控制，温度过高会使接头脆化，温度太低则会因反应不充分而使固化不完全。固化时一般均需施加一定的压力，以增强胶粘剂的流动性、润湿性和渗透能力等，使胶层厚度更为均匀。固化时间与胶粘剂种类、固化温度及压力等有关，提高温度可缩短固化时间。

（5）检验　粘接接头质量的检验方法主要有：目测法、敲击法、加压法、超声波检测法、声阻探伤法、液晶检测法等。

3.5.4　粘接的特点与应用

1. 粘接的特点

粘接是一种发展前景良好的连接成形方法。与焊接等方法相比，它具有以下主要优点：

（1）适用范围广。粘接一般不受材料种类、形状、厚薄、大小的限制，可粘接同种或异种材料，可粘接薄壁、微小、硬脆的零件，可粘接复杂或热敏的制件等。

（2）粘接接头重量轻，变形小，外表光滑美观。

（3）接头应力分布均匀。由于粘接时不受高温热作用，避免了因组织转变和残余应力等对接头的不良影响，减少了应力集中，提高了耐疲劳性能。

（4）粘接接头不仅密封性良好，而且具有绝缘、防潮、耐蚀、减振、阻热、隔音等性能，并可防止金属的电化学腐蚀。

（5）工艺温度低，操作方便容易，设备简单，成本较低。

粘接的主要缺点是，接头的耐热性较差，使用温度受到限制（一般长期使用温度在150℃以下）；接头强度不够高，一般难以达到母材的强度；有些胶粘剂的耐老化性差，接头使用寿命较低。

2. 粘接的应用举例

粘接技术在工业领域中的应用正越来越广泛。在航空航天工业和地面交通工具的生产中，粘接已成为一种重要的连接方法，尤其被大量用于各种板料零件和蜂窝结构的连接。用粘接工艺制造蜂窝结构具有较高的比强度和比刚度，而且表面平滑、密封、隔热、隔音，其耐疲劳性比铆接提高5~10倍。在电子工业中，从集成电路芯片，电子元件到家用电器和大型电气设备的制造，都广泛地应用了粘接技术，例如，微型线圈成形固定、电冰箱隔热材料与壳体的粘接、音响设备中扬声器的粘接等。在机械制造中，粘接可用于修复有缺陷的铸件和使用中发生磨损或破损的轴、孔、导轨等零件，可用于装配连接各种刀具、模具和量具等。例如，通过粘接代替焊接实现刀片与刀体的连接，不仅操作方便，而且能节省刀具材料，提高刀具的使用寿命。而在冲模的导柱、导套与固定板的连接中，采用粘接取代传统的过盈配合，可降低加工精度，减少成本，提高生产率。

思考题与习题

3.1 熔焊时，如果高温焊接区暴露在空气中，会有什么结果？为保证焊缝质量可采取哪些措施？

3.2 分析铸造热应力和焊接应力在产生原因、残余应力分布规律、减小应力及消除应力的方法等方面的异同处。

3.3 焊接变形有哪几种基本形式？如何控制和矫正焊接变形？

3.4 比较下列钢材的焊接性：15、Q345、Q390、ZG270-500。

3.5 为了避免大气的不良影响，能否在真空环境中进行电弧焊？为什么？

3.6 焊接电弧的构造及温度分布是怎样的？在什么情况下，应注意电弧的极性和接法？

3.7 埋弧焊与手弧焊相比有哪些优点？其工艺有何特点？应用有何限制？为什么？

3.8 说明下列焊丝、焊条牌号的含义：J422、J427、J507、H08、H08MnA。

3.9 气体保护焊的主要特点是什么？常用的保护气体有哪些？

3.10 氩弧焊焊接生产有何特点？其应用范围如何？

3.11 CO_2 气体保护焊有何优缺点？其应用范围如何？

3.12 等离子弧焊、激光焊和电子束焊与传统的熔焊方法相比有哪些独特的优点？

3.13 电阻焊可分为哪几类？它们各有何特点？

3.14 钎焊与熔焊的主要区别在哪里？与熔焊相比，钎焊有哪些主要优缺点？适用于什么场合？

3.15 试比较焊条药皮、埋弧焊焊剂、电渣焊焊剂和钎焊钎剂作用的异同。

3.16 为什么焊接性较好的低碳钢厚板有时会出现焊接裂纹？采取哪些措施可防止发生裂纹？

3.17 什么叫晶间腐蚀？焊接奥氏体不锈钢时，在什么温度范围内较长时间停留容易产生晶间腐蚀？为什么？

3.18 制造下列焊件，应分别采用哪种焊接方法和焊接材料？应采取哪些工艺措施？

（1）壁厚 60 mm、材料为 Q345 的压力容器；

（2）壁厚 15 mm、材料为 Q235 的大型减速器箱体；

（3）壁厚 8 mm、材料为 1Cr18Ni9 的化工管道；

（4）壁厚 2 mm、材料为 15 钢的油箱。

3.19 请为以下工件选择最佳的焊接方法：壁厚 16 mm 的 Q345 锅炉筒体（批量生产）；采用 4 mm 的 Q235 角钢焊接的厂房屋架；对接 ϕ20 mm 的 45 钢轴；自行车轮钢圈（批量生产）；自行车车架（批量生产）；2 mm 铝合金板焊接容器；硬质合金铣刀头与 45 钢刀体的焊接。

3.20 下列两个灰铸铁件需要进行焊补，应采用何种焊接方法及选用何种焊条？

（1）机床床身导轨面因碰撞而产生的小凹坑；

（2）机床床头箱箱壁上的铸造缩孔。

3.21 焊接铝、铜及其合金时的主要困难是什么？适宜的焊接方法有哪些？

3.22 设计焊接结构时，焊缝的布置应考虑哪些因素？试归纳总结出焊缝布置不合理时可能产生哪几方面的不利影响。

3.23 试分析图 3.42 所示的各焊接结构的焊缝布置是否合理，若不合理应如何修改。

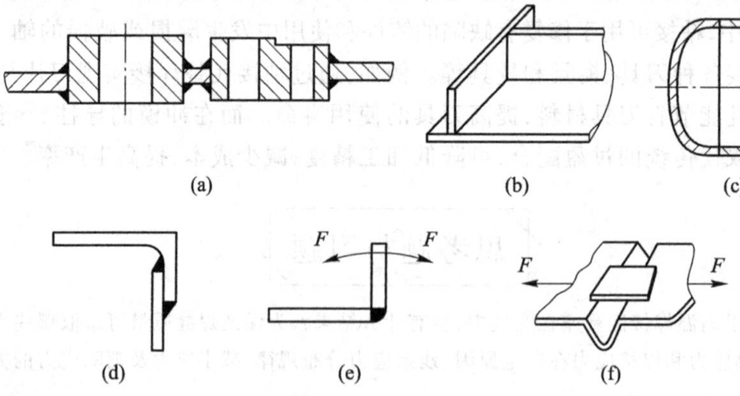

图 3.42 题 3.23 图

3.24 某低压容器结构如图 3.43 所示，罐体材料为 15 mm 厚低碳钢，接管尺寸 ϕ90 mm×12 mm，生产 50 台。试确定焊缝 A、B、C 的焊接方法、接头形式和坡口形式。

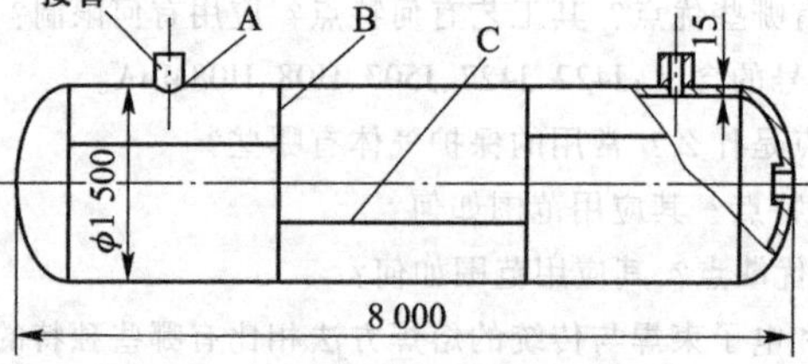

图 3.43 题 3.24 图

3.25 粘接的基本原理是什么？试比较粘接与钎焊的异同点。

3.26 胶粘剂的主要组分有哪些？它们分别在胶粘剂中起什么作用？

3.27 粘接工艺过程一般包括哪些步骤？粘接之前为什么要进行表面处理？

3.28 粘接与其他连接成形方法相比有哪些特点，试举例说明。

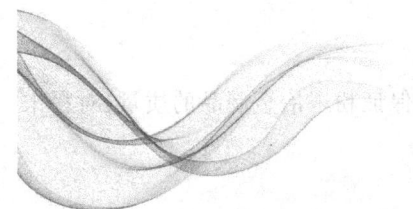

第4章 粉体材料成形

本章教学目标

知识获取：理解粉末冶金和陶瓷材料成形的基本原理，了解常用的粉末冶金和陶瓷材料成形方法的工艺过程、特点及应用范围，了解粉末冶金零件结构工艺性的基本知识，了解粉末冶金和陶瓷材料成形的新技术与新工艺。

能力达成：具有分析和判断粉体材料成形性能好坏的基本能力，具有正确选择粉末冶金和陶瓷材料成形方法的初步能力，具有分析粉末冶金零件结构工艺性的初步能力。

粉体材料成形主要包括粉末冶金和非金属陶瓷材料制品的成形加工。它们所用的原材料均为粉体，因此要经历制粉、筛分与混合等工艺，再经过成形和烧结后获得制品。为了提高强度或者获得某些特殊使用性能，往往还需要进行后处理。材料的粉体成形与液态成形或固态塑性成形相比具有其自身独特的优势，特别是它可以方便地通过改变其组分或各组分间的相对含量，制造出各种不同性能的材料。

陶瓷是历史悠久的非金属材料，它的成形可以追溯到大约8 000年前新石器时代的古陶器制作工艺，其后的技术发展经历过几次大的飞跃，即大约4 000年前由陶器向瓷器的转变，进入20世纪开始的由传统陶瓷到现代陶瓷的发展，以及当前正在不断开发的纳米陶瓷制造技术。粉末冶金的历史在我国始于2 500多年前的春秋末期用块炼铁（即海绵铁）锻造法制造铁器时，然而现代粉末冶金技术的诞生至今只有大约100年的时间，其标志性事件是1909年发明的用钨粉制造白炽灯灯丝。粉体成形技术在近几十年来进步很快，正向着更高级的新材料、新工艺的方向发展，现已成为材料成形加工的一类重要方法。

4.1 粉末冶金基本原理

粉末冶金是将具有一定粒度及粒度组成的金属粉末或金属与非金属粉末，按一定配比均匀混合，经过压制成形和烧结强化及致密化，制成材料或制品的工艺技术。它是冶金学和材料成形工艺的交叉技术，又被称为金属陶瓷法。

粉末制备、压制和烧结是粉末冶金过程中三个基本工序，在很大程度上决定着粉末冶金材料及制品的质量与性能，因此有必要对与其相关的工艺原理加以了解。

4.1.1　金属粉末的性能

粉末冶金用的粉末以金属为主,包括部分非金属粉末。为保证粉末冶金制品的质量,对粉末的物理化学性能和工艺性能等都有一定的要求。

1. 粉末粒度

粉末粒度直接影响制品的性能,尤其对硬质合金、陶瓷材料等,要求粉末越细越好。但制造过细粉粒比较困难,成本较高。粒度有专门的测定方法,如筛分析法、显微镜法、激光衍射法及沉降法等。筛分析法有标准筛制和非标准筛制,我国实行的是国际标准筛制,其单位是“目”。目数是指筛网上 1 in(25.4 mm)长度内的网孔数,标准筛系列是 32、42、48、60、65、80、100、115、150、170、200、270、325、400 目,其中最细的是 400 目。

2. 流动性

粉末流动性主要取决于粉粒之间的摩擦系数。而摩擦系数又与粉粒形状、粒度、粒度组成以及表面吸收水分和气体量等情况有很大关系。粉粒越细,流动性越差;粉粒越趋于球状,流动性越好。粉末流动性的测定采用专用的粉末流动仪,取一定量的粉末,记录其在粉末流动仪中自由下降到流完后所需要的总时间。时间愈短,流动性愈好。

3. 粉末的压制性能

包括压缩性与成形性。压缩性是用压制前后粉末体积的压缩比来表示,受粉末硬度、塑性变形能力及加工硬化性能的影响。成形性是用压坯的抗弯强度或抗压强度作为试验指标,它与粉末的物理性质有关,且受粒度、粒形与粒度组成的影响。在粉末中加入少量润滑剂或压制剂,如硬脂酸锌、石蜡、橡胶等,可以改善成形性。

4. 松装密度

松装密度是指单位容积自由松装粉末的重量,由粉末粒度、粒形、粒度组成以及粒间孔隙大小决定。

4.1.2　粉末压制原理

压制成形就是松散的粉末原料在压模内经受一定的压力后,成为具有一定尺寸、形状和一定密度、强度的压坯。粉末压制的过程和机理如下。

(1) 粉末受到压力后,粉末颗粒间发生相对移动,进行重排,颗粒填充孔隙,颗粒间的架桥现象被部分消除,接触面积增大,使粉末体的体积减小,密度随压力的增加而急剧增加,粉末颗粒迅速达到最密集的堆积,如图 4.1 中实线Ⅰ所示。

(2) 当密度达到一定数值后,对于硬而脆的粉末而言,即使再加压其孔隙度不能再减少,密度不随压力增高而明显增加,如图 4.1 中实线Ⅱ所示。对于塑性好的粉末,如 Cu、Sn、Pb 等粉末,粉末接触部分相继发生弹性变形和塑性变形,接触面积不断增大,加压过程的能量主要消耗在粉粒的变形上,小部分消耗于粉粒与模壁之间的摩擦,因而加压过程中除了摩擦力外,又产生了剪切力,增大了加压的粉粒之间的接触。同时由于粉粒表面的氧化膜与吸附气体层的破坏,接触面积

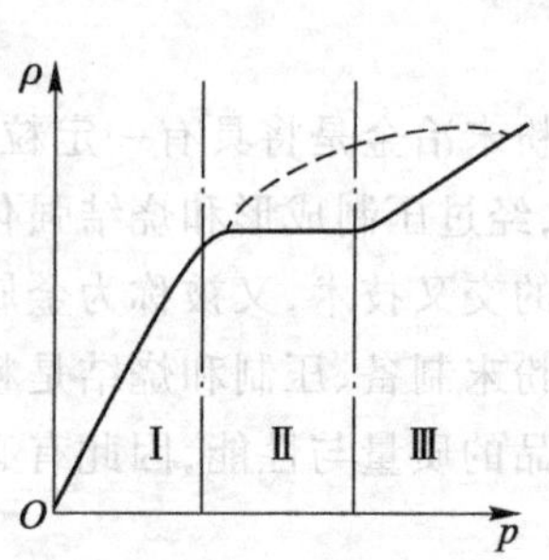

图 4.1　压坯密度 ρ-成形压力 p 曲线

进一步增大，粉粒之间可能发生原子的相互扩散，原子间的作用力增大，密度增加，如图 4.1 中虚线Ⅱ所示。塑性粉体塑性变形的大小取决于粉末材料的延性，但坯体密度还与粉末的压缩性能有关。此阶段由于塑性粉末产生弹塑性变形，同时伴随有加工硬化现象。

（3）当压力增大到一定程度时，脆性粉粒或产生加工硬化的脆化塑性粉体，发生严重的脆性断裂，粉粒表面凸凹不平产生机械啮合力，使粉末之间的结合进一步牢固，压坯密度增大，强度增加，如图 4.1 中实线Ⅲ所示。此时塑性粉粒压坯密度随压力增高的幅度趋于减缓，表明加工硬化效果逐渐明显，如图 4.1 中虚线Ⅲ所示。

实际上，在压制过程中这三个阶段并不是界限分明的，常常是相互交叉发生的。

4.1.3 烧结原理

粉末集合体在一定温度下进行加热，粉末相互结合并发生收缩与致密化的过程称为烧结。粉末原料的表面积较大，因此具有较高的表面能；同时由于粉末表面与内部存在各种缺陷，及制粉与粉末压制过程中出现的应变能，使得粉末集合体的总内能比较高，处于不稳定状态，粉末力求降低能量，向稳定状态转化，这就是烧结过程得以进行的原动力。由于粉末冶金制品组成成分与配方不同，烧结过程分为固相烧结与液相烧结两种。

1. 固相烧结原理

固相烧结时粉粒在烧结温度下（$2/3\ T_K \sim 3/4\ T_K$）无液相出现，仍然保持固态。在烧结过程中，第一阶段是粘接和致密化阶段。粉末坯料中一般含有百分之几十的气孔，颗粒之间在表面能的推动下由点接触发展到结合面的不断增加。物质通过不同的扩散途径和机理向颗粒间隙和气孔部位填充，细小的颗粒之间开始逐渐形成晶界，并不断扩大其面积，颗粒之间相邻的晶界相遇，形成晶界网络，连通的气孔不断缩小。通过晶界移动，晶粒逐步长大。直至气孔相互不再连通，形成孤立的气孔分布于晶界，如图 4.2 所示。第二阶段为孔隙的收缩阶段。随着烧结的继续进行，晶界上的物质继续向气孔扩散填充，使致密化继续进行。同时晶粒继续均匀长大，气孔随晶界一起移动，直至致密化完成。第三阶段，就只有晶界移动和晶粒的长大过程。晶粒的长大是晶界移动的结果，曲率半径愈小，移动就愈快。同时出现气孔迁移速率显著低于晶界迁移速率的现象，这时气孔脱开晶界，被包裹到晶粒内。此后由于气孔的缩小和排除变得困难，致密度不变，但晶粒尺寸还会不断长大，甚至会出现少数晶粒的急剧长大的现象，使残留气孔包到大晶粒中，因此会有部分的残留小孔隙不能被消除。

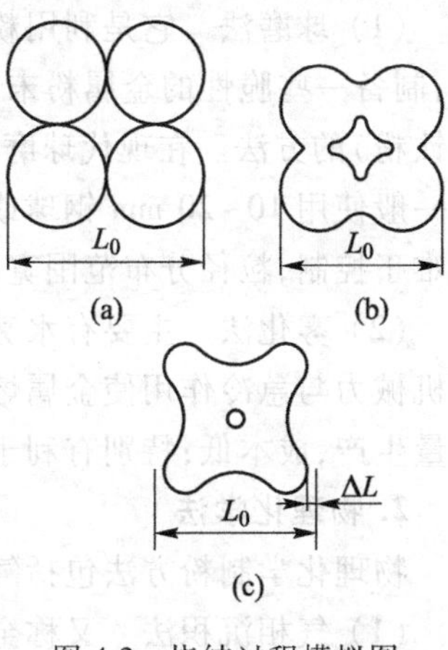

图 4.2　烧结过程模拟图
a→b 孔隙改变形状；
b→c 粉粒形状改变并收缩

2. 液相烧结原理

液相烧结时烧结温度超过了其中某种组成粉粒的熔点，高温下出现固液两相并存状态，但液相并不处于完全自由流动状态，固相粉粒也不完全溶解于液相之中。烧结初期在不溶解的条件下，液态组元润湿了固相粉粒的表面，形成薄膜，并把孔隙填满，烧结体组织致密化。继续保温，则固相粉粒开始在周围液膜中溶解，因而不断提高致密度，使烧结体进一步收缩。烧结体的质量与固液两相粉粒的湿润性有直接的关系，润湿性好，则固相粉粒周围的液膜完整，孔隙被填充的比较完善，烧结体致密。同时烧结体的显微组织中各个相的分布比较均匀，否则，各相各自集中，造成显微组织的严重不均匀。为保证良好的湿润效果，配料时要注意控制液相的相对量不要过小。

4.2 粉末冶金工艺过程

粉末冶金成形可以制造出不需切削加工的各种精密机械零件，可以制造通常熔铸工艺难以生产的高熔点金属材料；也可以生产各组元在液态时互不相溶的假合金材料；还可以生产特殊结构材料及复合材料，如含油轴承、过滤器、含有难熔化合物的金属陶瓷材料、弥散强化型材料等。但粉末冶金成形也有一定的局限性：受压制设备、烧结设备限制，零件尺寸不宜太大；成形过程中粉末的流动性较差，对零件的结构工艺性有一定的要求；粉末冶金产品是多孔性制品，其强度低于相应的锻件和铸件；由于粉末制取和模具制造成本较高，仅适用于大批量生产。

粉末冶金材料及制品的基本生产工艺过程是：粉末制备、粉末的预处理、压制成形、烧结，以及一些后处理工序（如整形、浸渍、复压、复烧、热处理等）。

4.2.1 粉末的制备

根据工作原理的不同，粉末制备方法可分为机械法和物理化学法两大类。

1. 机械法

机械制粉方法包括球磨法、雾化法、旋涡研磨法、超声波粉碎法、爆破法等。

（1）球磨法　它是利用粉末颗粒与球之间强烈、频繁的碰撞，产生颗粒间反复的冷焊和断裂，制备一些脆性的金属粉末（如铁合金粉），或者经过脆化处理的金属粉末（如经氢化处理变脆的钛粉）的方法。在现代球磨技术中，有滚筒式球磨、振动球磨、搅拌球磨，还有高能球磨。球磨法一般使用 10~20 mm 钢球或硬质合金球，其优点是生产成本低，但杂质易于混入，粉末粒子形状难于控制，粒径分布范围宽，粒子易团聚。

（2）雾化法　主要有水雾化和气雾化，即用高压气体（如压缩空气）或液体（如水）喷射，通过机械力与急冷作用使金属熔液雾化，获得颗粒大小不同的金属粉末。此法工艺简单，可连续、大量生产，成本低；特别有利于制造合金粉，应用较广；但一般有氧化现象。

2. 物理化学法

物理化学制粉方法包括气相沉积法、液相沉积法、还原法、电解法、化学置换法等。

（1）气相沉积法　又称金属蒸气冷凝法，主要用于制取低熔点金属如 Zn、Pb 粉末。这些金属具有较强的挥发性，蒸气压大，将 Zn、Pb 的金属蒸气在冷凝面上冷凝下来可得到很细的粉末。气相沉积法包括物理气相沉积法和化学气相沉积法两种。物理气相沉积法（PVD）是用电弧、高频、激光或等离子体等手段加热原料，使之汽化或形成等离子体，然后骤冷在钟罩壁上，使之凝结成 1~100 nm 的粉末。化学气相沉积法（CVD）是先形成挥发性金属化合物蒸气，然后发生气相化学反应而沉积。

（2）液相沉积法　将 Fe、Ni 粉与 CO 反应，形成气体产物后，经冷凝制成液态的羰基铁物 $Fe(CO)_5$、羰基镍物 $Ni(CO)_4$，将其在低温下加热，经 180~250 ℃热分解沉淀出纯铁粉、纯镍粉，称为羰基铁或羰基镍。沉淀后再经过滤、洗涤、干燥获得粉末。

(3) 还原法　用还原剂还原金属氧化物或盐类,使其成为金属粉末的方法。此法工艺简便,成本较低,是最常用的制取金属粉末(如铁粉、钨粉等)的方法。

3. 粉末制备的先进技术

(1) 机械合金化　机械合金化是利用高能球磨技术,使不同成分的粉末在球磨桶中被球磨、碰撞,发生塑性变形并冷焊合,形成复合粉,经进一步球磨,促进不同成分之间发生扩散和固态反应,在原子量级水平上实现合金化,形成合金粉的方法。也可以在金属粉末中加入非金属粉末来实现机械合金化。关于机械合金化的研究虽然取得了很大进展,但由于其过程的复杂性,常规的平衡相图已不适用,并且非平衡体系的机械合金化理论尚未成熟,对此方法的研究尚处于实验阶段,大多停留在过饱和固溶体合金的制备及性能分析上。目前采用机械合金化生产的粉末主要有镍基、铁基高温合金及一些非晶材料等。

(2) 快速冷凝技术　快速冷凝技术是雾化技术的发展,目前已进入工业化生产阶段。制取快速冷凝粉末的方法有:旋转阳极法、旋转盘雾化法、旋转杯雾化法(冷速为 $10^4 \sim 10^6$ K/s),如图 4.3 所示;以及熔体喷纺法、熔体沾出法(冷速为 $10^6 \sim 10^8$ K/s)等。

旋转阳极法是将金属制成自耗阳极,以大约 250 r/s 转动。在电弧、等离子弧或电子束的作用下,金属熔化并在离心力作用下以液滴形式甩出。转速越高,冷却越快,则粉末尺寸越小。冷速为 10^5 K/s 时其尺寸可达 100 nm。快冷可提高固溶度,细化晶粒,并获得少、无成分偏析的合金。

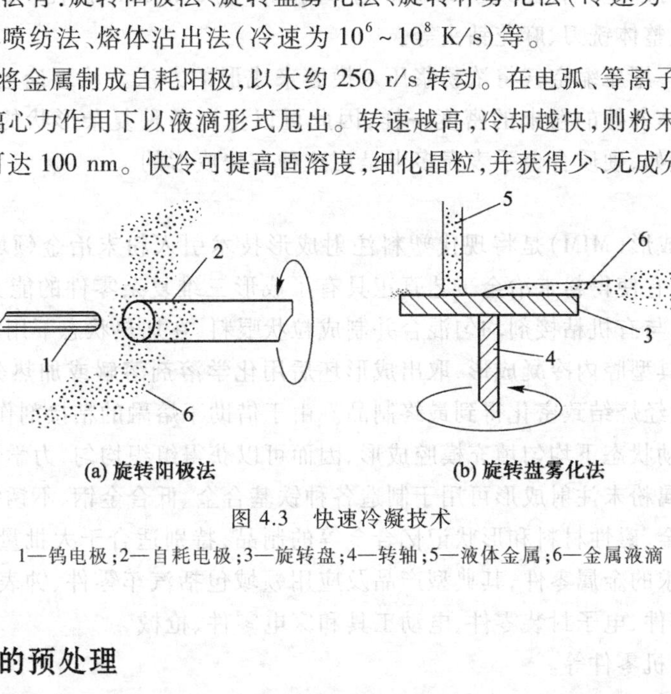

(a) 旋转阳极法　(b) 旋转盘雾化法

图 4.3　快速冷凝技术

1—钨电极;2—自耗电极;3—旋转盘;4—转轴;5—液体金属;6—金属液滴

4.2.2　粉末的预处理

粉体成形前需要进行一定的预处理,包括退火、筛分、混合、制粒等。

退火可使氧化物还原,降低碳和其他杂质的含量,提高粉末纯度,消除粉末的加工硬化等。用还原法、机械研磨法、雾化法、电解法等制取的粉末均需退火处理。

筛分是将颗粒大小不均的原始粉末进行分级,通常用标准筛网筛进行筛分。

混合是将两种或两种以上的不同成分的粉末均匀混合的过程。而将成分相同而粒度不同的粉末进行混合则称为合批。混合质量对粉末冶金过程及制品的质量影响很大。

制粒是为改善粉末的流动性而将小颗粒的粉末制成大颗粒或团粒的工序。

4.2.3 粉体成形

粉体成形是将松散的粉末紧实成具有所要求的形状与尺寸以及适当强度的坯体的过程。现已发展出了多种粉体成形的方法。

1. 压制成形

(1) 模压成形　将松散的粉末装入模具内,在模具内受压成形。一般在普通机械压力机或液压机上进行,常用压力机吨位为 500~5 000 kN,分为热压或冷压成形。模压成形的特点是压坯密度分布不均匀。生产中可通过降低模具内壁粗糙度值,降低模具高径比,采用双向压制等方法改善压坯密度不均匀性。模压成形是粉末冶金生产中最基本和应用最广的成形方法。

(2) 挤压成形　通过挤压机的螺旋或活塞将坯料经过机头模具挤压出来,成为要求形状的坯体。挤压成形很早就已被引入硬质合金生产中,是一种产量大,生产效率与自动化程度高的成形方法。各种管状、柱或棒状等断面形状规则的产品,都可采用挤压成形,坯体的长度可根据需要进行切割。现已可以生产直径大于 30 mm 的棒材和外径 0.45 mm、内径 0.2 mm 的管材。还可以生产深孔钻钻头、整体铣刀、麻花钻头等。

(3) 压注成形　用压缩空气将浓粉浆压入模腔来成形的方法。从理论上说,它可以使任何一个形状复杂的坯体各处的粉末的密度一样,因此可以生产各种复杂形状的制品;而且操作简便,生产效率高。例如,硬质合金手表壳多半是用这种方法成形的。

2. 注射成形

金属粉末注射成形(MIM)是将现代塑料注射成形技术引入粉末冶金领域而形成的一种先进的粉末成形方法,它使得粉末冶金工艺真正具有了成形三维复杂零件的能力。其主要工艺过程是:先将金属粉末与有机粘接剂均匀混合并制成粒状喂料,在加热状态下用注射成形机将喂料以流体形式注入模具型腔内冷凝成形,取出成形坯后用化学溶剂溶解或加热分解的方法将其中的粘接剂脱除,最后经烧结致密化得到最终制品。由于借助于熔融的粘接剂作为载体,使得金属粉末能在良好的流动状态下均匀填充模腔成形,因而可以获得组织均匀、力学性能优异的高精度近净成形零件。金属粉末注射成形可用于制造各种铁基合金、低合金钢、不锈钢、工具钢、钨基合金、钛合金、硬质合金、磁性材料和形状记忆合金等的制品,特别适合于大批量生产小型、复杂形状以及具有特殊要求的金属零件,其典型产品及应用领域包括汽车零件、钟表零件、医疗器械零件、计算机及外设零件、电子封装零件、电动工具和家电零件、枪械零件、航空航天发动机零件等。

3. 其他成形方法

(1) 等静压成形　借助高压泵的作用把流体介质(气体或液体)压入耐高压的钢体密封容器内,高压流体的静压力直接作用在橡胶模套内的粉体上,使粉末体在各个方向均衡受压而获得密度分布均匀和强度较高的压坯的方法。

(2) 轧制成形　金属粉末通过漏斗进入转动的轧辊缝中,形成具有一定厚度的连续的板带坯料的成形方法。轧制成形可生产双金属或多层金属板带材,长度不受限制,制品密度均匀,成材率高,如图 4.4 所示。

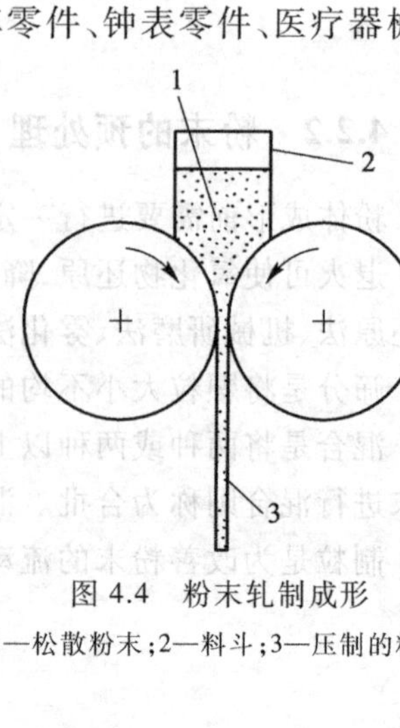

图 4.4　粉末轧制成形

1—松散粉末;2—料斗;3—压制的粉末

(3) 爆炸成形　利用炸药爆炸时产生的瞬间冲击波,通过模具或液体介质作用于金属粉体而成形的方法。爆炸成形有利于制造高密度的制品和难于成形的粉末。

4.2.4　烧结

烧结是将粉末坯体按一定的规范加热到规定温度并保温一段时间,使其内部结构发生一系列物理化学变化并获得所需性能的工序。

1. 烧结方式

根据烧结机理将烧结分为两种方式:固相烧结和液相烧结。粉末压坯各组元在高温下烧结时始终保持固态,为固相烧结,如粉末冶金高速钢、铁粉制品等。当烧结温度超过了压坯某组元的熔点时,粉末压坯出现固、液共存状态,则为液相烧结,如钨钴硬质合金(钴为液相)、铜-铅轴承合金(铅为液相)、青铜含油轴承(锡为液相)等。

2. 影响烧结质量的因素

烧结过程中,制品质量受到多种因素影响,主要有烧结温度、保温时间、保护气氛等。

较高的烧结温度可促使粉粒间的原子扩散易于进行,从而提高烧结体强度与硬度,但过高的温度会导致粉粒表面氧化、晶粒粗大或压坯变形,产生过烧现象。

烧结保温时间也影响制品质量,可视具体情况根据经验确定。一般来讲,保温时间长,有利于原子扩散,孔隙减少,密度增加;但保温时间过长,也会导致粉粒的氧化,对于液相烧结,可能还会使液相从压坯表面渗出。

为了防止压坯氧化,烧结通常是在保护性气氛或真空连续式烧结炉内进行,常用的保护气体有氢、分解氨、发生炉煤气及惰性气体等。

3. 致密化技术

为了进一步提高材料的密实度,发展了多种自蔓延高温合成(SHS)材料的合成与致密化同时进行的一体化技术。SHS 技术不是靠外部能量加热,而是利用化学反应造成材料内部快速自燃,使坯体在燃烧过程中发生烧结。该技术最显著的特点是合成过程中燃烧温度高(可高达 5 000 K)、反应带中温度梯度大(达 10^5 K/cm)和燃烧波速度快(可达 25 cm/s)。因此,SHS 方法与传统的材料合成方法相比具有许多优点,主要表现在:可将一些杂质在合成过程中挥发掉,有自纯作用,可获得高纯的合成产物;可将合成与密实化合为一体;在较低的温度下易于烧结,且烧结的材料具有较好的性能;工艺设备简单,能耗少。下面简单介绍几种先进的 SHS 致密化技术。

(1) SHS 等静压致密化技术　如图 4.5 所示,反应物粉料经冷等静压成压坯,然后密封在一个带硅橡胶帽的金属包套中,放在高压釜内在液体压力下点燃。当 SHS 反应结束后,材料在介质的高压作用下自动密实化。其特点是成本低廉,但存在材料致密度不高、残余孔隙多的问题,只适合于制备小试件,且设备复杂、投资大。

(2) SHS 爆炸冲击加载密实化技术　如图 4.6 所示,将反应物压坯放在中间挖空的石膏模中,利用炸药爆炸驱动加压板,对点燃后发生合成的样品施加冲击载荷,并可使反应后的样品保温,同时防止杂质渗入样品,排除反应气体。

(3) SHS 锻压密实化技术　在 SHS 反应产物还处于红热状态时,利用外界冲击力使材料密实化,如图 4.7 所示。其优点是比爆炸法安全,可获得接近产品形状的制品,可连续生产,生产率高;缺点是压坯边缘有时开裂。

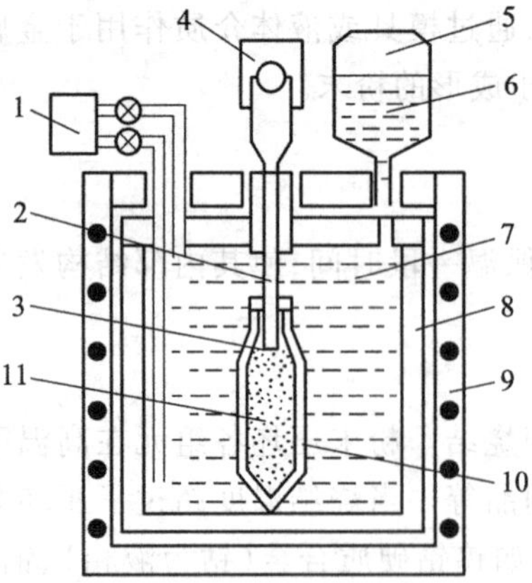

图 4.5 SHS 液体等静压装置示意图

1—泵;2—电线;3—燃烧器;4—电源;5—气体;
6—贮存器;7—液体;8—高压容器;
9—加热设备;10—金属包套;11—反应物

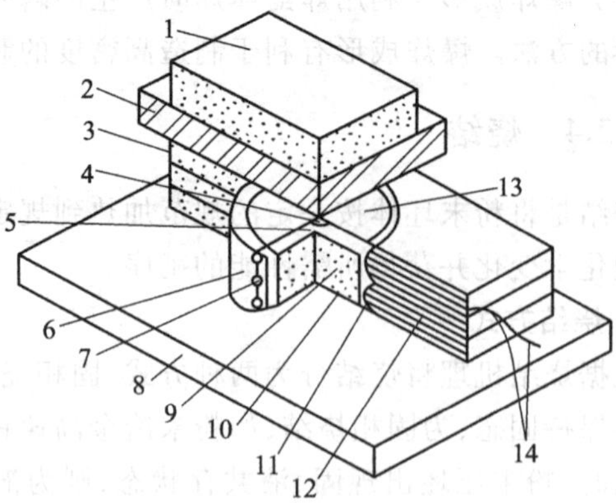

图 4.6 SHS 爆炸冲击加载装置示意图

1—炸药;2—硬钢加压板;3—石膏;4—电导火线;
5—点火剂;6—软钢套;7、12—排气孔;
8—硬钢台座;9—样品;10、13—氧化锆毡;
11—GRAFOIL 板;14—导火线引线

(4) 气压致密化技术　又称气压燃烧烧结(简称 GPCS)。该技术是将 SHS 反应物坯料置于高压气氛中,点燃混合物料,诱发反应物压坯发生反应,利用环境压力使材料致密化,如图 4.8 所示。气压致密化技术的优点在于不需添加烧结助剂,即可在极短的时间内(一般为几分钟),使高熔点化合物烧结致密,因而被誉为"陶瓷合金化方法"。更可贵的是制造宏观成分不均匀的梯度材料时,能同时满足各组元的烧结条件。该方法存在的不足之处是:受高压设备的限制,产品尺寸小;材料内部残余孔隙较多,材料致密度普遍小于 95%。

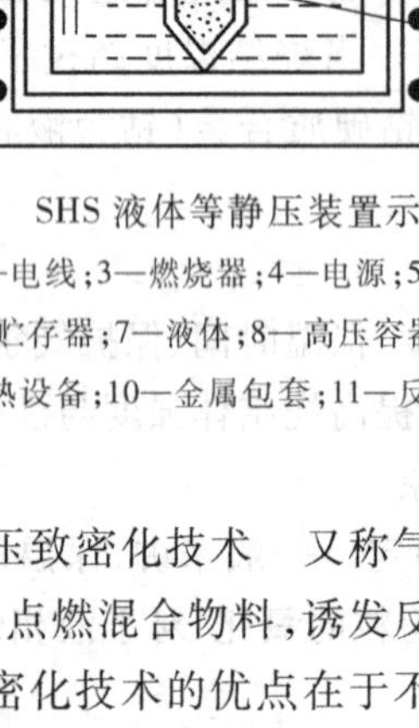

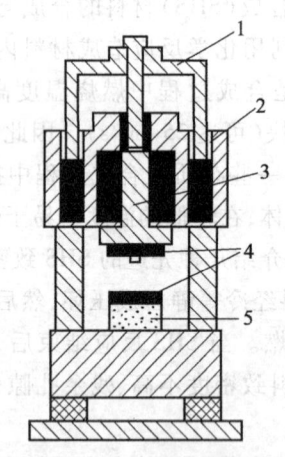

图 4.7 SHS 锻压装置示意图

1—提升顶;2—气压源;3—锻锤;
4—冲模;5—反应物

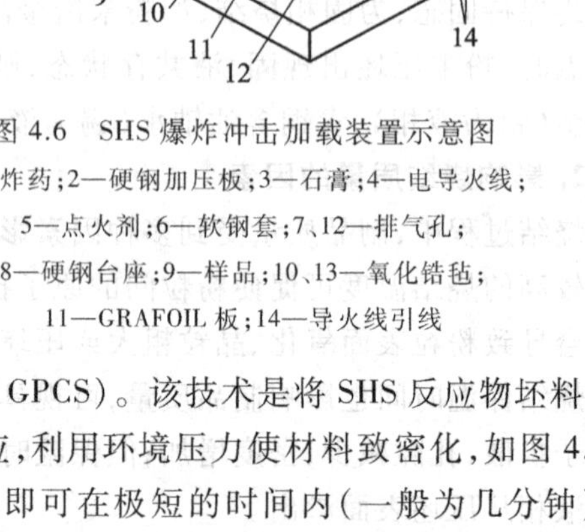

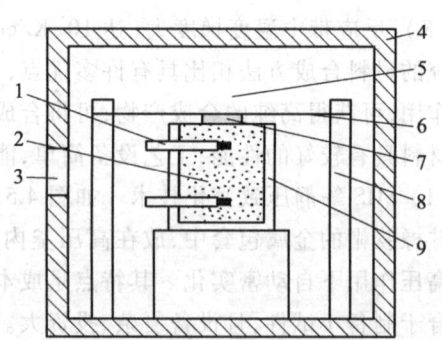

图 4.8 SHS 气压装置示意图

1—热电偶;2—反应物;3—观察孔;4—气压室;
5—气体;6—碳加热器;7—燃烧剂;
8—多孔容器;9—反应物容器

4.2.5 后处理

为提高粉末冶金制品的使用性能及尺寸和形状精度，在烧结后一般还要进行精整、复压、浸油、热处理、机械加工、熔渗等后处理工序。

复压是指为严格保证粉末冶金制品的尺寸精度，提高密度、强度，或降低表面粗糙度及延长使用寿命，在烧结后所进行的锻造、精压等工序。如铁粉制品锻造后，孔隙度可接近于零，达到理论密度的 98%以上；经锻造后的粉末冶金高速钢刀具可提高使用寿命 2 倍左右。

熔渗是将液态低熔点金属或合金渗入到多孔烧结部件的孔隙中的工艺，目的是提高制品密度，增加强度、可塑性及抗冲击能力等。

浸渍是为了达到润滑或耐蚀而进行的浸油或浸渍其他液态润滑剂的工艺。

4.2.6 粉末冶金制品制造举例

由于粉末冶金工艺有其独特的优越性，且粉末冶金材料及制品具有许多特殊性能，如良好的减摩性、多孔性、耐热性、耐磨性、密封性、电磁性及过滤性等，目前已广泛地应用于从高科技领域到一般工业部门的各行各业，其制品有齿轮、离合器片、摩擦片等汽车零件，硬质合金刀具，粉末冶金高速钢刀具，钢结硬质合金导轨，冷、热作模具，导弹及宇宙飞行器的结构件、燃烧室构件，加热体元件、含油轴承等，并且其应用前景十分广阔。

(1) 粉末冶金高速钢　生产高速钢粉粒的方法主要是雾化法，在我国也采用高速钢切屑经选料、脱脂，通过旋涡研磨法制成高速钢粉。由于高速钢粉料中碳与合金元素含量高，成形性差，因此需要采用两次加压的工艺方法对粉末高速钢进行压制，第一次冷压，第二次进行热压。也可采用 1 100~1 150 ℃的热等静压法。烧结温度为 1 150~1 200 ℃，在真空、氢或分解氨中进行。烧结高速钢的制品密度要求达到理论密度的 80% 以上。粉末冶金高速钢牌号主要有：W6Mo5Gr4V2 和 W18Cr4V。粉末冶金工艺生产的粉末高速钢坯料可以进行锻造，改变外形尺寸并适当提高密度；也需要进行热处理，如退火、淬火和回火等。试验表明，与同成分的普通高速钢相比，粉末冶金高速钢的切削寿命可提高 1 倍左右。

(2) 含油轴承　我国生产的含油轴承主要有铁-石墨和青铜-石墨两种。原理是利用粉末冶金工艺方法制造多孔材料，通过浸油处理，使孔隙内贮藏油，在工作时出现胶状石墨润滑膜，提高减摩性。工艺过程是充分混合铁、石墨粉或铜、锡、石墨粉，混料时加入润滑剂（硬脂酸锌），增孔剂（碳酸氢氨）。压制后保护烧结，铁-石墨系含油轴承采用煤气或分解氨保护，青铜系含油轴承用分解氨或氢气保护。润滑剂和增孔剂在烧结时挥发，留下孔隙。石墨氧化而产生膨胀，导致尺寸变化，因此需要烧结后进行整形，再通过浸油处理，就可得到成品。

(3) 钢结硬质合金　钢结硬质合金的基本组成是碳化物加合金钢，合金钢是粘接剂，高温烧结时出现液相，因此，从结构上看钢结硬质合金是通过钢来粘接碳化物（主要有碳化钛与碳化钨两种类型）。其基本生产工序包括：配料、混料、压制、烧结、热处理。压制压力一般为$(1.5\sim6)\times10^{8}$ Pa，烧结温度为 1 270~1 310 ℃。钢结硬质合金中碳化物不同，要求采用不同的烧结气氛，碳化钨型钢结硬质合金采用氢气保护烧结；而碳化钛型需真空烧结。

4.3 粉末冶金制品的结构工艺性

由于粉末的流动性不好，制品某些特殊部位在模具内成形困难，或者压坯各处的密度不均匀，影响成品质量。所以，粉末冶金制品设计时要从以下几方面考虑其结构工艺性。

（1）壁厚不能过薄，一般大于 2 mm，并尽量使壁厚均匀，如图 4.9 所示。法兰只宜设计在工件的一端，两端均有法兰的工件，难于成形。对于一端带法兰的衬套，当其长度大于 20 mm 时，法兰直径 D 与衬套外径 d 之比（D/d）应小于 1.5，否则不易压实。

（2）沿压制方向的横截面要均匀变化，且只能沿压制方向缩小，如图 4.10 所示。

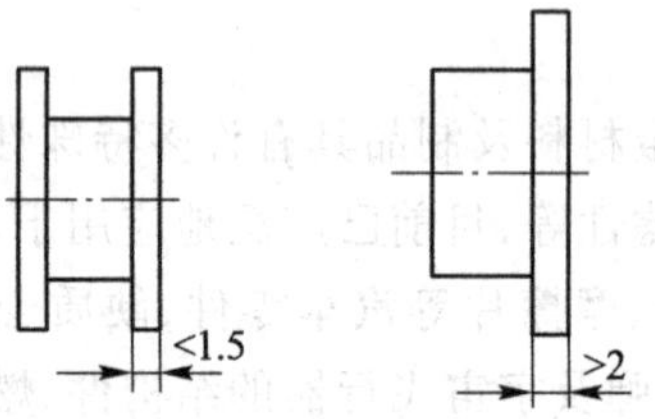

(a) 不合理　(b) 合理

图 4.9　壁厚的要求

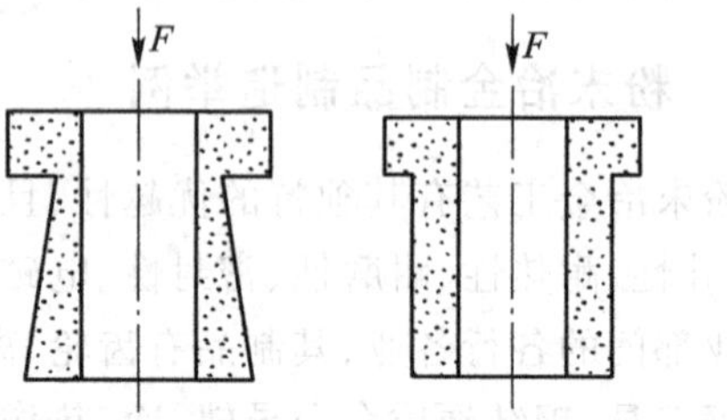

(a) 不合理　(b) 合理

图 4.10　横截面变化要求

（3）阶梯圆柱体每级直径之差不宜大于 3 mm，每级的长度与直径之比（L/D）应在 3 以下，否则不易压实。

（4）与压制方向相同的孔，其孔型不受限制，其中圆孔最易成形，亦可压制出盲孔，但无法压出三通或四通孔。设计时应避免与压制方向垂直或斜交的沟槽、孔腔，如不能制出垂直于压制方向的退刀槽和内、外螺纹，只能切削加工制出。制品上也无法做出斜孔和网状花纹。

（5）制品应避免内、外尖角，圆角半径应不小于 0.5 mm，如图 4.11 所示。或做出 45°倒角，并在倒角处留出 0.2～0.3 mm 的平台，以避免模具上出现尖锐刃边，如图 4.12 所示。球面部分也应留出小块平面，以便于压实，如图 4.13 所示。

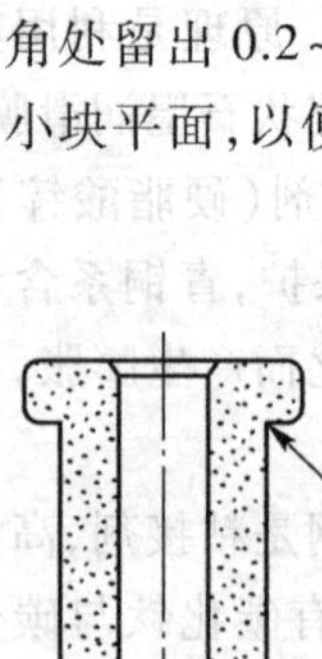

图 4.11　圆角结构

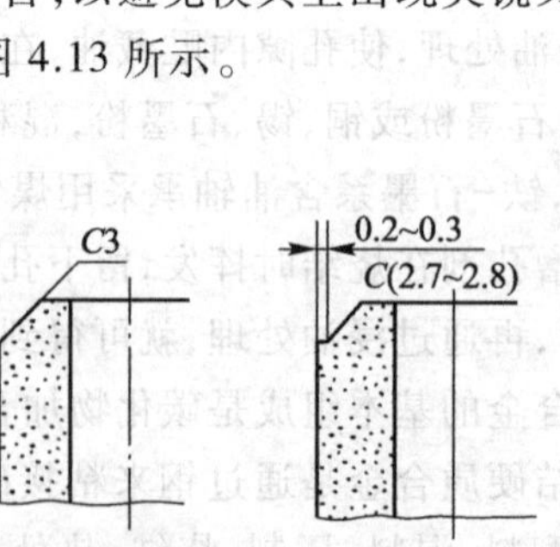

(a) 不合理　(b) 合理

图 4.12　避免尖角

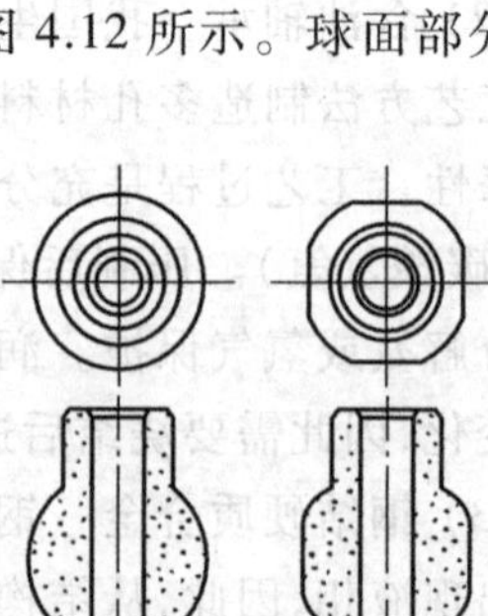

(a) 不合理　(b) 合理

图 4.13　球面的要求

4.4 陶瓷成形基本原理

陶瓷材料可分为传统陶瓷(也称普通陶瓷)和现代陶瓷(也称特种陶瓷)两大类。普通陶瓷包括耐火材料、黏土制品、搪瓷、玻璃和水泥等,它们具有低的导电性和导热性、良好的化学稳定性和热稳定性、较高的抗压强度等。特种陶瓷是使用高纯度的人工合成原料制成,有着与前者不同的化学组成和显微结构,并具有某些特殊的性质和功能,如高强度、高硬度、耐热、耐蚀、绝缘和电、磁、声、光、热等方面的特性以及生物相容性等。陶瓷作为结构和功能材料,已广泛应用于工农业和科学技术等领域。

特种陶瓷生产过程与普通陶瓷生产过程类似,典型的生产工艺流程包括:原料配制→混合、细磨→坯料制备→成形→制品烧结→后处理等几大步骤。但特种陶瓷在所用粉体、成形方法和烧结工艺以及加工要求等方面与普通陶瓷有着较大的区别,其原料要高度精选,材料组成的调配要更加精确,生产过程的控制更加严格。

4.4.1 陶瓷粉末性能特点

普通陶瓷的原料分为天然原料和化工原料两类。天然原料是指自然界中天然存在的无机矿物原料,陶瓷生产中使用的天然原料主要有黏土类矿物原料、长石类矿物原料和石英类矿物原料。化工原料主要用于釉料的配制和高性能陶瓷的制备。特种陶瓷对原料提出了新的要求,即不仅要考虑化学组成(高纯度),还要考虑主晶相所占比例、粒度分布范围,有时甚至还要考虑粉粒形貌特征,以确保配料的准确性和新型陶瓷制品性能的重现性。

陶瓷粉末按成形方法不同分为:可塑料、干压料和注浆料。根据坯料加水后的可塑性能变化及其特点,常用水分含量作为特征。一般要求可塑料含水18%~25%;干压料中水分为8%~15%的称半干压料,3%~7%的为干压料;注浆料中含水量为28%~35%。为了保证产品质量和满足成形的工艺要求,各种坯料的粉末应符合组成配方要求,成分混合均匀,各组分的颗粒细度符合要求,并具有适当的颗粒级配,空气含量尽可能少。

4.4.2 注浆成形和可塑成形原理

成形的目的是将坯料加工成一定形状和尺寸的半成品,使坯料具有一定的致密度和机械强度。在各种状态的原料转变成具有固定形状的半成品的工艺过程中,都包括两个方面的过程:原料流动(或变形)与原料固化。从成形机理上讲,有自由流动成形与受力塑性成形两种方式。

1. 注浆成形原理

注浆成形属于自由流动成形。自由流动成形是将流动状态的物料倒入模具型腔或使其附着在模型表面,成形时无外力作用,通过改变温度、发生反应或溶剂挥发等作用而固化,形成具有模腔形状的产品。

2. 可塑成形原理

可塑成形属于受力塑性成形。受力塑性成形是指在受力条件下,在高温、常温或塑化剂存在时,固态物料产生塑性变形而获得所需形状、尺寸及力学性能的成形方法。与自由流动成形相比，物料不发生流动，而产生弹性变形及塑性变形。

特种陶瓷一般采用化工原料配制，坯料没有可塑性，因此成形之前先要进行塑化。所谓塑化就是指利用塑化剂，使原料具有可塑性。而可塑性是指坯料在外力的作用下发生无裂纹的变形。传统陶瓷由于坯料中大都含有一定的可塑性黏土成分，一般无需另外加入塑化剂。塑化剂使用的原则是在确保成形质量的前提下应尽量减少其加入量。

4.4.3 烧结原理

烧结通常是指在高温作用下粉粒集合体（坯体）表面积减少、气孔率降低、致密度提高、颗粒间接触面积加大以及机械强度提高的过程。烧结过程中陶瓷主要由晶相、玻璃相、气相及晶界（相界）构成。烧结的热力学驱动力是粉体的表面能降低和系统自由能降低的过程。在陶瓷的生坯中，一般含有百分之几十的气孔，颗粒之间只有点接触。烧结时由于温度升高，发生物质的传递即传质过程，包括蒸发和凝聚、扩散、黏性流动、塑性流变、溶解和沉淀。实际上物质传递十分复杂，可能有几种传质机制同时起作用，但在不同条件下，可能是不同的机制占主导地位。烧结过程中随着晶界面积不断扩大，坯体变得致密化。因此，烧结过程可以用坯体的收缩率、气孔率、相对密度等指标来衡量。

同粉末冶金烧结相似，陶瓷的烧结可以分为气相烧结、固相烧结、液相烧结。高纯物质在烧结过程中一般没有液相出现。若物质的蒸气压较高，以气相传质为主，称为气相烧结；若物质的蒸气压较低，烧结以固相扩散为主，称为固相烧结，但有时将这两种情况统称为固相烧结。有些物质因杂质存在或人为添加物在烧结过程中有液相出现，称为液相烧结。

4.5 陶瓷材料成形的工艺过程

各种普通陶瓷材料的生产工艺过程大致相同，如图 4.14 所示。

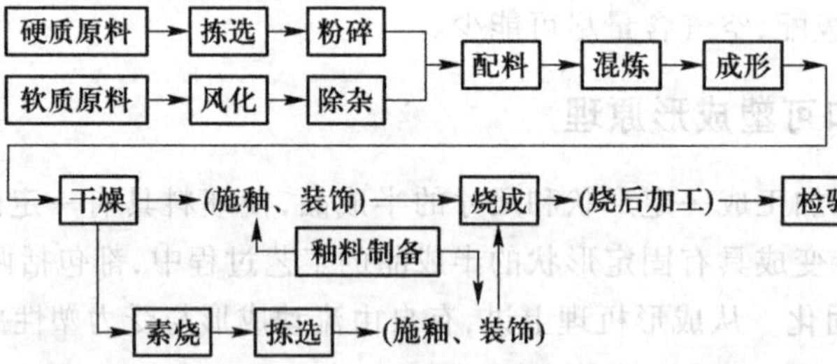

图 4.14 普通陶瓷生产基本工艺过程图

4.5.1 坯料的制备

陶瓷材料所采用的矿物原料，由于成因及产地的差异，使其品位及纯度相差很大，同样带来了组成、性质方面的差别。为保证原料的化学组成稳定、波动小，在生产过程中，要对陶瓷原料进行选矿、破碎与淘洗。淘洗可以除去原料中含有的杂质。为保证陶瓷的细晶结构，要求陶瓷原料颗粒应尽可能地小（不同的成形方法对粉末颗粒度有不同的要求），因此陶瓷原料在配料前要进行破碎，使原料的细度达到规定的要求。对于普通陶瓷，一般原料粒度在 0.05～0.07 mm 以下；而对于高性能陶瓷，要求原料粒度在微米级或亚微米级。陶瓷原料的破碎通常分为粗碎、中碎和细碎。粗碎一般采用颚式破碎机进行，将大块原料破碎至 40～50 mm 的碎块；中碎通常采用轮碾机、对辊破碎机等将小块原料破碎成 0.3～0.5 mm 的粗粉；而细碎一般采用雷蒙磨（干粉）或球磨（料浆）使坯料的细度达到 0.05～0.07 mm 以下。

特种陶瓷的粉料一般都比较细小，流动性较低，填充模具能力差，可通过造粒改善粉体的流动性。造粒就是在较细的原料中加入塑化剂，制成粒度较粗、具有一定假颗粒度级配、流动性好的团粒。造粒方法有一般造粒法、加压造粒法、喷雾造粒法、冷冻干燥法等。

4.5.2 坯体的成形

由于陶瓷制品品种繁多，所用坯料性能各异，因此坯体的成形方法也有多种多样。

1. 可塑成形

可塑成形是利用泥料的可塑性，将其塑造成一定形状的坯体，即使坯料在外力作用下发生可塑变形而制成坯体的成形方法，如旋压法、滚压法、塑压法、轧膜成形法等。这类成形方法的共同特点是要求泥料必须具有充分的可塑性，故其中所含有机粘合剂或水分比干压成形时多。大多数日用陶瓷、电工陶瓷、美术陶瓷等都是用可塑成形法生产的。

（1）旋压成形和滚压成形　旋压成形是取一定量的可塑泥料，投入旋转的石膏模中，将型刀逐渐压入泥料，随着模型的旋转及型刀的压挤和刮削作用，使坯泥沿石膏模的工作面展开形成坯件。坯体的内外表面分别由刀口的工作弧线形状与模型工作面的形状构成，坯体的厚度就是由刀口与模型工作面的距离形成的，如图 4.15 所示。

滚压成形是在旋压成形的基础上发展起来的，它与旋压成形的不同之处是将扁平的型刀改为回转的滚压头。成形时，盛放泥料的石膏模和滚压头分别绕自身轴线以某一速度同方向旋转。滚压头在旋转的同时，逐渐靠近石膏模，并对泥料进行滚压成形。滚压成形坯体密度均匀，强度较高。滚压成形可以分为外滚压和内滚压。由滚压头决定坯体的外形和大小为外滚压，如图 4.16所示，适合于生产扁平、宽口的制品。由滚压头形成坯体的内表面叫内滚压，如图 4.17 所示，适合于生产口径小而深的制品。

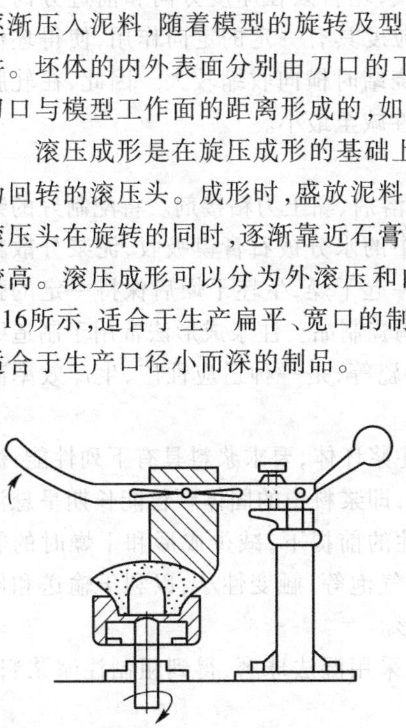

图 4.15　旋压成形

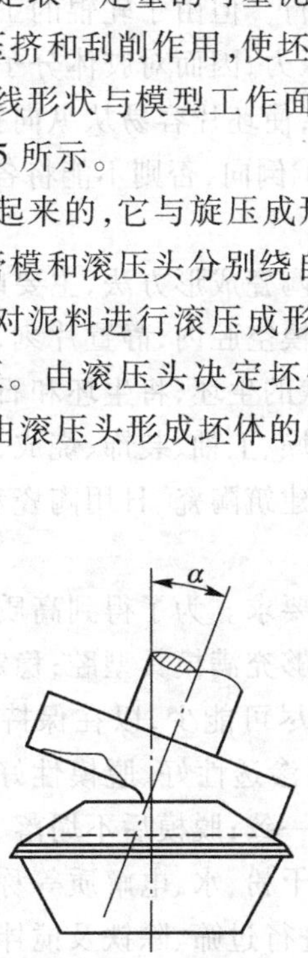

图 4.16　外滚压成形

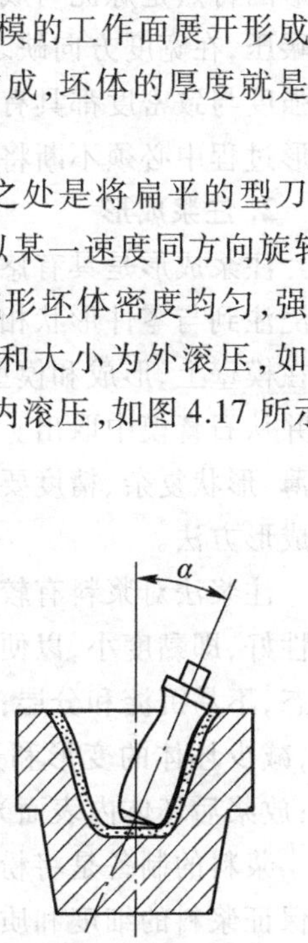

图 4.17　内滚压成形

（2）挤制成形　将可塑坯料团经过抽真空挤压成形机的螺旋或活塞挤压向前，再经过机头模具挤压出来达到要求的坯体形状。挤制成形产量大,生产效率高,适合于制造各种管状产品(如高温炉管、热电偶套管等)、柱形瓷棒或断面形状规则的产品,如图 4.18 所示。

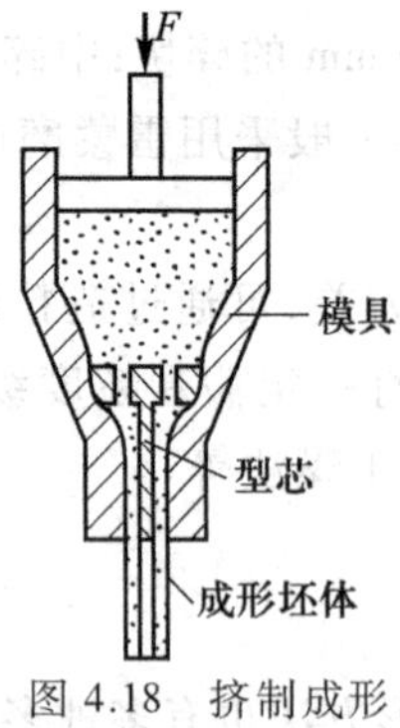

图 4.18　挤制成形

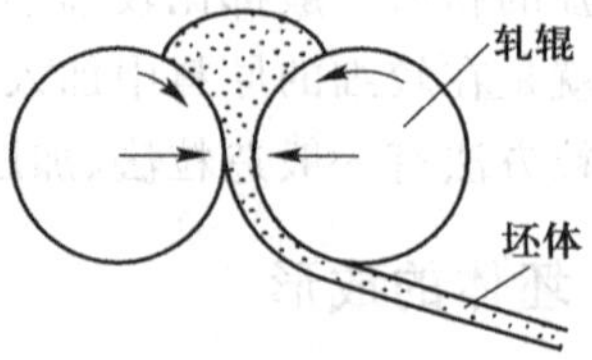

图 4.19　轧膜成形

(3) 轧膜成形　轧膜成形是一种非常成熟的薄片瓷坯成形工艺,大量用来轧制瓷片电容及独石电容、电路基片等瓷坯,如图 4.19 所示。通常,将预烧过的电子瓷粉料过筛,拌以有机粘接剂(如聚乙烯醇等)和溶剂(如水等),置于两辊轴之间进行混炼,使粉料、粘接剂和溶剂等成分充分混合均匀,伴随着吹风,使溶剂逐步挥发,形成一层厚膜,称为粗轧。下一步精轧是逐步调近轧辊间距,多次折叠,90°转向,反复轧炼,以达到必需的均匀度、致密度、粗糙度和厚度为止。轧膜成形的特点是炼泥与成形同时进行。但由于轧辊的工作方式,坯料只在厚度方向和前进方向受到碾压,在宽度方向缺乏足够的压力,因而对胶体分子和粉粒度具有一定的定向作用,使得坯体的强度与致密度都具有各向异性,使坯片容易从纵向撕裂,烧结时横向收缩较大。因此,在轧膜成形过程中必须不断将坯片作 90°倒向,否则不能将各向异性减至最小。

2. 注浆成形

注浆成形是具有悠久历史的陶瓷成形方法,主要以水为溶剂、黏土为粘接剂。将配制好的浆料浇注到与零件形状相似的石膏模空腔内,静置片刻,料浆中的水分被石膏模吸收,泥浆分散粘附在模壁上,形成和模型相同形状的生坯,将生坯和石膏模一起干燥,生坯干燥后保持一定的强度并从石膏模中取出。生坯经干燥、上釉、装饰、烧成,得到陶瓷制品。注浆成形法常用于制造壁较薄、形状复杂、精度要求不高的建筑陶瓷、日用陶瓷和美术瓷等,是一种适应性广,生产效率高的成形方法。

注浆法对浆料有较为严格的要求。为了得到高质量的注浆坯体,要求浆料具有下列性能:流动性好,即黏度小,以便于浆料能够充满模具型腔;稳定性好,即浆料中的固体颗粒能长期呈悬浮状态,不易沉淀和分层;含水量应尽可能少,以在保持流动性的前提下,减少成形和干燥时的收缩,减少坯体的变形和开裂;浆料渗透性好、脱模性好、不含气泡等;触变性小,以利于输送和储存;放浆后坯体内表面光滑、厚度一致;脱模后不塌落、不变形。

浆料的制备是将粉碎的原料干粉、水、电解质等称量后,采用湿法球磨,得到粗制注浆浆料。为保证浆料的细度和质量,必须进行过筛、除铁及搅拌。

注浆成形主要有空心注浆(单面注浆)和实心注浆(双面注浆)两种。空心注浆法如图 4.20所示。所用的石膏模没有型芯,泥浆注满模腔经过一定时间后,模腔内壁粘附有一定厚度的坯体。将多余的泥浆倒出,坯体形状在模具内固定下来,适合于生产小型薄壁产品,如花瓶、坩埚等。实心注浆法如图 4.21 所示，是将泥浆注入外模和模芯之间，坯体的内部形状由型芯决定，为缩短吸浆时间，所使用泥浆较浓，在形成坯体过程中，模具从两个方向吸取泥浆中的水分。靠近模壁处坯体致密，坯体中部相对疏松，因此对泥浆性能和注浆操作要求严格。实心注浆法适用于生产两面形状和花纹不同、大型、厚壁产品。实际生产中，往往根据产品结构要求将空心注浆和实心注浆配合使用，即产品某些部位用空心注浆法成形，而其余部分用实心注浆法成形。

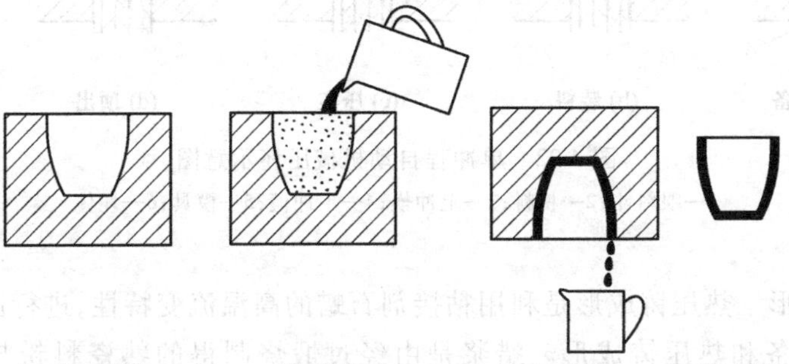

图 4.20　空心注浆

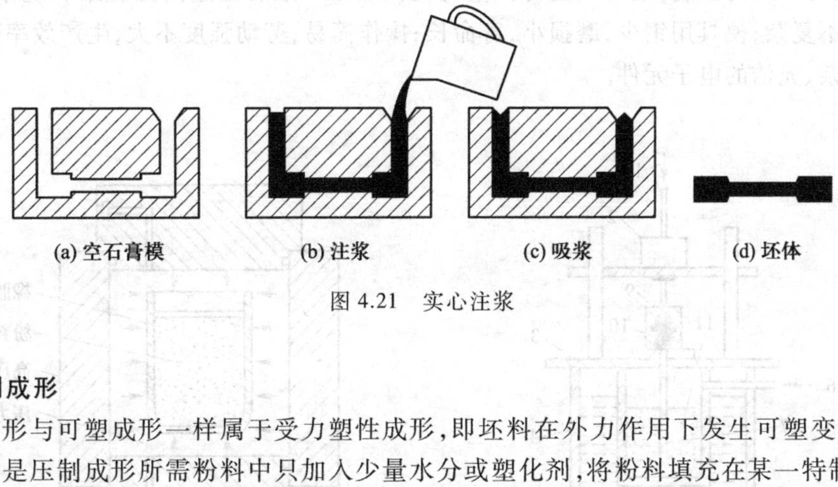

图 4.21　实心注浆

3. 压制成形

压制成形与可塑成形一样属于受力塑性成形，即坯料在外力作用下发生可塑变形而制成坯体。不同的是压制成形所需粉料中只加入少量水分或塑化剂，将粉料填充在某一特制的模具中，施加压力，使之压制成具有一定形状和强度的坯体，不经干燥可以直接焙烧，是干压成形。干压成形的优点是工艺、装置简单，操作方便，成形周期短，生产效率高、成本低，便于自动化生产。此外，还具有坯体密度大、尺寸精确、收缩小、强度高等特点。根据成形时施压的特点，大体分为模压成形、热压铸成形、等静压成形等。

(1) 模压成形　在粉料中加入少量水分或塑化剂进行造粒，然后将造粒后的粒料置于钢模中，在压力机上压成一定形状的坯体的方法。其特点是粘接剂含量较少，只有百分之几，不经干燥可以直接焙烧，体积收缩小，可以自动化生产。但模压成形的加压方向是单向的，粉末与金属模壁的摩擦力大，粉末间传递压力不太均匀。故易造成烧成后的生坯变形或开裂，只能适用于形状比较简单的制件。同时受模具限制，模压成形对大型坯体生产有困难，模具磨损大，加工复杂、成本高。图 4.22 为典型的单冲程自动机械压坯示意图。

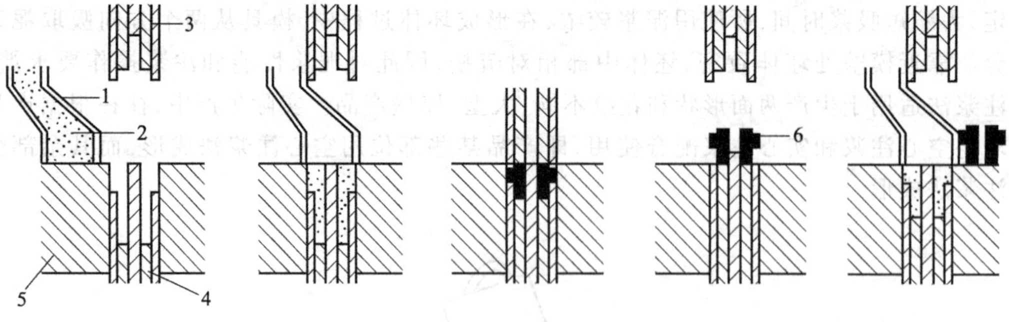

图 4.22　单冲程自动机械压坯示意图

1—喂料斗；2—粉料；3—上冲模；4—下冲模；5—模具；6—坯体

(2) 热压铸成形　热压铸成形是利用粘接剂石蜡的高温流变特性，进行压力下的铸造成形。一般包括蜡浆的制备和热压铸成形。蜡浆是由经过煅烧制得的熟瓷料粉与 6%～12%石蜡和 0.1%～1%硬脂酸或油酸表面活性剂，加热至 60～80℃混合搅拌制得。然后在压缩空气的作用下，使蜡浆迅速充满模具的各部分，保压冷凝，便可脱模获得蜡坯，如图 4.23 所示。当蜡坯冷却至室温时，具有一定的强度，还可以进行少量的机械加工。最后经过高温脱蜡和烧结制成陶瓷。热压铸设备不复杂；模具用钢少，磨损小，寿命长；操作简易，劳动强度不大，生产效率高。适合于制造外形复杂、光洁的电子元件。

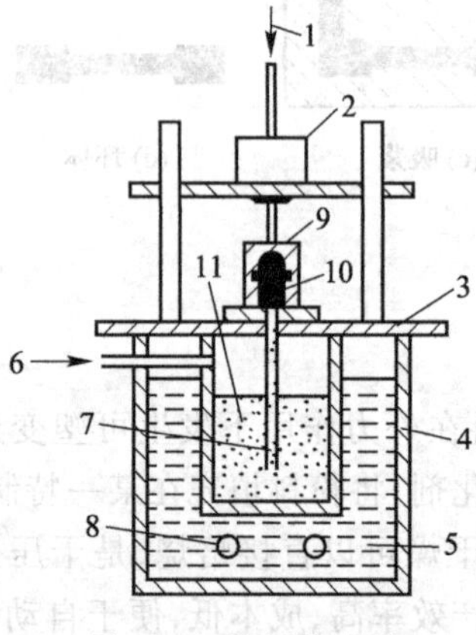

图 4.23　热压铸成形

1、6—压缩空气；2—压紧装置；3—工作台；4—浆桶；

5—浴槽；7—供料管；8—加热元件；9—铸模；10—蜡坯；11—蜡浆

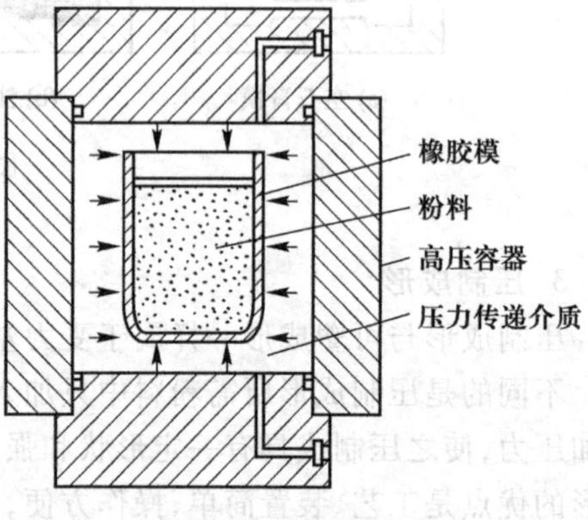

图 4.24　等静压成形

(3) 等静压成形　等静压成形又称静水压成形。它是利用液体介质不可压缩性和均匀传递压力性，从各个方向均匀加压于橡胶模来成形，如图 4.24 所示。具体方法是将预压好的坯体包封在具有弹性的塑料或橡胶模等软模之内，然后置于高压容器内。通过进液口用高压泵将传压液体打入筒内，橡胶模内的工件将在各个方向受到同等大小的压力而致密成坯，坯体密度大而均匀。传压液体可以用水,也可以用油等介质。压力可以在一定范围内调整。对于要求高的工件,进行橡胶模密封时还要作真空处理。此成形方法有很多优点,例如对模具无严格要求,压力容易调整,烧结收缩小,不易变形和开裂等;其缺点是设备比较复杂,操作烦琐,生产效率低。目前还只限于生产具有较高要求的电子元件或其他高性能材料。

4. 施釉

陶瓷的施釉是指通过高温方式,在瓷件表面烧附一层玻璃状薄层物质使其表面具有光亮、美观、致密、绝缘、不吸水、不透水及化学稳定性好等优良性能的一种工艺方法。釉料按其功能的差别可以分为装饰釉、粘合釉、光洁釉等。根据釉料的烧成温度的不同,可以将釉料分为高温釉和低温釉。

施釉工艺包括釉浆制备、涂釉、烧釉三个过程。按配方称料后,加入适量的水湿磨,出浆后可采用喷釉、甩釉、滚釉、浸釉、浇釉、涂(刷)釉等方法使工件覆上一层厚薄均匀的釉浆,待烘干后入窑烧成。

4.5.3 陶瓷制品的烧结

普通陶瓷制品的烧制一般有两种类型:一种是一次烧成;另一种是二次烧成。二次烧成工艺是将坯体先经过一次素烧,然后再施釉入窑烧成,多用于生坯强度较低或坯釉烧成温度相差大的陶瓷制品,高档瓷器及精陶制品就是采用二次烧成工艺生产的。

1. 烧结方法

根据烧结时是否有外界加压可以将烧结方法分为常压烧结和压力烧结。压力烧结又可分为热压烧结和热等静压烧结。热压烧结是在对粉体加热的同时进行加压,以增大粉体颗粒间的接触力,加大致密化的动力,使颗粒通过塑性流动进行重新排列,改善堆积状况。在热压烧结中,压力使致密化的能量增加大约20倍。热压一般是在材料的熔点温度(热力学温度,K)的1/2温度下进行的,比常压烧结的温度要低,时间要短。因此得到的材料的晶粒度比较细小,改善了力学性能。在热压烧结过程中,由于压力的作用,将出现两种明显的传质方式,即粒界滑动传质和挤压蠕变传质,这在普通烧结中是基本不存在的。

热等静压(HIP)烧结工艺是将粉体压坯或将装入包套的粉料放入高压容器中,在高温和均衡的气体压力作用下,将其烧结为致密的陶瓷体。热等静压可以制造出高质量的工件,其晶粒均匀,各向同性,气孔率接近于零,密度接近于理论密度。热等静压方法还解决了热压法所受到的一些限制,可以得到零件的最终形状。由于热等静压工艺复杂、成本高,应用范围受到了一定的限制。

按烧结时是否加有气氛可以分为普通烧结和气氛烧结,普通烧结有时也称为常压烧结,是指在通常的大气条件下无需加压进行烧结的方法。对于在空气中很难烧结的制品,如非氧化物陶瓷或透光陶瓷等,为保证制品的成分、结构及性能,必须使坯件在特殊的气氛下烧结,这就称为气氛烧结。

按烧结时坯体内部的状态可以分为气相烧结、固相烧结、液相烧结、活化烧结和反应烧结等。另外,还有一些烧结方法正在发展之中,如等离子体烧结、电火花烧结、电场烧结、高温自蔓延烧结、超高压烧结等。

2. 烧结过程

干燥后的坯件加热到高温进行烧成或烧结,其目的是通过一系列的物理化学变化,成瓷并获得要求的性能(如强度、致密度等)。使坯件瓷化的工艺称为烧成,传统的陶瓷如日用陶瓷,都要实行烧成,烧成温度一般为 1 250~1 450 ℃,烧成时使开口气孔率接近于零。获得高致密程度的瓷化过程通常称为烧结,特种陶瓷特别是金属陶瓷多采用烧结。

在加热烧成和冷却过程中,一般有以下四个阶段变化。

(1) 低温阶段(室温~300 ℃) 残余水分的排除,无化学反应。

(2) 分解及氧化阶段(300~950 ℃) 黏土等矿物中结构水的排除,有机物、碳素和无机物等的氧化,碳酸盐、硫化物等的分解,石英由低温晶型转变为高温晶型。此阶段是烧成的关键阶段。

(3) 高温阶段(950 ℃~烧成温度) 上述氧化分解反应继续进行,各种液相形成;同时,各组成物逐渐溶解,填充在固体颗粒的间隙中,在固-液表面张力的作用下坯体的气孔率下降,进而使坯件的密度增大。最后晶体被液相所粘接,而烧结成瓷。

(4) 冷却阶段(烧成温度~室温) 液相过冷为玻璃相,残余石英发生晶型转变,坯体强度、硬度及光泽继续增大。

3. 烧结后处理

对大多数陶瓷制品来说,并不需要进行后续加工。但有的陶瓷制件,烧结后在形状、尺寸、表面状态等方面还难以满足使用要求,还需要进行后续的加工处理才能成为最终的成品。常见的后处理方式主要有加工、表面金属化、封接等。

加工主要包括表面打磨抛光、胶装附件等。常用的加工手段有磨削加工、激光加工、超声波加工等。例如,作为设备零部件的化工陶瓷对其需配合和密封的表面需进行机械磨削加工,使其达到预期的尺寸精度和粗糙度,使用的磨料主要有碳化硅类磨料和人造金刚石磨料。激光加工的用途主要有打标、打孔、切割、焊接、表面处理等。超声波加工是利用超声波使磨料介质在加工部位的悬浮液中振动,撞击和磨削被加工表面。利用超声波可以加工各种硬脆材料,如玻璃、陶瓷、石英、金刚石等。超声波加工切削力小,不会产生较大的切削应力和较高的切削温度,因此不易产生变形及烧伤,表面粗糙度较好,并可以加工薄壁件。其他的加工方法还有热锻、热挤、热轧、化学刻蚀、放电加工等。

为了满足电性能的需要或实现陶瓷与金属的封接,需要在陶瓷表面牢固地涂敷一层金属薄膜,称为陶瓷的金属化。常见的陶瓷金属化方法有三种,即被银法、钼锰法和电镀锡法。被银法一般用于制作电容器、滤波器、压电陶瓷等电子元器件的电极或电路基片的导电网络。

陶瓷材料与其他材料的配合即为封接。按封装材料、工艺条件可将封接分成玻璃釉封接、金属化焊料封接、活化金属封接、激光焊接、烧结金属粉末、固相封接等。封接质量取决于封接物之间膨胀系数是否匹配、封接层厚度、封接处的热稳定性等。

思考题与习题

4.1 试简述粉末冶金制品的烧结机理。

4.2 试简述粉末冶金制品生产的各主要工序。

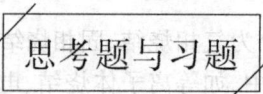

4.3 举例说明固相烧结与液相烧结。

4.4 影响粉末烧结质量的因素有哪些？并简述这些因素是如何影响粉末制品质量的。

4.5 举例说明粉末冶金制品结构的工艺性特点。

4.6 简述你所知道的粉末制备方法。

4.7 简述普通陶瓷生产基本工艺过程。

4.8 什么是陶瓷生产的可塑成形、注浆成形、压制成形？并对其进行比较分析。

4.9 简述陶瓷烧成与冷却过程中四个阶段的变化。

4.10 什么是特种陶瓷？其生产时的原料制备、成形工艺等与普通陶瓷有何不同？

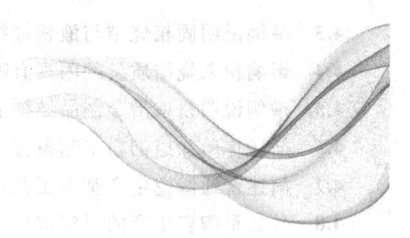

第5章 高分子材料与复合材料成形

本章教学目标

知识获取：理解高分子材料成形和复合材料成形的基本原理，熟悉塑料制品成形加工的方法、工艺过程、特点及应用范围，熟悉塑料件结构设计的有关知识，了解橡胶制品的生产方法、工艺过程、特点及应用范围，了解复合材料的分类、成形方法、工艺过程与应用特点。

能力达成：具有分析塑料材料成形性能好坏的基本能力，具有分析简单塑料零件结构工艺性的初步能力，具有根据复合材料的基体和增强材料为其选择成形方法的初步能力。

高分子材料的主要组分是高分子化合物，其相对分子质量一般在 $10^4 \sim 10^6$ 之间。高分子化合物的分子是由许多简单低分子化合物重复连接而成的，因而又叫高聚物或聚合物。自然界存在很多高分子化合物，如纤维素、天然橡胶等。随着经济和生产的发展与需要，人工合成的高分子化合物大量出现并被广泛地应用于制造各类高分子材料及制品，如塑料、橡胶、合成纤维、胶粘剂、涂料等。

以高分子化合物为基体，在其中按一定规律加入某些增强材料，可将其组合制成聚合物基复合材料，它是目前研究和应用最多的一类复合材料。事实上，高分子化合物、金属、陶瓷等均可相互组合构成各种复合材料。复合材料不仅具有各组成材料的优点，而且还可获得单一材料所无法具备的优越的综合性能，因而正在成为一类发展迅速并且应用前景广阔的重要材料。

高分子材料初期的成形工艺很大程度上是从传统金属材料成形技术中借鉴而来，但随着高分子材料新品种的不断出现以及高分子材料成形理论研究取得的进展，各种新的成形工艺和设备也接连产生并得到应用，使制品的质量明显提高。所以，高分子材料的成形既与金属材料成形有着一定的联系，又具有自身的特点。复合材料的成形则与其所用的基体材料和增强材料有关，因此其成形工艺表现出多样化，而且呈现活跃发展的态势。

5.1 高分子材料成形基本原理

高分子材料工业主要包括两部分：高分子材料的生产和聚合物制品的生产。前者是指通过各种化工合成的方法制取高分子化合物，包括树脂和半成品的生产；后者主要是指高分子材料的成形加工，如塑料制品的生产、橡胶制品的生产等。

5.1.1 高分子化合物的结构

高分子化合物的结构主要有两个层次，一是大分子链本身的结构，二是大分子的聚集态结构。

按照大分子链的几何形状特点，可将其分为线型和体型两种结构。线型结构的聚合物大分子是由许多链节连成的一条长链，通常是呈卷曲的不规则线团状，在拉伸时可呈直线状。有些聚合物的大分子链带有一些小的支链，也属于线型结构。体型结构的聚合物大分子是分子链与链之间通过许多支链或化学键相互交联在一起，形成网状或立体网络结构。

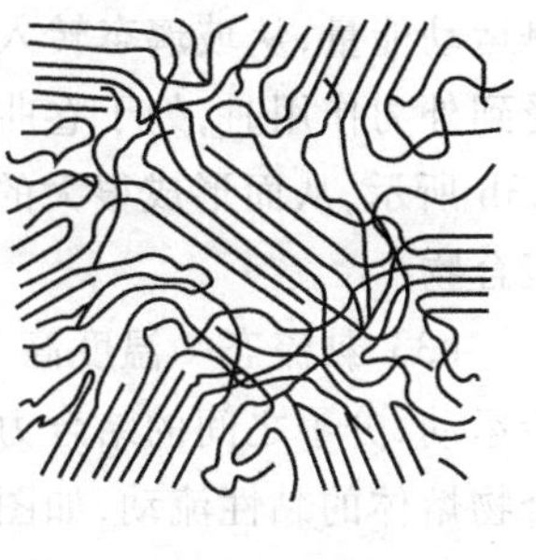

图 5.1 高分子化合物的晶区和非晶区示意图

高分子化合物的聚集态结构，是指其内部的大分子集合在一起时的几何排列方式。按照大分子相互间的排列是否有序，可分为晶态和非晶态两种结构。晶态聚合物中大部分的大分子排列规整有序，形成聚合物中的晶区。因为大分子链很大，不能完全排列整齐，所以晶态聚合物实际上是包括晶区和非晶区的两相结构，如图 5.1 所示。其中晶区在聚合物中所占的比例称为结晶度，一般为 50%～80%。非晶态聚合物中的大分子则是在长距离范围内混乱无序排列的，但在短距离范围内是有序的。

5.1.2 高分子化合物的力学状态与流变行为

由于高分子化合物的结构特点，使其在外力作用下的状态受温度的影响很大，并且表现为多样化。

线型非晶态聚合物大分子链的热运动随温度的变化而其状态不同，分别表现出玻璃态、高弹态和黏流态，如图 5.2 中的曲线 1 所示。

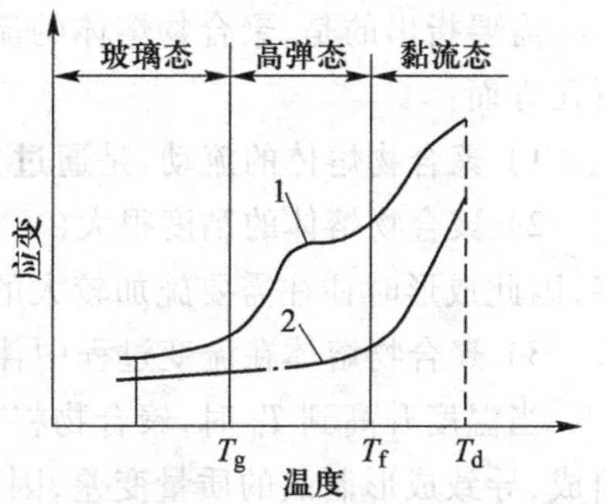

图 5.2 聚合物的力学状态与温度的关系
1—线型非晶态聚合物；2—线型晶态聚合物

（1）玻璃态　当温度低于玻璃化温度 T_g 时，聚合物处于玻璃态。与其他低分子固体材料一样，玻璃态的聚合物受力时，瞬时产生应变并达到平衡，应力与应变成正比。其应变量一般小于 1%，具有一定的刚度，如图 5.3a 所示。在玻璃态下，聚合物硬而不脆，有较好的力学性能。玻璃态是塑料的使用状态，也就是说塑料是在室温下处于玻璃态的高分子材料。

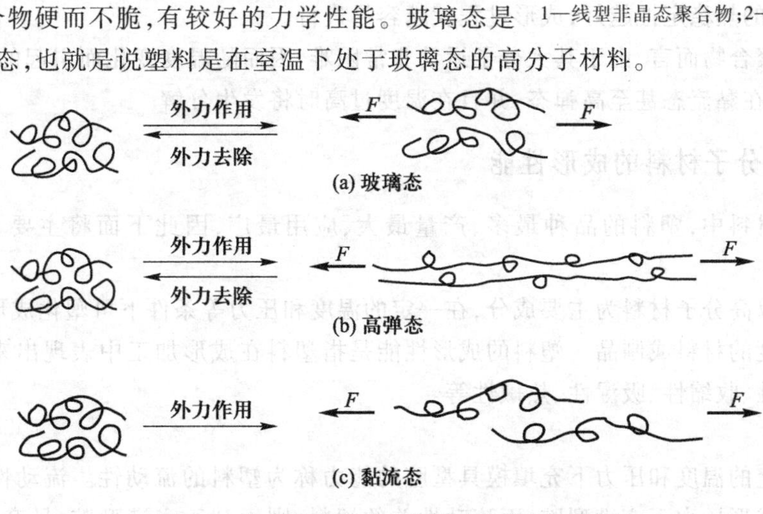

图 5.3 聚合物形变时大分子运动状态示意图

（2）高弹态　当温度高于玻璃化温度 T_g 而低于黏流态温度 T_f 时，大分子链可获得足够的热运动能量，从玻璃态转入链段能自由运动的高弹态。在此状态下，聚合物的弹性模量很小，当受到外力作用时，处于卷曲状态的大分子链舒展拉直；而外力去除后，又可回复到卷曲状态，如图 5.3b 所示，从而形成很大的宏观弹性变形量（100%～1 000%），如橡胶即为常温下处于高弹态的聚合物。

（3）黏流态　温度高于黏流态温度 T_f 时，大分子链运动的能量增大到可以使整个分子链开始运动，分子之间的结合力大为减弱，大分子链在外力作用下可产生相对滑移，宏观上表现为聚合物熔体的黏性流动，如图 5.3c 所示。

线型晶态聚合物简单说来一般有两种力学状态（图 5.2 中曲线 2）。在黏流态温度 T_f（也称熔点 T_m）以上，聚合物中晶区发生熔化，大分子由紧密有序排列转变为混乱无序结构，并发生黏性流动，进入黏流态（也称熔融态）。在 T_f 以下，则处于结晶态，其性能与线型非晶态聚合物的玻璃态相似。

处于黏流态的聚合物熔体，在外力作用下可发生宏观流动，由此而产生的变形是不可逆的，冷却后，聚合物就能将变形永久保持下来。因此，黏流态是高分子材料加工成形的工艺状态，通过把聚合物加热到 T_f 以上，即可采用注射、挤出、压制、吹制、浇铸、喷丝等方法，将其加工成各种形状的零件、型材和纤维等。

需要指出的是，聚合物熔体的流动和变形行为与熔融金属相比有较大的差别，主要表现在以下几方面：

1）聚合物熔体的流动，是通过大分子链中链段的运动来实现的。

2）聚合物熔体的黏度很大（一般多在 $10^3 \sim 10^7$ Pa·s 之间），其流动比低分子液体要困难得多，因此成形时往往需要施加较大的作用力。

3）聚合物熔体在流变过程中伴随有高弹性变形，这部分变形在外力去除后将会恢复。

当温度升高到 T_d 时，聚合物将开始分解，所以 T_d 称为热分解温度。热分解破坏了聚合物的组成，导致成形制品的质量变差，因而生产中必须避免发生这一现象。

由此可见，高分子材料的成形加工绝大部分是在 $T_f \sim T_d$ 这个温度范围内进行的，其范围越宽，聚合物熔体的热稳定性越好，成形过程就越容易进行。

对于体型聚合物而言，由于其大分子运动非常困难，因而随温度变化而引起的力学状态变化较小，一般不存在黏流态甚至高弹态，并且在温度过高时将发生分解。

5.1.3　高分子材料的成形性能

在高分子材料中，塑料的品种最多、产量最大、应用最广，因此下面将主要介绍塑料的成形性能。

塑料是指以高分子材料为主要成分，在一定的温度和压力等条件下可塑化成形，在常温下具有相当力学强度的材料或制品。塑料的成形性能是指塑料在成形加工中表现出来的工艺性能，主要包括流动性、收缩性、吸湿性、热敏性等。

1. 流动性

塑料在一定的温度和压力下充填模具型腔的能力称为塑料的流动性。流动性好的塑料，就可以在较小的成形压力下充满型腔；而流动性差的塑料，则不利于充满型腔，易产生缺料或熔接痕等缺陷,因而需要施加较大的成形压力才能成形。但流动性太好也有不利之处,即会在塑料成形时产生较严重的溢边。塑料的流动性与塑料本身的性质和成形工艺条件有关,其主要影响因素有:

(1) 塑料本身的结构与组成　聚合物的相对分子质量越大,大分子链之间的缠结程度越严重,塑料熔体的黏度就越高,流动性就越差。不同的成形方法对塑料熔体黏度的要求不同,因此对相对分子质量的要求也不一样。注射成形要求塑料的黏度低、流动性好,可采用相对分子质量较小的聚合物;挤出成形要求黏度较高一些,可采用相对分子质量较大的聚合物;中空吹塑成形可采用中等相对分子质量的聚合物。聚合物大分子链的刚性和极性越强,大分子间的结合力越大,黏度就越高,使塑料的流动性下降,例如聚氯乙烯、聚碳酸酯熔体的黏度比聚乙烯、聚丙烯大得多,其流动性也就低于后者。

塑料中加入填充剂,会降低其流动性;而加入增塑剂或润滑剂,则可以提高流动性。

(2) 温度　温度升高可使聚合物大分子的运动加剧,分子间距离增大,从而黏度降低,流动性提高。但是,不同的塑料,其流动性受温度影响的程度也是有差异的。聚苯乙烯、聚丙烯、聚酰胺、有机玻璃、聚碳酸酯、ABS 等塑料的流动性随温度改变而变化较大;而聚乙烯、聚甲醛等的流动性则对温度的变化不敏感。对于前一类塑料,在成形过程中通过升高温度来增加流动性,其效果较明显;但同时也要注意严格控制成形温度,以免因温度的波动而导致生产过程的不稳定,使塑料制品的质量难以保证。对于后一类塑料,则不能完全依靠提高温度来改善流动性,况且过高的温度还可能使聚合物降解或热分解,从而降低塑料制品的质量。

(3) 压力　成形压力对塑料流动性的影响比较复杂。一方面,增加压力能加快塑料熔体的流动速度,这对提高流动性是有利的;但另一方面,压力增大使聚合物分子间的距离缩小,分子间作用力加大,导致熔体黏度也随之升高,且升高的幅度可达几倍至几十倍,这对流动性是十分不利的。因此压力对流动性的影响将取决于这两方面作用的综合效果。这也就造成了同一种塑料在适当的压力范围内可以成形,而当压力过大时反而不易成形甚至不能成形的现象。

(4) 模具结构　模具型腔的形式、表面粗糙度、浇注系统的结构和尺寸、排气系统和冷却系统的设计等因素都会影响塑料熔体的流动性。凡是促使熔体温度下降,流动阻力增加的因素,都会使流动性下降。

常用的热塑性塑料中,流动性好的有聚乙烯、聚丙烯、聚苯乙烯和尼龙等,流动性中等的有聚甲醛、有机玻璃、ABS 等,流动性较差的有聚碳酸酯、聚苯醚、聚砜和氟塑料等。

对于热塑性塑料,其流动性通常用熔融指数和螺旋线长度来表示。螺旋线长度的测定与铸造合金流动性的螺旋线试样测定原理相类似。熔融指数的测定,是将被测塑料装入测定装置的加热料筒中,在一定温度和压力下,测出塑料熔体在 10 min 内从出料孔挤出的质量(g),该数值即为熔融指数。熔融指数越大,流动性越好。对于热固性塑料,其流动性通常用拉西格流动值来表示。测定时,先将一定质量的塑料预压成圆锭后放入压模中,在一定的温度和压力下,测定它从模孔中挤出的长度(毛糙部分不计在内),此即为拉西格流动值(mm)。其数值越大,表明流动性越好。

2. 收缩性

塑料制品从模具中取出冷却到室温后,其尺寸或体积发生收缩的特性称为收缩性。收缩性的大小以单位长度塑件收缩量的百分数来表示，称为收缩率。造成收缩的主要原因有成形过程中塑料的热胀冷缩和状态变化（如从黏流态转变为晶态或玻璃态），以及脱模时的弹性恢复和脱模后残余应力的缓慢释放等。影响塑件收缩的因素主要包括：

（1）塑料的品种　不同品种的塑料，其收缩率各不相同。例如，结晶度高的塑料，结晶后的密度也大，故其收缩率大。即使是同一种类的塑料，由于其中各种组分的配比不同，收缩率也会有差异。

（2）塑料制品的结构　一般说来，塑料制品的形状复杂，尺寸较小、壁薄、有嵌件（尤其是嵌件数量多且对称分布）或有较多型孔等，其收缩率较小。

（3）成形工艺条件　成形温度高，则热胀冷缩大，收缩率也大。成形压力大，塑件的弹性恢复也大，其收缩性减小。成形时间越长，塑件冷却时间越长，其收缩率越小，但过长的冷却时间对提高生产率不利。

（4）模具结构　模具的分型面、浇口形式及尺寸等因素直接影响塑料流动方向、密度分布、保压补缩作用及成形时间等。例如，当浇口的厚度较小时，浇口部分会过早凝结硬化，型腔内的塑料收缩后得不到及时补充，故收缩较大。而采用大截面的浇口，就可减少收缩。

在设计模具时，应根据以上因素综合考虑选取塑料的收缩率，以保证所生产出的塑料制品的尺寸符合设计要求。

3. 吸湿性

吸湿性是指塑料（包括其中的各种添加剂）对水分的敏感程度。吸湿性大的塑料在成形过程中由于受高温高压作用，使水分汽化或发生水解，致使塑料制品中出现气泡、斑纹等缺陷。因此，在成形前必须对其进行干燥处理。

4. 热敏性

热敏性是指塑料的化学性质对热作用的敏感程度。热敏性强的塑料（称为热敏性塑料）在成形过程中很容易在不太高的温度下就发生热降解或热分解，从而影响塑料制品的性能、色泽和表面质量等。

另外，有些塑料在成形加工时，尤其是热敏性塑料在发生热降解或热分解时，会释放出一些挥发性气体，这些气体对现场人员、模具和加工设备具有刺激性、毒性和腐蚀作用。为了防止这些情况的出现，必须采取相应的措施，例如，对成形设备机筒内壁、流道和模具型腔表面镀铬防腐，生产时严格控制成形工艺条件，必要时可在塑料中添加热稳定剂。

5. 硬化特性

硬化（也称固化）是指热固性塑料成形时完成交联反应的过程。硬化速度的快慢对成形工艺过程有非常重要的影响，例如压注或注射成形时，应要求在塑化、填充时化学反应慢，硬化慢，以保持长时间的流动状态；但当充满型腔后，在高温、高压下应快速硬化。硬化速度慢的塑料，会使成形周期变长，生产率降低；硬化速度快的塑料，则不能成形复杂的塑件。

橡胶的硬化又称为硫化，橡胶的硫化性能包括硫化速度、交联率、存放稳定性等。硫化性能是橡胶最重要的成形性能之一，其他还有流动性、流变性能、热物理性能等。

5.2 塑料制品成形

由高分子合成反应制得的聚合物通常只是生产塑料制品和橡胶制品等的原材料,用于生产橡胶制品的聚合物常称为生胶,用于生产塑料制品的聚合物常称为树脂。

塑料制品的生产主要包括,选配树脂品种和添加剂成分、成形加工、后续加工等工序。根据组成的不同,塑料可分为简单组分塑料和复杂组分塑料。复杂组分塑料在成形加工前一般还需进行配制,即将其各组分的原料经混合与塑化后制成粉状、粒状或片状塑料。塑料成形加工是指将原料(树脂与各种添加剂的混合料或已经过配制好的塑料)在一定温度和压力下塑制成一定形状的制品的工艺过程。成形后的塑料制品可再经后续加工(如切削、焊接、表面涂覆等),以满足某些工艺或使用要求。成形是塑料制品生产中最重要的工序,塑料常用的成形方法有:注射成形、挤出成形、压缩成形、压注成形、压延成形、吹塑成形等。

5.2.1 塑料的组成与分类

塑料的主要成分是合成树脂,根据需要可加入用于改善性能的某些添加剂(有些塑料也可不加),如填充剂、增塑剂、稳定剂、固化剂、润滑剂、着色剂、发泡剂等。其中,增塑剂和润滑剂等可改善塑料的成形性能,增塑剂可提高树脂的可塑性和柔软性,使其便于塑制成形;润滑剂可防止塑料在成形过程中粘在模具或其他设备上,并可使塑料制件表面光亮美观。

塑料具有质轻、耐蚀性好、电绝缘性和隔热性好、减摩耐磨性好、成形方便等优点,因此被广泛地应用于工农业生产、高科技产业和人们日常生活的众多领域。

按照塑料的性能及用途,可将其分为通用塑料和工程塑料。适用面广、产量大的塑料称为通用塑料,如聚乙烯、聚氯乙烯、聚苯乙烯、聚丙烯、酚醛塑料等,可用于农用薄膜、包装材料、建筑材料、化工材料、生活日用品等的生产中;而力学性能较高、可用作工程结构材料的塑料则称为工程塑料,如 ABS 塑料、聚酰胺(尼龙)、聚甲醛等,它们可用于制作某些机械构件,如齿轮、轴承、叶片等。

按照树脂在加热和冷却时表现的性质,可将塑料分为热塑性塑料和热固性塑料。热塑性塑料的特点是,它受热后会软化并熔融成黏流态,冷却后则变硬;再次受热后又可软化重塑,冷却后又变硬,如此可反复多次,而保持其基本性能不变。这类塑料的成形工艺一般较简单,且可采用多种多样的成形方法来成形,生产效率高。热固性塑料的工艺特点是,在一定条件(如加热、加压或加入固化剂)下进行固化成形,并且在固化成形过程中发生树脂内部分子由线型结构到体型结构的变化。固化后的热固性塑料性质稳定,不再溶于任何溶液,也不能通过加热使它再次软化熔融(温度过高时则被热分解破坏)。这类塑料所适用的成形方法较少,常用的是压制成形法等,同时成形工艺较复杂,生产效率低;但近年来发展的压注成形和反应注塑成形,使生产率明显提高。

5.2.2 塑料注射成形

注射成形有时也称注塑成形。它是热塑性塑料的主要成形方法之一,几乎所有的热塑性塑料(除氟塑料外)都可以采用这种方法成形,此外也可用于一些热固性塑料的成形,因而获得了广泛的应用。

注射成形具有生产效率高、制品尺寸精确、易于实现自动化等优点,可以生产形状复杂、壁薄和带有金属嵌件的塑料制品。

1. 注射成形工艺过程

注射成形原理如图 5.4 所示,将粒状或粉状塑料从注射机的料斗送入加热的料筒中,经加热熔化至黏流态后,在柱塞或螺杆的推动下,向前移动并通过料筒端部的喷嘴以很高的速度注入温度较低的闭合模腔中,充满模腔的塑料熔体在压力作用下发生冷却固化,形成与模腔相同形状的塑料件。

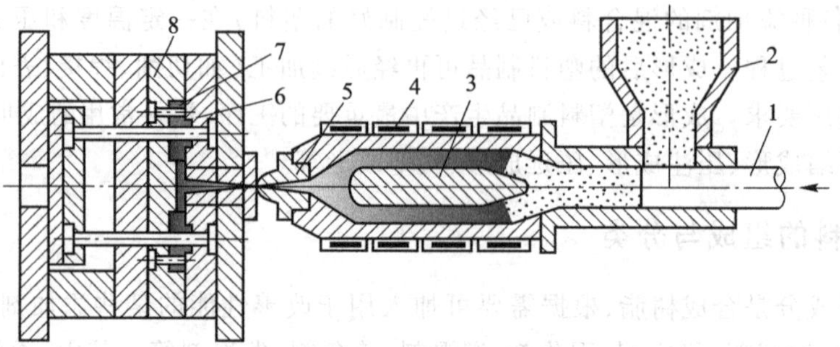

图 5.4　注射成形原理图

1—柱塞;2—料斗;3—分流梭;4—加热器;5—喷嘴;6—定模板;7—塑料制品;8—动模板

注射成形工艺的全过程包括:成形前的准备、成形过程、塑件的后处理等,如图 5.5 所示。

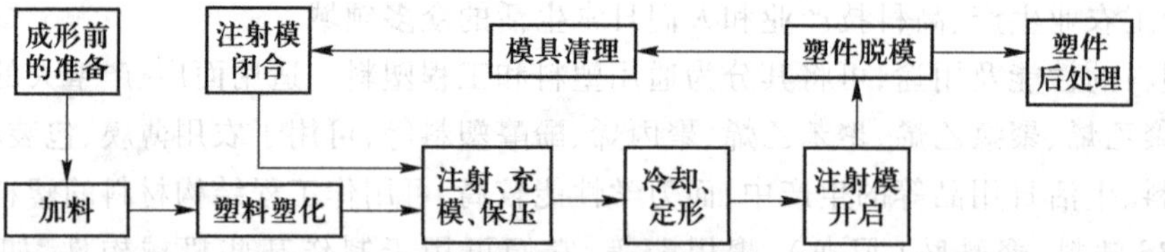

图 5.5　注射成形工艺过程

(1) 成形前的准备　成形前应做一些必要的准备工作,主要有:原料的外观检验和工艺性能测定,原料的染色和对粉料的造粒,对于易吸湿的塑料原料进行预热和干燥、清洗料筒、试模等。

(2) 成形过程　一般包括加料、塑化、注射、冷却和脱模几个步骤。由于注射成形是一个间歇过程,因而必须定量(定容)加料,以保证操作稳定,使塑料塑化均匀,最终获得成形良好的塑件。加入的塑料在料筒中加热后,由固体颗粒转变为黏流态从而具有可塑性,这一过程称为塑化。塑化好的熔体被柱塞或螺杆推挤至料筒前端,即开始进入了注射的过程。注射过程可分为充模、保压、冷却和脱模等几个阶段。熔体经过喷嘴和模具的浇注系统进入并填满模腔,这一阶段称为充模。充模的熔体在模具中冷却收缩时,柱塞或螺杆继续保持施压状态,以迫使浇口附近的熔体能够不断补充进入模具中,以保证型腔中的塑料能成形出形状完整而致密的塑件,这就是保压阶段。当浇注系统的塑料已冻结后,可结束保压,柱塞或螺杆后退,型腔中压力卸除;同时利用冷却系统(如通入冷却水、油等冷却介质)加快模具的冷却,这个阶段称为冷却。但如果浇口尚未冻结时,就将柱塞或螺杆退回,则会发生型腔中熔料向浇注系统倒流的现象,使塑件产生收缩、变形和质地疏松等缺陷,故应避免发生这种情况。待塑件冷却到一定的温度即可开模,并由推出机构将塑件推出模外而实现脱模。

(3) 塑件的后处理　成形后的塑料制品常需进行适当的后处理,以消除存在的内应力,改善其性能和尺寸稳定性。常用的方法是退火和调湿处理。退火是将塑件在一定温度(常为塑料的使用温度以上 10~20 ℃)的加热液体介质(如热水、热油等)或热空气循环烘箱中静置一段时间,然后缓慢冷却的处理。调湿处理则是为了稳定聚酰胺类塑料制品的性能和尺寸。

2. 注射成形的工艺条件及其控制

(1) 温度　注射成形过程中需要控制的温度有料筒温度、喷嘴温度和模具温度等。前两种温度主要影响塑料的塑化和流动,模具温度主要影响塑料在模腔内的流动和冷却。料筒最合适的温度范围应在塑料的黏流态温度 T_f(或熔点 T_m)与热分解温度 T_d 之间,且从料斗处(后端)至喷嘴处(前端)温度是逐渐升高的,以使塑料的温度平稳地上升到塑化温度。喷嘴温度一般略低于料筒最高温度。模具温度应保持基本恒定,一般在 40~60 ℃范围内。对于注射压力较低、壁厚较小的塑件,应选择较高的料筒温度和模具温度。

(2) 压力　注射成形过程中需要控制的压力有塑化压力和注射压力两种。塑化压力的产生过程是这样的,当采用螺杆式注射机时(图 5.6),在塑料熔体的充模和保压阶段,螺杆向前运动但不转动;在模内的塑料进入冷却阶段,螺杆开始转动,将料斗加入的塑料塑化并输送至料筒前端,当螺杆头部积存的熔体压力达到一定值时,螺杆在转动的同时后退,使料筒前端的熔体不断增多而达到规定的注射量,以便进行下一次注射充模。这种螺杆头部熔料在螺杆转动后退时所受到的压力就是塑化压力,又称为背压。塑化压力的大小可以通过液压系统中的溢流阀来调整。注射压力是指柱塞或螺杆头部对塑料熔体所施加的压力,其作用是克服塑料熔体从料筒流向型腔的流动阻力,使熔体具有所需的充型速率以及对熔体进行压实等。在注射机上常常用表压指示出注射压力的大小,一般在 40~130 MPa 之间。

(3) 时间(成形周期)　完成一次注射成形过程所需的时间即为成形周期,它包括注射时间(充模和保压时间)、模内冷却时间和其他时间(如开模、闭模、顶出塑件等的时间)。注射时间和模内冷却时间均对塑料制品的质量有决定性的影响。充模时间一般在 10 s 以内,保压时间一般为 20~120 s(特厚塑件可高达 5~10 min)。模内冷却时间主要取决于塑件厚度、模具温度和塑料的热性能和凝固性能等因素,一般在 30~120 s 之间,并注意在保证塑件脱模时不变形的前提下应尽可能缩短冷却时间。

3. 注射成形设备与模具

注射机(注塑机)是塑料注射成形的专用设备,有柱塞式和螺杆式两种形式。其中,螺杆式注射机由于具有加热均匀、塑化良好、注射量大等优点,在生产中正逐步占据主要地位,尤其对于流动性差的塑料以及大、中型塑料制品的生产多选用螺杆式注射机。注射机按其外形结构特征,又可分为卧式、立式、角式和旋转式四种,应用较多的是卧式注射机(图 5.6)。常用的卧式注射机型号有:XS—ZY—30、XS — ZY — 60、XS — ZY — 125、XS — ZY — 500、XS — ZY — 1000 等。型号中的“XS”表示塑料成形机,“Z”代表注射机,“Y”代表螺杆式,末尾的数字代表注射机的最大注射量(g)。

注射机的主要组成部分是注射系统与合模系统。注射系统的作用就是加热塑料使之塑化,并对其施加压力使之射入和充满模具型腔，它包括了注射机上直接与物料和熔体接触的零部件，如加料装置、机筒、螺杆（螺杆式注射机）或柱塞及分流锥（柱塞式注射机）、喷嘴等。合模系统是注射机实现开、闭模具动作的一整套机构装置，它必须能根据不同塑件的要求和模具的厚度方便地调节模板的间距、行程和运动速度，且要求开启灵活、闭锁紧密。最常见的合模系统是带有曲臂的机械—液压式的装置（图 5.6）。

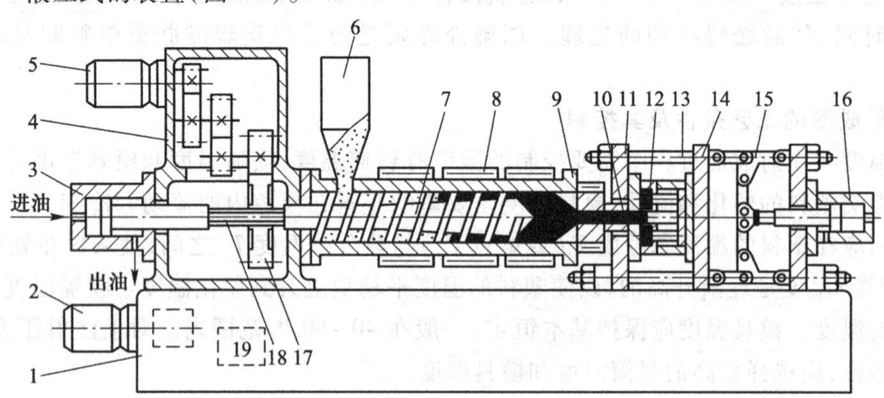

图 5.6　卧式螺杆式注射机结构示意图

1—机身；2—电动机及油泵；3—注射油缸；4—齿轮箱；5—电动机；6—料斗；7—螺杆；8—加热器；9—料筒；10—喷嘴；11—定模固定板；12—模具；13—拉杆；14—动模固定板；15—合模机构；16—合模油缸；17—螺杆传动齿轮；18—螺杆花键；19—油箱

注射模具是安装在注射机上使用的，在设计模具时，应对所选用的注射机的有关技术参数有全面的了解，以保证所设计的注射模与所使用的注射机相适应。

注射模是塑料注射成形的主要工艺装备。注射模的种类很多，但其基本结构都是由动模和定模两大部分组成的，如图 5.7 所示。定模部分安装在注射机的固定模板上，动模部分安装在注射机的移动模板上并在注射成形过程中随着注射机上的合模系统运动。注射成形时，动模与定

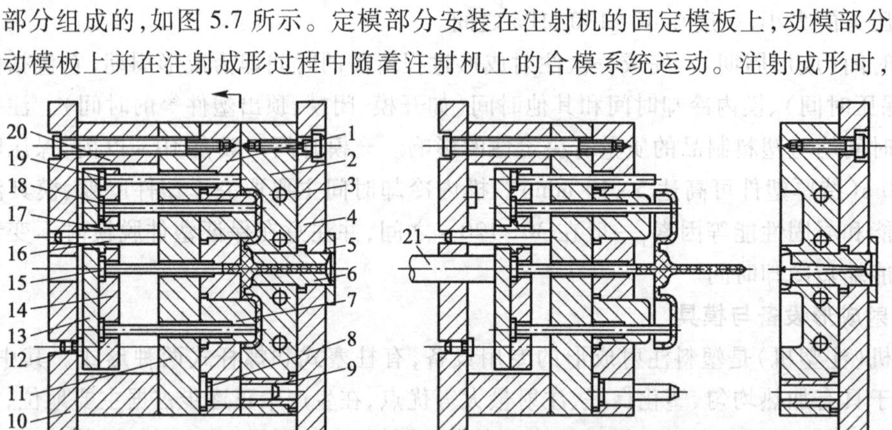

图 5.7　注射模结构图

1—动模板；2—定模板；3—冷却水道；4—定模座板；5—定位圈；6—浇口套；7—凸模；8—导柱；9—导套；10—动模座板；11—支承板；12—支承柱；13—推板；14—推杆固定板；15—拉料杆；16—推板导柱；17—推板导套；18—推杆；19—复位杆；20—垫块；21—注射机顶杆

模由导向系统导向而闭合,塑料熔体从注射机喷嘴经模具浇注系统进入型腔。塑料冷却定型后开模,通常情况下,塑件是留在动模上与定模分离,然后由推出机构将其推出模外。

典型的注射模具大多包括以下的一些零部件。

(1) 成形零部件　成形零部件是用于直接成形塑件的,它们组成了模具的型腔,如凸模(用于成形塑件内表面)、凹模(用于成形塑件外表面)以及型芯、镶块等。图 5.7 所示的模具中,型腔是由动、定两模板 1、2(相当于凹模和凸模)等组成。

(2) 合模导向机构　合模导向机构是用于实现动模和定模在合模时准确对合,以保证塑件形状和尺寸的精确性,并避免模具中其他零部件发生碰撞和干涉。常见的合模导向机构是导柱和导套(图 5.7 中 8、9)。

(3) 浇注系统　包括主流道、分流道、浇口和冷料穴等,它们构成了熔融塑料从注射机喷嘴进入模具型腔所流经的通道,如图 5.8 所示。

(4) 推出机构　它是用于分型后将塑件从模具中推出的装置,也称脱模机构。图 5.7 中模具的推出机构是由推板 13、推杆固定板 14、拉料杆 15、推板导柱 16、推板导套 17、推杆 18 和复位杆 19 等组成。

(5) 侧向分型与抽芯机构　当塑件的侧向有凸凹形状或孔时,在塑件推出之前,必须先把用于成形侧面凸凹形状或孔的型芯或镶拼模块从塑件上脱开或抽出,然后才能使塑件顺利脱模。合模时,又须将它们恢复原位。侧向分型与抽芯机构就是为实现这一功能而设置的。图 5.9 所示为常见的带有斜导柱侧向抽芯机构的注射模。

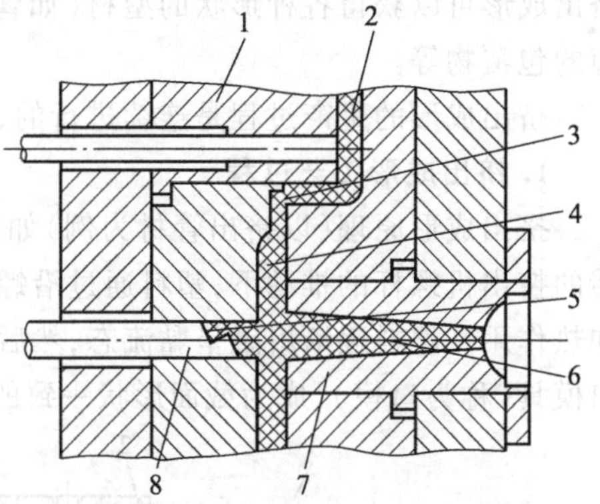

图 5.8　注射模的浇注系统

1—凸模;2—塑件;3—浇口;4—分流道;5—冷料穴;6—主流道;7—浇口套;8—拉料杆

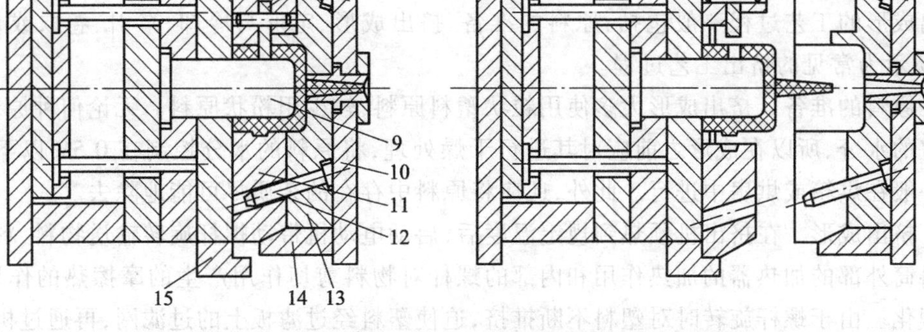

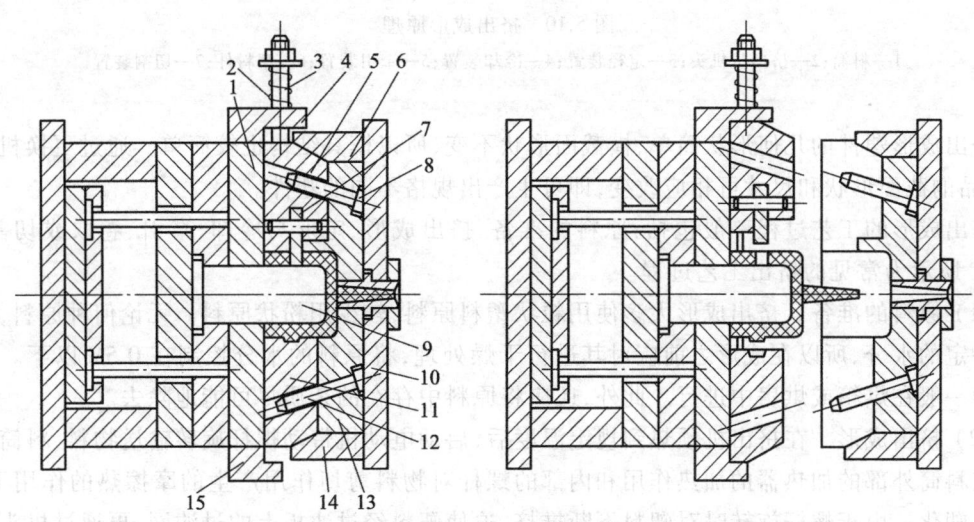

图 5.9　带有斜导柱侧向分型和抽芯机构的注射模

1—推件板;2—弹簧;3—限位螺杆;4、15—挡块;5—侧型芯滑块;6、14—楔紧块;7—侧型芯;8、12—斜导柱;9—凸模;10—定模座板;11—侧型腔滑块;13—定模板(型腔板)

(6) 加热或冷却系统　为了满足注射成形的工艺要求,有时还需在模具中设置加热或冷却系统,其作用是保证塑料熔体的顺利充型和塑件的固化定型。常用的加热系统是在模具的内部或四周安装加热元件,冷却系统则是在模具内开设冷却水道(图 5.7 中 3)。

(7) 支承零部件　它们用来安装固定或支承成形零部件以及其他各部分机构。

5.2.3　塑料挤出成形

挤出成形又称为挤塑。挤出成形工艺的适应性很强,除氟塑料外,所有的热塑性塑料都可以采用挤出成形,其制品约占热塑性塑料制品的 40%~50%。部分热固性塑料也可采用挤出成形。挤出成形可以获得各种形状的型材(如管、棒、条、带、板及各种异型断面型材),也可制作电线电缆的包覆物等。

挤出成形的生产过程是连续进行的,生产效率高,操作简便,产品质量稳定。

1. 挤出成形工艺过程

挤出成形原理(以挤出管材为例)如图 5.10 所示。先将粒状或粉状的塑料加入料斗中,在旋转的挤出机螺杆的推动下,塑料通过沿螺杆的螺旋槽向前方输送。在此过程中,由于不断地受到加热作用。塑料逐渐熔融呈黏流态,然后在螺杆的挤压作用下,塑料熔体通过具有一定型孔的挤出模具(称为口模),成为截面形状一致的塑料制品。

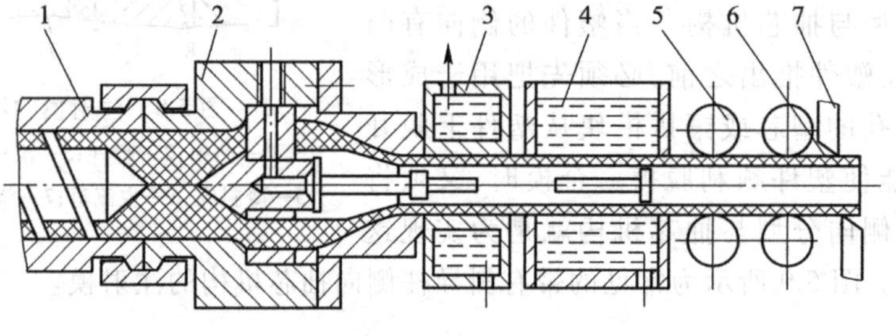

图 5.10　挤出成形原理

1—料筒;2—挤出机机头;3—定径装置;4—冷却装置;5—牵引装置;6—塑料件;7—切割装置

挤出成形塑件的几何形状简单,横截面形状不变,所以模具结构也较简单。通过更换机头口模,制品的截面形状和尺寸可相应改变,即可生产出规格不同的塑件。

挤出成形的工艺过程一般包括:原料的准备、挤出成形、定形与冷却、牵引、卷取或切割等。图 5.11 所示为常见的挤出工艺过程。

(1) 原料的准备　挤出成形大多使用粒状塑料原料,较少用粉状原料。无论何种原料,都会吸收一定的水分,所以在成形之前应对其进行干燥处理,将原料的水分控制在 0.5%以下。原料的干燥一般在烘箱或烘房中进行。此外,还应将原料中存在的杂质尽可能地除去。

(2) 挤出成形　在挤出机预热到规定温度后,启动电动机带动螺杆旋转输送物料,料筒中的塑料在料筒外部的加热器的加热作用和内部的螺杆对物料剪切作用产生的摩擦热的作用下,逐渐熔融塑化。由于螺杆旋转时对塑料不断推挤,迫使塑料经过滤板上的过滤网,再通过机头按口模的型孔成形为连续型材。

(3) 塑件的定形与冷却　塑件在离开机头口模后,应立即进行定形和冷却,否则在自重作用

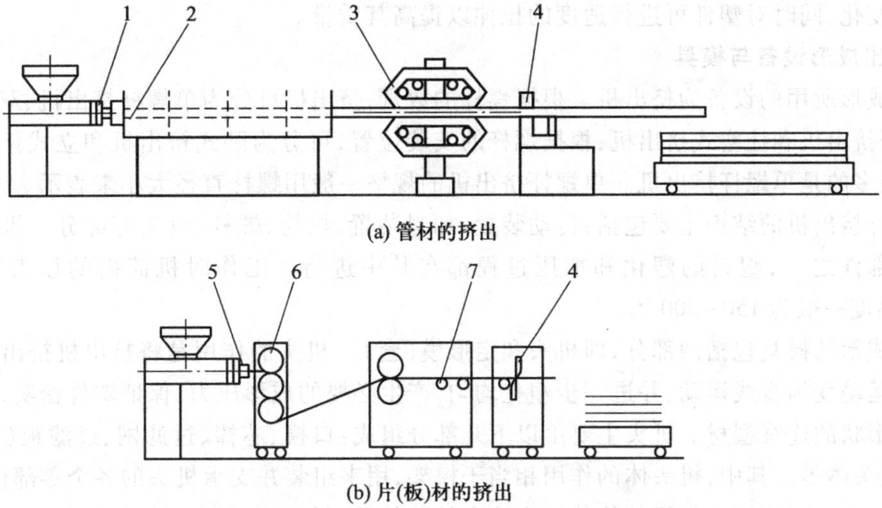

图 5.11　常见的挤出工艺过程示意图

1—挤管机头;2—定形与冷却装置;3—牵引装置;4—切断装置;
5—片(板)坯挤出机头;6—碾平与冷却装置;7—切边与牵引装置

下塑件会产生变形,出现凹陷或扭曲现象。多数情况下,定形和冷却是同时进行的。但在挤出各种棒料和管材时,定形过程与冷却是先后分开进行的;而挤出薄膜、单丝等则无需定形,只进行冷却即可。挤出板材或片材,常常还需通过一对压辊(图 5.11b 中 6)碾平。

(4) 塑件的牵引、卷取和切割　在冷却的同时,还要连续均匀地对塑件进行拉动引导(即牵引),以使后续的塑件能够顺利地挤出。牵引过程由作为挤出机的辅机之一的牵引装置来完成。

通过牵引的塑件可根据使用要求在切割装置上裁剪(如棒、管、板、片等),或在卷取装置上绕制成卷(如薄膜、单丝、电线电缆等)。在此之后,某些塑件如薄膜等有时还需进行后处理,以提高尺寸稳定性。

2. 挤出成形的工艺条件及其控制

(1) 温度　适当的温度是挤出过程得以顺利进行的重要条件之一。根据测得的温度变化曲线可知,塑料在螺杆各段(加料段、压缩段和均化段)处的温度是不同的,呈不断上升趋势,在压缩段可达到熔点温度,开始进入黏流态。一般来说,对挤出成形温度进行控制时,加料段的温度不宜过高,而压缩段和均化段的温度则可取高一些,具体的数值应根据塑料种类和塑件情况而定。

(2) 压力　在挤出过程中,由于料流的阻力等各种因素而使塑料内部形成一定的压力,这种压力对于获得均匀密实的塑件有着重要作用。如果在成形过程中压力产生波动,将会对塑件质量产生不利影响,如造成局部疏松、表面不平、弯曲等缺陷。为了减少压力波动,应合理控制螺杆转速,并保证加热和冷却装置的温度控制精度等。

(3) 挤出速度　挤出速度是指单位时间内由机头口模中挤出的塑化好的塑料量或塑件长度。在挤出机的结构和塑料品种及塑件类型已确定的情况下,挤出速度仅与螺杆转速有关。因此,调整螺杆转速是控制挤出速度的主要措施。挤出速度的波动对塑件的形状和尺寸精度有明显的不良影响,生产中应采取相应措施保证挤出速度的均匀。

(4) 牵引速度　牵引速度要与挤出速度相适应,一般是牵引速度略大于挤出速度,以消除塑件尺寸的变化;同时对塑件可进行适度的拉伸以提高其质量。

3. 挤出成形设备与模具

挤出成形所用的设备为挤出机。根据螺杆的数量,挤出机可分为单螺杆挤出机、双螺杆挤出机、多螺杆挤出机和柱塞式挤出机;根据螺杆的安装位置,可分为卧式挤出机和立式挤出机。目前,应用最多的是单螺杆挤出机。单螺杆挤出机的规格一般用螺杆直径大小来表示。

单螺杆挤出机的结构主要包括:传动装置、加料装置、机筒、螺杆、机头等部分。机筒是挤出机的主要部件之一,塑料的塑化和加压过程都在其中进行。工作时机筒内的压力可达 30~50 MPa,温度一般为 150~300 ℃。

挤出成形的模具包括两部分,即机头和定形模(套)。机头的作用是将挤出机挤出的塑料熔体由旋转运动变为直线运动,并进一步塑化均匀,产生必要的成形压力,保证塑件密实,从而获得所需截面形状的连续型材。机头主要由以下几部分组成:口模、芯棒、过滤网、过滤板(多孔板)、分流器、机头体等。其中,机头体的作用相当于模架,用来组装并支承机头的各个零部件,并与挤出机料筒相连。定型模的作用是使从机头挤出的塑件的形状稳定下来,并对其进行精整,从而获得截面尺寸精确、表面光亮的塑件。

5.2.4 塑料压缩成形

压缩成形又称压塑成形和模压成形,它是塑料成形中最传统的工艺方法,目前仍是热固性塑料的主要成形手段,也用于流动性很差的热塑性塑料制品的成形。

压缩成形所需设备和模具较简单,操作方便,但生产效率较低,难以制作形状复杂、薄壁的塑料件,不易实现生产自动化。

1. 压缩成形工艺过程

压缩成形过程如图 5.12 所示,将粉状(或粒状、碎片状、纤维状)的塑料放入凹模型腔中,合上凸模后在压机的压力作用下加压并加热,使塑料软化熔融并充满型腔,随着塑料中发生的化学交联反应的进行,熔融的塑料逐步硬化定形,最后脱模将其取出,即获得与模具型腔形状相同的塑料制品。

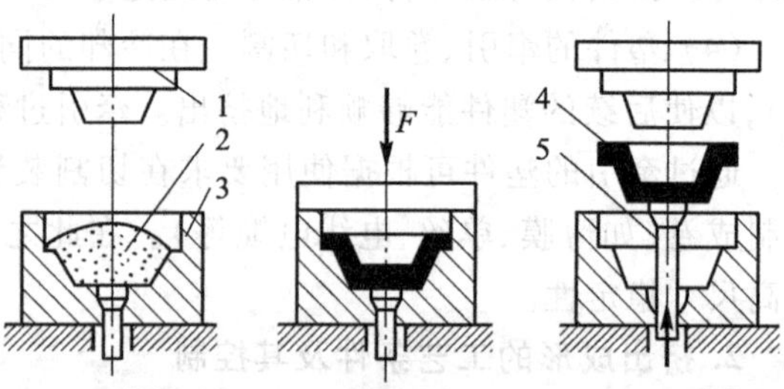

图 5.12 压缩成形示意图

1—凸模;2—原料;3—凹模;4—制品;5—顶杆

压缩成形工艺过程包括:成形前的准备,成形和成形后处理,如图 5.13 所示。

(1) 成形前的准备 热固性塑料比较容易吸湿,贮存时易受潮,所以成形前应对其进行预热,以去除其中的水分和其他挥发物;同时提高塑料的温度,有利于其在模具内受热均匀,缩短成形周期。此外,有时还要对塑料进行预压处理,将松散的塑料原料压成一定重量且形状一致的型坯,以使其便于放入模具中。

(2) 成形过程 模具在使用前要进行预热。若塑件带有嵌件,应在加料前将嵌件预热后置于模具型腔内。压缩成形过程一般要经过加料、合模、排气、固化和脱模等几个阶段。加料就是在模具型腔中加入已预热的定量原料的操作,加料是否准确将直接关系到塑件的密度和尺寸精度。加料完成后进行合模,即通过压力机加压使模具闭合。在凸模尚未接触物料之前,应加快合

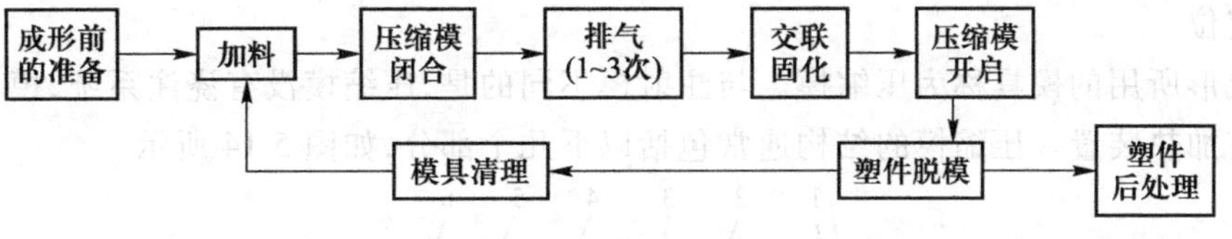

图 5.13　压缩成形工艺过程

模速度，以缩短成形周期和避免塑料过早固化；当凸模接触模内物料后，应减慢合模速度。压缩模闭合后，有时还需要卸压使凸模松动片刻，以排出模腔中的气体（如物料受热释放出的水蒸气、低分子挥发物以及交联反应时产生的气体等），否则，会影响物料的传热过程，延长固化时间，还会降低塑件的性能和表面质量。排气的次数和时间根据需要而定，通常为 1～3 次，每次 3～20 s。模具内的热固性塑料在成形温度下保持一定时间，依靠其内部发生的交联反应而固化定形，从而达到所需要的性能，这一过程即为固化（或硬化）。随着固化过程的进行，分子交联程度的增大，塑料逐渐由加热初期的黏流态，转变为体型结构的玻璃态。固化过程完成后，压力机卸压，模具开启，通常由推出机构将塑件推出模外。塑件脱模后，应对模具进行清理，以免有碎屑或其他杂物留在模内，影响下一次成形的塑件质量。

（3）塑件的后处理　塑件的后处理主要是退火，其目的是清除内应力，提高塑件的尺寸稳定性，减少变形和开裂。退火时塑件还能进一步交联固化，使其性能提高。

2. 压缩成形的工艺条件及其控制

（1）成形温度　压缩成形温度是指压缩时所需的模具温度。压缩成形温度的高低既关系着模内塑料熔体能否顺利充满型腔，又影响着成形时的固化速度。在一定温度范围内，升高模具温度，可使成形周期缩短，生产效率提高。但如果模温太高，可引起塑料的热分解，同时还使塑件表层先发生硬化，降低物料的流动性，造成充模不满；并且因水分和挥发物难以排除，塑件内应力增大，脱模时，塑件易发生肿胀、开裂、翘曲等缺陷。而如果模温过低，则使成形周期过长，固化不足，塑件的性能和表面光泽度下降。常用热固性塑料的压缩成形温度大多在 120～200 ℃之间。

（2）成形压力　压缩成形时压力机通过凸模对塑料所施加的迫使其充满型腔并固化的压力称为成形压力。成形压力的大小与塑料品种、塑件结构以及模具温度等因素有关。一般情况下，塑料的流动性越差，塑件越厚或形状越复杂，塑料的固化速度越快以及塑料的压缩比越大，则所需的成形压力也越大。

（3）压缩时间　压缩时间的长短对塑件的性能影响也很大。压缩时间过短，塑料固化不足，性能下降且易变形；但若压缩时间过长，不仅生产效率低，而且由于塑料交联过程使塑件收缩率增加，产生内应力，也使其性能下降。

压缩时间与塑料种类、塑件形状、成形温度与压力、工艺操作步骤（如是否预压、预热）等有关。例如提高成形温度或压力，均可使压缩时间减少，但压力的影响不如温度的影响明显。一般的酚醛塑料，压缩时间为 1～2 min，有机硅塑料为 2～7 min。

3. 压缩成形设备与模具

压缩成形通常使用普通压力机进行生产。压力机的种类按传动方式可分为机械式压机和液压机，以液压机最为常用。模具的上模和下模分别安装在压力机的上、下工作台上，通过上工作台（也称活动横梁）的上升和下降运动，实现模具的开启、闭合以及加压。上、下模通过导柱和导套来导向定位。

压缩成形所用的模具称为压缩模。与注射模不同的是,压缩模没有浇注系统,模具设有加料室并且设有加热装置。压缩模的结构通常包括以下几个部分,如图 5.14 所示。

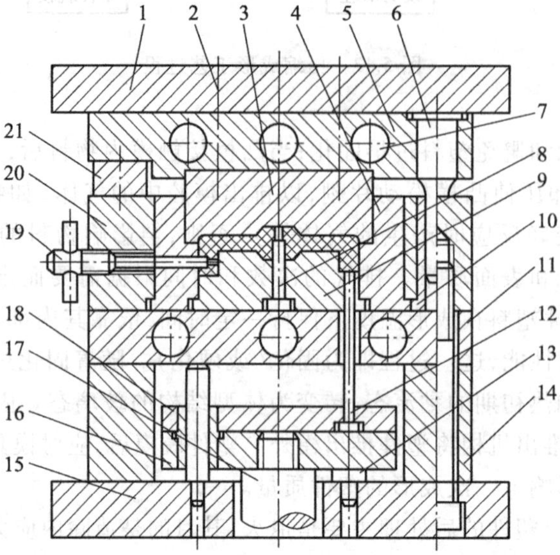

图 5.14　压缩模结构图

1—上模座板;2—螺钉;3—上凸模;4—加料室(凹模);5、11—加热板;6—导柱;7—加热孔;8—型芯;9—下凸模;10—导套;12—推杆;13—支承钉;14—垫块;15—下模座板;16—推板;17—连接杆;18—推杆固定板;19—侧型芯;20—型腔固定板;21—承压块

(1) 成形零件　它们是直接成形塑件的零件,图 5.14 中模具的型腔由上凸模 3、凹模 4、型芯 8、下凸模 9 等构成。

(2) 加料室　压缩模在型腔之上设有一段加料室,其作用是在加料时容纳型腔中容纳不下的塑料原料。图 5.14 中所示凹模 4 的上半部分截面尺寸扩大的部分,即为加料室。

(3) 加热系统　热固性塑料压缩成形需要在较高的温度下进行,因此模具必须加热,常用的加热方式是电加热。图 5.14 中的加热板 5、11 中带有加热孔 7,孔中插入加热元件(如电加热棒),可对上、下凸模和凹模进行加热。

此外,与注射模一样,压缩模通常还设有导向机构、脱模机构和侧向分型抽芯机构等。

5.2.5　塑料成形的其他方法

1. 压注成形

压注成形也称传递成形,它是为了改进压缩成形方法的缺点而发展起来的一种热固性塑料成形方法。压注成形时,先将热固性塑料加热熔融,接着在压力作用下,使塑料熔体通过模具浇口高速进入型腔,固化定形后开模取出塑件,如图5.15所示。

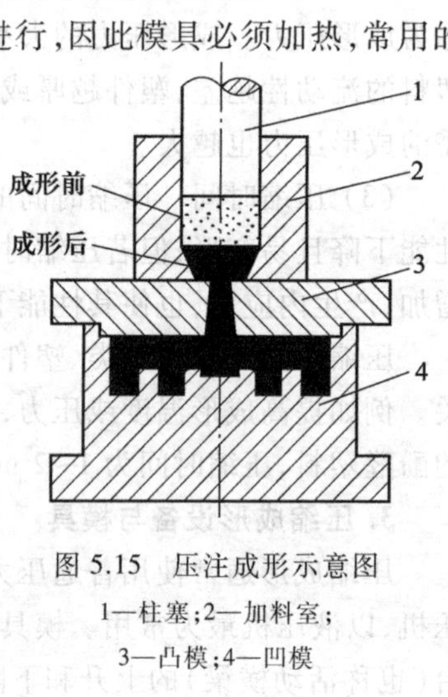

图 5.15　压注成形示意图

1—柱塞;2—加料室;3—凸模;4—凹模

与压缩成形相比，压注成形缩短了固化时间，提高了生产效率，塑料制件的内在和外观质量以及尺寸精度也有所提高，能生产出形状复杂或带有精细嵌件的塑料制品。但压注成形所用的模具结构要复杂些，制造成本较高；因为有浇注系统，塑料浪费较大，塑件修整工作量也有增加。压注成形的工艺过程与压缩成形基本相似，它们的主要区别在于，压缩成形过程是先加料后合模，而压注成形则一般要求先合模后加料。与压缩成形的工艺条件相比，压注成形的压力要高 1~2 倍，而模具温度通常要比压缩成形的模具温度低15~30 ℃。

2. 真空成形

真空成形也称吸塑成形，其成形过程如图 5.16 所示。成形时先将塑料板或片固定在模具上，用辐射加热器件将其加热至软化温度，然后通过真空泵把塑料板（片）与模具之间的空气抽去，从而使板（片）材在大气压力作用下贴紧在模腔表面而成形。冷却定形后，再用压缩空气推动塑件从模具中脱出。

真空成形的方法主要有凹模真空成形（图 5.16）、凸模真空成形、凹凸模先后抽真空成形、吹泡真空成形等。真空成形所用的设备和模具结构较简单，生产成本低。

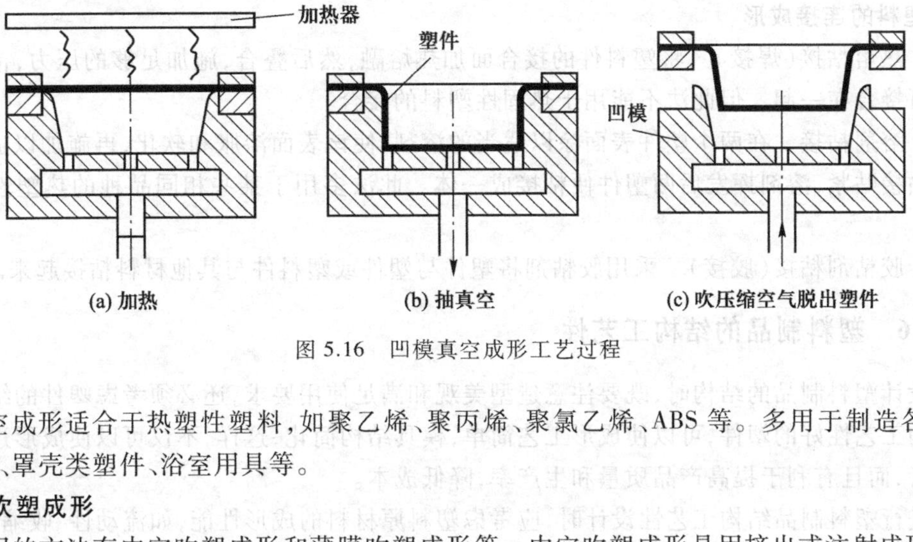

图 5.16　凹模真空成形工艺过程

真空成形适合于热塑性塑料，如聚乙烯、聚丙烯、聚氯乙烯、ABS 等。多用于制造各种包装盒、餐盒、罩壳类塑件、浴室用具等。

3. 吹塑成形

常用的方法有中空吹塑成形和薄膜吹塑成形等。中空吹塑成形是用挤出或注射成形的空心塑料型坯，趁热于半熔融状态时将其放入吹塑模具的型腔中，再将压缩空气通入型坯中，使其被吹胀并紧贴模具型腔的内壁而成形，冷却脱模后即获得中空塑料制品。图 5.17 所示为吹塑成形

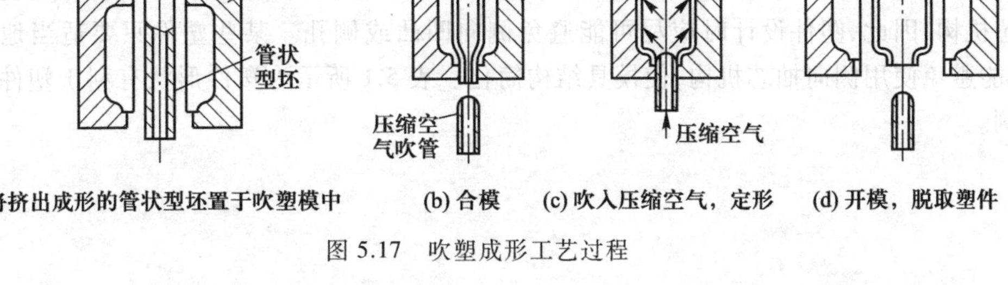

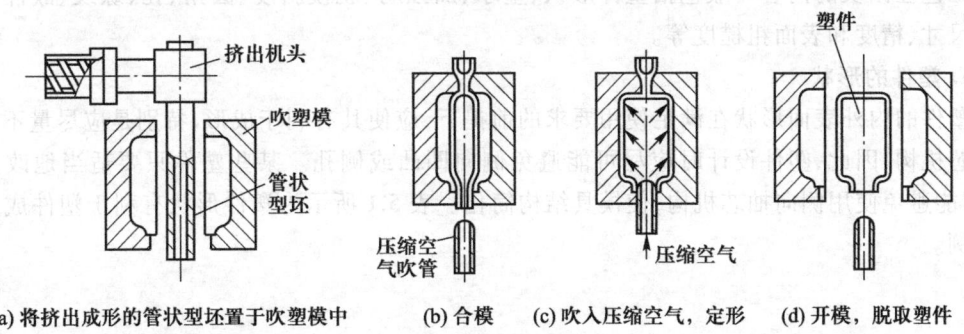

图 5.17　吹塑成形工艺过程

工艺过程。吹塑成形一般只用于热塑性塑料的成形,可生产各种包装容器和薄膜制品等。

4. 浇注成形

浇注成形工艺类似于金属的铸造。它是将液态的树脂与适量添加的固化剂或催化剂,浇入模具型腔中,在适当的温度与压力条件下,固化或冷却凝固成形而得到塑料制品。此法的特点是可制作大型塑件,所用的设备和模具较简单,操作方便;但生产周期长,塑料的收缩率较大。

5. 压延成形

压延成形是将黏流状态的塑料通过一系列相向旋转着的水平辊筒间隙,使塑料承受挤压和延展作用而成为连续片状制品。压延成形适用于热塑性塑料,是生产塑料薄膜(厚度<0.25 mm)和片材(厚度>0.25 mm)的主要方法。

6. 发泡成形

发泡成形是在成形过程中通过某种物理、化学或机械的发泡方法,使塑料内部形成大量微小气孔,从而制得泡沫塑料制品。

7. 塑料的连接成形

(1) 热熔粘接(焊接) 将塑料件的接合面加热熔融,然后叠合,施加足够的压力,待冷却凝固后即可接合在一起。但此法不能用于热固性塑料的接合。

(2) 溶剂粘接 在两个塑件表面涂以适当的溶剂,使该表面溶胀和软化,再施加以适当的压力使之粘接贴紧,溶剂挥发后两塑件便粘接成一体。此法多用于某些相同品种的热塑性塑料件的接合。

(3) 胶粘剂粘接(胶接) 采用胶粘剂将塑件与塑件或塑料件与其他材料粘接起来。

5.2.6 塑料制品的结构工艺性

在设计塑料制品的结构时,既要注意造型美观和满足使用要求,还必须考虑塑件的结构工艺性。结构工艺性好的塑件,可以使成形工艺简单,模具结构简化,这样,不仅可以使成形过程得以顺利进行,而且有利于提高产品质量和生产率,降低成本。

在进行塑料制品结构工艺性设计时,应考虑塑料原材料的成形性能,如流动性、收缩性等;应在设计塑件的同时结合考虑其模具的设计和制造问题,如怎样使模具型腔易于制造,怎样合理设置抽芯和推出机构等;应在保证塑件使用性能的前提下,力求其结构简单,制作方便。塑料制品结构工艺性涉及的内容一般包括塑件形状、壁厚、加强肋、脱模斜度、圆角、孔、螺纹、嵌件以及塑件的尺寸、精度和表面粗糙度等。

1. 塑件的形状

塑件的内外表面形状在满足使用要求的前提下,应使其有利于成形,特别是应尽量不采用侧向抽芯机构,因此,塑件设计时应尽可能避免侧向凹凸或侧孔。某些塑件只要适当地改变其形状,即能避免使用侧向抽芯机构,使模具结构简化。表 5.1 所示为塑件形状有利于塑件成形的典型实例。

表 5.1　塑件形状有利于塑件成形的典型实例

序号	不合理	合理	说明
1	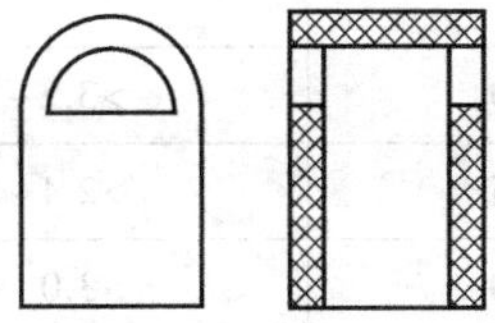	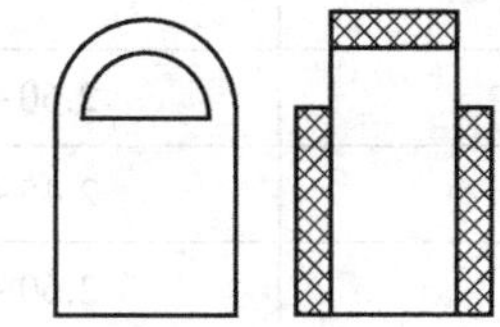	改变形状后,不需采用侧抽芯,使模具结构简单
2	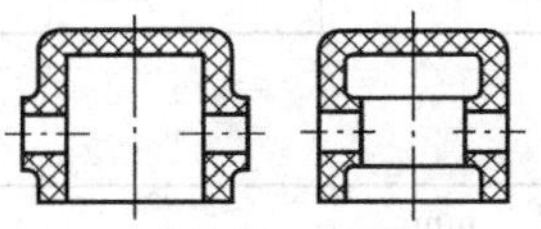	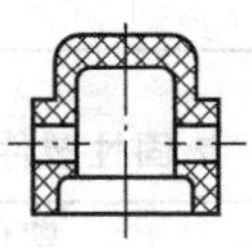	应避免塑件表面横向凸台,便于脱模
3	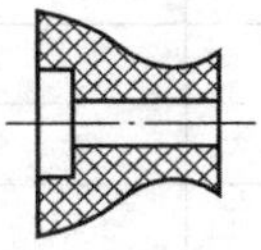	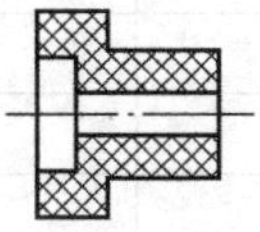	塑件有外侧凹时必须采用镶拼结构的凹模,故模具结构复杂,塑件外表面有接痕
4	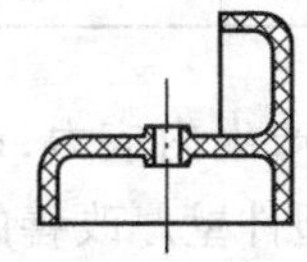	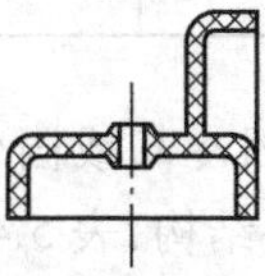	内凹侧孔改为外凹侧孔,有利于抽芯
5	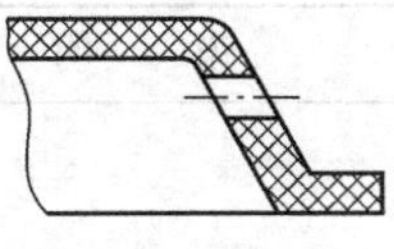	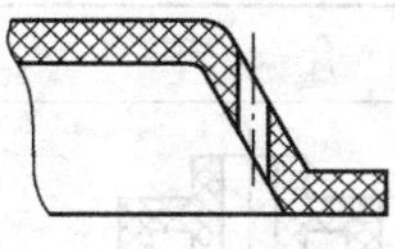	横向孔改为纵向孔可避免侧抽芯

2. 壁厚与加强肋

塑件的壁厚主要取决于塑件的使用要求,但壁厚的大小对塑料的成形影响很大。壁厚过小,成形时塑料流动阻力大,难以充型;壁厚过大则浪费材料,还易产生气泡、缩孔等缺陷,因此必须合理选择塑件壁厚。表 5.2 列出了热塑性塑料的最小壁厚和推荐壁厚值,表 5.3 列出了热固性塑料壁厚值。

表 5.2　热塑性塑料最小壁厚及推荐壁厚　　mm

塑料种类	塑件流程 50 mm 的最小壁厚	一般塑件壁厚	大型塑件壁厚
聚乙烯(PE)	0.60	2.25~2.60	>2.4~3.2
聚苯乙烯(PS)	0.75	2.25~2.60	>3.2~5.4
有机玻璃(PMMA)	0.80	2.50~2.80	>4.0~6.5
聚甲醛(POM)	0.80	2.40~2.60	>3.2~5.4
软聚氯乙烯(LPVC)	0.85	2.25~2.50	>2.4~3.2

续表

塑料种类	塑件流程 50 mm 的最小壁厚	一般塑件壁厚	大型塑件壁厚
硬聚氯乙烯(HPVC)	1.15	2.60~2.80	>3.2~5.8
聚丙烯(PP)	0.85	2.45~2.75	>2.4~3.2
聚碳酸酯(PC)	0.95	2.60~2.80	>3.0~4.5
聚酰胺(PA)	0.45	1.75~2.60	>2.4~3.2

表 5.3 热固性塑件壁厚 mm

塑料名称	塑件外形高度 / mm		
	<50	50~100	>100
粉状填料的酚醛塑料	0.7~2.0	2.0~3.0	5.0~6.5
纤维状填料的酚醛塑料	1.5~2.0	2.5~3.5	6.0~8.0
聚酯玻璃纤维填料的塑料	1.0~2.0	2.4~3.2	>4.8
氨基塑料	1.0	1.3~2.0	3.0~4.0

同一塑件壁厚应尽可能一致,否则会因冷却或固化速度不均而产生内应力,影响塑件的使用。当塑件壁厚不一致时,应适当改善塑件结构,表 5.4 列出了一些塑件壁厚改善的措施。

表 5.4 改善塑件壁厚的措施举例

序号	不合理	合理	说明
1	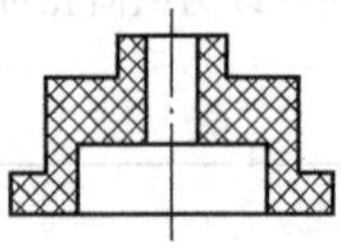	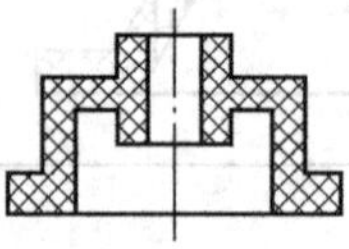	左图壁厚不均匀,易产生气泡、缩孔、凹陷等缺陷,使塑件变形;右图壁厚均匀,能保证质量
2	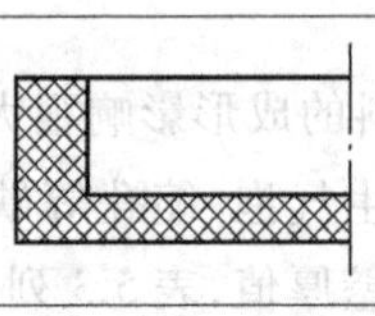	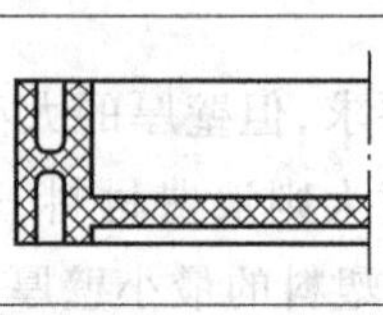	
3	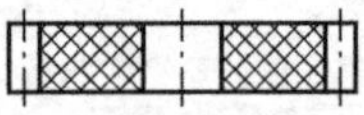	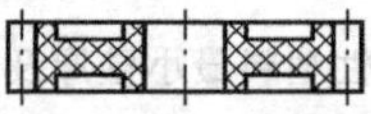	
4	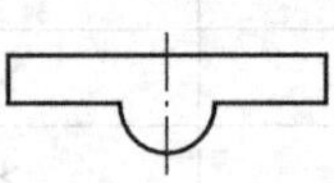	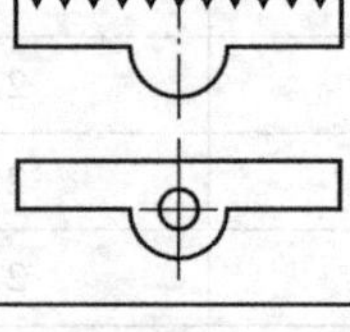	壁厚不均塑件,可在易产生凹痕的表面设计成波纹形式或在厚壁处开设工艺孔

为了避免塑件局部过厚或为增加强度避免变形,还可在塑件适当部位设置加强肋。

3. 脱模斜度与圆角

为了克服塑件因冷却收缩产生的包紧力，方便脱模，塑件内外表面在脱模方向应设计一定的脱模斜度，见图5.18所示。塑件上脱模斜度的大小与塑件的性质、收缩率、摩擦系数、塑件壁厚及几何形状有关。常用的脱模斜度见表5.5。

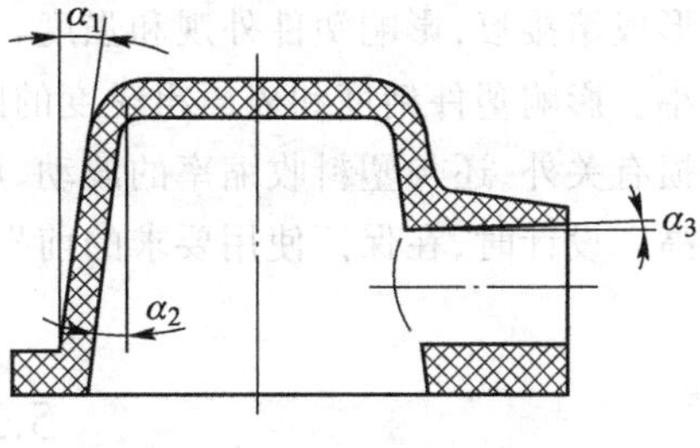

图5.18　塑件的脱模斜度

为了避免应力集中，提高塑件的强度，便于塑料熔体的流动和塑件脱模，在塑件的内外表面的各连接处均应采用圆角过渡。在无特殊要求时，塑件各连接处均应有半径不小于0.5～1 mm的圆角。一般外圆角半径 $R_1=1.5\,\delta$，内圆角半径 $R_2=0.5\,\delta$，δ 为塑件的壁厚。

表5.5　塑件的脱模斜度

塑料名称	脱模斜度	
	型腔	型芯
聚乙烯(PE)、聚丙烯(PP)、软聚氯乙烯(LPVC)、聚酰胺(PA)	25′～45′	20′～45′
硬聚氯乙烯(HPVC)、聚碳酸酯(PC)、聚砜(PSU)	35′～40′	30′～50′
聚苯乙烯(PS)、有机玻璃(PMMA)、ABS、聚甲醛(POM)	35′～1°30′	30′～40′
热固性塑料	25′～40′	20′～50′

注：本表所列的脱模斜度适用于开模后塑件留在凸模上的情形。

4. 孔和嵌件的设计

设计孔时应注意不能削弱塑件的强度，在孔与孔之间、孔与边壁之间应留有足够的距离。热固性塑件两孔之间及孔与边壁之间的关系见表5.6(当两孔直径不一样时，按小孔径取值)。热塑性塑件两孔之间及孔与边壁之间的关系可按表5.6中所列数值的75%确定。塑件上固定用孔和其他受力孔的周围可设计一凸边或凸台来加强。

设计孔时还应注意孔深不能太大和孔径不能过小，以防细长的型芯在压力作用下弯曲。例如，压缩成形时，通孔深度应不超过孔径的3.75倍，盲孔深度应不超过孔径的2～2.5倍；注射成形或压注成形时，盲孔深度不应超过孔径的4倍。直径小于1.5 mm的孔或深度太大(大于以上值)的孔最好采用成形后再机械加工的方法获得。

表5.6　热固性塑件孔间距、孔边距　　mm

孔　径	<1.5	1.5～3	3～6	6～10	10～18	18～30
孔间距、孔边距	1～1.5	1.5～2	2～3	3～4	4～5	5～7

塑件中镶入嵌件是为了提高塑件的强度、硬度、耐磨性、导电性、导磁性等，或者是增加塑件的尺寸、形状的稳定性，或者是降低塑料的消耗。嵌件应可靠地固定在塑件中，为了防止嵌件受力时在塑件内转动或脱出，嵌件表面必须设计有适当的凸凹状，以提高嵌件与塑件的连接强度。嵌件在成形时要受到高压熔体的冲击，可能发生位移和变形，因此嵌件必须在模具内可靠定位。由于金属嵌件与塑件的收缩率相差较大，致使嵌件周围的塑料存在很大的内应力，如果设计不当，可能会造成塑件的开裂，因此，嵌件周围的壁厚应足够大。

此外，塑件的尺寸、精度及表面粗糙度也是塑料制品结构工艺性设计需要考虑的因素。塑件尺寸的大小取决于塑料的流动性，对于流动性差的塑料，塑件尺寸不可过大，以免不能充满型腔或形成熔接痕，影响塑件外观和强度。此外，成形设备、模具尺寸及脱模距离等也会影响塑件的大小。影响塑件精度和表面粗糙度的因素很多，除与模具的制造精度和表面粗糙度以及模具的磨损有关外，还与塑料收缩率的波动、成形时工艺条件的变化等有关，所以塑件的尺寸精度一般不高。设计时，在保证使用要求的前提下宜尽可能选用低的精度等级。

5.3 橡胶制品成形

5.3.1 橡胶的组成与分类

橡胶的主要成分是生胶。生胶具有很高的弹性，但分子链间相互作用力较弱、强度低、稳定性差，因此需添加各种配合剂并经过相应的加工和处理后才能生产出橡胶制品。经改性处理后的橡胶可具有较高的强度、耐磨性、绝缘性和化学稳定性等。

橡胶生产中常用的配合剂有硫化剂、硫化促进剂、活化剂、填充剂、增塑剂、防老化剂、着色剂等。硫化剂又称交联剂，用于使生胶的大分子由线型结构转变为体型结构，从而提高其强度、弹性和化学稳定性。活化剂可以配合硫化促进剂发挥作用，更有利于硫化的进行。增塑剂用于提高橡胶的塑性，改善加工性能。填充剂则是用于提高橡胶的强度和耐磨性，降低成本等。

按照生胶的来源，橡胶可分为天然橡胶和合成橡胶。天然橡胶的生胶是由橡胶树的胶乳经凝固、干燥和加压后制成的；而合成橡胶则是采用高弹态的人工合成高分子化合物作为主要成分化合而成，如丁苯橡胶、丁腈橡胶、聚氨酯橡胶等。按照使用范围，橡胶又可分成通用橡胶和特种橡胶。通用橡胶主要用于生产一般工业用品（如轮胎、胶带、胶管、胶辊、橡胶密封制品、橡胶减振装置等）、日常生活用品（如胶鞋、橡皮等）和医疗卫生用品。特种橡胶是专门用来制造在特殊条件下（如高温、低温、辐射、酸、碱、油等）使用的橡胶制品。

5.3.2 橡胶制品的生产过程

橡胶的生产加工过程一般包括配料、塑炼、混炼、成形和硫化等五个主要工序。

(1) 配料　应按配方规定对生胶和所有的配合剂进行称量配料。液体原料有时要先加热以降低黏度，生胶块须烘软、切块并压成片状。

(2) 塑炼　生胶因为弹性高，无法与配合剂混合均匀，成形也很困难。塑炼的目的就是通过机械或化学作用，使生胶中的线型大分子长链被破断变短，相对分子质量降低，从而使其从弹性状态转变到所需的可塑状态。天然橡胶的生胶必须进行塑炼；合成橡胶是否要塑炼则应视品种而定，有些合成橡胶的生胶本身具有一定程度的可塑性，因此可以不必塑炼。塑炼通常是在炼胶机中进行。塑炼机有开放式和密闭式两类，目前常用的塑炼设备是密闭式炼胶机（简称密炼机），它具有生产效率高，塑炼质量好，环境污染小等优点。塑炼时先将生胶由料斗加入密炼室，上顶栓将密炼室封闭，并对胶料施加一定压力。密炼室中有两个以不同转速反向旋转的辊筒，辊筒之间及辊筒与内壁之间的间隙很小，胶料在反复通过这些间隙时受到强烈的滚轧和挤压作用，温度也迅速升高,从而逐渐趋于软化和塑化。如果在胶料中加入化学塑解剂,可进一步提高塑炼效果。

(3) 混炼　混炼是将各种配合剂加入经过塑炼的生胶中,并将其混合均匀的过程。混炼后得到的混炼胶是制造各种橡胶制品的原料。

混炼也可以在密炼机上进行,如图 5.19 所示。混炼时应注意加料顺序的正确,即先加塑炼胶,然后加入防老化剂、填充剂和增塑剂等,硫化剂和硫化促进剂应最后加入。混炼后的胶料应立即进行强制冷却,以防相互粘连。冷却后一般要放置一段时间,使配合剂进一步扩散均匀。混炼对橡胶质量有很大影响,混炼越均匀,橡胶制品质量越好,使用寿命越长。

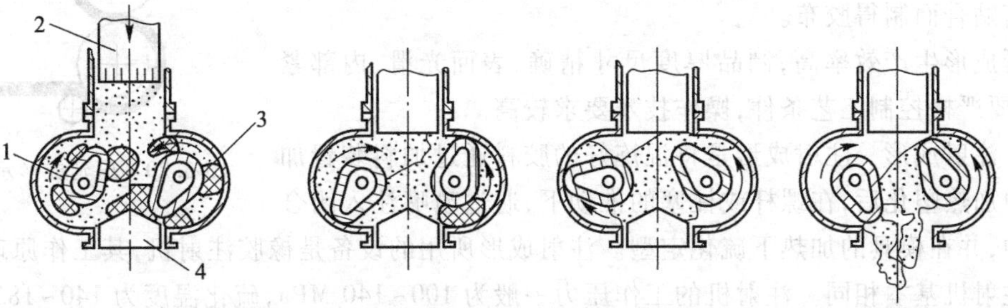

(a) 上顶栓下降压料　(b) 混炼开始　(c) 配合剂均匀分散　(d) 下顶栓开启,卸料

图 5.19　密炼机混炼工艺过程

1—转子;2—上顶栓;3—胶料;4—下顶栓

(4) 成形　通过挤出、压延、注射和模压等成形方法,将混炼胶制成成品的形状和尺寸。

(5) 硫化　硫化是在硫化剂和硫化促进剂等的作用下,橡胶内部发生交联反应,使大分子从线型结构转变为体型结构。硫化是橡胶制品生产中最后一道主要工序,它使橡胶的强度、硬度和弹性升高而塑性降低,并使其他性能(如耐磨性、耐热性和化学稳定性等)同时得到改善。

大多数橡胶制品的硫化都是在加热(一般为 130~180 ℃)和加压(一般为 0.1~15 MPa)的条件下经过一定时间完成的,因此,硫化的温度、压力和时间是控制硫化过程和效果的主要工艺条件。硫化时施加压力,有利于消除制品中的气泡,提高致密性,且可促进胶料充模;提高硫化温度,可以促进硫化反应。但压力或温度过高,都会引起橡胶分子的热降解,使其性能下降。硫化时间与橡胶种类、制品尺寸、硫化温度和压力等因素有关。通常,硫化温度越低,制品尺寸越大,所需的硫化时间也越长。

硫化剂一般在混炼时即已加入到胶料中,但由于交联反应需要在较高温度和一定的压力下才能进行,所以混炼时尚未产生硫化。硫化可以在橡胶制品成形的同时进行,如注射成形和模压成形通常就是在胶料充模后通过继续升温和保压完成硫化的;也可以在制品成形之后进行硫化,如挤出成形后的橡胶就是经过冷却定型,再送到硫化罐内完成硫化的。有些橡胶制品(尤其是一些大型制品)可以用常温常压的条件实现硫化,但必须采用自然硫化胶料。

5.3.3　橡胶的成形方法

(1) 挤出成形　挤出成形也称压出成形,它是橡胶成形的基本工艺之一。挤出成形时,胶料在挤出机中塑化和熔融,并在螺杆推动下不断地向前运动,连续均匀地通过机头模孔挤出,成为具有一定截面形状和尺寸的连续材料。挤出成形的主要设备是橡胶挤出机，其工作原理和基本结构类同于塑料挤出机。

挤出成形操作简便、生产效率高、工艺适应性强、设备结构简单，常用于制造轮胎外胎面、内胎胎圈、胶管、电线电缆和一些复杂断面形状的半成品。

(2) 压延成形　它是利用两辊筒之间的挤压力，使胶料产生塑性流动和延展，从而将其制成具有一定断面形状和尺寸的片状或薄膜状制品的成形工艺，如图 5.20 所示。如果将纺织物(如帘布或帆布)和片状胶料一起通过辊筒间隙进行压延成形，则可以使二者紧密贴合而制得胶布。

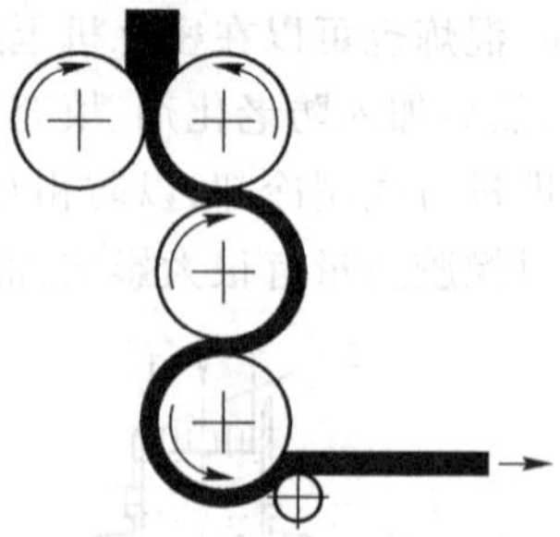

图 5.20　压延成形示意图

压延成形生产效率高，制品厚度尺寸精确、表面光滑、内部紧实，但需要严格控制工艺条件，操作技术要求较高。

(3) 注射成形　注射成形是将混炼好的胶料通过加料装置加入料筒中加热塑化后，在螺杆或柱塞的推动下，通过喷嘴注入闭合的模具中，并在模具的加热下硫化定型。注射成形所用的设备是橡胶注射机，其工作原理和结构与塑料注射机基本相同。注射机的工作压力一般为 100～140 MPa，硫化温度为 140～185 ℃。

注射成形的特点是硫化周期短，硫化时制品表面和内部的温差小，故硫化质量较均匀；且制品尺寸较精确，生产效率高。注射成形广泛用于生产橡胶密封圈、减振制品、胶鞋以及带有嵌件的橡胶制品等。

(4) 模压成形　模压成形的过程是，先将混炼过的胶料加工成一定规格和形状的半成品，按照模具型腔的形状和尺寸对半成品胶料进行定量下料，然后将其放入敞开的模具型腔中并将模具闭合，将模具置于平板硫化机或液压机中加压和加热，使模具中的胶料硫化定型。平板硫化机和液压机是橡胶模压成形的主要设备。平板硫化机的结构有单层式和多层式，其平板内部开有互通管道以通入蒸汽加热平板，被加热的平板再将热量传给模具；液压机多为油压机，采用外部电热元件加热平板，并通过时间继电器控制加热和硫化时间，工作压力控制在 10～15 MPa。

模压成形是橡胶制品生产中应用最早的成形方法，它具有模具结构简单、操作方便、通用性强等优点，目前在橡胶制品的生产中仍占有较大的比例，可用生产橡胶垫片、密封圈以及各种形状复杂的橡胶制品等。

(5) 压注成形　压注成形也称传递成形，其工艺过程和所用模具的结构类似于塑料的压注成形。它是将混炼胶胶料经定量后放入压注模的加料室中，通过压头的压力挤压胶料，使之通过浇注系统进入模具型腔，并硫化定型。

压注成形适用于制造普通的模压成形所不能生产的薄壁、细长易弯的橡胶制品，以及形状复杂难于加料的橡胶制品。压注成形的制品致密性较好，质量优良。

5.4　复合材料成形基本原理

复合材料是由两种或两种以上物理和化学性质不同的材料组合起来而形成的一种多相固体材料。与传统的单一材料相比，它具有比强度和比模量高、抗疲劳性好、减振能力强、耐热性和耐腐蚀性好等优点，因而受到人们极大的重视。目前，除了在航空、航天等高技术领域外，复合材料(尤其是聚合物基复合材料)在其他工业部门如汽车、船舶、通信、电子、电气、机械设备、建筑、体育用品等方面的应用也越来越多。

5.4.1 复合材料的组成与分类

复合材料通常由基体材料和增强材料组成。基体材料为连续相，它形成复合材料的几何形状并起粘接增强材料的作用；增强材料为分散相，它以独立的形态分散分布在基体中，起提高强度或韧性等作用。复合材料的种类很多，可以按不同的方式对其进行分类。

(1) 按基体材料类型分类　分为金属基复合材料和非金属基复合材料，其中非金属基复合材料又可分为聚合物基(也称树脂基)、陶瓷基复合材料和碳/碳复合材料等。

(2) 按增强材料形状分类　分为颗粒增强复合材料、纤维增强复合材料和层合复合材料。其中纤维(包括长纤维和短纤维)增强复合材料的复合效果突出、应用较广。

(3) 按复合材料用途分类　分为结构复合材料和功能复合材料两大类。

5.4.2 复合材料成形的工艺特点

(1) 复合材料的制备与制品的成形同时完成　复合材料的生产过程通常就是其制品的成形过程。这一方面有利于简化生产工艺，缩短生产周期，特别是可以实现形状复杂的大型制品的一次整体成形。另一方面，这也使得复合材料的成形工艺水平不仅决定其制品的外形和尺寸，而且直接影响制品的内在质量和性能。

(2) 复合材料的可设计性对成形工艺的影响　由于复合材料是由两种或两种以上不同性能的材料所构成，因此可以根据使用条件的要求，人为地设计制品中材料的种类、成分、含量和增强相的分布方式等，从而最大限度地发挥各组成材料的性能潜力，或使制品的性能、重量和经济指标等达到优化组合，这是任何单一材料所无法具有的特性。但是，复合材料性能的可设计性必须通过相应的成形工艺才能实现，因此应当根据制品的结构形状、性能要求和所设计的材料组分及其组合方式，来选择合适的成形方法并进行正确的工艺操作。

(3) 复合材料成形时的界面作用　复合材料是由连续的基体相包围以某种规律分布于其中的增强材料而形成的多相材料，增强材料通过其表面与基体形成界面层而结合并固定于基体之中。界面层使增强材料与基体形成一个整体，并通过它传递应力。如果在成形时增强材料与基体之间结合得不好，界面不完整，就会损害复合材料的性能。影响界面形成的主要因素有基体与增强材料的相容性和润湿性等，相容性是指基体与增强材料之间热胀冷缩程度的差异和产生化学反应倾向的大小等。例如，金属基复合材料中，增强材料常常不能被液态金属润湿，且与金属容易发生化学反应，在界面处形成有害的脆性相。为了改善增强材料与金属基体之间的润湿性和相容性，一般要在成形之前对增强材料表面涂覆涂层或采取浸渍溶液处理。

5.4.3 常用增强材料性能特点

1. 纤维增强材料

(1) 玻璃纤维　玻璃纤维单向拉伸强度高，相对密度小，化学稳定性好，耐热性也较好，而且价格低；其主要缺点是脆性较大，耐磨性差，纤维表面光滑，不易与其他物质(基体材料)浸润结合。玻璃纤维可以制成长纤维、短纤维、玻璃布毡等。

（2）碳纤维　碳纤维是采用有机纤维在惰性气体中，经高温碳化制得。碳纤维的相对密度小，耐急热急冷性好，其强度和弹性模量在 2 500 ℃无氧化气氛中可基本保持不变。此外，它还具有良好的导电性、耐腐蚀性和高温热绝缘性等。碳纤维的主要缺点是高温抗氧化性能和韧性较差，价格较贵。碳纤维表面惰性较大，为了提高与基体的结合能力，复合前必须对其进行表面处理。

（3）硼纤维　硼的熔点高达 2 300 ℃，性硬而脆。硼纤维的比强度和比模量非常高，它的高温抗氧化和耐腐蚀性能也很优异。但硼纤维相对密度较大，伸长率低，价格昂贵。硼纤维在常温下是较惰性的物质，但表面仍有较强活性，可不需表面处理而与树脂复合。硼纤维在高温下易与金属反应，因此需在表面涂覆碳化硅或炭化硼涂层才能与金属基体复合。硼纤维主要用于金属基和聚合物基复合材料。

（4）晶须　晶须是直径几微米的针状单晶体短纤维，有金属晶须和陶瓷晶须。陶瓷晶须比金属晶须强度高，弹性模量大，相对密度低，而且耐热性好。具有实用价值的陶瓷晶须有碳化硅、氧化铝、氮化硅、氮化硼晶须等。金属晶须中应用较多的是铁晶须，它的最大特点是可以在磁场中取向，因此可以容易地制取定向纤维增强复合材料。

此外，还有芳纶纤维、碳化硅纤维、氧化铝纤维、聚乙烯纤维、尼龙纤维等。

2. 颗粒增强材料

常用的颗粒增强材料主要是一些具有高强度、高弹性模量、耐热、耐磨、耐高温的陶瓷等非金属颗粒，如碳化硅、氧化铝、氮化硅、碳化钛、碳化硼、石墨、细金刚石等。颗粒增强材料以很细的粉末（一般在 10 μm 以下）加入到金属基体或陶瓷基体中起提高强度、韧性、耐磨性和耐热性等作用。为了增加与基体的结合效果，常要对这些颗粒材料进行预处理。

此外，在陶瓷基体中可加入金属颗粒以增强其韧性；在树脂基体中加入不同的颗粒填料可获得不同的性能，如加入银粉、铜粉可增强其导电性，加入 MoS_2 粉可提高减摩性等。

颗粒增强材料的特点是选材方便，可根据复合材料不同的性能要求选用相应的增强颗粒，并且易于批量生产，成本较低。

3. 层合复合材料

层合复合材料是由两层或两层以上不同性质的材料结合而成，以达到增强的目的。常见的有三层复合材料和夹层复合材料等。例如，夹层复合材料由两层薄而强的面板与中间所夹的一层轻而柔的芯料构成，面板一般用强度高、弹性模量大的材料如金属板、塑料板、玻璃板等，而芯料结构有泡沫塑料和蜂窝格子两大类。

5.4.4　复合材料制品的生产过程

复合材料制品的生产一般包括准备工序、成形工序、后续加工及检验等基本工序。准备工序的内容包括基体材料和增强材料的预处理或预成形等。成形工序所采用的工艺方法取决于基体和增强材料的类型。以颗粒或短纤维为增强材料的复合材料，一般都可以用其基体材料的成形方法来进行成形加工。例如，可将基体材料熔化为液体，采用搅拌等方法均匀混入颗粒或短纤维增强材料，或将基体材料制成粉末与此类增强材料均匀混合，然后采用铸造、挤压、喷射、粉末热压、注射、模压等方法使之成形；也可以将短纤维或晶须等先做成预制件，再通过挤压铸造、粉末冶金等方法将其与基体材料复合成形。以长纤维为增强材料的复合材料的成形，则通常不同于基体材料的固有成形方法，而有它自身的特点。例如，长纤维增强材料往往在浸渍基体材料后，采用缠绕、堆积或编织等方法成形；也可将长纤维材料预成形后再与基体材料复合成形。夹层复合材料的成形方法则是先制出泡沫芯料或蜂窝芯料，然后通过胶粘等方法使其与面板或蒙皮复合在一起。复合材料成形后，根据装配或使用等的需要，有时还需进行机械加工，连接、修整、表面防护处理等后续加工。

5.5 复合材料成形工艺

5.5.1 金属基复合材料成形

金属基复合材料制备的关键在于获得基体与增强材料之间良好的结合界面，结合不好的界面不但起不到增强作用，反而会导致复合失效。为此，必须满足以下三个基本条件：一是相互晶界扩散只能形成固溶体；二是增强材料与基体间表面不发生有害化学反应；三是各组分间界面完全接触（即相互润湿），不能有任何污染。一般是通过在增强材料表面涂覆一层不与基体发生化学反应的中间介质来改善界面润湿性，同时保护增强材料不受化学损伤，或通过控制工艺参数（如成形温度、压力、时间等）来降低界面反应程度。目前，工业生产上应用的金属基复合材料成形工艺主要有以下几种。

1. 粉末冶金法

粉末冶金法是将颗粒、晶须或短纤维增强材料与金属粉末均匀混合，在模具内加压烧结成形，这是一种比较成熟和常用的工艺，制得的复合材料致密度高，增强相分布均匀，已成功地用于制造飞机构件、涡轮发动机叶片、火箭发动机壳体等。

2. 熔铸法

熔铸法也称液态法。其基本原理是将基体金属熔化成液态，并使金属液体与增强材料均匀混合或浸渗进入到增强材料的缝隙中，通过在铸型中凝固成形，二者形成紧密牢固地结合。

（1）搅拌铸造法　此法适用于颗粒增强金属基复合材料的成形。它是将基体金属熔体放入搅拌器中，在搅拌的同时逐步加入颗粒增强材料，使之在熔体中均匀分布，进行除气处理后，浇注到铸型中凝固成形。这种方法所用设备简单，生产成本较低，可用于直接生产零件，也可用于生产铸坯，再经后续加工而成形各种型材等。为了防止搅拌结束后颗粒增强材料因密度差而发生沉浮或凝聚，以及减少金属熔体的吸气，在此基础上又发展了半固态搅拌铸造法。

（2）挤压铸造法　当增强材料是晶须或短纤维时，往往要将它们先制成具有一定空隙度的预制件（可采用粘接或粘接后烧结而成），将预制件置于铸型型腔中的适当位置，浇注液体金属并加压，使金属液体在压力下渗入并充满增强材料预制件内的间隙，冷却凝固后形成复合材料制品，如图 5.21 所示。挤压铸造法生产率高，可制造形状复杂的制品；由于在压力下复合，纤维与基体结合牢固，因此制品的致密度和力学性能均较高。此方法已用于氧化铝短纤维增强铝合金活塞等产品的制造。

此外，还有适合于制备长纤维增强金属基复合材料的连续铸造法，适合于制备长纤维或短纤维增强或长、短纤维混合增强金属基复合材料的真空压力铸造法等。

采用铸造法，还可以制备不用外加增强材料，而通过金属熔体自身原位反应生成增强相的复合材料。其方法是将可生成增强相颗粒的物质加入到熔化的基体金属中，利用高温下的化学反应在熔体中生成所需的增强相颗粒，然后浇注成形。例如，在铝液中加入钛和硼，可在熔体中反应生成 TiB_2，从而制得 TiB_2 颗粒增强铝合金。这种方法的优点是，避免了外加颗粒因表面氧化或污染而与基体润湿性与相容性差的不利影响，使颗粒与基体金属的界面结合良好，有利于颗粒的细化和均匀分布，并可增加颗粒的含量，从而获得高性能的复合材料。

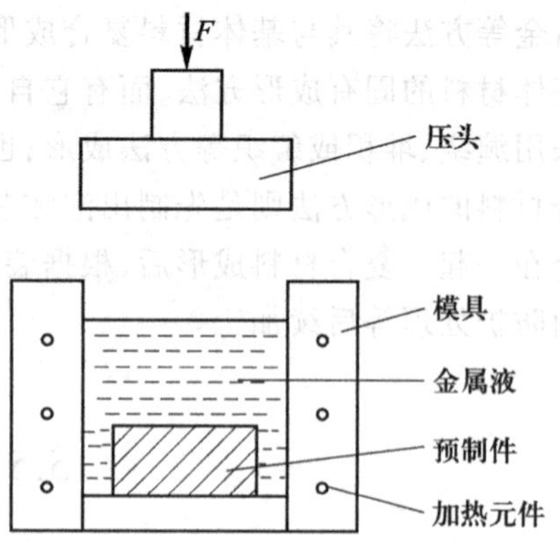

图 5.21　挤压铸造法制备复合材料示意图

3. 热压扩散结合法

这种方法是将长纤维或者其预制丝、织物与基体金属箔或薄板按一定规律交替叠层排布于模具中，然后在惰性气氛或真空中加热和加压，通过基体金属与纤维以及基体金属之间界面上原子的相互扩散而达到复合的目的，如图 5.22 所示。扩散结合法的优点是基体与纤维之间不易产生显著的化学反应，因而可形成良好的界面结合；同时由于加热温度比液态法低，纤维不易损伤。所以该法适合于基体在高温下性质活泼而易于同增强纤维发生化学反应的金属基复合材料，可用于制造板材、型材及形状较复杂的壁板、叶片等。

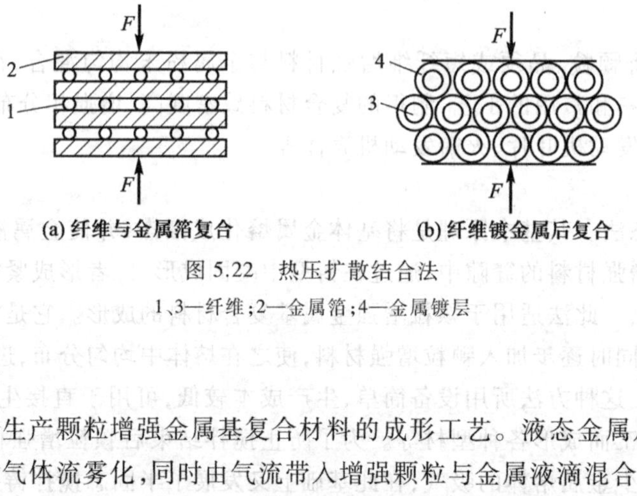

图 5.22　热压扩散结合法

1、3—纤维；2—金属箔；4—金属镀层

4. 喷射沉积法

这是一种适合于生产颗粒增强金属基复合材料的成形工艺。液态金属从浇注孔流出后，经雾化装置被高速惰性气体流雾化，同时由气流带入增强颗粒与金属液滴混合，然后喷射在基板或特制的模具上凝固沉积而成形。该法由于增强颗粒与熔融金属接触时间短，界面反应可被有效地抑制，所生产的复合材料致密度高，颗粒分布均匀，并且生产效率高。可用于生产各种规格的板材和型材等。

5. 等离子喷涂法

在惰性气体保护下，利用等离子弧熔化基体金属，并将其喷射到按一定规则排列好的增强纤维上，待其冷却凝固后形成复合材料。这种方法的特点是金属基体与增强材料结合紧密，并且金属几乎不与纤维发生化学反应，也不损伤纤维。此方法可用于生产由金属基板与高熔点陶瓷或合金复合组成的层合复合材料等。

5.5.2 聚合物基复合材料成形

聚合物基复合材料是目前应用最广、用量最大的一类复合材料。此类复合材料大多以纤维作为增强材料,按其基体的性质,可分为热塑性树脂基和热固性树脂基复合材料。其中又以热固性树脂基复合材料更为常用。

聚合物基复合材料的成形工艺包括成形和固化两方面的内容。其成形过程有两种类型,一种是将纤维和树脂等原料混合浸渍后,直接按制品的形状成形并固化,从而获得复合材料制品;另一种是先制出半成品,再由半成品成形加工制出复合材料制品。习惯上通常把热塑性树脂制成的半成品称为粒料,把热固性树脂制成的半成品称为模塑料,把连续长纤维增强材料与树脂制成的半成品称为预浸料。聚合物基复合材料的成形方法很多,以下介绍常用的几种成形方法。

1. 低压接触成形(手糊成形)

低压接触成形工艺以手工操作为主,俗称手糊成形,适合于多品种、小批量生产热固性树脂基复合材料制品。其工艺过程如图 5.23 所示:先在模具上刷一层脱模剂,然后涂刷含有固化剂的树脂混合料,再在其上铺贴一层按要求裁剪好的纤维织物,用刷子、压辊或刮刀压挤织物,使树脂均匀浸入其中并排出气泡;再涂刷树脂混合料和铺贴第二层纤维织物,上述过程反复进行直至达到所需厚度为止。然后,在一定压力作用下加热固化成形(热压成形)或者利用树脂本身固化时放出的热量固化成形(冷压成形),最后脱模得到复合材料制品。

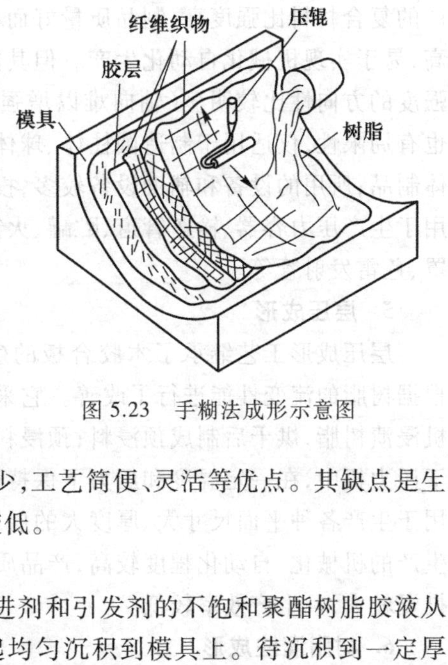

图 5.23　手糊法成形示意图

手糊法是复合材料制造中最早采用的一种方法,但至今仍是一种主要的成形方法。和其他成形方法相比,它具有不受产品尺寸和形状的限制,所用设备简单、投资少,工艺简便、灵活等优点。其缺点是生产效率低、劳动强度大、产品质量不稳定、产品力学性能较低。

2. 喷射成形

喷射成形也称为半机械化手糊成形。它是将混有促进剂和引发剂的不饱和聚酯树脂胶液从喷枪喷出,并在喷射过程中与切短的玻璃纤维混合后一起均匀沉积到模具上。待沉积到一定厚度,用辊子滚压,使纤维浸透树脂、压实并除去气泡,最后固化成制品。其成形工艺如图5.24所示。

喷射成形工艺要求所用的树脂的黏度应适中,易于喷射雾化和浸润纤维。喷射成形使用的模具与手糊法类似,而生产效率可以提高数倍,劳动强度降低,方便了大型制品的制作,制品的整体性好。这种方法的不足之处是制品的厚度和纤维含量难以精确控制,制品中树脂含量较高,孔隙率也较高,制品强度较低,适用于制造车身、船体、舞台道具、容器、浴

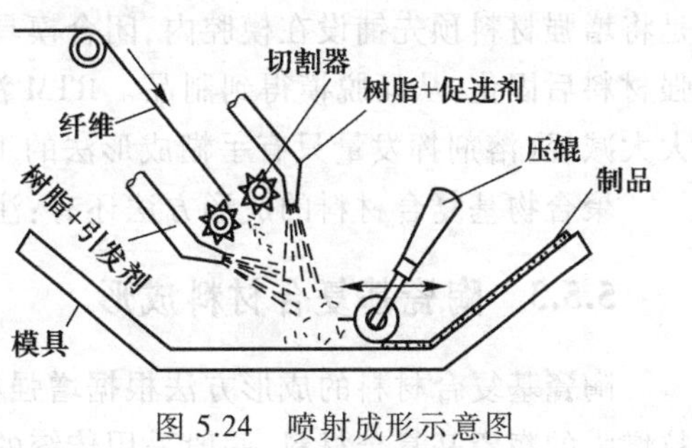

图 5.24　喷射成形示意图

盆和板材等。

3. 模压成形

模压成形是一种对热固性树脂和热塑性树脂都适用的复合材料成形方法。它是将定量的模塑料或树脂与增强材料的混合料放入金属模具中,模具闭合后通过加热和加压使其熔化并充满模腔,成形固化后获得复合材料制品。这种工艺有较高的生产率,制品尺寸精确,表面光洁,对于结构复杂的制品可一次成形而无需二次加工。其主要缺点是模具设计制造过程较复杂,模具和设备(压力机)投资费用高,制品尺寸受到设备规格的限制。因此,模压成形主要适用于中、小型制品的大批量生产,目前大批量生产工艺有 SMC(层状材料模压成形)工艺和 BMC(团状材料模压成形)工艺。

4. 缠绕成形

缠绕成形是将连续纤维或其带状织物浸渍树脂后,在适当的张力下,按照一定的规律缠绕到芯模上至一定厚度,然后加热或在常温下固化,脱模后获得一定形状制品的成形工艺,如图 5.25 所示。缠绕成形法生产的复合材料比强度高,制品质量好而稳定;并且生产效率高,易于实现机械化自动化生产。但其制品具有各向异性,强度的方向性比较明显(轴向难以增强);制品的几何形状也有局限性,仅适用于制造圆柱体、球体及某些正曲率回转体制品;所用的设备和辅助设备较多,投资较大。此法主要用于生产压力容器、输送管道、贮罐、火箭发动机外壳、雷达罩、鱼雷发射管等。

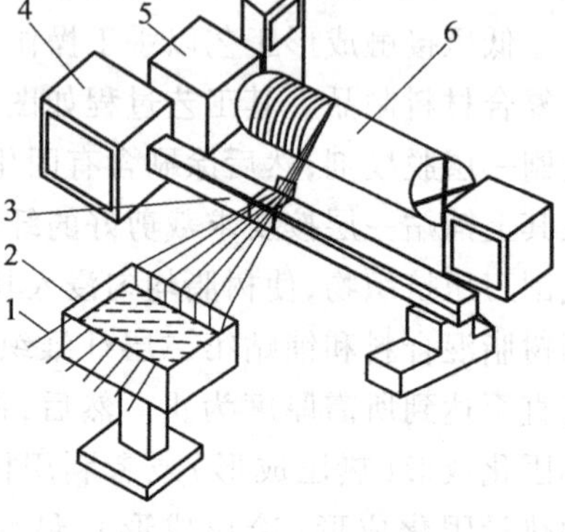

图 5.25　缠绕成形示意图

1—连续纤维;2—树脂槽;3—纤维输送架;4—输送架驱动器;5—芯模驱动器;6—芯模

5. 层压成形

层压成形工艺继承了木胶合板的生产方法和设备,并根据树脂的流变性能进行了改善。它采用增强材料经浸胶机浸渍树脂,烘干后制成预浸料;预浸料经过裁切、叠合,置于压力机中,在一定温度和压力下保持适当时间后制得层压复合材料制品。层压成形工艺主要用于生产各种平面尺寸大、厚度大的层压板,绝缘板,波形板,覆铜箔层压板等。该方法的优点是生产的机械化、自动化程度较高,产品质量比较稳定;缺点是制品规格会受到设备的限制,一次性投资较大,且生产效率较低。

6. 树脂灌注成形

树脂灌注成形也称树脂传递成形(RTM),是为了克服手糊成形法的缺点而发展起来的。它是将增强材料预先铺设在模腔内,闭合模具后用压力将流动性好的低黏度树脂充入模腔,浸透增强材料后固化,从而脱模得到制品。RTM 法为闭模操作,成形过程中挥发性溶剂对环境的污染大大减轻(溶剂挥发量只有手糊成形法的 1/6),制品尺寸较精确,表面质量好,成形效率高。

聚合物基复合材料的成形方法还有:注射成形、挤出成形、拉挤成形等。

5.5.3　陶瓷基复合材料成形

陶瓷基复合材料的成形方法根据增强材料的形态不同可以分为两类。一类是对于晶须或颗粒增强的陶瓷基复合材料,一般采用传统的陶瓷成形工艺;另一类是对于连续纤维增强的陶瓷基复合材料，由于涉及纤维的处理、分散、烧结和致密化等方面，因此其工艺有一定的特殊性，而且有新工艺不断出现。

1. 纤维增强陶瓷基复合材料成形

纤维在陶瓷基体中的分布以及它们之间界面结合强度对增强增韧效果有很大影响。此类陶瓷基复合材料的成形方法有许多种，以下介绍其中两种常用的方法。

（1）浆料浸渍热压法　其工艺过程为，将纤维在配制好的陶瓷浆料（由陶瓷粉末、溶剂和有机粘接剂组成）中浸渍，然后将附有浆料的纤维根据需要预成形，经过干燥后进行热压烧结，从而获得复合材料制品。这种方法工艺较简单，能制造大型制品，是目前最为常用的方法。

（2）化学反应沉积法　这种方法是先将纤维做成所需形状的预制件，然后向纤维预制件中通入一定的反应性混合气体，这种气体在适当的温度和压力下发生化学反应，其反应产物为所需要的陶瓷物质，这些由反应生成的陶瓷沉积在纤维表面，直至将纤维预制件中的间隙填满而形成制品。采用此方法生产的制品密度高，成分均匀，可制造形状复杂的制品。其主要缺点是沉积时间长，生产率低，成本较高。

2. 晶须和颗粒增强陶瓷基复合材料成形

晶须和颗粒增强材料的尺寸都很小，因此只要将它们分散后与陶瓷基体粉末混合均匀，再经过成形和烧结，即可获得相应的复合材料制品。

思考题与习题

5.1　塑料包括哪两类？它们各有何特点？常用的热塑性塑料有哪些？

5.2　常用的塑料成形工艺性包括哪些？它们对塑件成形的影响是怎样的？

5.3　塑料的成形方法及塑料模的种类有哪些？压缩模与注射模的模具结构有何不同？

5.4　试比较注射成形、挤出成形和压缩成形的原理及工艺过程的异同点。

5.5　简述螺杆式注射机的工作原理。注射机的技术参数主要有哪些？

5.6　设计塑件结构时应注意哪些问题？如图 5.26 所示的塑件结构有何不合理之处，应如何修改？

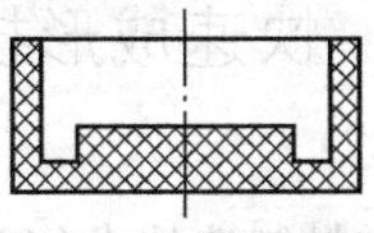

图 5.26　题 5.6 图

5.7　试指出以下的塑料制品宜采用哪种成形方法：塑料饭盒、饮料瓶、农用塑料薄膜、塑料落水管、电风扇叶片、仪表壳体、电线包皮、塑料贴面装饰板。

5.8　为什么橡胶先要进行塑炼？橡胶的塑炼与混炼有何不同？

5.9　生产橡胶制品时硫化的目的是什么？应如何控制橡胶的硫化过程？

5.10　复合材料成形工艺有什么特点？增强材料的类型对复合材料的成形方法有何影响？

5.11　金属基复合材料常用的成形方法有哪些？各有何特点及应用？

5.12　聚合物基复合材料常用的成形方法有哪些？各有何特点及应用？

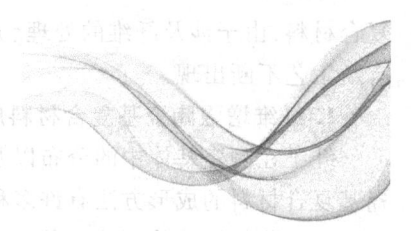

第6章 材料成形的先进技术

本章教学目标

知识获取：了解快速成形技术的基本原理、特点、工艺方法和应用场合，了解材料成形设计与加工数字化技术的基本原理、特点、方法和应用场合，了解智能制造技术和材料成形复合工艺的发展现状，了解材料加工技术领域的发展趋势。

能力达成：具有对本领域新技术新工艺知识的求知能力，培养创新意识和创新思维的能力。

科学技术和生产实践的发展，尤其是信息技术与工业技术的深度融合，推动着材料成形加工的技术进步，正在使材料成形加工生产的面貌发生巨大而深刻的变化。目前，材料成形技术的进步反映在材料成形理论研究的深入，新工艺、新技术的开发，成形工艺的交叉技术，成形过程数字化技术的应用、新型专用设备开发、纳米材料成形等各个方面。

各种新技术、新工艺的不断出现，使人们在采用成形加工方法时有了更多的选择，为企业提高生产率和产品质量、降低成本并更好地满足市场需求提供了更多的途径。因此，应当密切关注材料成形技术的发展趋势，认真掌握和积极推广适用的新技术和新工艺；同时，要大力加强自主创新能力，努力研发具有自主知识产权的新技术和新工艺，使之为材料成形加工生产水平的提升发挥出应有的作用。

6.1 快速成形技术

快速成形技术（RPT 或 RPM）也称增材制造技术（AM），俗称 3D 打印技术。它是由 CAD 模型直接驱动的快速制造复杂形状三维实体零件技术的总称，是当代材料成形技术领域中最具创新性的一项重大进展。快速成形技术是集 CAD/CAM 技术，激光技术以及材料科学技术于一体的集成技术，它能够依照设计人员在计算机上设计的产品三维模型，自动、快速地制作出实物原型或零件，从而大大缩短了产品的生产周期，提高了企业的竞争能力。

6.1.1 快速成形技术的原理和特点

快速成形技术的原理不同于传统制造的去除成形和变形成形，而是一种分层制造的累积成形方法。设计者首先在计算机中建立所需生产零件的三维几何模型，该模型可以是设计者的原创模型，也可以是对已有零件实物复制及修改后转化而来（称为逆向工程或反求工程）；然后根据工艺要求，将其按一定厚度进行分层，取得三维模型在各个分层截面上的二维平面信息；再将各层的平面信息进行一定的数据处理，加入工艺参数，产生数控代码；最后由数控加工系统以平面加工的方式有序地加工出每个薄层并使它们自动粘合成形。

快速成形技术充分体现出设计制造一体化，具有高度的柔性。它不需要专用工具或模具，可以制造出任意复杂形状的零件。采用快速成形技术，从零件的CAD设计到实物的加工完成只需几小时至几十小时，比传统的成形方法要快得多，并可对零件的设计及时进行评价和修改。迄今为止，快速成形技术的实现方式主要分为两类：一类是基于高能束的成形技术，其中以激光束应用最多，如光固化成形、选择性激光烧结成形等，电子束、离子束也有一定应用；另一类是基于喷涂/喷射的成形技术，如熔融沉积成形、三维印刷成形等。快速成形技术所适用的材料范围也较广，包括塑料、光敏树脂、金属、纸张、石蜡、陶瓷、树脂砂等。

6.1.2 快速成形工艺方法

目前，快速成形的工艺方法已有十几种，并且还在继续发展。其中比较常用的有以下几种。

1. 叠层实体成形（LOM法）

此法采用单面涂有热熔胶的薄片材料（如纸、塑料薄膜、金属箔等），由供料机构将其一段段地送至工作台上方，通过计算机控制的切割器（如激光束或切割刀头）按三维模型每个分层截面轮廓形状对它们进行切割，切割下的片材逐层堆积，经热压后粘接成所需的三维实体，如图6.1所示。可升降的工作台支撑正在成形的零件，并在每一层切割、粘合完毕后，下降一层厚度的距离，以便对新一层材料进行送进、切割和粘合的操作。由于加工时切割器只需沿模型内外轮廓线移动，不需要扫描整个模型截面，所以LOM工艺的成形速率较高，其加工时间主要取决于制品的尺寸及复杂程度。LOM工艺不需要设计和构建支撑结构，成形过程结束后会形成由多余材料的废料块包围着的三维零件，去除周边废料后方可获得最终制品。由于去除内部的废料比较困难，所以该方法不宜用于制作内部结构复杂的零件。

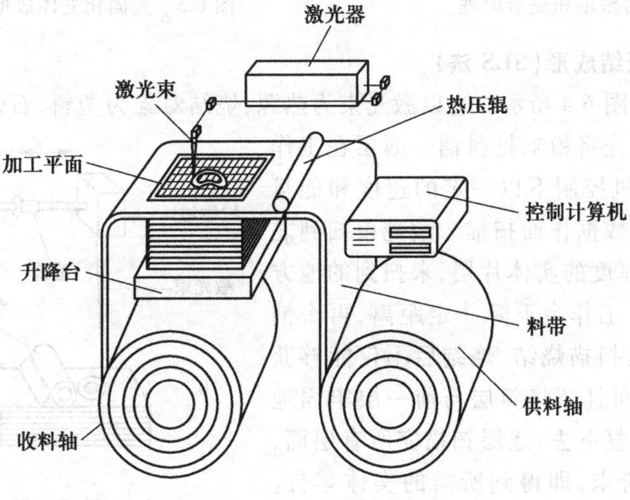

图6.1 叠层实体成形原理

2. 熔融堆积成形（FDM法）

它是采用加热器将热熔性材料（如塑料、石蜡等，一般为丝状材料）加热到半熔化状态，由计算机根据 CAD 三维模型的分层截面生成对应的成形喷嘴移动轨迹的二维几何信息，喷嘴在计算机控制下沿此轨迹运动并同时挤出半熔化的材料，涂覆及固化形成精确的零件薄层，如此层层堆积粘接而得到零件的三维实体。图 6.2 所示为其成形过程原理。FDM 工艺不使用激光，设备维护简单，成形速度较快，生产成本较低，且环保性较好。

3. 光固化立体成形(SLA 法)

它是一种光致聚合反应生长型制造工艺，其原理是光敏树脂在激光束有选择地照射下能够迅速局部固化。它的成形过程如图 6.3 所示，在盛入液态光敏树脂的专用容器内，利用激光束在液态光敏树脂内沿确定的平面运动轨迹进行面扫描，使被扫描区的树脂薄层产生聚合反应，很快由液态转变为固态而形成零件的一个薄层截面。当一层固化完毕，升降工作台下降一个层片厚度的距离，使已固化的树脂表面又覆盖上一层新的液态树脂，如此重复地扫描固化，新固化的一层牢固地粘结在前一层上，最终完成零件的立体制造。这种方法适于制作小型件，材料利用率高，能直接得到塑料制品，且塑件表面质量好，尺寸精度较高。

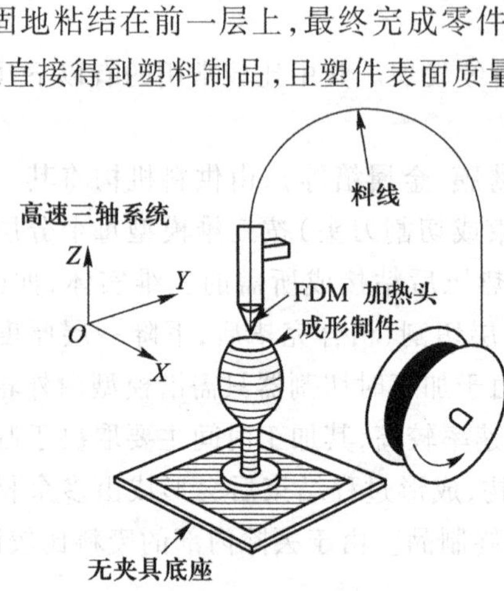

图 6.2 熔融堆积成形原理

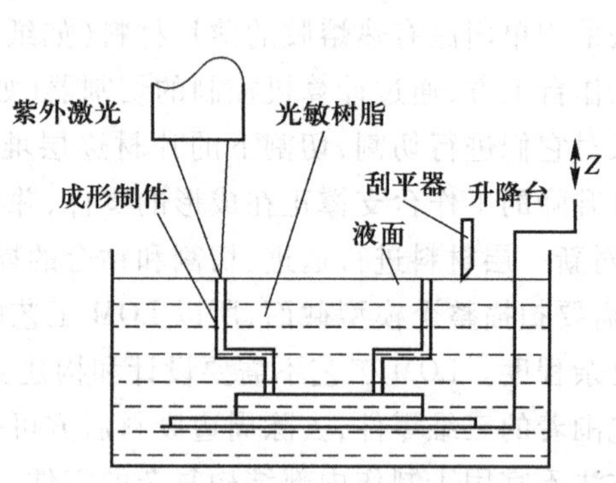

图 6.3 光固化立体成形原理

4. 选择性激光烧结成形(SLS 法)

该技术的原理如图 6.4 所示。它以激光束为热源，烧结对象为塑料、石蜡、陶瓷、金属或其复合物等的粉末材料。先将粉末材料铺一薄层在工作台上，激光束在计算机控制下以一定的速度和能量密度按分层面的二维数据作面扫描。激光束扫到之处，粉末烧结成一定厚度的实体片层，未扫到的地方粉末仍保持松散状。工作台下降一定距离，再次铺粉后又进行新一层的扫描烧结，烧结后不仅能够获得新一层的烧结层，而且还将新层与前一层牢固地烧结在一起。如此反复下去，逐层扫描完所有层面，最后去除未烧结的粉末，即得到所需的实体零件。SLS 工艺获得的制品的主要精度取决于所用材料粉末颗粒的尺寸。为了防止氧化，烧结过程须在惰性气体保护中进行。

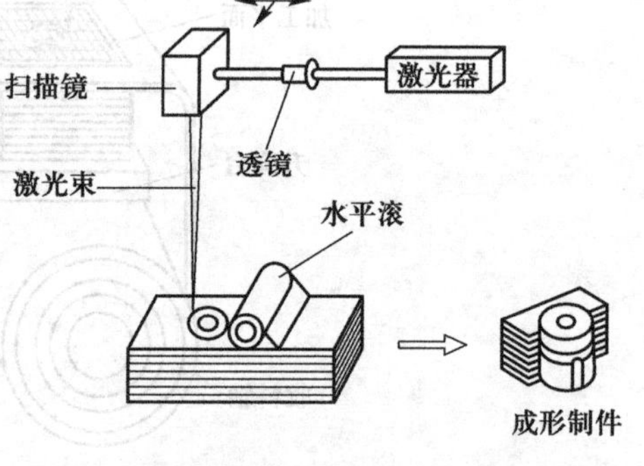

图 6.4 选择性激光烧结成形原理

5. 三维印刷成形(3DP 法)

三维印刷成形是一种不使用激光而采用粘结剂的工艺，其工作原理类似于喷墨打印机。

3DP 技术与 SLS 技术也有相似的地方,采用的都是粉末材料,如金属、陶瓷或塑料等的粉末。但 3DP 成形并不是像 SLS 成形那样把粉末通过激光烧结粘合在一起,而是通过喷头喷射胶粘剂将粉末一层层粘结起来并堆积成为实体。成形时,滚筒将工作台上的粉末铺平,接着喷头会按指定的扫描路径将液态粘结剂喷射在粉末层上的指定区域中粘结该区域中的粉末,然后工作台下降一个层片厚度的距离,再铺上一层粉末,重复上述操作,直至获得所需形状的制件。该工艺的特点是成形速度快,设备和成形材料成本较低,但制作的成形件的强度较低。

6.1.3 快速成形的工艺过程与设备

1. 快速成形工艺过程

快速成形的基本过程主要由计算机信息处理过程和成形机实体成形过程所组成。

(1) 计算机信息处理过程　首先,在计算机上用三维造型软件设计快速成形零件的三维 CAD 模型,用 STL 文件格式进行数据转换,将三维实体表面用一系列相连的小三角形逼近,得到 STL 格式的三维近似模型。然后,对 STL 文件进行切片,也就是对三维模型的数据信息以片层的方式来描述。切片层厚参数的选取对成形精度和加工效率有直接影响,片层太厚将使成形精度降低,太薄则会使加工时间延长。无论零件形状多么复杂,对每一层来说都是简单的平面矢量扫描组,轮廓线代表了片层的边界,据此将生成每一层的加工轨迹,用以控制高能束或喷射头的扫描路径。

快速成形的软件系统主要包括几何建模软件和信息处理软件两部分。几何建模软件一般为通用软件,如 Pro/E、AutoCAD、UG、CATIA 等,用来完成计算机中三维模型的构建,并以 STL 格式输出模型的几何信息。信息处理软件为专用软件,主要完成 STL 文件处理(如侦错与修补等)、截面层文件生成、加工轨迹与参数计算、数控代码生成和对成形系统的控制。此类专用软件一般由快速成形设备的制造商开发和提供。

(2) 成形机实体成形过程　根据相应的成形方法,选择合适的加工参数,用三维成形机快速成形出每一层,自下而上层层叠加成为三维实体零件。

实体成形过程(以 FDM 或 LOM 为例)的工艺操作主要有以下几个步骤。

1) 初始化　即对快速成形设备进行回零操作,如使工作台处于零高度位置,喷头(或切割头)回到初始位置,工作台与喷头的对高操作等。

2) 导入 3D 模型　将模型的 STL 数据文件导入专用软件系统中进行读取和显示。

3) 3D 模型的定位、校验与形状处理　选择、调整 3D 模型的空间方位,确定合适的成形方向;测试、修复模型上的小错误,对模型进行合并、分解及变形等处理,得到理想的曲面模型。

4) 分层切片与参数设置　对 STL 格式文件分层切片,片层的厚度通常在 50 μm~500 μm 之间。根据每一层的加工路径,设置相应的加工参数。

如果根据 STL 文件判断出成形过程需要支撑的话,将先由计算机设计出支撑结构并生成支撑,其后再进行切片与参数设置。

5) 成形 3D 实物制品　若以上处理过程未出现异常,就可以点击成形过程的启动按钮,将加工信息传输给成形机控制系统,驱动成形设备自动进行快速成形。

6) 制品的后处理　制品成形完毕后,从成形室中将其取出,将制品本体与支撑材料或周围废料加以剥离,根据实际情况和工艺要求采取拼接、修补、打磨、精整和表面喷涂等方法进行处理，从而得到最终制品。

2. 快速成形设备简介

快速成形设备主要由机械系统和控制系统组成。

(1) FDM 成形设备　其机械系统包括供料机构、运动单元、喷头、成形室、升降工作台等部分，多采用模块化设计，各个部分相互独立。运动单元由丝杠、导轨、伺服电机组成，负责完成扫描和喷头的升降动作，运动单元的精度决定了整机的加工精度。供料机构的电机驱动一对橡胶辊子，将丝料通过送丝管送入喷头。运动单元根据制品零件的截面轮廓信息，驱动喷头作 $X-Y$ 平面运动和高度 Z 方向的运动。成形室由加热装置、测温传感器和风扇组成，用来把丝状材料加热到熔融态。升降工作台由步进电机、丝杠、光杠和台架组成。控制系统由控制柜与电源柜组成，用来控制喷头和工作台的运动以及成形室的温度。

由于沉积过程是从下往上逐层进行的，下一层对上一层起到定位和支撑作用，随着高度的增加，层片轮廓的面积和形状都会发生变化，当发生的变化较大时，下层材料因轮廓截面积较小或位置偏移等原因而不能给上层材料提供充分的定位与支撑，此时就需要设计一些辅助结构（称为“支撑”）来起定位和支撑作用，以保证成形过程的顺利进行。新型的 FDM 设备采用了双喷头，一个喷头用于沉积制品的材料，一个喷头用于沉积支撑的材料，从而降低了材料成本，提高了成形效率。

(2) LOM 成形设备　它的机械系统由供料机构、运动单元、切割器、涂胶与解胶装置（若采用已涂胶材料则无需涂胶装置）、热压辊、成形室、升降工作台等部分组成。成形室和升降工作台的结构及作用与 FDM 设备的相似。供料机构由驱动装置和料辊组成，有双辊机构（包括供料辊和收料辊，见图 6.1）和单辊机构（只有供料辊）两种。运动单元按照控制计算机给出的所需切割的轮廓线信息，驱动切割器作 $X-Y$ 方向运动，将工作台上最上层的薄层材料割出轮廓线。LOM 设备的切割器大多是激光发射头（需配置激光发生器），也有一些小型 LOM 成形机采用切割刀，使设备得以简化。涂胶与解胶装置包括胶水舱、涂胶器和解胶笔等，解胶笔的作用是将解胶剂涂布到材料上的切割轮廓线以外的区域，消除其上涂胶的粘结作用，以利于制品成形以后可以比较方便地逐层剥离其周围的废料。

6.1.4　快速成形技术的应用

快速成形技术可以用于新产品的设计及功能测试，也可用于零件或模具的制造。

1. 用于新产品的设计及测试

由于采用快速成形技术能够迅速地将 CAD 概念设计的物理模型高精度地成形出来，这样在概念设计阶段，设计者就能参照实体模型分析设计的优点和缺点，进一步完善设计，大大提高了产品设计的可靠性和效率。对于一个由多零件组装且结构复杂的产品往往需要做整体装配校核，在投产之前，先用快速成形方法制作出全部零件原型，进行试组装，验证设计的合理性和装配要求，若发现有缺陷，可及时加以纠正，使所有问题在产品投产前得到解决。快速成形制作的原型还可以直接用于性能和功能参数测试及分析，如机构运动分析、流动分析、应力分析等。如通过对风扇叶片的功能检测，可获得最佳扇叶曲面、最低噪声的结构。

2. 用于零件的快速制造

采用快速成形技术可以直接制造形状复杂的单件零件，例如用 FDM 法可制造塑料件，用 SLS 法可制造出粉末冶金零件等。也可以利用快速成形获得的三维实体原型作为模样，通过铸造等方法间接制造出零件，例如 LOM 法制作的纸质原型可作为砂型铸造的模样用于造型，FDM 法制作的石蜡原型可作为熔模铸造的蜡模，SLA 法制作的树脂原型可作为消失模铸造的泡沫塑料模样。

快速成形技术的这一应用在医学领域已取得显著成效，可以针对患者的情况，利用各种生物材料"量身定做"制作出人造骨骼、牙齿、假肢和部分人体器官等，以满足患者的医疗、整容等方面的需求。这也成为了快速成形技术当前和未来的研究热点和方向之一。

3. 用于模具的快速制造

快速成形由于其所用材料及工艺的限制，目前在很多情况下还不能制造出满足使用要求的最终的产品(零件)，因此，就产生了基于快速成形的快速模具制造技术。快速模具制造同样也有直接法和间接法两种。直接法就是通过快速成形系统直接按模具 CAD 的结果把模具制造出来，这种方法不需要快速成形的原型作样件，也不依赖传统的模具制造工艺，主要运用于工作温度低、受力小的塑料模具等。间接法则是利用快速成形的原型作为样件，通过精密铸造或树脂浇注等方法翻制出模具。与传统的以切削加工和特种加工为主的模具制造方法相比，用快速成形方法制造模具可使生产周期大大缩短，一般仅为传统方法的 1/5~1/10，成本也大为降低；而且模具的复杂程度越高，快速成形技术的效益越显著。

快速成形技术还可以用于铸造生产中的砂型和砂芯的制作，以树脂砂为材料，利用堆积成形的原理，在不使用模样和芯盒的情况下制出复杂的砂型和砂芯，实现数字化无模铸造。这种方法在技术上突破了传统工艺的许多障碍(如铸型—型芯一体化成形，没有起模过程，不需要起模斜度等)，使设计、制造的约束条件大大减少，使砂型和砂芯的制造过程高度自动化、柔性化，适用于汽车、通用机械、机床、重大装备中关键零部件的单件、小批量制造。

6.2 材料成形设计与加工数字化技术

数字化技术在设计、制造、管理等方面的广泛应用促进了材料成形加工生产走向信息化和现代化，已成为材料成形加工的新技术增长点。

6.2.1 材料成形 CAE(计算机数值模拟)技术

材料成形加工过程通常是十分复杂的，其间包含了一系列物理、化学等变化。在材料成形理论的指导下，利用计算机进行数值模拟计算，可以预测实际生产条件下，材料成形后所得到的组织、性能和质量，进而实现成形工艺的优化设计，推动材料成形加工逐步从依赖经验走向科学，使材料成形加工技术水平产生质的飞跃。

计算机数值模拟技术的应用在材料成形工艺过程中可起到以下作用：

1) 优化工艺设计，使工艺参数达到最佳，减少缺陷发生，提高产品质量。

2) 可在较短的时间内，对多种工艺方案进行比较，缩短产品开发周期。

3) 在计算机上进行工艺模拟试验，可节省产品开发试验费用和减少对资源的消耗。

1. 铸造过程的数值模拟

合金的充型凝固过程对于铸件的组织和性能有极大的影响。铸造 CAE 的研究目前主要有这几方面：

（1）凝固过程模拟　利用传热学原理计算铸件冷却过程的温度场分布，从而模拟铸件的凝固过程，进行缩孔、缩松的定量预测，如图 6.5 所示。此方法已在生产实践中得到应用，并取得较满意的结果。

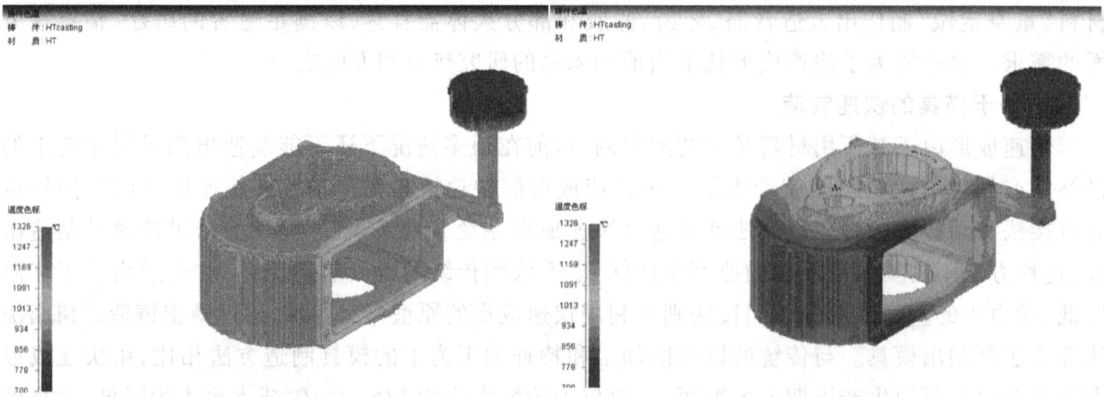

(a) 凝固初期　　(b) 凝固后期

图 6.5　箱体铸件凝固过程模拟

（2）充型过程模拟　利用流体力学原理分析铸件充型过程，如图 6.6 所示。其模拟结果可指导浇注系统的优化，预测卷气、夹渣等缺陷。

（3）流动与传热耦合计算　利用流体力学和传热学原理，在模拟流动场的同时计算传热，可预测铸造充型过程是否出现浇不到、冷隔等缺陷，同时还可以得到充型结束时的温度分布，为后续的温度场计算提供准确的初始条件。

（4）铸造应力场模拟　利用力学原理，分析铸件应力分布。其结果有助于预测和分析铸件裂纹、变形及残余应力的形成与分布，为提高铸件尺寸精度及稳定性提供了科学依据。

（5）铸件微观组织模拟。通过模拟可预测铸件微观组织形成，进而预测其力学性能。目前，已能够模拟枝晶生长、共晶生长、柱状晶的等轴转变等。

（6）其他过程模拟　如感应电炉、冲天炉熔炼过程模拟，型砂造型过程模拟等。

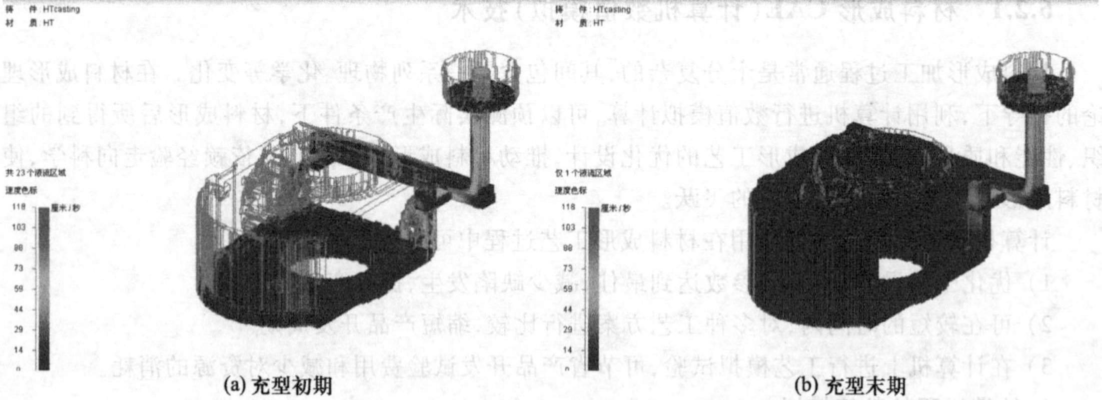

(a) 充型初期　　(b) 充型末期

图 6.6　箱体铸件充型过程模拟

2. 锻压过程的数值模拟

锻压过程的计算机模拟主要采用刚塑性和刚粘塑性有限元法，而对于变形-温度和传热的耦合问题还需同时采用热传导有限元法。通过数值模拟可确定变形体内部的位移场、温度场、应力场、应变场等，若与材料的变形损伤或组织演化进行耦合分析，则可进一步预测工件的裂纹产生和晶粒组织分布，从而为工艺优化和质量控制提供科学的理论依据。冲压过程的数值模拟大多采用有限应变弹塑性有限元方法。例如，通过对汽车覆盖件成形过程的计算机模拟结果，可以在计算机上修改工艺参数，材料性能参数，毛坯形状与尺寸，冲压条件等，达到良好的成形效果，从而大大缩短了工艺设计、模具设计的周期以及模具制造和调试周期。

3. 焊接过程的数值模拟

焊接是一个涉及电学、力学、传热和冶金等学科的复杂过程。采用计算机技术可模拟焊接热过程，焊接冶金过程，焊接应力和变形等，根据对这些过程的模拟结果，就可以通过计算机系统来确定焊接各种结构和各种材料时的最佳设计方案、工艺方法和焊接参数。计算机模拟还广泛用于分析焊接结构和接头的强度和性能等。

4. 注塑过程的数值模拟

注塑过程的 CAE 分析可以输出塑料注射成形时的压力分布、温度、剪切速率、剪切应力、流动速度等数据，工艺设计人员可以从中获取诸如充填模式、熔接缝与气穴的位置、注射压力与锁模力、冷却时间、最终成形状况等信息。CAE 分析结果可以帮助设计人员选择最佳成形性能的塑料，改进注塑产品的结构，优化流道系统和模具结构，选用合适的注射机。通过 CAE 分析，可以对不同的注射成形方案进行评价对比，以寻求出最佳方案。

6.2.2 材料成形 CAD/CAM 技术

材料成形 CAD/CAM（计算机辅助设计/制造）技术主要是材料成形工艺设计 CAD 和工装模具 CAD/CAM，后者重点研究材料成形所用工装模具的设计及其数控加工。

1. 材料形成工艺设计 CAD

材料成形工艺设计包括大量的工艺选择和计算工作，工艺设计 CAD 技术可以帮助设计人员优化工艺方案，分析工件质量，估计生产成本，并能将设计计算结果形成工艺图和工艺卡等技术文件输出。它把计算机的快速、准确与设计人员的经验、思维、综合分析能力结合起来，加快了设计进程，提高了设计质量和效率。高水平的材料成形工艺 CAD 应是成形过程数值模拟、成形工艺计算机分析图形学和数据库等技术的综合。

（1）铸造工艺设计 CAD　铸造工艺 CAD 技术是一个人机交互设计的过程，其设计流程通常表现为“二维零件图样→CAD 工艺设计→CAE 模拟→工艺文件”的形式。其主要包括以下内容：

1）根据铸件技术要求、生产批量和生产条件，进行铸造工艺性分析，确定铸造工艺方案；

2）利用 CAD 进行工艺参数设计；

3）利用 CAD 设计浇注系统、冒口、冷铁；

4）利用 CAD 设计模样、模板、芯盒、砂箱等工艺装备；

5）利用 CAE 软件预测铸造缺陷，分析铸造工艺的合理性；

6）利用 CAD 绘制铸造工艺图、工装图、工艺卡。

（2）锻压工艺设计 CAD　包括锻造和冲压工艺及模具设计 CAD。例如，冲压工艺 CAD 的过程包括从输入产品和技术条件开始设计出最佳样图,确定操作顺序、步距、空位、总工位数,绘制排样图,输出模具装配图和零件图等。

(3) 焊接工艺设计 CAD　包括排料设计、焊接材料选择、焊接工艺制订等,以及借助焊接 CAE 分析,对焊接工艺进行优化。

(4) 注塑工艺设计 CAD　包括注塑工艺方案的制订和 CAE 分析优化,塑件图与模具型腔的尺寸转换,标准模架与典型结构的生成,模具装配图与零件图的生成,模具刚度与强度的校核,模具成本分析与计算等。

2. 逆向工程技术

逆向工程(RE),又称反求工程,是一种产品设计技术再现过程。它是根据已有的实物样件来构造产品或零件的设计模型,在此基础上对已有产品进行剖析、理解和改进的再设计。逆向工程可在无法或不易获得必要的生产信息的情况下,只根据现有的物理部件或零件,利用特定的测量设备和方法获取其表面离散点的几何坐标数据,通过 CAD 技术将原始物理模型转化为数字化模型,再运用 CAD/CAE/CAM 对其进行优化,据此再制作出功能相同或相近的产品。

在逆向工程中,有离散的数字化点或点云到产品数字化模型的建立是一个复杂的设计意图理解、数据加工和编辑的过程,其关键技术如下。

(1) 数据获取　获取采样点三维坐标值数据是逆向工程的第一步,数据获取的方法主要有接触式和非接触式两类。接触式方法是在机械手臂的末端安装探头,使其与零件表面接触来获取表面信息。目前最常用的是三坐标测量机(CMM),其优点是测量精度高,对被测量物体的材质和色泽无特殊要求,对不具有复杂内腔、特征几何尺寸多、只有少量特征曲面的零件而言,CMM 是一种非常有效且可靠的三维数字化手段。非接触式方法是采用光、声、磁等非接触介质来获取零件表面信息,可分为主动式测量和被动式测量。常用的方法包括:激光线结构光扫描法、面投影光栅法、数字照相系统、计算机断层扫描(CT)法等。

(2) 曲面重构　零件表面通常由若干个不同类型的曲面构成。因此,曲面重构时需要对点云数据进行分割处理,针对每一片点云采用恰当的曲面来拟合。曲面重构通常包含这几个步骤:点云中数据点之间拓扑关系的建立,几何特征的提取及自动分割;分片点云的曲面重构。

(3) CAD 模型重建　逆向工程中生成连续 CAD 模型时,采用基于面的方法,可能会在各面片之间发生重叠或出现缝隙。如果各面片之间没有清晰的边界,就需要通过延伸面片来处理。有时这种方法并不可行或结果不理想,则需要通过插入过渡面或调整曲面参数来以使其光滑。除了边界拼接之外,还需要在边界拼接曲面的公共角点处生成光滑角点拼接曲面。对曲面进行分片拟合时,不仅要求拟合曲面尽可能逼近点云数据,而且要求尽可能反映设计意图,也就是要尽可能准确无误地提取点云数据中的几何特征和约束。

通过逆向工程建模技术建立的只是零件的表面 CAD 模型,要转入到 CAM 阶段,还需要将表面模型转换成实体模型。

逆向工程的应用可以缩短产品的设计、开发周期,降低企业开发新产品的成本和风险,加快产品更新换代的速度,适合单件、小批量的零件制造,特别是模具的制造。

3. 材料成形工装模具 CAD/CAM

材料成形加工的很多种工艺离不开工装模具(如铸造模样、模板、芯盒、压铸型、锻模、冲压模、塑料模、橡胶模等),模具的使用面广量大。

因此,CAD/CAM技术在模具设计与制造上发挥出了巨大的优势。模具CAD/CAM的一般过程是:将零件的几何参数输入计算机,在计算机中形成零件的几何模型,再建立或链接相关的数据库,以获得零件的数据信息,如材料的性能,模具的设计准则以及零件的结构工艺性准则等;在此基础上,计算机能自动进行工艺分析、工艺计算,自动设计最优工艺方案,自动设计模具结构图和模具型腔图等,并输出生产所需的模具零件图和模具总装图。由CAD系统输出的模具设计信息可以通过CAM系统自动转化为模具制造的数控加工信息,再输入到数控加工机床,进行模具的加工制造。随着CAD/CAM一体化的完成,将使模具的设计与制造成为无图纸化过程。

6.2.3 材料成形加工生产的数字化技术

先进的电子技术和计算机技术的应用,使材料成形加工设备向机电一体化和智能化方向发展,并且从单机自动化正在向生产线全面自动化方向发展。

1. 数控加工技术和柔性制造系统

数控加工技术在材料成形加工生产中的应用尤以在板料冲压方面最为显著。从1955年世界上第一台NC(数控)冲孔压力机出现以来,至今已开发出CNC(计算机数控)压力机、CNC弯板机、CNC弯管机和CNC剪板机等设备,并在生产中得到应用。目前,计算机数控压力机正朝着高速度、高精确度和高自动化程度的方向发展。

数控加工设备的发展为材料成形加工柔性化提供了基础。

板料数字化渐进成形是目前国内外新兴的一种实现金属板料成形的柔性化技术。该技术采用了快速成形技术中“分层制造”的思想,利用计算机将复杂三维形状的板料零件的整体变形沿高度方向离散成一系列断层面,并生成各个层面上的加工轨迹,通过在数控设备上利用简单通用压头(成形工具)按照这些加工轨迹对板料进行逐层渐进成形,这样不需要使用专用模具就可以加工出变形度较大、形状较复杂的板料零件,因此又被称为“无模成形”。在其成形过程中,压头与板料局部接触,在压头作用力的作用下,接触点周围的很小区域处于受压状态而发生塑性变形,随着压头与板料间的相对运动,使板料沿着成形工具运动轨迹的包络面渐次变形,局部的小变形逐步地累积而最终产生所需的整体变形。可见,这项成形技术有些类似于旋压,是以成形工具的运动所形成的包络面来代替模具的型面,以逐次局部变形的合成效果来代替一次性整体成形。板料数字化渐进成形具有以下优点:实现了板料零件CAD/CAM一体化和柔性化制造,易于板材成形生产自动化;不需要进行专门的模具设计和制造,产品生产周期缩短,成本下降;可提高板材成形极限,更充分地利用材料的成形潜力,制造出更为复杂的板料零件。

将数控加工设备与模具自动仓库、供料装置、输送装置等组合起来,并由计算机控制它们自动完成加工、装卸、存储、运输等工作,具有监视、诊断、修复、自动更换加工产品品种等功能,这就是柔性制造系统。

2. 材料成形加工自动化生产线

加工生产线是大批量生产中常见而有效的一种生产组织形式,采用计算机控制将大大增加生产线的自动化程度,从而提高生产率和产品质量。

自动化生产线通常由主机和辅助机构组成。例如铸造生产流水线通常是以1~2台造型机为主体,配合以各种相应的辅助机械(如翻箱机、合型机、浇注机、落砂机等),并将它们按照铸造工艺流程用运输设备联系起来,通过计算机系统对铸造生产线以及型砂处理和合金熔炼等工部加以统一管理和控制,可实现砂型铸造生产的自动化;下级的计算机负责各工序的检测、控制和调整,上级的计算机则负责物流的组织和物料的跟踪。通过各系统之间的数据通信,不仅保证整个生产线的运转,而且自动考虑最优化的经济效果和生产组织方案。

冲压自动线常以多台压力机作为主机,配上自动装料、送料、出件、传递翻转、监控保护等辅助装置。这类冲压自动线在汽车工业中得到普遍应用。例如,国外某企业的一条有六台压力机组成的汽车车门冲压自动化生产线,每小时能生产汽车车门内板近800件,整个生产线只由一人管理。在汽车工业中,曲轴、前梁、连杆等锻件的模锻生产线、汽车覆盖件冲压生产线,车身焊接生产线等已经实现了计算机控制的生产过程的自动化。

材料成形加工生产自动化的发展方向是集成化,即向计算机集成制造系统发展。

6.3 智能制造技术

智能制造(IM)是现代制造技术、计算机科学技术与人工智能技术等当今科技综合发展的必然结果,也是21世纪的制造业的发展方向。

6.3.1 专家系统的应用

专家系统是一种计算机软件,它把有关领域的专家知识表示成计算机能够利用的形式,这些知识储存在系统的知识库中,通过推理机构按一定的规则和推理策略去解决问题。知识库是整个专家系统的核心,知识库水平的高低,在很大程度上决定专家系统的工作能力。

专家系统可分为诊断型、规划设计型和实时控制型等类型。它们分别解决生产故障、废品分析与改进;生产状况与产品的预测和规划、生产工艺过程的优化与设计;生产过程的自动控制与监测等任务。目前,在焊接、铸造等领域已出现多种专家系统,如焊接材料及焊接工艺专家系统、焊接结构断裂安全评定专家系统、铸件质量分析专家系统等。

材料成形加工过程复杂,许多生产环节至今还难以找到全部的影响因素,难于建立准确的定量模型,许多问题还只是停留在半定量甚至是经验的分析上,单纯依靠理论或数值模拟尚不能完全满足各方面的要求。因此,发展专家系统,总结和提炼材料加工专家的知识和工作经验,用以解决实际生产中的某些难题,具有很大的意义。

智能制造要求在制造过程的各个环节几乎都能应用人工智能,专家系统技术可以用于产品设计、工艺过程设计、生产调度、故障诊断等,因此是用于实现制造过程智能化的一项基础技术。

6.3.2 工业机器人的应用

工业机器人是一种可重复编程的多自由度的自动控制操作机,它具有人的手和脚的运动功能,能够完成人所做的某些工作。目前,工业机器人在焊接、铸造、锻压等生产中已得到了广泛的应用,极大地促进了材料成形加工向自动化、智能化和柔性化方向发展。

在材料成形生产中应用最多的工业机器人是焊接机器人。其中,点焊机器人已在汽车制造中得到普遍应用,而且从过去较为简单的运动控制向精确控制轨迹的多自由度发展。电弧焊是连续轨迹操作,焊件形状各异,焊缝的曲线及长短都不相同,因而要求焊接轨迹和工艺参数的控制具有柔性。焊接机器人有示教型和智能型两种。示教型机器人是通过示教,记忆焊接轨迹及焊接参数,并严格按照示教程序完成产品的焊接。此类机器人对环境变化的应变能力较差,适用于在大批量生产流水线的固定工位上操作。智能型机器人可以根据简单的控制指令自动确定焊缝的起点、空间轨迹及工艺参数,并能根据实际情况自动跟踪焊缝轨迹、调整焊炬姿态,及焊接参数,控制焊接质量。智能型焊接机器人的应用,是焊接过程高度自动化的重要标志,使小批量生产的自动化成为可能。

6.3.3 智能制造技术

智能制造技术利用计算机模拟制造业领域的专家的分析、判断、推理、构思和决策等智能活动,并将这些智能活动和智能机器通过互联网技术实现互联互通,使其贯穿应用于整个制造企业的各个子系统(经营决策、采购、产品设计、生产计划、制造装配、质量保证和市场销售等),以实现整个制造企业经营运作的高度柔性化、集成化和绿色化。

智能制造将制造技术与数字技术、智能技术、网络技术集成应用于产品全生命周期中的设计、生产、管理和服务等各环节,在产品制造过程中进行实时感知、动态定时定量分析、逻辑推理、准确决策与控制,以实现对产品生产制造需求的动态响应,新产品的迅速开发以及对生产和供应链网络的实时优化。智能制造可以包括几个层次:① 智能制造技术,它是数字技术、智能技术、网络技术等与制造技术的叠加融合。② 智能制造过程,即一个新产品整个生命周期的设计研发、生产、管理、服务等整个过程的智能化。③ 智能制造系统(智能工厂),智能工厂由实际的物理系统和虚拟的信息系统相互结合而成,其中进行物质生产的系统就是物理系统(如生产线、机器设备等),对应于进行物质生产系统有一个控制与管理其生产运作的信息系统,而移动互联网以及物联网是这两个相互融合系统之间的桥梁和传输通道。

智能制造技术是在传感技术、网络技术、自动化技术以及人工智能的基础上,通过感知、人机交互、决策执行等实现产品设计制造以及企业管理服务的全方位多角度的智能化,是信息技术与制造技术的深度融合与集成。智能制造是可持续发展的制造模式,智能制造的内涵是绿色化和人性化,单件、小批量生产要能够达到与大批量生产同样的效率和成本,有效合理地利用有限的物质资源和能源,减少损耗与浪费,实现循环再利用。

例如,智能焊接系统集成了现代焊接技术、智能机器人、智能网络和智能传感技术等,可以实现焊缝坡口自动传感、焊接轨迹自动生成、焊接工艺自动编制、焊接过程智能适应、焊件质量智能评价等功能。智能焊接技术发展应用中需要解决的一些问题有:

① 多种传感手段的集成。在焊接加工现场部署多传感器,对焊接过程的前后信息进行在线检测,包括加工过程相关参数、加工环境信息、操作者状态以及机器运行状态。

② 过程数据的管理与共享。针对不同来源、多种类数据的管理与分析,可以有效地提高关键信息的可靠性和准确性。另外,通过数据共享,与“大数据”“云计算”等信息技术相结合,可快速制定焊接加工方案,并实现焊接加工的遥控操作及监督控制。

③ 焊接设备智能化。依托于计算机技术、信息技术等的发展,将焊接知识和经验进行规则化,转化为机器可以理解的语言,使得机器具有理解焊接加工问题的能力;在此基础上,制定合适的推理规则和算法,使得机器具有对简单问题决策的能力。

④ 人机交互能力的提升。智能焊接系统应该通过有效方式与操作者进行相互“交流”,使得

人和机器各自发挥所长,促进人与机器之间的合作,从而提高焊接系统解决复杂问题的能力。智能焊机与人的交互过程应该建立在机器对操作者当前状态感知的前提下,机器需要针对操作者不同的工作状态、疲劳程度以及业务熟练程度采取不同的交互策略和自主等级。

⑤ 实现柔性化、个性化的服务。通过灵活的焊接系统集成方案,为用户提供个性化的焊接加工服务。通过基于焊接的增材制造技术的发展,可以有效缩短产品生产周期,并且降低加工制造成本。

⑥ 网络、信息和数据安全性的加强。发展信息安全防护技术,可以防止用户的相关信息和企业加工关键技术的泄漏,并且防止通过网络漏洞进行的恶意攻击,从而保障加工过程的顺利进行。

6.4 材料成形复合工艺

材料成形技术发展的一个重要方向是两种以上的成形加工工艺的复合应用,例如本书有关章节中已介绍过的铸造与热挤压相结合的挤压铸造(液态模锻)、粉末冶金与高温高压下塑性变形相结合的热等静压成形等都属于复合工艺。实践表明,通过技术交叉可以使已有的甚至是传统的工艺焕发出新的生命力,形成优势互补,产生意想不到的效果,解决以往难以解决的问题。

6.4.1 粉末锻造

粉末锻造是将粉末冶金和精密模锻结合在一起的成形工艺,兼有二者的优点。金属在粉末态下具有很好的充填性和成形性,因此利用粉末冶金方法可以生产形状复杂、尺寸精确的零件,而且无偏析和便于合金化。但粉末冶金制品密度低,力学性能有所下降,实际用途受到限制。粉末锻造不仅可以使粉末制品得到最终形状和尺寸,而且可以使其密度达到或接近理论密度,同时由于晶粒细小、成分均匀、锻造时的塑性流动有利于破碎粉末颗粒表面存在的氧化膜等原因,使锻件的性能明显提高。

粉末锻造工艺过程一般包括:粉末制取和配料、压制预成形坯、烧结、模锻、后处理(如机械加工、热处理等)。目前较常用的对烧结体的锻造工艺有两种:一是利用烧结的余热直接进行锻造,以节约能源;二是在烧结体冷却后,又经重新加热,再进行锻造。为了减少金属在模锻时的横向流动及减轻对锻模的磨损,必须合理设计预成形毛坯的形状和尺寸。

粉末锻造是一种先进的少、无切削成形工艺,它具有成形精确、材料利用率高、锻件性能好(其力学性能明显高于普通钢制模锻件)、模具寿命长和成本低等特点。粉末锻造现已在许多领域得到应用,尤其是用于汽车零件的制造,如连杆、齿轮、气门顶杆、方向轴节、轮毂等。

6.4.2 喷雾锻造

喷雾锻造是将金属熔体雾化沉积成形与锻造相结合的复合工艺。其工艺过程为:采用高速氮气喷射金属液流,使雾化的粉末直接沉积到预成形模具中,获得密度很高的预成形坯;取出预成形坯,利用其余热或补充加热后进行锻造,最后经切边而获得成品锻件。喷雾锻造取消了粉末冶金过程中的压制成形和烧结工序,减少了锻前加热,还可以利用廉价的废钢原材和对生产中各工序产生的废料进行重熔回收,因而可以较低的成本生产出高性能的锻件。喷雾锻造运用的材料有不锈钢、工具钢、高温合金、铜合金、铝合金、金属基复合材料等。

6.4.3 超塑性成形与扩散连接复合工艺

该技术是利用材料的超塑特性以及在高温压下的扩散特性,将若干个小零件在成形过程中通过局部扩散连接而结合在一起,成为材料利用率高和结构紧凑的整体构件。目前主要用于制造航空航天工业中钛合金和铝合金结构件,如飞机的舱门、盖板、机翼前缘、垂尾翼梁、机身隔框等。

6.4.4 电弧增材制造技术

制造金属制品的增材制造技术目前主要是选择性激光烧结成形(SLS 法),此法采用激光或电子束作为热源将金属粉末烧结成形。因为热源特点和原材料的原因,这一技术在成形较大型构件时材料成本很高,花费的时间也较多,使其应用受到限制。

电弧增材制造技术以电弧为载能束,采用焊接材料(焊丝)逐层堆焊的方式制造金属实体构件,该技术主要基于 TIG、MIG 等焊接技术与增材制造技术相结合发展而来。其成形制件由全焊缝构成,化学成分均匀、致密度较高,开放的成形环境对成形件尺寸无限制,成形速率也较快;但电弧增材制造的零件尺寸波动较大,成形件表面质量较低,一般需要进行二次机械加工,以改善尺寸精度和表面质量。相比激光、电子束增材制造,电弧增材制造技术的主要应用目标是大尺寸复杂构件的低成本、高效快速成形。

电弧增材制造是数字化连续堆焊成形过程,其基本的硬件系统包括成形热源、送丝系统及运动执行机构。电弧增材制造三维实体零件依赖于逐点控制的熔池在线、面、体的重复再现,若从载能束的特征考虑,其电弧越稳定越有利于成形过程控制。目前,国外已开发出机器人电弧增材制造系统,并成功制作出制品。

6.5 材料成形技术的发展趋势

材料成形工艺的发展已走过了漫长的历程,正是由于不断的技术进步才使其始终保持着充分的活力,这种进步和发展的态势今后仍将在各个方面持续下去。

6.5.1 材料成形加工的理论研究不断深化

材料成形理论的研究在材料成形加工技术的发展中占有极其重要的地位,各种新工艺、新技术的开发需要有理论方面的研究成果作为指导,而许多新工艺、新技术的应用又反过来促进了理论研究工作的发展,从而为材料成形工艺由技艺发展为工程科学奠定基础。

液态金属的凝固问题是铸造成形中的核心问题。近几十年来,借助于物理化学、金属学、非平衡热力学与动力学以及计算数学的发展,从传热、传质和固-液界面三个方面进行了大量研究。随着金属凝固理论研究的深入,逐渐揭示出凝固过程与铸件质量的密切关系,促使人们去通过控制凝固过程来获得优质铸件。在凝固理论指导下,出现了半固态铸造、悬浮铸造、快速凝固技术、旋转振荡结晶技术和扩散凝固铸造等铸造新工艺。通过凝固理论已建立了铸件冷却速度与晶粒度以及晶粒度与铸件力学性能之间的某些函数关系,在凝固理论基础上利用计算机进行铸件微观组织模拟,可用于预测晶粒大小和力学性能,这些都为控制铸造成形工艺参数和铸件性能创造了条件。

在塑性成形理论研究中,重点是对塑性变形规律的研究。材料在塑性成形加工中的变形规律直接影响到工件的纤维组织结构、成形极限、成形工艺参数及加工质量。通过对不同的材料、不同的塑性成形工艺和不同的零件结构进行分类研究,找出其塑性加工中材料塑性变形和塑性流动的规律,为优化工艺参数,提高成形极限和产品质量提供理论依据。

高分子材料成形理论研究的内容包括:高分子材料在成形过程中的流变行为和形态结构变化的研究,制品的结构-性能-成形条件间关系的研究,填充改性和增韧机理研究,制品变形与破坏机理研究等。

6.5.2 材料成形加工的常规工艺不断优化

当今材料成形加工常规工艺发展的主要趋势是以高效化、精密化、自动化、智能化、集约化、清洁化等为方向,在保持原有工艺原理的基础上,通过改善工艺条件,优化工艺参数,达到高效、优质、低耗、少无污染的生产目标。例如,在砂型铸造中,采用气冲造型、静压造型等先进的造型方法,使生产效率大幅提高,铸件质量更加稳定,噪声污染和能源消耗明显降低。在锻压生产中,采用压力机上模锻取代锤上模锻,使模锻过程更加适应工艺精化以及自动化连续生产的要求,也有效地减少了振动和噪声的危害。采用冷精锻和精冲等先进工艺,可实现成形件外观质量的精密化和近无余量精确成形,显著提高材料的利用率,减少了切削加工工作量。在焊接生产中,高效率高质量的焊接技术不断完善和迅速推广,如高效焊条电弧焊,多丝埋弧焊、药芯焊丝 CO_2 焊、混合气体保护焊、高效堆焊等。在高分子材料注射成形中,在常规技术的基础上开发了节省原料、节约能源、少无废料的多种新工艺,如无流道注射成形,气体辅助注射成形、排气注射成形、反应注射成形、共注射成形等。

6.5.3 材料成形所涉及的学科与技术领域间的综合不断强化

现代科学技术发展的最大特点,就是日益走向高度的专业化和高度的综合化,材料成形技术的发展趋势也同样体现出这一特征。不同的学科和技术领域之间相互影响,相互渗透,在它们的交叉和碰撞之处,往往就是许多新理论和新技术的生长点。例如,微电子、计算机、自动化技术与成形工艺及设备相结合,形成了以数控加工设备和工业机器人等为代表的加工自动化单元技术,经局部或系统集成后,形成了从简单到复杂,从单机到系统,从刚性到柔性等不同层次的自动化生产技术系统,从而使材料成形加工从适应过去的少品种、大批量生产转变为适应现代的多品种、变批量生产的要求,使企业能够快速响应市场,增强产品的竞争力。不同成形加工方法的相互融合,催生出了挤压铸造、粉末锻造等一批复合工艺,解决了传统单一工艺难以解决的问题,使成形件的质量得到极大的改善。粉末冶金、复合材料成形以及快速凝固技术等一系列材料-加工一体化技术的出现是成形技术与材料科学技术高度综合的结果,它们改变了传统的材料成形生产都是"来料加工"的局面,使人们可以根据产品的使用条件和性能要求,围绕零件的强韧化、精密化、轻量化等目标,自行配制材料和设计制造工艺,直接生产所需的零件。成形技术、管理技术与环保技术的紧密结合,将能最大限度地实现资源综合利用和对环境的保护,使材料成形加工真正成为绿色制造过程。总之,学科与技术综合化的发展趋势将推动材料成形生产更加智能化、柔性化、高性能化和绿色化。

思考题与习题

6.1 快速成形技术与传统的材料成形方法相比有何特点和优势?

6.2 常用的快速成形工艺有哪几种?

6.3 快速成形技术有哪些应用?

6.4 试比较快速成形技术中 3DP 技术与 SLS 技术的异同处。

6.5 快速成形的工艺过程有哪些步骤和内容?

6.6 什么是逆向工程? 它有哪些应用?

6.7 材料成形 CAE 技术对于材料成形工艺设计有何作用?

6.8 如何实现铸件的无模铸造和板料冲压件的无模成形?

6.9 什么是材料成形加工生产的柔性化? 实现柔性化生产有哪些途径?

6.10 试比较电弧增材制造技术与选择性激光烧结成形技术的异同处。

6.11 请对数字化技术在材料成形加工领域中的应用进行归纳总结和展望。

6.12 了解材料成形技术发展进步的情况对你培养创新意识有何帮助?

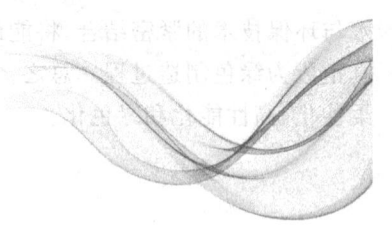

第7章 材料成形方法选择与过程控制

本章教学目标

知识获取：理解正确选择材料成形方法的原则和主要依据，了解铸件、锻压件、焊接件、塑料件等在机械制造中的应用特点，了解材料成形加工生产过程中有关质量控制、成本分析和环境保护的基本知识。

能力达成：具有为常用机械零件选择合适的成形方法的初步能力，培养有关质量、成本、环保、管理等方面的工程意识和综合素质。

一般地说，机械零件要实现其应有的功能，主要由两方面的因素决定：一是零件所具有的结构（形状、尺寸、精度、表面质量等），二是零件所采用的材料。而这两个方面都与零件的成形加工有密切的关系，这是因为零件的结构是通过成形加工（当然还包括机械加工等）才获得的，并且成形加工还使零件材料的组织与性能产生相应的变化。不同的成形方法对于零件的质量与性能有不同的影响，反过来，不同的零件结构和不同的材料对于不同的成形方法的适应性也不同。成形方法的选择是否合理，关系着零件制造过程的生产成本和生产率以及零件能否满足使用要求。因此，在设计机械零件时，当零件的结构和材料初步确定之后，就要再结合零件的生产批量和经济指标等因素，做出其成形方法的选择；根据所选用的成形方法，可对零件的结构工艺性和材料的工艺性能进行评价和修正，从而得到更加优化的结果。

材料成形加工生产中，在择优确定最佳的成形方法的同时，还要关注到以下这些问题：

① 保证加工的质量，生产合格和优质的产品；

② 提高生产率，降低生产成本，增加经济效益；

③ 保护环境不受污染，实现生产的可持续发展。

也就是说，在生产决策过程中，既要注重技术方面的问题，也要考虑相关的经济问题和管理问题。

7.1 选择材料成形方法的原则和依据

选择材料成形方法的主要原则是：使用性原则、工艺性原则、经济性原则和环保性原则。以这些原则为指导，综合考虑各方面的影响因素，通过分析比较，才能确定最佳方法。

7.1.1 选择材料成形方法的原则

1. 使用性原则

使用性原则是指用所采用的成形方法制造出的零件必须满足其使用要求。零件的使用要求主要包括结构上的要求(即对形状、尺寸、精度和表面质量等的要求)和性能要求(即对力学性能、物理性能和化学性能等的要求),它是保证零件完成所规定的功能的必要条件,因而是选择成形方法时首要的考虑因素。由于不同零件的使用要求是不一样的,因此有必要首先分析和判断零件应达到的主要使用要求有哪些,进而确定与之适应的成形方法。例如,机床的主轴和手柄同属轴杆类零件,但其使用要求不同。主轴是机床中的重要零件,它在工作中承受弯曲、扭转、冲击等载荷以及摩擦力的作用,因此,一般要求主轴必须具有较高强度、刚度和韧性,良好的耐磨性和抗疲劳能力以及尺寸稳定性等。所以,主轴通常选用中碳钢经锻造成形,以获得组织致密、流线分布合理,综合力学性能优良的主轴毛坯,再经切削加工和热处理制成。而机床手柄在使用中受力小,无冲击,故力学性能要求低,可采用普通灰铸铁铸造成形或采用低碳钢圆棒材下料后切削加工而成。又如柴油发动机缸体,它是发动机的基础支承件,同时要求有较好的减振性,并且缸体形状复杂(尤其是具有复杂的内腔)。根据这些使用要求,故大都采用铸铁为材料,以铸造方法成形。

2. 工艺性原则

工艺性原则是指所采用的成形方法应该与零件的结构和材料的工艺性能相适应。换句话说,工艺性原则着眼于所用的成形方法是否能使工件的成形过程容易或方便,并且不易产生缺陷。因此,成形方法工艺性的优劣,会在不同程度上影响到工件成形的难易程度、生产效率、加工质量和成本等。例如上面提到的柴油发动机缸体毛坯,若采用金属型铸造,则由于铸件是铸铁材料且内腔形状非常复杂,而金属铸型导热能力强,退让性差,因而在生产中容易出现铸件冷却快,白口和裂纹倾向大,以及铸件从铸型中取出困难等情况,从而使铸件废品率上升,生产率下降;并且,金属型制造难度大,成本高,使用寿命短。可见,对于此类铸件来说,选用金属型铸造就不符合工艺性原则。若采用砂型铸造,一般就不会出现以上的问题。所以,尽管与使用性原则相比,工艺性原则处于次要地位,但其重要作用同样不可忽视。

3. 经济性原则

经济性原则是指在选择成形方法时应致力于把生产的总成本降至最低,以获取最大的经济效益,使产品在市场上最具竞争力。因此,在满足零件使用要求的前提下,应优先选用成品率高、生产成本低的成形方法和加工方案。例如汽车发动机的曲轴、凸轮轴等可以铸造,也可以用模锻生产,但对于这类形状较复杂的零件,采用球墨铸铁进行铸造,实现“以铁代钢”,更能降低成本。

需要指出的是,应该全面地辩证地理解和应用经济性原则。首先,要正确看待满足使用要求和降低生产成本之间的关系。脱离使用要求,对零件的加工质量提出过高要求,会造成不必要的浪费;反之,不顾使用要求,片面强调降低制造成本,则会生产出低质量或短寿命的零件,有可能导致产品使用功能下降,使用周期缩短,甚至造成使用中的事故。因此,上述两种倾向都是应避免的。其次,不能只单纯考虑成形工艺的经济性,还要兼顾零件的其他各项制造成本,如切削加工费用、管理费用和材料损耗等,以降低零件的总体制造成本。

4. 环保性原则

环保性原则是指在选择成形方法时应考虑到生产过程对环境的影响，力求做到清洁生产，与环境相宜。因此，必须综合考虑资源和环境的关系，从末端治理转为以防为主，积极采用节能降耗、资源综合利用率高、废弃物排放最少的成形方法和加工方案。由于环境保护问题对当今和未来社会与经济发展的影响正受到越来越多的关注，所以对环保性原则的重视也将会越来越加强。

7.1.2 材料成形方法选择的主要依据

在选择材料成形方法时，应该具体问题具体分析，以主要的影响因素作为选择的依据。

1. 零件类别、功能和使用要求

零件的类别、功能和使用要求最终都要体现在零件的结构和材料上。例如，燃气轮机叶片与电风扇叶片具有相同的类别和相似的功能，因而同样具有空间几何曲面形状；但两者的使用要求大不相同，因此前者采用了优质合金钢，而后者则可采用普通低碳钢或铝合金薄板甚至工程塑料。所以，在生产实践中，更多的是依据零件的材料或结构特点或同时考虑这两方面因素来决定零件的成形方法。显然，零件结构设计、零件材料选用，成形方法选择这三者之间是相互联系、相互影响并在一定程度上相互依赖的。

在有些情况下，零件的材料确定后，其成形方法也就基本确定了。例如铸造合金材料应选用铸造成形，高硬度、难切削的材料应选用精密铸造或粉末冶金方法成形等。铁路道岔零件常选用 Mn13 耐磨钢制造，由于 Mn13 钢的切削加工性很差，所以道岔零件一般为铸钢件。但更多的情况下，一种材料可以由多种不同的成形方法加工成形，这时就还要考虑零件的结构等因素的影响。形状简单、性能要求不高的小型零件（如螺钉、销子、小轴等），可直接选用型材；形状复杂的大型零件（如机床床身、减速器箱体等），宜选用铸件；尺寸大但无复杂曲面结构的零件（如锅炉筒体、水压机立柱等），可采用焊接件；形状复杂的中、小型零件，可采用铸件（如活塞）、锻件（如连杆）、冲压件（如仪表支架）等。

2. 零件的生产批量

零件的生产批量也是选择成形方法时应考虑的一个重要因素。一般说来，当单件、小批量生产或产品的交货期较短时，应选择以手工操作为主，使用通用设备和工具，低精度低生产率的成形方法。这样，虽然单件产品消耗的材料及工时较多，但能节省生产准备时间和工艺装备的设计制造费用，故总成本较低，且零件生产周期短。例如生产铸件选用手工造型砂型铸造，加工锻件采用自由锻或胎模锻，生产焊接件采用手工焊接方法，制作薄板零件采用手工钣金成形方法等。当大批量生产时，应选择以机械化操作为主，使用专用设备和工装，高精度高生产率的成形方法，例如机器造型砂型铸造、压力铸造、模锻、板料冲压、自动焊或半自动焊等。这样，尽管在专用工艺装置方面的费用较大，但由于毛坯生产率高，加工余量小，因此材料的总消耗量和切削加工工时将大幅下降，生产的总体成本也降低。

在一定条件下，生产批量还会成为影响成形方法选择的决定因素。例如机床床身，通常是采用灰铸铁件为毛坯，但在单件或小批量生产时，选用钢板焊接往往更加经济和方便，因为所用生产设备简单，并且省去了制作模样、造型和造芯等的费用，还缩短了制造周期。

3. 现有生产条件

在选择成形方法时，还必须考虑本企业的实际生产条件，如设备状况、工艺技术水平、管理水平、员工素质等。一般地说，应在满足零件使用要求的前提下，优先选用现有生产条件能够提供的加工方法。当现有生产条件不能满足要求时，可考虑采取以下措施。

（1）在现有条件的基础上改变工艺方法　当所生产的锻件批量较大，适合选用模锻工艺，但本企业没有模锻设备而只有自由锻设备，此时可考虑采用在自由锻设备上进行胎模锻。在生产冲裁件时，若工件所需的冲裁力超过了现有冲压设备的最大吨位，则可考虑采取斜刃冲裁或将坯料加热后冲裁等方法来降低冲裁力。单件生产大、重型零件时，普通企业往往不具备重型或专用加工设备，因此可采用板、型材焊接或将大件分成几部分，经铸造或锻压分别制出，再采用铸-焊、锻-焊或冲-焊结构拼成大件。

（2）改进现有生产条件使之满足要求　对设备进行适当的技术改造；或扩建厂房，更新设备，提高技术水平等。

（3）进行对外技术协作　即委托本地或外地具有相应生产能力的企业进行生产加工。

4. 采用和推广新技术、新工艺、新材料

随着科学技术的进步和市场经济的发展，选择成形方法就不应只停留在一些常规的传统工艺上，而应扩大对新技术、新工艺、新材料的应用。这样，才能以更高的生产效率和更好、更新的产品来适应激烈的市场竞争形势和满足客户需求日新月异的变化。

在实际工作中，选择和确定成形方法往往采用以下几种做法。

（1）经验法　也可以称为模仿法或套用法。它是根据以往生产相同零件时所用成形方法的成功经验，或者根据有关的技术资料或书籍中所介绍的此类零件适用的成形方法（这也是总结前人的成功经验而得出的）作为依据来做出选择。此外，在国内外已有同类产品的情况下，可通过技术引进或进行技术分析，套用其中同类零件所用的成形方法。

（2）类比法　通过参考其他种类产品中功能或使用条件类似，且实际使用良好的零件的成形方法，经过合理的分析对比后，选择与之相同或相近的方法。

（3）试验法　如果是新设计的产品零件（特别是重要零件），或用新技术替代原来的旧工艺时，在没有以往经验或有关技术资料可供参考借鉴的情况下，应根据零件的工作条件、使用要求及其结构和材料的工艺性能，并结合生产批量和现有生产条件，先初步选择其成形方法并制定工艺方案，对其进行试验。若试验结果未能达到预定的要求，则应分析原因，找出差距，进行修改，然后再进行试验，直至其结果满足要求，并据此确定应采用的成形方法及相关的工艺方案和工艺参数。对于大批量生产的零件，必须先进行小批量试验，且试验要分两步进行，先验证所用的成形方法及工艺方案的合理性和经济性；再检查其生产稳定性；对于小批量生产的零件，也应当先生产一两件，做出初步鉴定后才能继续生产。

7.2　常用机械零件成形方法的选择

由于金属材料依然是主要的机械工程材料，所以常用机械零件成形方法多为金属成形加工方法，如铸造、锻造、冲压、焊接、型材下料等，这些成形方法的特点及有关内容的比较见表 7.1。

材料成形件有的可以直接作为机械零件使用，而大多数还是作为毛坯，需要进行机械加工后才能作为零件使用。

常用的机械零件按形状特征和用途的不同，大致可分为三类：轴杆类、盘块环套类和支架箱体类。下面将对它们的毛坯成形方法选择分别加以介绍。

表 7.1　常用机械零件成形方法的比较

比较内容＼毛坯类型	铸件	锻件	冲压件	焊接件	轧材
成形特点	液态成形	固态下塑性变形	同锻件	永久性连接	切割
对原材料工艺性能要求	流动性好，收缩率小	塑性好，变形抗力小	同锻件	强度高，塑性好，液态下化学稳定性好	—
常用材料	铸铁、铸钢及铸造铝合金、铜合金等	低、中碳钢及合金结构钢	低碳钢及非铁金属薄板	低碳钢、低合金钢、不锈钢及铝合金等	碳钢、合金钢及非铁合金等
金属组织特征	砂型铸件晶粒粗大、组织较疏松；金属型铸造时晶粒有所细化	晶粒细小、致密，夹杂物呈方向性排列（锻造流线）	变形区产生加工硬化组织，非变形区原组织基本不变	焊缝区为铸态组织，熔合区和过热区有粗大晶粒	同锻件
力学性能	灰铸铁件力学性能差，球墨铸铁、可锻铸铁及铸钢件较好	比相同成分的铸钢件好	变形部分的强度、硬度提高，结构刚度好	接头的强度不低于母材，塑性可能略有降低	同锻件
结构特征	形状一般不受限制，可以相当复杂（尤其是内腔）	自由锻件形状较简单，模锻件形状可较复杂	结构轻巧，形状可以较复杂	尺寸、形状一般不受限制，结构可较铸件轻便	形状简单，断面尺寸变化小
零件材料利用率	较高	自由锻件较低，模锻件中等	较高	较高	较低或中
生产周期	手工砂型铸造较短，特种铸造较长	自由锻短，模锻长	长	较短	短
生产成本	较低或中	中或较高	批量越大，成本越低	中	—

续表

毛坯类型 比较内容	铸件	锻件	冲压件	焊接件	轧材
主要适用范围	灰铸铁件用于受力不大或承压为主的零件，或要求减振，耐磨性能的零件；球墨铸铁件用于承受较重载或复杂载荷的零件；机架、箱体等形状复杂的零件	用于对力学性能，尤其是强度和韧性要求较高的传动零件和工具、模具等	用于以薄板成形的各种零件	主要用于制造各种金属结构，部分用于制造零件毛坯	形状简单的零件
应用举例	机架、床身、底座、工作台、导轨、变速箱、泵体、阀体、带轮、轴承座、曲轴、齿轮等	机床主轴、传动轴、曲轴、连杆、齿轮、凸轮、螺栓、弹簧、锻模、冲模等	汽车车身覆盖件、机表、电器及仪器、仪表及零件、油箱、水箱各种薄金属件	锅炉、压力容器、化工容器管道、厂房构架、吊车构架、桥梁、车身、船体、飞机构件、重型机械的机架、立柱、工作台等	光轴、丝杠、螺栓、螺母、销子等

7.2.1 轴杆类零件

轴杆类零件的结构特点是其轴向(纵向)尺寸远大于径向(横向)尺寸。常见的如各种传动轴、机床主轴、凸轮轴、偏心轴、曲轴、丝杠、光杠、连杆、摇臂、拨叉、螺栓、销子等，如图 7.1 所示。轴杆类零件大多是各种机械中重要的受力和传动零件，它们在工作时承受着交变和冲击载荷的

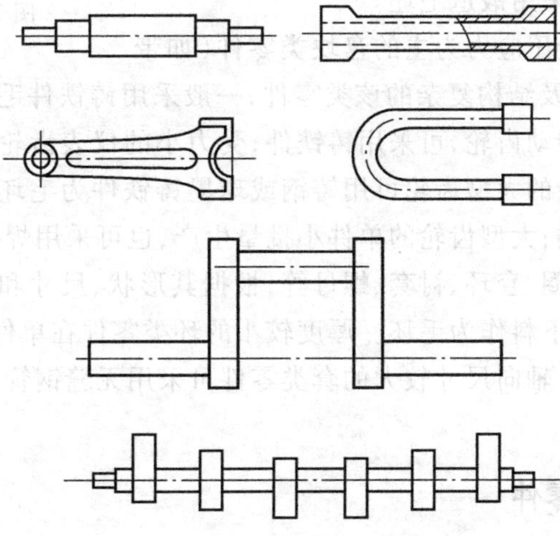

图 7.1 轴杆类零件

作用，某些部位还要承受较大的摩擦，因此要求其应具有较好的综合力学性能、抗疲劳性能及耐磨性。

轴杆类零件的常用材料是钢，其中尤以中碳钢最为常用。钢制轴杆类零件的毛坯大多采用锻造成形，以获得细密的组织和较高的性能；光滑轴，直径变化较小的轴，其毛坯可用轧制圆钢下料制得；对于某些大型、结构复杂的轴，可采用铸造成形。在满足使用性能要求的前提下，对某些具有异形断面或弯曲轴线的轴，如凸轮轴、曲轴等，常采用球墨铸铁的铸造毛坯，以方便制造和降低成本。此外，在有些情况下，还可以采用锻-焊或铸-焊结合的方法制造轴杆类零件毛坯。例如汽车排气阀（图 7.2），是采用锻造的耐热合金钢阀帽与碳素结构钢轧材制作的阀杆焊接而成，节约了合金钢材料。

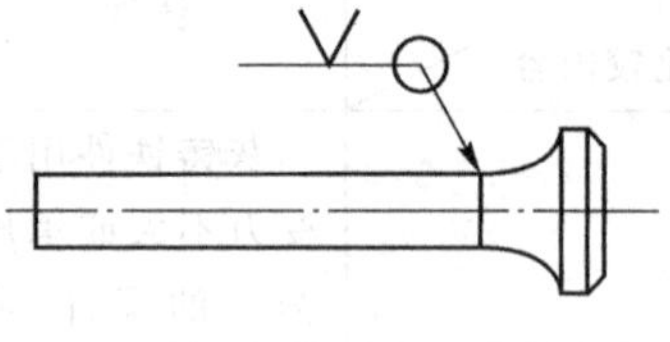

图 7.2　锻-焊结构的汽车排气阀

7.2.2　盘块环套类零件

除套类零件的轴向尺寸可大于或小于径向尺寸外，盘块类零件的轴向尺寸一般小于径向尺寸，或两个方向上的尺寸相差不大。属于这一类零件的有各类齿轮、带轮、飞轮、模具中的凸模和凹模、套环、轴承环、垫圈、螺母等，如图 7.3 所示。

此类零件在工作条件和使用要求上差异较大，因此所用材料和成形方法也较为多样化。

在盘块类零件中，受力较大且受力情况复杂的重要零件（如重要的传动齿轮、模具、锤头等）一般选择锻件毛坯。例如，齿轮在工作时齿面承受很大的接触应力和摩擦力，齿根承受较大的弯曲应力，有时还要承受冲击力，因此对力学性能要求较高。中小型齿轮通常采用低碳或中碳钢锻造成形，大量生产时可采用热轧或精密模锻，直径在 100 mm 以下的小齿轮也可用圆钢轧材为坯料。模具的材料通常是碳素工具钢或合金工具钢，一般均采用锻造毛坯。

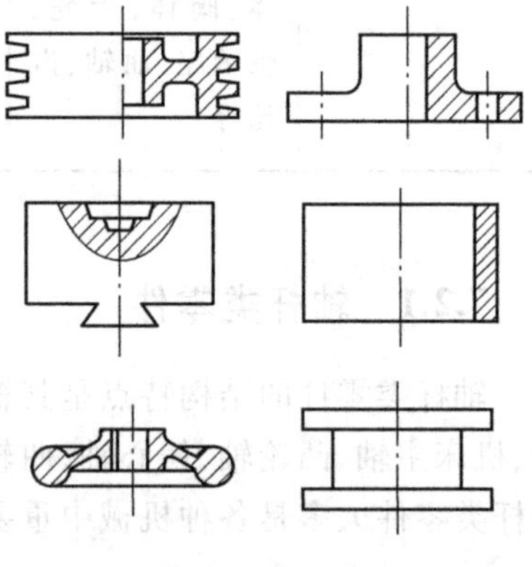

图 7.3　盘块环套类零件

对于受力不大或以承受压应力为主的盘块类零件（如带轮、飞轮、手轮和垫块等）以及结构复杂的该类零件，一般采用铸铁件毛坯，单件生产时也可采用焊接件。低速轻载的开式传动齿轮，可采用铸铁件；受力小的仪表齿轮在大量生产时，可用压力铸造或冲压成形。结构复杂的大型齿轮可用铸钢或球墨铸铁件为毛坯，铸造齿轮一般以辐条结构代替锻造齿轮的辐板结构；大型齿轮的单件小批量生产，也可采用焊接结构。

环套类零件如法兰、垫圈、套环、衬套、螺母等，根据其形状、尺寸和受力状况等不同，可分别采用铸铁件、锻钢件或圆钢下料作为毛坯。厚度较小的环类零件在单件小批量生产时，也可直接从钢板切割下料作为毛坯。轴向尺寸较大的套类零件可采用无缝钢管下料。垫圈一般为板料冲压成形。

7.2.3　支架箱体类零件

支架箱体类零件的特点是结构通常比较复杂，有不规则的外形和内腔，壁厚不均；重量可以从几千克至数十吨，工作条件的差别也较大。这类零件包括各种机器的机身、底座、机架、横梁、工作台、轴承座以及各种箱体、缸体、阀体、泵体等，如图 7.4 所示。它们中有些是一般基础件（如车床的床身和底座），主要起支撑和连接机器各部件的作用，以承受压应力和静态弯曲应力为主，故要求其具有足够的强度和刚度，同时还应有良好的减振性能，以保证工作的稳定性；工作台和导轨等零件，还要求有较好的耐磨性。齿轮箱、阀体等箱体类零件一般受力不大，但要求有较好的刚度和密封性。上述这些类型的箱体和支架类零件在大多数情况下都是选用灰铸铁铸造成形；在单件小批量生产时，可采用焊接件以缩短生产周期。此外，有些受力不大，但要求自重轻的箱体类零件，如飞机和轻型汽车发动机的箱体零件，可采用铝合金铸件。一些薄壁箱体或轻型支架，如油箱、水箱、仪表支架等，则多采用板料冲压或冲-焊组合结构。

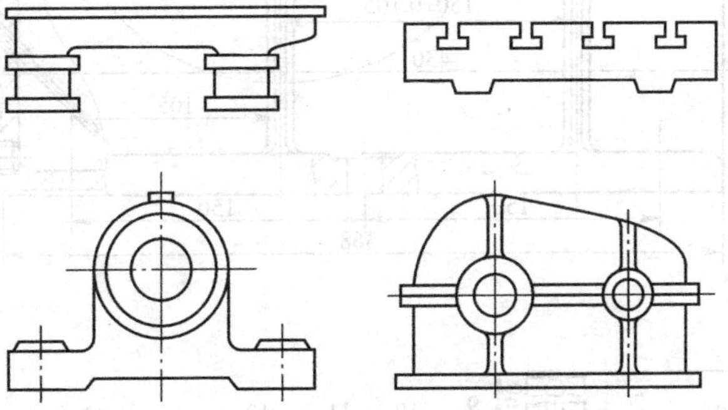

图 7.4　支架箱体类零件

对于少数受力较大或受力情况复杂的箱体或机架零件，如轧钢机、大型锻压机的机架等，可采用铸钢件制作，难以整体成形的特大型机架可采用铸-焊组合结构。

7.2.4　机械零件成形方法选择举例

1. 单级齿轮减速器主要零件成形方法

图 7.5 所示为一台单级齿轮减速器，其外形尺寸为 430 mm×410 mm×320 mm，传递功率 5 kW，传动比为 3.95。现对其中主要零件的材料和成形方法分析如下。

（1）窥视孔盖（零件 1）　为一形状简单的平板件，其上的孔用于观察箱内情况和作为加油孔，故力学性能要求不高。单件小批量生产时，可用低碳结构钢（如 Q235）钢板下料制作；大批量生产时，可用低碳钢（如 Q195，08F）板料冲压而成，或采用灰铸铁件。

（2）箱体（零件 6）和箱盖（零件 2）　作为传动零件的支承件和覆盖密封件，结构较复杂，要求有良好的刚度、减振性和密封性等。通常采用灰铸铁（如 HT150 或 HT200 等）件毛坯，单件小批量生产时也可用低碳钢（如 Q235）下料后焊接制成。

（3）螺栓（零件 3）和螺母（零件 4）　用于连接并紧固箱盖和箱体。一般为标准件，采用碳素结构钢（如 Q235）镦、挤而成。

（4）弹簧垫圈（零件 5）　一般是标准件，由碳素弹簧钢（65Mn）冲压而成。

（5）端盖（零件 7）　用于防止轴承窜动。单件、小批量生产时，可用灰铸铁件（手工造型生产）或用圆钢下料车削制成；大批量生产时，采用灰铸铁件（机器造型生产）。

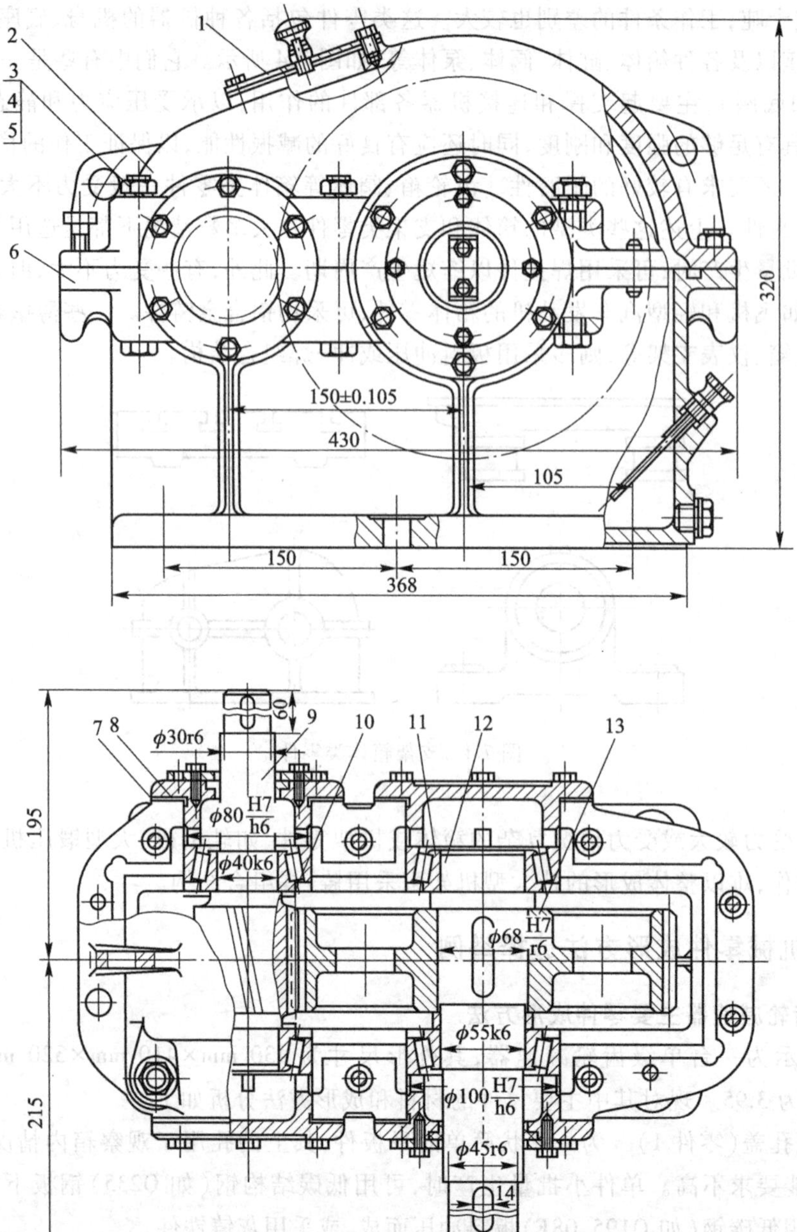

图 7.5　单级齿轮减速器

1—窥视孔盖；2—箱盖；3—螺栓；4—螺母；5—弹簧垫圈；6—箱体；7—端盖；8—调整环；
9—齿轮轴；10—挡油盘；11—滚动轴承；12—轴；13—齿轮

（6）齿轮轴（零件 9）和轴（零件 12）　均为重要的传动零件。单件，小批量生产时，采用中碳优质碳素结构钢（如 45 钢）自由锻件或胎模锻件毛坯，也可用相同钢种的圆钢车削而成；大批量生产时，采用优质中碳结构钢的模锻件毛坯。

(7) 滚动轴承(零件 11)　通常为标准件。内、外环采用滚动轴承钢扩孔锻造成形,滚珠采用滚动轴承钢螺旋斜轧制成,保持架为冲压件。

(8) 齿轮(零件 13)　为重要的传动零件。成形方法与齿轮轴相同。

2. 汽车发动机曲柄连杆机构主要零件成形方法

汽车零件一般为大批量生产。汽车发动机的曲柄连杆机构由机体组(图 7.6、图 7.7)、活塞连杆组(图 7.8)和曲轴飞轮组(图 7.9)组成。下面对主要零件的成形方法予以介绍。

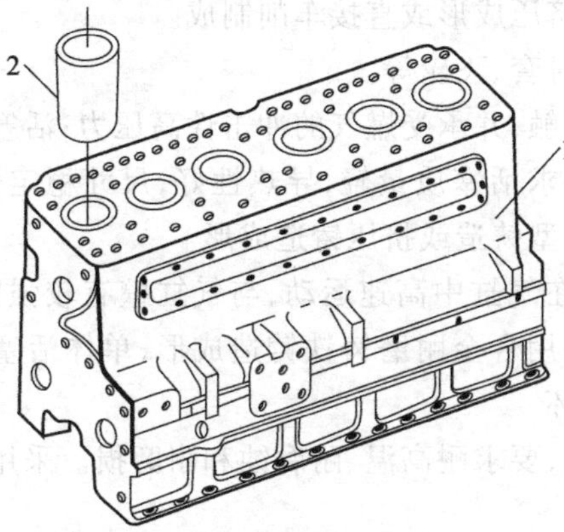

图 7.6　气缸体与气缸套

1—气缸体;2—气缸套

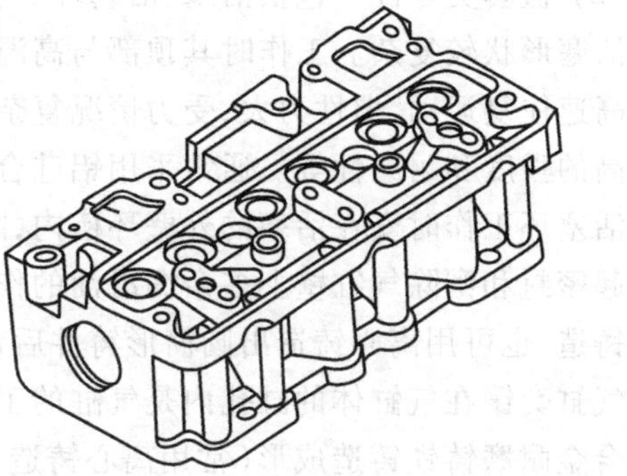

图 7.7　气缸盖

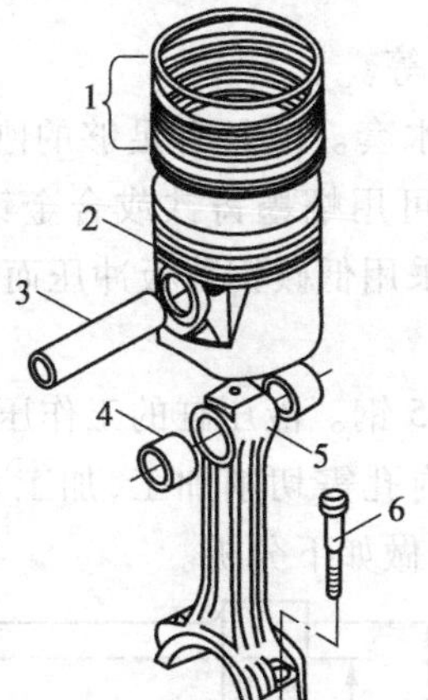

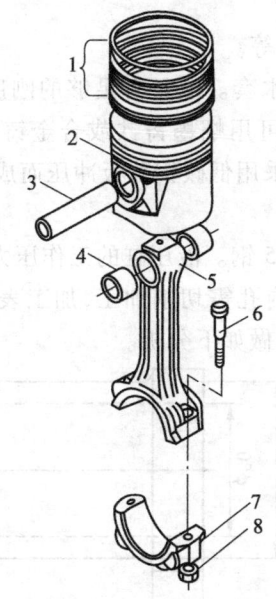

图 7.8　活塞连杆组

1—活塞环;2—活塞;3—活塞销;4—衬套;5—连杆;6—连杆螺栓;7—连杆轴瓦;8—连杆螺母

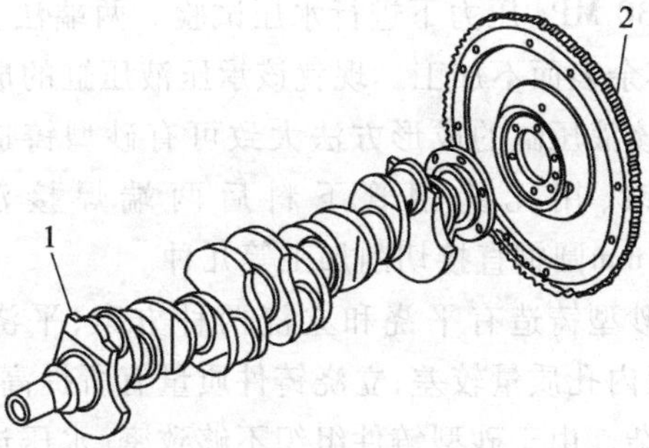

图 7.9　曲轴飞轮组

1—曲轴;2—飞轮

(1) 轴杆类零件　包括曲轴、连杆、连杆螺栓、活塞销等。

曲轴是主要传动轴,其轴线弯曲,工作时承受弯曲、扭转、冲击等载荷,要求有较好的强度和韧性,轴颈部位需耐磨。大多采用珠光体球墨铸铁件毛坯,也可用调质钢模锻成形。

连杆是将活塞所受的力传给曲轴的传力零件,工作时承受较大的交变载荷,要求其具有良好的综合力学性能。通常采用调质钢模锻成形,目前粉末锻造新工艺已应用于连杆制造。

连杆螺栓用于紧固连杆大端与连杆瓦盖,承受拉、压交变载荷及很大冲击力,要求具有较高的强韧性。一般为调质钢锻造成形。

活塞销通常为空心圆柱体,用于连接活塞和连杆小端,承受较大的冲击载荷,要求有足够的刚度和强度,表面耐磨。采用低碳合金钢棒或管冷挤压成形或直接车削制成。

(2) 盘套类零件　包括活塞、活塞环、气缸套、衬套、飞轮等。

活塞形状较复杂。工作时其顶部与高温燃气接触,并承受燃气的冲击性高压力;活塞在气缸内作高速往复运动,惯性力大,受力情况复杂。故要求活塞质量轻,导热性好,尺寸稳定性高,并有较高的强度和耐磨性等。通常采用铝硅合金金属型铸造或挤压铸造成形。

活塞环工作时安在活塞的外壁环槽内,随活塞在气缸中高速运动,与气缸壁有较强的摩擦,主要起密封和刮除气缸壁上多余润滑油的作用。采用合金耐磨铸铁铸造成形,单体活塞环多用叠箱铸造,也可用离心铸造出圆筒形铸件后切割成环。

气缸套镶在气缸体的缸孔内是气缸的工作表面,要求耐高温、耐腐蚀和耐磨损。采用孕育铸铁或合金耐磨铸铁铸造成形(常用离心铸造)。

衬套主要要求减摩性和耐磨性好,一般用青铜铸造成形。

飞轮用于贮存能量,保证曲轴转速均匀。它受力简单,故对力学性能要求不高。采用灰铸铁(也有用球墨铸铁或铸钢)铸造成形。

(3) 箱体类零件　主要包括气缸体、气缸盖和油底壳等。

气缸体和气缸盖形状复杂,特别是内腔,并铸有冷却水套。应具有足够的刚度和抗压强度,并有耐热和减振性要求。一般采用孕育铸铁(气缸盖也可用蠕墨铸铁或合金铸铁)铸造成形。油底壳主要功用是贮存机油并封闭曲轴箱,其受力很小,采用低碳钢薄板冲压而成。

3. 承压液压缸成形方法选择

图 7.10 所示承压液压缸的年产量为 200 件,材料为 45 钢。液压缸的工作压力为 15 MPa,要求在 30 MPa 压力下进行水压试验。两端法兰接合面及内孔需切削加工,加工表面不允许有缺陷,其余表面不加工。现就该承压液压缸的成形方法选择做如下分析。

该液压缸的成形方法大致可有砂型铸造、模锻、胎模锻、用无缝钢管下料后两端焊接法兰、用 $\phi150$ mm圆钢直接切削加工等几种。

砂型铸造有平浇和立浇两种方案,平浇工艺简单,但内孔质量较差;立浇铸件质量有所提高,但工艺较复杂。由于砂型铸件组织不够致密,水压试验合格率偏低。

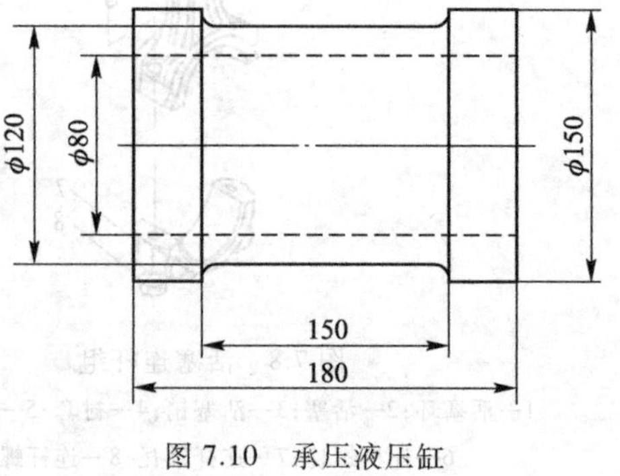

图 7.10　承压液压缸

模锻可在模锻锤上进行,也可在平锻机上进行。模锻件质量好,但设备昂贵,模具费用高,锻件材料利用率较低(不能同时锻出内孔和法兰)。

胎模锻时采用自由锻镦粗,冲孔及芯轴拔长完成初步成形,然后在胎模内带芯轴锻出法兰。

胎模锻生产率不如模锻,工人的劳动强度也较大;但它既能锻出孔又能锻出法兰,故提高了材料利用率,并且其设备与模具成本不高。

采用无缝钢管下料焊接法兰的方法,工艺简单,材料利用率也高,但不一定能找到合适的无缝钢管。

采用圆钢下料,切削加工成形的方法,材料消耗大,切削加工工时多,生产成本高,显然很不经济。

除砂型铸造外,其他方法制出的液压缸均全部通过水压试验。

考虑到零件的生产批量和实际生产条件,采用胎模锻方法最为合理。当然,如果有合适的无缝钢管,那么选用焊接结构毛坯也是可取的方案。

7.3 材料成形加工的质量控制

产品的生产质量将影响到产品在市场上的竞争能力,涉及相关用户的切身利益,从而关系到企业的生存和发展。因此,需要通过健全质量控制体系,积极推广采用各种行之有效的质量管理方法,完善质量检验手段,来促进产品质量水平的提高。

7.3.1 材料成形加工工艺过程的质量控制

产品的生产质量首先取决于工艺方案是否正确,其次就决定于生产过程的质量和稳定性。材料成形加工通常是一个较复杂的生产过程,涉及原材料的准备、工艺装备的准备、工件的成形加工、工件的清理等一系列工序或生产环节,因此,控制好每一道工序或生产环节的质量,对于确保工件的加工质量就显得十分重要。

1. 原材料的质量控制

没有合格的原材料,就难以生产出合格的产品,所以,原材料的质量控制不容忽视。由于不同产品或工件的质量要求不同,所以对原材料的质量的要求也不同。生产企业应当根据有关的国家标准或行业标准,并结合产品质量要求和原材料供应的具体情况,制定本企业所用各种原材料的技术条件及验收标准,并据此对原材料进行质量检验和管理。

2. 生产设备及工装的质量控制

生产设备的工作状态直接影响工件的质量,因此,必须保持设备和检测仪器的完好。为此必须做到:为主要设备和仪器建立技术档案;制定并完善主要设备和仪器的操作规程和责任制度;对设备和仪器进行精心的维护和保养;对设备和仪器进行定期检查和调校。

工艺装备质量对工件的加工质量有很大影响。工艺装备应由制造部门按照技术标准要求负责全面检查,使用部门进行复检验收。未经检验和未做合格结论的工装不得投入使用。工装在使用过程中会发生磨损、变形等情况,从而影响到加工质量,因此要对工装定期进行检查。

3. 加工工艺过程的质量控制

生产工艺过程的操作是保证加工质量的重要条件。操作者的技术水平、生产经验、身体状况、精神状态和工作态度等都将给产品质量带来各种影响。为了保证产品质量的稳定,必须保持生产过程中的稳定,这就需要对生产中各主要工艺过程制定出正确和完善的操作规程(也称工艺守则)和工艺卡。同时,应当加强工艺过程的检查,以确保操作规程和工艺卡中规定的内容得到贯彻执行,并对每一道工序的质量进行严格的控制。

要做好以上的工作,首先必须建立完善的质量管理制度和质量管理机构。质量管理制度包括质量责任制度、质量考核制度、产品质量分级管理制度、质量分检制度、质量会议制度等。其次,要采用先进和科学的管理方法与检测手段,并对所测得的数据进和科学的分析和处理。要用准确可靠的数据来评定每一道工序的质量,否则就不可能对工艺过程实行及时而严格的控制。

7.3.2 材料成形加工质量管理方法

材料成形加工作为制造业生产中的一个组成部分,其所采用的质量管理方法与一般的工业企业是基本相同的。

1. 质量管理的发展过程及其特点

质量管理的理论与方法是随着生产技术与规模以及管理科学的发展而发展起来的,它经历了质量检验、统计质量管理、全面质量管理三个发展阶段,并形成了相应的方法。

(1) 质量检验　通过对生产出的产品进行检验,挑出不合格者。但这是一种事后把关的方法,不能起到预防产品质量问题发生的作用。

(2) 统计质量管理　对生产过程中产品质量进行定期抽样检查,利用数理统计方法判断生产过程是否出现了不正常情况,以便及时发现和消除出现的影响产品质量的问题,实现了对产品质量问题的预防和控制。

(3) 全面质量管理　它是把企业作为产品质量整体,对设计、研制、生产准备、原材料采购、生产制造、销售、售后服务等各个环节进行协调,建立完整有效的质量保证体系,运用各种科学的方法和技术(包括数理统计方法),对影响产品质量的各种因素进行综合考虑处理。它是企业全员参与、生产全过程控制和全部环节把关的质量管理。

质量管理工作要与国际接轨,首先必须贯彻 ISO 9000 系列标准。ISO 9000 系列标准是国际标准化组织所制定的关于质量管理和质量保证的一系列国际标准的简称,自其颁布以来已得到全世界大多数国家和企业的重视和应用,通过 ISO 9000 系列标准的认证已成为一个企业的产品进入国际市场的必备条件。

2. 质量管理中常用的统计分析方法

质量管理中要对影响产品质量的各种因素进行定量和定性分析,从而抓住主要矛盾,提出解决产品质量问题的措施。常用的统计分析方法有以下几种:

(1) 排列图法　排列图又称主次因素分析图。其绘制方法是统计一定时期内不合格品或某种缺陷出现的频数(如件数、次数等),再计算各类不合格品或缺陷的频数相对于全部不合格品或缺陷数所占的百分数(即频率)。按频数或频率的大小,依次做直方图,由左向右为下降,然后依次将各频率相加连成折线,如图 7.11 所示。该图为分析某焊接产

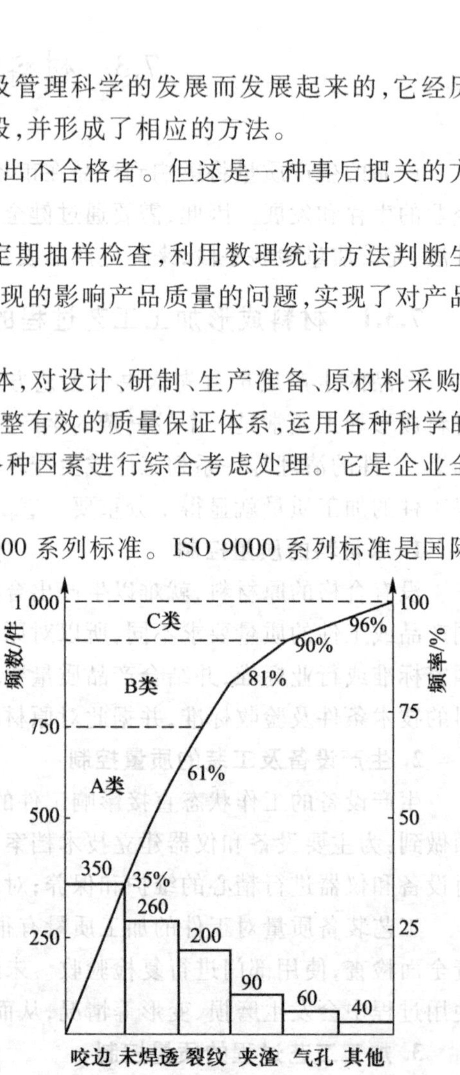

图 7.11　排列图

品质量的主次因素排列图,左侧纵坐标表示缺陷的频数,右侧纵坐标表示其频率,共列出影响焊接质量的六类缺陷,按频率高低依次为咬边、未焊透、裂纹、夹渣、气孔、其他缺陷。由排列图找出影响产品质量的主要因素是咬边、未焊透和裂纹(三者出现的频率分别为35%、26%和20%),针对这三类缺陷采取相应措施,即可明显提高焊接质量。

(2) 因果图法　因果图是反映影响产品质量诸因素的因果关系图表(也称树枝图或鱼刺图)。影响产品质量的因素有:设计、加工、装配、调试等环节。产品的质量与这些环节紧密相关,最终体现在产品的使用性能上。生产者应从各方面针对具体问题进行分析,以便采取合理措施,保证产品质量稳定。图7.12所示为某厂采用因果图法对铸件产生气孔缺陷的质量问题进行分析的例子。

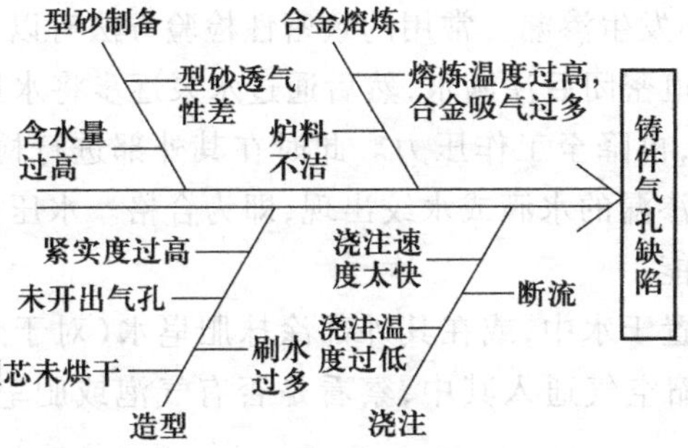

图7.12　因果图

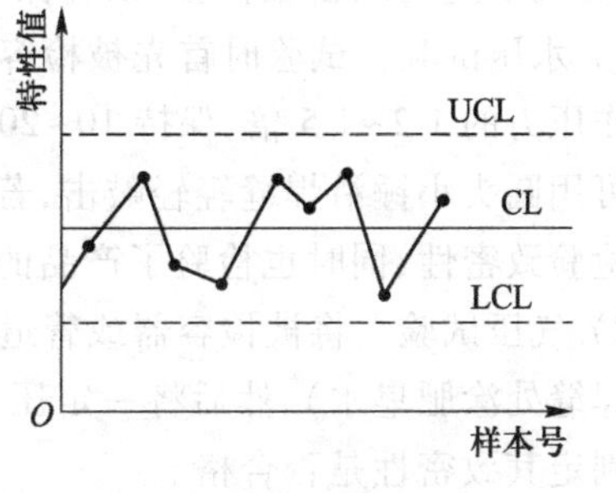

图7.13　控制图

(3) 控制图法　控制图是一种按时间顺序记录控制对象的质量特性值发生波动情况的统计图,如图7.13所示。图中各条线分别表示上控制界限UCL、下控制界限LCL和中心线CL,把按生产顺序或规定时间间隔抽取的样品检验所得的质量特性值标入图中对应的坐标上,就能将生产过程中的质量状况直观地反映出来。利用控制图可以监控工艺过程的状态,判断产品质量的稳定性,及时发现异常的质量波动(如样品质量特性值超出控制界限或变化趋势发生异常),以便采取措施,预防废品的发生。

在上述三种方法中,控制图法是用于发现质量问题的,因果图法是用于寻找问题原因的,排列图法则用于确定哪些是主要的质量问题或问题的主要原因。除此之外,还有调查表法、数据分层法、直方图法、相关图法等。

7.3.3　材料成形加工产品的质量检验

产品质量检验的主要作用,一是确保产品的质量符合要求,避免不合格产品出厂或进入下一道加工工序;二是找出产品的缺陷,进而分析其产生原因,提出避免缺陷的措施。

质量检验的依据是,有关的国家标准、行业标准或企业标准,以及产品图纸和技术文件或产品订货合同中关于产品技术条件和质量要求的相关规定。

产品质量一般包括外在质量(如表面质量、尺寸和重量精度、表面缺陷等)和内在质量(如化学成分、宏观组织、显微组织、力学性能、理化性能、内部缺陷等)两个方面,由于材料成形加工的特点,必须更为注重的是对产品内在质量的检验。产品质量检验的方法很多,通常可分为破坏性检验和非破坏性检验两大类。这些检验方法大多不仅适用于成品的质量检验,也可用于对原材料和半成品的检验以及对使用中的产品进行质量监测。

1. 非破坏性检验

非破坏性检验又称无损检测，有些也称无损探伤，它是在不损坏被检产品或工件的性能及完整性的前提下，检测其有关的性能指标或存在缺陷的检验方法。

（1）外观检验　对于处在产品或工件外表面的缺陷，有一定经验的工人可直接发现或用简单的工具（如放大镜）和量具检查发现。例如铸件的冷隔、浇不足、错型、粘砂、夹砂等缺陷，焊接件的焊瘤、咬边等缺陷就可直接看出；用量具可检查铸件、锻件、焊接件等的尺寸是否符合图纸要求；用对比样块可检查铸件等的表面粗糙度是否符合要求。外观检验方法简单、灵活、快速、不需要很高的技术水平或复杂的检测设备。

（2）致密性检验　对于受压容器（如锅炉、贮气罐等）、管道、箱体、阀体、泵体等焊接件或铸件，往往需要进行致密性检验，以确保使用时不发生渗漏。常用的致密性检验方法有以下几种。

1）水压试验　试验时首先被检容器或管道密闭后注满水，然后通过水泵逐步将水压增加至其工作压力的 1.2～1.5 倍，保持 10～20 min 后，再降至工作压力。此时在其外部进行检查，对于焊缝可用圆头小锤沿焊缝轻轻敲击，若未发现渗漏的水滴或水纹出现，即为合格。水压试验不仅可以检验致密性，同时也检验了产品的承压性能。

2）气压试验　将被检容器或管道密闭后置于水中，或在其外部涂抹肥皂水（对于焊接件只需要焊缝处涂肥皂水），然后将一定压力的压缩空气通入其中，察看是否有气泡或肥皂泡冒出，即可判定其致密性是否合格。

3）煤油试验　此法适用于不受压或非密闭性的容器和箱体等的致密性检验。其方法是在产品或工件的受检部位（如焊缝处）的一面涂以白垩粉水溶液，待干燥后，在该部位的另一面涂刷煤油。由于煤油的渗透性强，即使该处存在很细小的穿透性缺陷，煤油也能渗透过去，在有白垩粉的一面形成油斑，由此可确定缺陷的位置。如果在涂刷煤油后 15～30 min 内不出现油斑，则可认为合格。

（3）磁粉检验　此法适用于检验磁性材料表面或近表面处有无裂纹、气孔、夹渣等缺陷。磁粉检验原理如图 7.14 所示。使工件的被检部位在磁场中磁化，其内部有磁力线通过。当其表面或近表面处有缺陷存在时，因缺陷部位的磁阻很大，磁力线将绕过缺陷，其中有一部分磁力线会从工件之外的空气中通过，产生漏磁现象。在工件表面撒布适量细磁铁粉，则在缺陷上方的漏磁处会有明显的磁粉吸附集聚现象。根据磁粉集聚的位置、形状和大小可相应判断出缺陷的情况，甚至可以发现肉眼难以观察到的细微缺陷。磁粉检验广泛用于铸件、锻件和焊接件的质量检测。

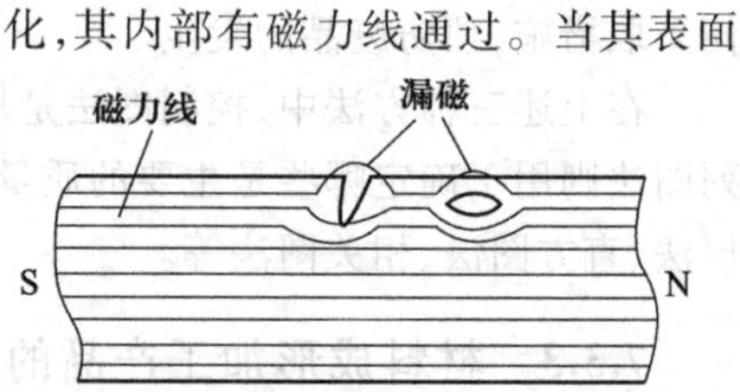

图 7.14　磁粉检验原理示意图

（4）渗透检验　适用于检查工件表面难以用肉眼发现的细微开口缺陷。具体有荧光检验和着色检验两种方法。

1）荧光检验　将含有荧光物质的渗透剂（荧光液）涂敷在工件的受检表面，如果工件表面存在细微缺陷，荧光液就会渗入其中。然后用去除剂（如酒精、丙酮等有机溶剂）把工件表面的荧光液去除擦净后涂（喷）显示剂，将工作置于暗室中的紫外灯光下观察，留在缺陷内的荧光液就会显出黄绿色荧光。根据发光情况，可判断缺陷的状况。

2）着色检验　将含有红色染料的渗透剂（着色剂）喷涂或刷在工件的受检表面，若有表面缺陷,着色剂将渗透进去。经一定时间后将着色剂去除,工件表面擦净,再喷或涂上一层白色显示剂,缺陷中的红色着色剂在毛细作用下重新被吸附到工件的表面,并在显示剂上被放大显现,根据显现印迹的形态,可对缺陷的状况做出评定。

渗透检验前,应对受检表面及附近区域进行清理,去除污垢、锈蚀、氧化皮等,必要时还需打磨或进行抛光处理。渗透检验可用于检测各种材料,对于不能用磁粉检验的非铁磁性材料(如奥氏体不锈钢、非铁金属及合金)以及非松孔性的塑料、陶瓷制品等,都可用这种方法检验。其主要局限性是只能检验表面开口的缺陷。

(5) 射线检验　射线检验是利用 X 射线或 γ 射线在不同物质中穿透能力的差异来检查工件内部缺陷的无损检测方法。X 射线和 γ 射线都是具有很强穿透能力的电磁波,可穿透工件而使放置在工件背面的照相胶片感光,如图 7.15 所示。当射线穿过不同密度的物质时,其强度会有不同程度的衰减;所穿过的物质的密度越大,则衰减越大。当工件的被检部位存在内部缺陷(如裂纹、气孔、夹渣等)时,因缺陷处的物质密度比工件材料的密度要小,所以射线在此处的衰减就小,穿透强度就大,这就使胶片上对应于缺陷的地方感光较强,显影后该部位显得较黑,而无缺陷的地方则较亮。根据底片上显现的黑色斑影的形状、尺寸和位置等可判断出缺陷的种类、大小和位置,如图 7.16 所示。

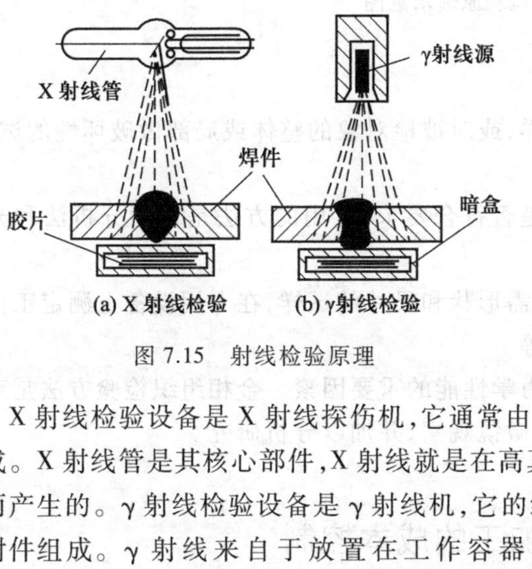

(a) X 射线检验　(b) γ射线检验

图 7.15　射线检验原理

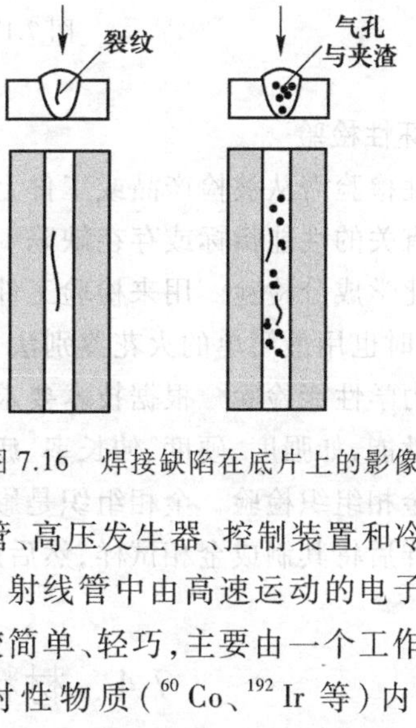

图 7.16　焊接缺陷在底片上的影像

X 射线检验设备是 X 射线探伤机,它通常由 X 射线管、高压发生器、控制装置和冷却系统等组成。X 射线管是其核心部件,X 射线就是在高真空的 X 射线管中由高速运动的电子撞击金属靶而产生的。γ 射线检验设备是 γ 射线机,它的结构比较简单、轻巧,主要由一个工作容器和一些附件组成。γ 射线来自于放置在工作容器中的放射性物质(^{60}Co、^{192}Ir 等)内部原子核的衰变。

射线检验较多地用于重要焊接件的焊缝检验,有时也用于要求较高的铸件和锻件等的无损检测。X 射线适用于厚度 50 mm 以下的钢件,γ 射线可用于 50~300 mm 的钢件。

(6) 超声波检验　超声波检验是利用超声波在不同介质的界面上会发生反射的原理来探测工件内部缺陷的无损检测方法。超声波是频率大于 20 kHz 的机械波,具有束射性,易于定向传播。探伤中常用的超声波频率为 0.5~10 MHz。超声波检验时,由超声波探伤仪产生电振荡并施加在探头上,探头将电振荡转变成超声波,并传入工件中。如图 7.17 所示,当超声波从一种介质进入另一介质时,在界面会发生反射波,反射波信号被探头接收后,可在探伤仪的显示屏上显示其脉冲波形。如果工件中无缺陷,则在显示屏上只出现超声波进入工件上表面和到达工件底面时发回的反射波,即始波和底波。如果工件中存在缺陷,则在缺陷处也会发生超声波的反射,并在显示屏上出现位置界于始波和底波之间的缺陷波波形,根据该波形的形状及位置,即可判断出缺陷的大小和位置,但要判断缺陷的种类较困难。

超声波检验具有穿透力强、设备轻便、效率高、成本低、无污染等优点。主要用于焊缝检验和重要铸件和锻件的无损探伤,也可用于对某些要求较高的原材料(如钢板、无缝钢管等)的质量检验。

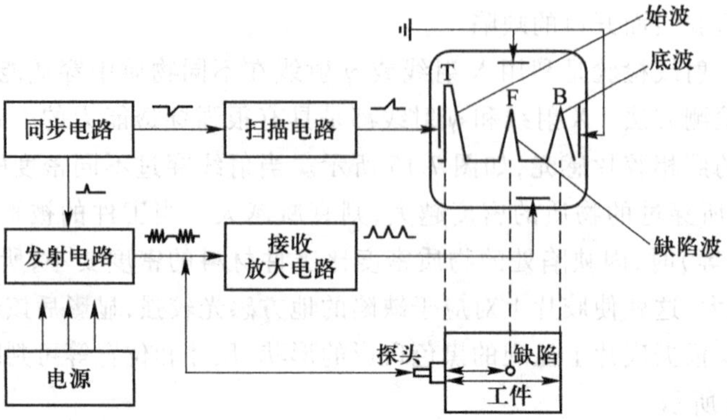

图 7.17　超声波检验原理示意图

2. 破坏性检验

破坏性检验需从被检产品或工件上切取试样,或对被检对象的整体或局部做破坏性的试验,以检测其有关的性能指标或存在缺陷。

(1) 化学成分检验　用来检验工件的材质是否符合要求,常用的方法是化学分析法和光谱分析法,有时也用最简单的火花鉴别法。

(2) 力学性能检验　根据技术要求,制取所需形状和尺寸的试样,在专用设备上测定工件材料的力学性能,如强度、硬度、伸长率、疲劳极限等。

(3) 金相组织检验　金相组织是影响产品力学性能的重要因素。金相组织检验方法是对被检材料取样后将其制成金相试样,然后用金相显微镜观察,并加以分析研究。

7.4　材料成形加工的成本控制

在大多数的产品尤其是民用产品的设计和生产中,总是把经济成本放在极其重要的地位。因此,作为工程技术人员,必须有良好的经济意识,要关心和重视产品的制造成本,懂得如何对工程问题进行技术经济分析。

7.4.1　材料成形加工工艺设计中的经济意识

材料成形加工工艺设计的内容很广,包括工件结构工艺性的审核、加工方法和工艺方案及参数的确定、加工材料与辅助材料的选配、加工设备的选用、工艺装备的设计及其制造工艺的制订等。在开展这些工作时,既要注意技术上的可靠性、可行性与先进性,又要重视经济上的合理性,并力求处理好两者之间的关系。

1. 正确把握技术与经济的关系

在进行加工工艺设计时，要根据企业的具体生产条件，按照产品的技术性能与成本的关系，运用价值分析方法进行综合论证，使生产过程达到技术与经济的统一。

充分发挥技术的力量，是降低生产成本，增加经济效益的重要途径。因此，对于工艺设计工作要力戒简单粗糙，力求精益求精；不仅要进行技术方面的论证，而且要从经济的角度加以论证。例如，在进行产品或工件的结构设计时，不能仅仅着眼于满足其使用功能的要求，还应使其具有良好的结构工艺性。实践证明，结构工艺性差的工件，在生产时往往会出现加工难度大、效率低、工时和能源消耗多、存在缺陷的几率较高等现象，因而必然使其生产成本增加。如果在设计时对结构工艺性问题给予充分的重视，那么也许只要在其某些部位做适当的技术改动，就能明显地减少上述问题的出现，从而大大提高生产的经济效益。这样的例子，在本书中论述各类成形件的结构工艺性时已经介绍了许多。

要精心规划产品的生产技术方案，当面临有多个方案可以选择时，则要根据具体情况，通过分析比较，做出技术与经济双赢的最优决策。例如，在制定砂型铸造工艺时，需要确定砂箱中的铸件数目。显然，砂箱中的铸件数目越多，生产率就越高。第 8 章中图 8.1 所示的曲轴毛坯铸造的例子，砂箱中设置了两个铸件的型腔，这样，一次造型和浇注就可以获得两个铸件，不仅生产率比一箱一件提高了一倍，而且型砂和浇注系统金属的消耗量也显著减少。如果是一箱三件，还可以进一步做到高产和低耗。但另一方面，一箱多件的工艺方案增加了设计工作的复杂性，也增加了铸件模样或模板制作的技术难度和工作量。然而，只要铸件的生产批量足够大，则在工艺设计和工装制造上的技术和资金等方面的投入，与铸件生产率的提高和成本下降所带来的收益相比，将是比例很小的，因此采取一箱多件的方案显然有良好的技术经济性。

要正确地制定企业近期和长远的技术发展目标，注意掌握材料成形技术的发展状况，适时淘汰落后过时的工艺技术；不要只为追求眼前一时的经济利益，而阻碍了企业的技术发展。要积极采用适用的新技术、新工艺，以提高产品质量和劳动生产率。同时，也要注意防止不顾实际技术水平和经济条件限制，片面地强求技术先进性的倾向。

2. 正确理解质量与成本的关系

产品的生产质量与成本之间存在着相互影响、相互制约的辩证关系。一方面，通过加强质量管理，把好产品生产的质量关，增加优质产品的数量，减少不合格产品的比例，显然将提高产品生产的经济效益。因此，作为工程技术人员，应该牢固树立“质量第一”的观念，并将其落实到所负责的技术工作的各个具体环节中去。另一方面，一般说来，零件的加工质量越高，其加工就越困难，所耗费的工时和成本也就越大。所以，应当综合考虑零件的使用要求和加工成本，合理地确定零件的加工质量要求，而不要不切实际地片面追求零件加工的高精度或高质量。

必须指出，那种不允许产品或工件存在任何缺陷的质量观是不正确的（少数有特殊要求的产品例外）。因为对于一个产品来说，它的质量主要表现在它的使用性和耐用性上，产品有某些表面或内部缺陷，只要不影响产品的使用或明显降低其使用寿命，就可以允许它们存在，以降低生产成本。

按照产品的质量状况或存在缺陷的数量及严重程度，可将其分为若干质量等级，如优等品、合格品、不合格品等。不合格品并不一定就是废品。废品是指不符合规定的质量要求并且无法通过修补达到质量要求或不值得修补的产品。不合格品如果能够通过修补而满足使用要求,就可以投入正常使用而不应报废。

3. 从产品生产全局着眼树立成本意识

一般说来,一件产品是不会只用一种加工方法制造出来的,因此,要针对产品生产的全过程来树立经济意识,要全面地分析各个生产环节及其所用的加工方法的成本情况和相互关系,进行综合平衡,力求做到使产品的总成本最低,从而获得最好的经济效益。在制定生产方案时,应该避免只关注某些生产环节加工成本的降低,而忽视另一些与其相关的生产环节的成本的情况。例如,对于中小型的金属机械零件,如果其生产批量足够大,就可以考虑尽量采用少、无切削的精密成形方法(如精密铸造、精密锻造等)来制造,这样,即使这些精铸件或精锻件的成本比普通铸件或锻件要高一些,但由于提高了材料的利用率,节省了大量机械加工工时,从而零件制造的总成本可以降低。

对于产品生产的各个环节都要严把质量关,不仅要对成品进行严格的质量检验,还要重视对某些中间生产环节的质量检验。如果发现不合格的毛坯或半成品等,应及时报废或进行返修,不得进入下一道加工环节,以免造成更大的经济损失。

7.4.2 材料成形加工的成本分析方法

在制定加工工艺方案或提出改进生产质量措施的时候,必须对它们实施后的经济效益如何做出某种定量的分析,以下就将介绍两种这方面的分析方法:

1. 工艺成本分析法

在制定加工工艺方案时,首先要确定采用什么工艺方法。例如,对于锻件生产来说,就是决定是自由锻还是模锻;如果采用模锻,那么是锤上模锻,还是压力机上模锻或是胎模锻等。一般来说,采用的工艺方法及设备越先进,工艺装备越完善,生产率就越高,产品的质量也越容易保证;但另一方面,用于一次性投资的费用和日常的维护保养费用也越多。因此,需要做一定的经济分析,常用的方法就是工艺成本分析法。

所谓工艺成本,就是与相应工艺有关的费用,它又分为固定费用(如厂房和设备折旧费、工艺装备及工具费用等)和可变费用(如原材料费、能源消耗费用及员工工资等)。固定费用是和产品产量多少无关的费用,可变费用是随产量的增大而增加的费用。产品的工艺成本可用下式表示

$$C=VN+F$$

式中:C——总工艺成本;

V——单位产品可变成本;

N——产品年产量;

F——固定成本。

与此相对应,每个单件产品的工艺成本可表示为

$$C_d=V+\frac{F}{N}$$

如果现有A、B两个工艺方案，它们的工艺成本分析(C-N图)如图7.18所示。A方案所采用的工艺方法比B方案的先进，因此，A方案的固定成本大于B方案，而工艺方法越先进，生产率通常就越高，且因废品率降低等原因而使材料等的消耗越少，故单位产品的可变成本减少，即直线的斜率较小。两个工艺方案的总成本线 C_A 和 C_B 的交点所对应的产量称为临界产量，它可由下式计算

$$N_X=(F_A-F_B)/(V_B-V_A)$$

式中：N_X——临界产量；

F_A——方案A的固定成本；

F_B——方案B的固定成本；

V_A——方案A的单位产品可变成本；

V_B——方案B的单位产品可变成本。

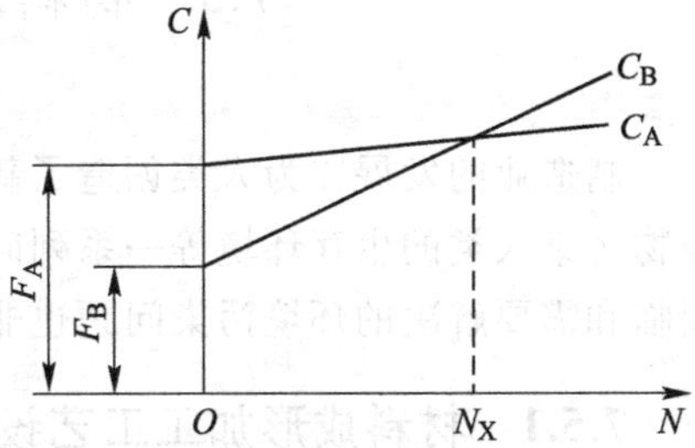

图7.18　工艺成本分析图

显然，当产品的年产量大于临界产量时，采用A方案可获得更好的经济效益；而当产品年产量小于临界产量时，则B方案的经济性较好。

当工艺方案的实施需要新增投资时，还必须计算工艺方案投资节约总额。工艺方案投资节约总额较大的方案为合理的方案。

此外，采用不同的工艺方法所需的设计成本也是不同。例如某钢制工件，可以采用铸件、自由锻件、模锻件或焊接件，其中模锻件除要制定模锻工艺图外，还必须设计锻模；铸件的工艺设计包括铸造工艺图以及模样与芯盒的设计等；因此，它们的设计成本要远高于自由锻件和焊接件的工艺设计成本。

2. 质量成本分析法

在致力于提高产品质量的过程中，生产企业往往需要有所投入。所谓质量成本，就是指企业为保证和提高某产品的质量所需付出的各项费用的总和。它包括预防成本和损失成本两大部分，预防成本是为保证产品质量稳定、减少质量事故所付出的各项费用，如产品检验费用、人员培训费用、实施质量改进措施所需的费用、质量情报费用等；损失成本是在产品制造过程中由于出现不合格品而付出的工时费、材料费、能源消耗费等，以及产品出厂后因质量问题所支付的保修、退货、换货、用户损失赔偿等费用。

图7.19所示为质量成本与产品质量(或合格品率)之间的关系。一般的规律是，预防成本越高，产品质量就越好，损失成本也将越低，在图中点 C 以左区域，预防成本较少，即保证产品质量的技术和经费等投入不足，因此废品率高，使损失成本高于预防成本，结果使总的质量成本也较高。并且，预防成本越低，总的质量成本越高。在图中点 C 以右的区域则情况相反，预防成本增加的幅度很大，但损失成本降低的幅度有限，因而总的质量成本随着预防成本的提高而提高。所以，点 C 附近是质量成本最低的区域(最佳点)。如果能设法进一步降低预防成本，同时又降低损失成本，则可使最佳点点 C 右移到点 C'。利用质量成本曲线，可以帮助我们分析研究质量成本，改善质量管理。这种分析方法可用于整个企业的总体质量成本分析，也可用于对

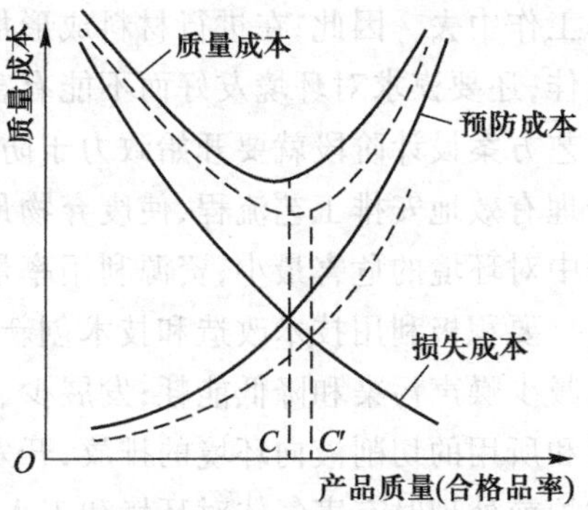

图7.19　质量成本分析图

某个车间、班组或某项产品的质量成本分析。

7.5 材料成形加工生产中的环境管理

制造业的发展在为人类创造了新的物质文明的同时，也带来了对资源的过度消耗和工业废弃物污染人类的生存环境等一系列问题。作为制造业中的重要生产部门，材料成形加工生产所面临和需要解决的环境污染问题也非常严重，必须给予充分的重视。

7.5.1 材料成形加工工艺设计中的环境意识

要搞好环境管理，首先要培养良好的环境意识，要了解和掌握环境保护的政策法规和有关标准，认识环境保护的重大意义，清楚“保护环境，从我做起”的道理和责任。

1. 环境管理的政策法规和标准

环境保护是我国的基本国策。我国至今已制定和颁布了一系列的环境管理法规，其中包括《环境保护法》《大气污染防治法》《水污染防治法》《海洋环境保护法》等。我国环境保护法体现的基本原则是：经济发展和环境保护相协调的原则；预防为主、防治结合的原则；谁开发利用谁保护的原则；谁污染谁治理的原则；保护环境，人人有责的原则；奖励与惩罚相结合的原则。

在关于环境管理的各类标准中，最著名的是 ISO14000 系列环境管理国际标准。其中的 ISO14001 是该系列标准中唯一的认证性标准，它由引言、范围、规定性引用文件、术语和定义、环境管理体系要求及附录 A 和 B 等六个部分组成。ISO14001 标准规定了环境管理体系的结构和运行模式，它将企业的环境管理过程分为四个阶段：策划（Plan）、实施（Do）、检查（Check）和改进（Act），即环境管理体系运行的 PDCA 模式。污染预防和节能降耗是环境管理体系的主导目标，贯穿于产品全寿命周期，要从产品和工艺设计的源头开始全程控制，综合采用多种手段加以实现。

认真学习和贯彻有关环境保护的政策法规和标准，是培养环境意识的必然要求。

2. 环境意识与材料成形工艺设计的融合

树立和增强环境意识的目的，就是要让工程技术人员自觉地将它们融入自己的设计和管理等工作中去。因此，在进行材料成形加工工艺设计时，不仅要考虑技术条件的合理和经济效益的最佳，还要谋求对环境友好而不能有害。材料成形加工过程与环境之间有密切的关系，所以，从工艺方案设计阶段就要开始致力于防止污染，依靠先进的技术、设备和严格的科学管理等手段，合理有效地安排工艺流程，使废弃物最少，并尽可能使废弃物无害化，达到在产品的整个加工过程中对环境的危害最小，资源利用率最高，努力实现清洁生产。

要积极利用技术改造和技术创新来增加环境保护的效果。例如，采用静音节能的先进设备，以减少噪声污染和降低能耗；发展少、无切削的精密成形工艺，以减少零件切削加工时产生的切屑和所用的切削液向环境的排放；开发新型的无公害的精炼剂、变质剂，以减轻或消除合金熔炼和炉前处理时有害气体对环境和工人身体健康的不良影响，等等。

要正确处理环境保护与经济效益之间的关系，应该认识到环境保护不仅有社会效益，也会产生间接的经济效益。对于工艺成本中应当包含的环保费用，必须如数投入，不能随意删减。对于不符合环保要求的工艺方案,即使经济效益再好,也要坚决整改。

7.5.2 材料成形加工生产中的环保措施

材料成形加工不仅要消耗大量的原材料和能源,还会产生许多废气、废渣、废水和废热,以及振动和噪声等,对环境将造成不同程度污染或危害。其直接受害者是现场操作人员和设备,其次是周围的生态环境和居民。因此,必须首先了解和分析这些污染的来源情况,进而研究和采取相应的防治措施。

1. 材料成形加工生产中污染源情况

(1) 铸造生产的污染源　主要是烟气和粉尘造成的空气污染,其次还有噪声和振动的污染,以及废热、废渣和废水的排放等。

1) 金属熔炼时产生的污染　冲天炉在熔炼铁水过程中将排放大量的烟气和粉尘,其中包含 CO、SO_2 和 HF 等气体以及 SiO_2、CaO、Al_2O_3 等氧化物微粒。非铁合金的熔炼炉也产生烟气和粉尘,非铁合金熔炼时常需要加入的覆盖剂、精炼剂、变质剂等也会散发出各种不同的有害气体。各种金属熔炼过程中都有一定数量的炉渣排放,此外还有废热的污染等。

2) 造型及造型材料的污染　砂型铸造的造型材料主要由原砂、黏土以及煤粉等附加物组成,它们在储运、筛分、配砂、造型等过程中,在机械作用下容易扬起并弥散于空间,形成粉尘污染。在现代砂型铸造中,造型(芯)材料越来越多地使用有机粘接剂和有机附加物,如油类、树脂等,这些物质在造型(芯)、铸型及型芯的烘干以及铸件的浇注时,会挥发出各种气体,其中很多是刺激性气体或有害气体。各种造型(芯)机械在工作时还会产生一定的噪声或振动污染。

3) 落砂、清理时的污染　目前,铸件的落砂和清理大多数是依靠震动、翻滚、碰撞和相互摩擦等作用来进行的,在这些过程中,溃散的型砂、金属的碎屑等极易扬起。因此,落砂和清理的工作现场往往是铸造车间粉尘污染最重的地方,此外,还有较严重的噪声污染等。

(2) 锻压生产的污染源　主要是振动和噪声污染,其次还有烟尘污染等。

锻压设备工作时对坯料施加冲击力或压力,其中有一部分能量传递至地面,使地基产生振动。振动会造成人体的不适,会影响周围设备和仪器的正常的工作,严重时还可能危及厂房建筑等的安全。锻压设备(如锻锤、冲床等)加工工件时产生撞击而造成的声响是噪声污染的主要来源之一。

金属坯料加热时,燃料燃烧产生烟尘和有害气体(如 SO_2、CO 等)的污染;助燃设备(鼓风机、燃油喷嘴等)则会产生噪声污染。

(3) 焊接生产的污染源　主要是焊接烟尘、烟气和电弧辐射,其次还有噪声等的污染。

焊接过程中,由于高温使焊接部位和焊接材料中的金属、焊条药皮、焊剂、油污等燃烧、蒸发,形成烟雾状蒸气、粉尘。焊接电弧产生的强光和不可见的红外线、紫外线等对人眼危害很大。使用锤子清除焊渣、使用风铲清理焊根或使用电弧气刨时,会造成很大的噪声。

(4) 非金属材料成形加工的污染源　如塑料制品中某些添加剂在成形时挥发出有害气体,橡胶制品中的硫化剂在成形时产生的挥发性气体等。

2. 材料成形加工中污染的防治技术与措施

(1) 废气和粉尘污染的防治

1) 采用污染较轻的熔炼和加热设备　如熔炼铸铁时以电弧炉或感应炉取代冲天炉,锻件加热时用电阻炉或感应加热取代燃煤炉或燃油炉。

2）废气净化　废气必须净化后达到排放标准才能排入大气。净化的基本方法有：吸收法、吸附法、燃烧法、冷凝法、催化法等。例如，对于含 SO_2 的废气，可用石灰石、氨水等作为吸收剂与其发生化学反应，生成硫酸盐，消除 SO_2 的危害。对于含 CO 的废气，可采用燃烧法使其进一步氧化成 CO_2。

3）排风除尘　即把尘源产生的含尘气体抽走，经除尘装置除尘后排入大气。例如，对于电炉和坩埚炉产生的烟气，常采用排烟罩抽吸收集后进行除尘净化。常用的除尘装置有离心力除尘装置和布袋式除尘装置等。

4）密封防尘　即把容易扬尘的物料放在密封的管道或装置内进行输送或处理，然后用排风除尘装置将含尘气体收集起来进行净化。

5）水力消尘　如铸件清理时采用水力清砂、水爆清砂等。

（2）振动和噪声污染的防治

1）设备减振　常用的措施是在设备底部和基础之间加入防振材料，如金属弹簧、橡胶垫、气垫、滚筒等，或在设备基础和支承基础的地层之间加入防振材料。

2）改进工艺方法　如采用静压造型、气冲造型取代震压造型，采用无需紧实的树脂自硬砂代替粘土砂造型；采用压力机取代锻锤进行锻造，锻造时避免空击；采用无需清渣的气体保护焊取代手弧焊和埋弧焊等。

3）吸声降噪或隔声降噪　厂房建筑中适当采用吸声材料（如吸声天棚、吸声墙板等）；采用隔离墙、隔离罩等对噪声车间和噪声设备（如鼓风机等）实行隔离；在噪声现场工作的人员采取个人防护措施，如戴耳塞、防声棉、耳罩、头盔等。

（3）废水和废渣污染的防治

1）改进工艺　通过改进加热、熔炼、冷却、清理等工艺，减少废水和废渣的排放。例如采用消失模铸造取代砂型铸造，由于采用了无添加物的干砂造型，提高了旧砂的回用率，减少了废砂的排放，同时还降低了粉尘的污染。

2）回收利用　如铸造旧砂的再生回收利用；利用炉渣、粉煤灰等可制造水泥、建筑砖瓦和筑路材料等；利用炉渣还可以制取炉渣棉，可用作保温材料、防火材料和吸声材料等。

3）废水处理　废水处理的方法有物理法、化学法等。物理法是利用物理作用将废水中悬浮的污染物质分离出来的处理方法，包括筛滤、沉淀、浮游等方法。化学法是利用化学反应来分离、回收废水中的溶解性污染物，或使其转化为无害物质的处理方法，常用的有混凝法、中和法和氧化还原法等。

4）掩埋处置　对于已无法回收利用的废渣等固体废物，可在指定地点埋入地下。

思考题与习题

7.1　选择材料成形方法的原则和依据是什么？它们之间有什么关系？请结合实例分析。

7.2　“在满足零件使用要求的前提下，所选用的成形方法成本越低越好。”这种说法是否一定正确？为什么？应如何全面准确地理解经济性原则？

7.3　为什么轴类零件多用锻件作为毛坯，而支架箱体类零件多用铸件？

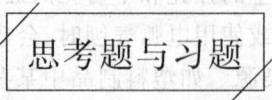

7.4 为什么齿轮多用锻件为毛坯，而带轮、飞轮多用铸件？

7.5 结合各自的成形原理，分析比较铸件、锻件和焊接件的组织与性能有哪些差异。

7.6 如何正确理解产品质量与制造技术和经济效益之间的关系？请举例说明。

7.7 质量管理中常用的统计方法有哪些？

7.8 对下列零件进行非破坏性检验，各应选用哪些方法？

锅炉汽包上的环焊缝；液化石油气罐；1Cr18Ni9Ti 钢制压力容器；汽车连杆锻件；减速器箱体焊接件。

7.9 在材料成形加工生产中应如何考虑技术先进性和经济合理性？

7.10 如何对材料成形加工的工艺方案进行经济评价？

7.11 在材料成形加工中，哪些工艺方法的设计成本较高？哪些工艺方法的设计成本较低？为什么？

7.12 搞好环境保护对经济和生产的可持续发展有什么意义？

7.13 材料成形加工生产中可能出现哪些环境污染？应如何防治？

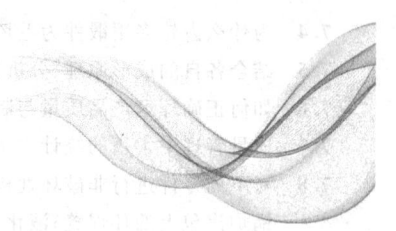

第8章
材料成形工艺设计举例

本章教学目标

知识获取:熟悉砂型铸造工艺设计的步骤、内容及技术规范,熟悉板料弯曲工艺设计和拉深工艺设计的步骤、内容及技术规范,了解冲压模具的种类、设计步骤与内容,熟悉焊条电弧焊工艺设计的步骤、内容及技术规范。

能力达成:具有制定砂型铸造工艺及编制相关工艺文件的初步能力,具有制定板料弯曲工艺和拉深工艺及编制相关工艺文件的初步能力,具有制定焊条电弧焊工艺和编制相关工艺文件的初步能力。

对所要生产的零件选择了合适的成形方法之后,合理地设计其成形工艺就是确保零件顺利制造的关键。工艺设计人员应该与产品设计者及生产工人等紧密结合,从现有的生产条件出发,综合考虑各方面的因素,尽可能地设计出技术先进、成本经济、操作安全、运行可靠的工艺方案、技术规程和工装模具。本章主要介绍金属材料成形工艺中的铸造、冲压和焊接工艺设计的例子,同时对其涉及的工艺设计知识也做了更加深入一些的叙述。

8.1 铸造工艺设计举例

8.1.1 铸造工艺设计的步骤

对于砂型铸造,一般按下列步骤进行铸造工艺各项内容的设计:

(1) 分析零件的技术要求和结构工艺性。审查零件结构是否符合铸造生产的工艺要求,对于结构设计不理想的地方,在不影响使用的情况下,予以改进;同时,在零件结构既定的条件下,考虑在铸造过程中可能出现的缺陷,并在工艺设计中采取的相应工艺措施。

(2) 根据铸件的生产批量及质量要求选择造型方法(如手工造型或机器造型)、铸型种类(如黏土砂型、树脂砂型或水玻璃砂型,黏土砂型中又有湿型、表面干型等)以及每型件数。

(3) 确定铸件的浇注位置和分型面。

(4) 选择机械加工余量、起模斜度、收缩余量等工艺参数。

(5) 设计型芯,包括型芯本体和芯头的设计。

(6) 设计浇注系统、冒口、冷铁、铸肋等。

(7) 在以上工作的基础上完成铸造工艺图,必要时还需绘制铸件图。

(8) 编制铸造工艺卡,绘制铸型装配图。

（9）工艺装备设计，包括模样、模板、芯盒、砂箱设计等。

8.1.2 铸造工艺方案设计与铸造工艺参数选择

铸造工艺方案设计主要包括选择造型和制芯方法、确定浇注位置与分型面等，铸造工艺参数主要有铸件的机械加工余量、起模斜度、收缩余量、最小铸出孔与槽、铸件的尺寸公差和质量公差等。这些内容已在第 1 章 1.4 节中做过介绍。

8.1.3 型芯设计

型芯的结构包括型芯本体和芯头。型芯本体的作用是形成铸件内腔，故其形状及尺寸与铸件内腔类似。芯头是指型芯上伸出铸件以外不与金属液接触的部分，它对型芯起着定位、支撑和排气的三重作用。芯头能否满足型芯对这三方面的要求，主要取决于芯头的形式、个数、形状和尺寸等参数的选择是否合理。

芯头按其在砂型中的安装形式来分，有垂直芯头和水平芯头两种基本类型。芯头的设计主要是确定芯头长度、芯头斜度及芯头与芯座之间的装配间隙。设计垂直芯头与水平芯头时可分别参照表 8.1、表 8.2、表 8.3 及表 8.4 选取参数。

表 8.1　垂直芯头高度 h 和 h_1　　mm

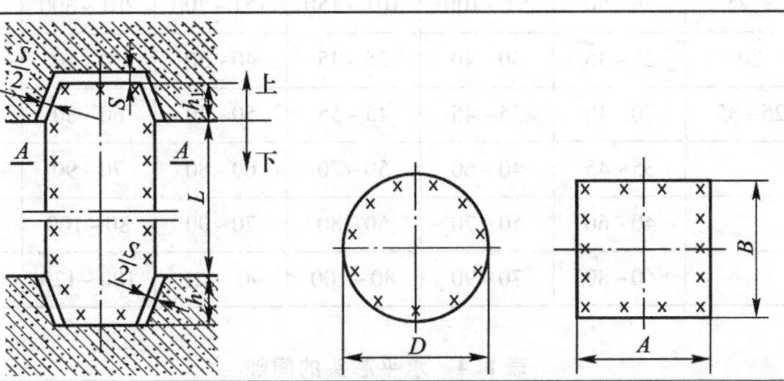

L	D 或 $(A+B)/2$					
	<30	31~60	61~100	101~150	151~300	301~500
<30	20	20				
31~50	20~25	20~25	20~25			
51~100	25~30	25~30	25~30	20~25	20~25	30~40
101~150	30~35	30~35	30~35	25~30	25~30	40~60
151~300	35~45	35~45	35~45	30~40	30~40	40~60
301~500		40~60	40~60	35~55	35~55	40~60

由 h 查 h_1

下芯头高度 h	20	25	30	35	40	45	50	55	60	65	70	75	80	90
上芯头高度 h_1	15	15	15	15	20	20	20	25	25	30	30	35	35	40

注：1. 一般型芯，上下芯头均采用相同的高度，便于操作，尤其是大量生产时更应如此。在单件小批生产时，为了合箱方便，上下芯头可采用不同高度，一般是上芯头比下芯头短。

2. 对于大而矮的垂直型芯，可将下芯头适当加大而不要上芯头。

3. 上芯头的斜度一般可取 10°，下芯头的斜度一般可取 5°。

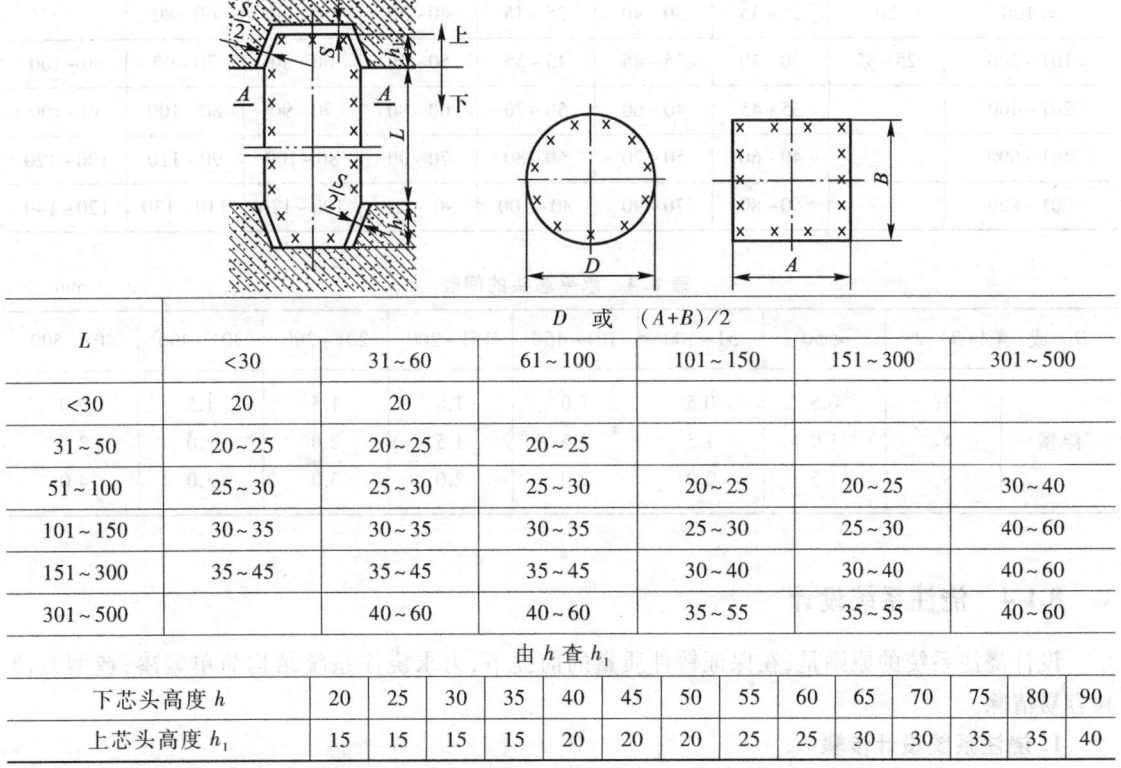

表 8.2　垂直芯头的间隙 S　　mm

铸型种类	D 或 $(A+B)/2$									
	<150	151~200	201~300	301~400	401~500	501~700	700~1 000	1 001~1 500	1 501~2 000	>2 001
湿型		0.5	0.5	0.5	1	1	1.5	1.5	2	2

注:一般对于中件、生产批量较大、机器造型等,常用间隙为 0.5~1 mm;对于大件,间隙常为 2.0~4.0 mm。

表 8.3　水平芯头长度 L　　mm

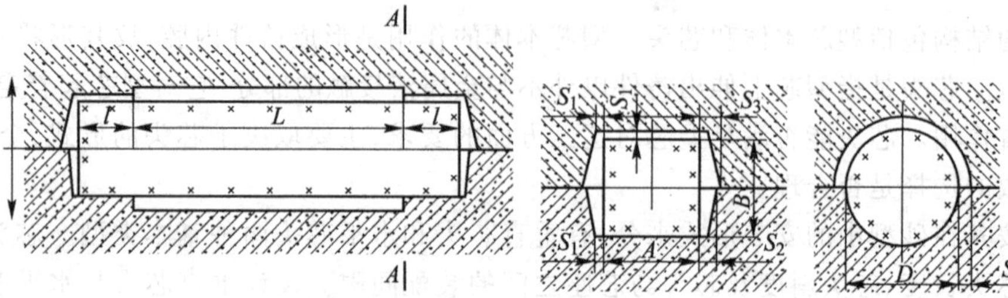

L	D 或 $(A+B)/2$							
	≤25	26~50	51~100	101~150	151~200	201~300	301~400	401~500
≤100	20	25~35	30~40	35~45	40~50	50~70	60~80	
101~200	25~35	30~40	35~45	45~55	50~70	60~80	70~90	80~100
201~400		35~45	40~60	50~70	60~80	70~90	80~100	80~100
401~600		40~60	50~70	60~80	70~90	80~100	90~110	100~120
601~800		60~80	70~90	80~100	90~110	100~120	110~130	120~140

表 8.4　水平芯头的间隙　　mm

D 或 $(A+B)/2$		≤50	51~100	101~150	151~200	201~300	301~400	401~500
湿型	S_1	0.5	0.5	1.0	1.0	1.5	1.5	2.0
	S_2	1.0	1.5	1.5	1.5	2.0	2.0	3.0
	S_3	1.5	2.0	2.0	2.0	3.0	3.0	4.0

8.1.4　浇注系统设计

设计浇注系统的原则是,在保证铸件质量的前提下,力求浇注系统结构简单紧凑,造型方便和容易清除。

1. 浇注系统设计步骤

浇注系统设计的步骤主要有:选择浇注系统的类型和结构;根据砂箱中铸件数目及其排布方式,确定浇注系统的布置;确定内浇道的引入位置与个数;计算浇注时间和浇注系统中的最小断面面积,确定直浇道的高度;确定浇注系统中其他组元的断面面积及相关尺寸。

2. 浇注系统类型

浇注系统的分类方法主要有以下两种：

(1) 根据各组元断面比例关系，即最小断面位置的不同，分为封闭式浇注系统(内浇道断面面积之和最小，$\sum A_{内} \leqslant \sum A_{横} \leqslant \sum A_{直}$)和开放式浇注系统($\sum A_{内} \geqslant \sum A_{横} \geqslant \sum A_{直}$)。

(2) 根据金属液注入型腔的位置不同，可分为顶注式、中间注入式、底注式、阶梯式和缝隙式浇注系统。对于高度不大的中、小型铸铁件，尤其是机器造型，其浇注系统多采用中间注入式，也就是两箱造型，内浇道开设在分型面上，故亦称分型面注入式。

3. 浇注系统各部分尺寸的确定

金属液进入型腔的速度和流量对铸件质量有较大的影响，所以确定浇注系统各组元的断面尺寸时，一般先计算控制浇注速度的最小断面面积(如封闭式浇注系统最小断面是内浇道)，然后以此面积为基数，按相应的比例关系(表8.5)再确定其他组元的断面面积。

表8.5 浇注系统各单元断面比例、应用及特点

型式	断面比例			应用	特点
	$\sum A_{直}$	$\sum A_{横}$	$\sum A_{内}$		
开放式	1	2~3	2~4	铝合金铸件	充型平稳，冲刷力小，金属氧化少，但挡渣和排气效果较差
	1	1~2	1~2	采用漏包浇注的铸钢件	
	1	2	1~3	1 000 kg以上灰铸铁件	
封闭式	1.15	1.1	1	中、小型灰铸铁件	充型迅速，呈受压流动状态，冲刷力大，有一定挡渣作用
	1.11	1.06	1	薄壁板状铸铁件	
	1.2~1.25	1.1~1.15	1	100~1 000 kg灰铸铁件	

确定浇注系统最小断面面积的常用方法有计算法和查表法。

(1) 计算法　目前多采用以下流体力学公式(奥赞公式)计算最小断面面积：

$$A_{最小}=\frac{m}{0.31\mu t\sqrt{H_{p}}}$$

式中：m——流过浇注系统最小断面的金属液总质量，kg；

t——浇注时间，s；

H_p——平均静压头，m；

μ——流量系数。

铸铁件的μ值与铸型种类和铸型阻力有关，可从表8.6中选取。

表8.6 铸铁件的μ值

铸型种类	铸型阻力		
	大	中	小
湿型	0.35	0.42	0.50
干型	0.41	0.48	0.60

影响浇注时间的因素很多，目前主要是用经验公式确定，见表8.7。

表 8.7 浇注时间 t 的计算公式

铸件质量/kg	计算公式	经验系数			
<100	$t=S\sqrt{m}$	δ/mm	3~5	6~8	9~15
		S	1.6	1.9	2.2
100~1 000	$t=S_1\sqrt[3]{\delta m}$	一般取 $S_1=1.5\sim2.0$,需快浇时取 $S_1=1.7\sim1.9$			

注:S、S_1——经验系数;δ——铸件平均壁厚,mm;m——铸型中铁水总质量,kg。

确定平均静压头 H_p 的计算公式见表 8.8。

表 8.8 不同注入法平均静压头 H_p 计算公式

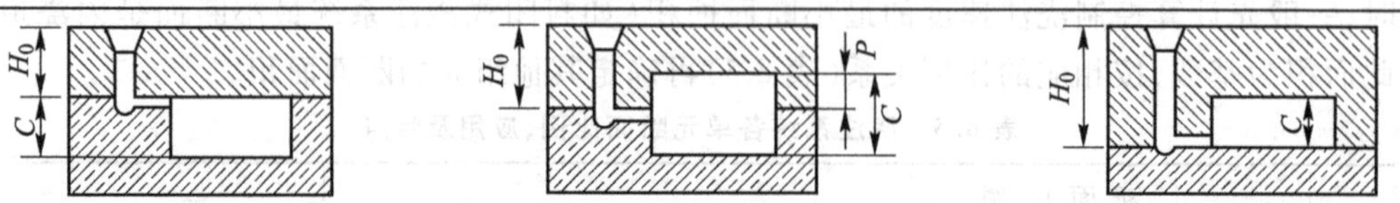

顶注式	中间注入式	底注式
$P=0$	$P=\frac{C}{2}$	$P=C$
$H_p=H_0$	$H_p=H_0-\frac{C}{8}$	$H_p=H_0-\frac{C}{2}$

注:H_0——浇口杯水平面至内浇口的距离,cm;P——内浇口至铸件最高点距离,cm;C——铸件在铸型中的总高度,cm。

(2)查表法 根据较长期的生产经验,总结制定出了一些关于铸件内浇道截面面积的经验数据表格。表 8.9 适用于确定中、小型铸铁件的内浇道总截面面积。

表 8.9 中、小型铸铁件的内浇道总截面面积 $A_内$ cm^2

铸件质量/kg \ 铸件壁厚/mm	<5	5~10	10~15	15~25	25~40
<1	0.6	0.6	0.4	0.4	0.4
1~3	0.8	0.8	0.6	0.6	0.6
3~5	1.6	1.6	1.2	1.2	1.0
5~10	2.0	1.8	1.6	1.6	1.2
10~15	2.6	2.4	2.0	2.0	1.8
15~20	4.0	3.6	3.2	3.0	2.8
20~40	5.0	4.4	4.0	3.6	3.2
40~60	7.2	6.8	6.4	5.2	4.2
60~100		8.0	7.4	6.2	6.0
100~150		12.0	10.0	8.6	7.6
150~200		15.0	12.0	10.0	9.0
200~250			14.0	11.0	9.4
250~300			15.0	12.0	10.0

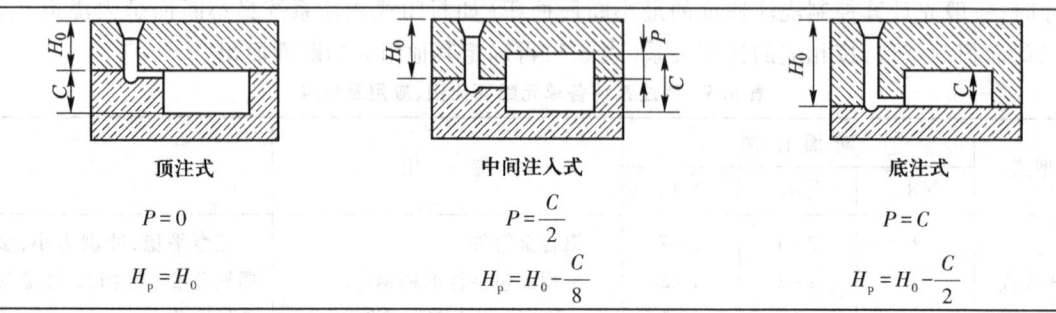

8.1.5 铸造工艺设计的主要技术文件

(1) 铸造工艺图　铸造工艺图是在零件图上用规定的红、蓝等色符号和文字表示出浇注位置、分型面、加工余量、收缩余量、起模斜度、浇注系统、冒口、冷铁、型芯形状与数量及芯头大小等内容,从而反映铸件的铸造工艺方案、工艺参数及要求等内容的图样。

铸造工艺图上所用的主要铸造工艺符号及其表示方法见表 8.10。

表 8.10　铸造工艺符号及表示方法

符号名称	符　号	表示方法说明
分型面	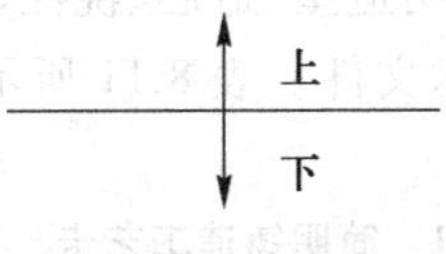	在主要视图上用红色线条和箭头表示,并写出“上、下”等红色字样
分模面	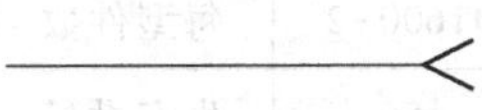	用红色线条表示,并在任一端画上“<”符号
分型分模面	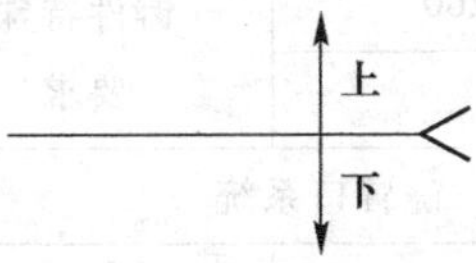	用红色线条表示
要求的机械加工余量和不铸出的孔槽	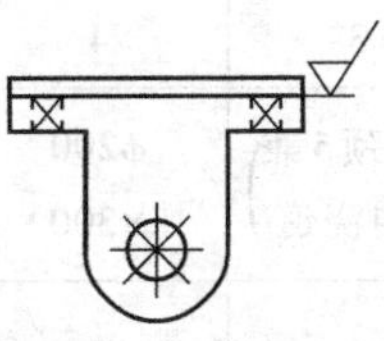	用红色线条画出,不铸出的孔槽用交叉红线表示
浇口	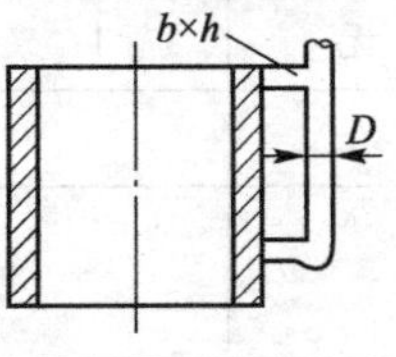	用红色线条画出,并标注必要的尺寸
内、外冷铁	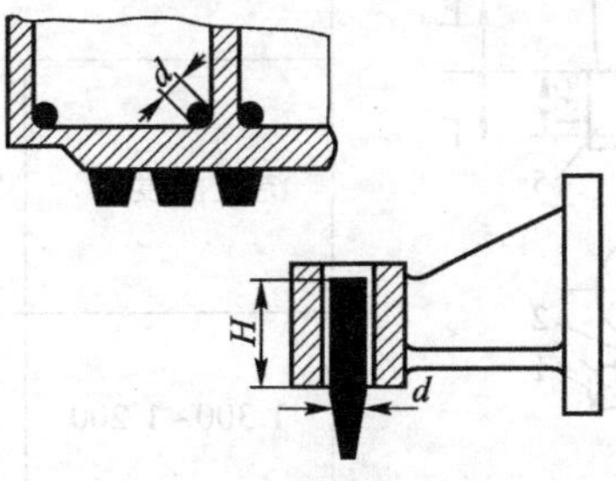	在剖面上用蓝色线条表示,并要涂满。非剖面不涂。用编号表示数量和种类

续表

符号名称	符　　号	表示方法说明
芯头	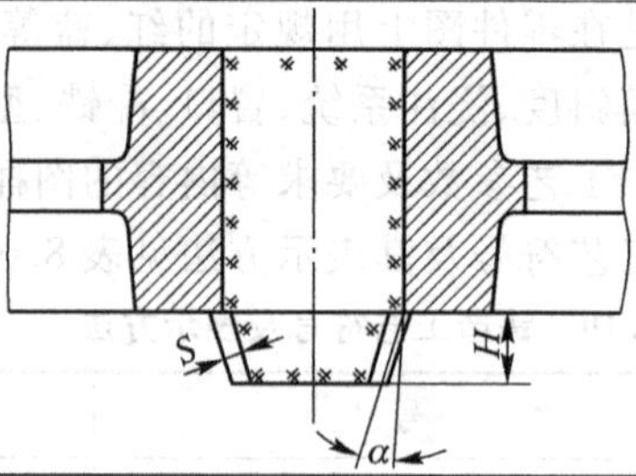	用蓝色线条和边界符号表示，并注明斜度和间隙

（2）铸造工艺卡　它以表格的形式说明造型、造芯、浇注、落砂、清理等工艺操作的规范和技术参数等，也是指导和管理生产的基本技术文件。表 8.11 所示是某柴油机凸轮铸件的简明铸造工艺卡。

表 8.11　简明铸造工艺卡

<table>
<tr><td>产品名称</td><td>柴油机</td><td>材质</td><td>QT600-2</td><td>每型件数</td><td>1</td><td>每型铁水重 /kg</td><td>623</td></tr>
<tr><td>零件名称</td><td>凸轮</td><td>单重/kg</td><td>456</td><td>生产批量</td><td>成批</td><td>工艺出品率 /%</td><td>73</td></tr>
<tr><td rowspan="2">铸件结构特征</td><td>轮廓尺寸 /mm</td><td colspan="2">850×710×260</td><td rowspan="2" colspan="2">铸件特殊要求</td><td rowspan="2" colspan="2"></td></tr>
<tr><td>主要壁厚 /mm</td><td colspan="2">65</td></tr>
</table>

浇冒口系统

名称	直浇道	横浇道	内浇道	冒口体	冒口颈	压边浇口	补缩冒口
序号	1	2	3	4	5	6	7
尺寸 /mm	$\phi40$	45/41×50	（冒口颈 5 兼作内浇道）	$\phi200$ ×300	180/167 ×135		如图
单个面积 /cm^2	12.56	21.5			234		
个数	1	1	无	1	1	无	1
总面积 /cm^2	12.56	21.5			234		

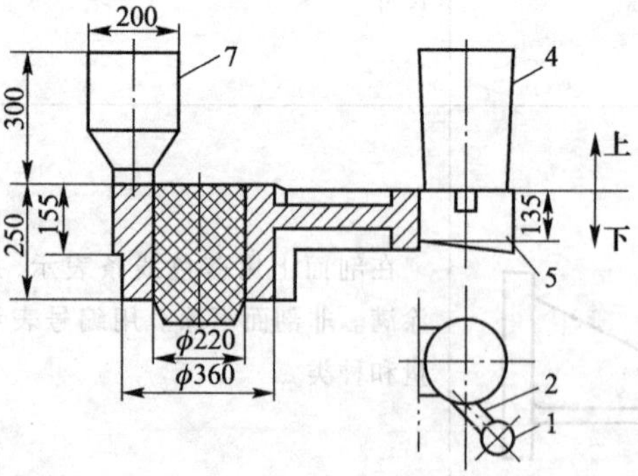

工艺简图

浇注及冷却

浇注温度/℃	浇注时间/s	开箱时间/min
1 300～1 200	24～26	160～200

备注

（3）铸型装配图（合型图） 它表明铸件在砂箱中的位置、型芯数量及安放位置、浇冒口和冷铁布置、砂箱结构和尺寸大小等，是生产准备、中间检验、工艺调整的依据，适用于成批大量生产的重要铸件。图 8.1 所示为曲轴铸件（一型两件）的铸型装配图。

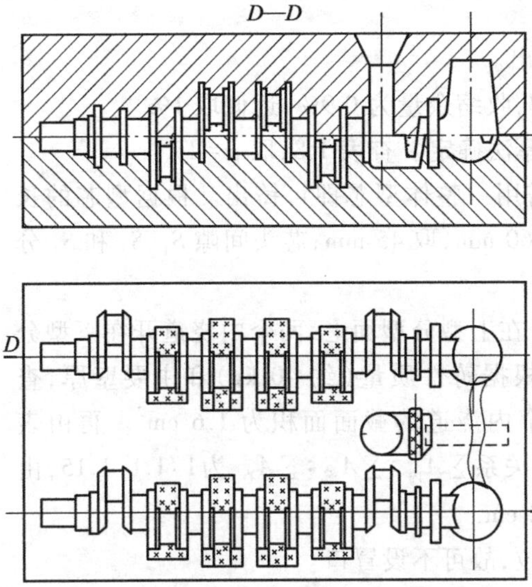

图 8.1 曲轴铸件铸型装配图

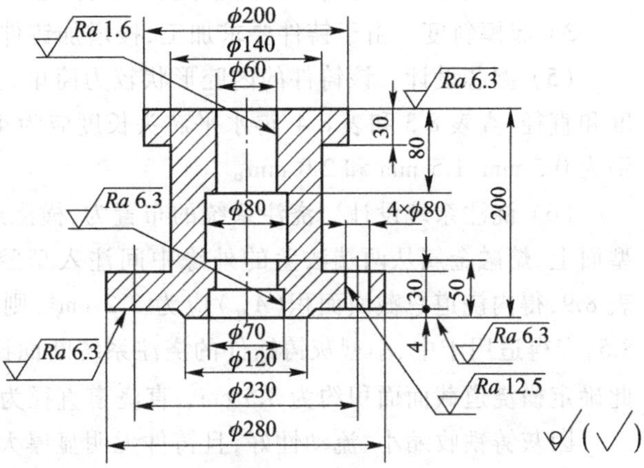

图 8.2 支架零件图

8.1.6 铸造工艺设计举例

图 8.2 所示为一支架零件，材料为灰铸铁 HT200，小批量生产。

（1）铸件结构、工作条件和技术要求分析 铸件的轮廓尺寸为 φ280 mm×200 mm，平均壁厚约为 30 mm。其中端面及 φ60、φ70 内孔需机械加工，且 φ60 孔表面加工要求较高。φ80 孔由型芯铸出，不需加工。零件工作时承受轻载荷。

（2）造型方法和砂型种类的确定 由于铸件生产批量不大，技术要求一般，决定采用湿砂型，手工分模造型。

（3）浇注位置与分型面的选择 可供选择的方案主要有以下两种。

方案一：采用两箱造型，平做平浇。铸件卧置，轴线处于水平位置，取过中心线的纵剖面为分型面，使分型面和分模面一致，有利于起模、下芯以及型芯的固定、排气和检验等。由于将两端法兰的加工面置于侧立位置，质量较易得到保证。该方案浇注时金属液充型平稳，但由于分模造型，易产生错型缺陷，对铸件外形精度有一定不利影响。

方案二：采用三箱造型，立做立浇。铸件两端均为分型面。上凸缘（法兰）的底面为分模面。采用垂直式整体型芯。在铸件上端面的分型面开设切向导入的内浇道，不设横浇道。此方案的优点是整个铸件位于中箱，外形尺寸精度较高。其缺点是，上端面质量不易保证；因没有横浇道，金属液流对铸型冲击较大；由于采用三箱造型，增加了造型的难度，多用一个砂箱，造型工时和型砂耗用量增多，费用明显高于方案一。相比之下，方案一较为合理，故选用方案一。

（4）铸造工艺参数的确定

1）要求的机械加工余量　由表 1.4，砂型铸造手工造型的灰铸铁件机械加工余量等级为 F～H级，现选 G 级。按零件最大尺寸为 280 mm，查表 1.5，确定铸件各加工面要求的机械加工余量为 3.5 mm，统一标注为“GB/T 6414—CT14—RMA3.5（G）”。其中，“GB/T 6414—CT14”是铸件的尺寸公差代号。也可以在铸造工艺图上直接标注机械加工余量尺寸值。如果有需要个别要求的机械加工余量，则应标注在图样的特定表面上。

查表 1.6，铸件下凸缘上的 4 个 ϕ20 的孔可不必铸出。

2）收缩余量　根据铸件为灰铸铁中小件，查表 1.7，收缩余量为 0.9%，近似取 1%。

3）起模斜度　由于铸件要求加工，按增加铸件壁厚法确定。查表 1.8，取 $\alpha=1°$。

（5）型芯设计　该铸件的内腔形状较为简单，只需用一整体型芯即可铸出。根据型芯的长度和直径，查表 8.3 和表 8.4，得水平芯头长度应为 40～60 mm，取 45 mm；芯头间隙 S_1、S_2 和 S_3 分别为 0.5 mm、1.5 mm 和 2.0 mm。

（6）浇注系统设计　浇注系统的布置为，横浇道开在上型分型面上，两个内浇道开在下型分型面上，熔融金属从两端法兰的外缘中间注入型腔。根据铸件质量（约 40 kg）和主要壁厚，查表 8.9，得内浇道总截面面积（$A_{内}$）应为 3.2 cm^2，则每个内浇道的截面面积为 1.6 cm^2。再由表 8.5，查得适用于中、小型灰铸铁件的浇注系统断面比例关系 $\sum A_{内}:\sum A_{横}:\sum A_{直}$ 为1∶1.1∶1.15，由此确定横浇道截面面积约为 3.5 cm^2，直浇道直径为 2.2 cm。

因灰铸铁收缩小、流动性好，且铸件无明显厚大部位，故可不设冒口。

（7）绘制铸造工艺图　方案一的铸造工艺图如图 8.3 所示（其中的右图是左图的附视图）。第 1 章中的图 1.44 为方案二的铸造工艺图。图中的网线区域标出的是要求的机械加工余量，实际绘图时不必画网线。

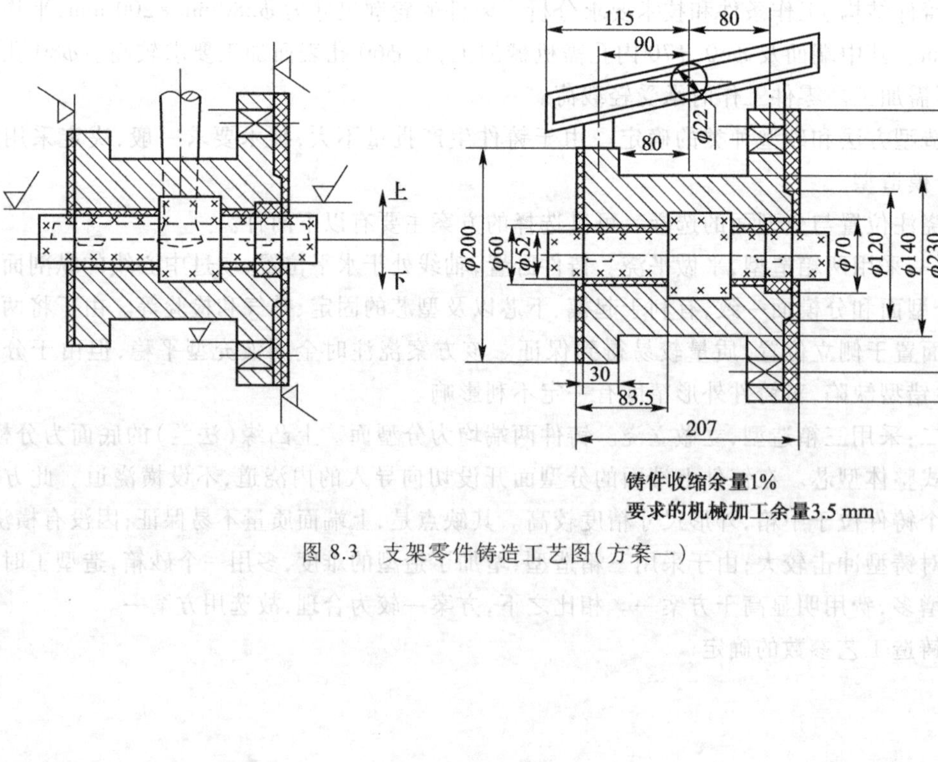

图 8.3　支架零件铸造工艺图（方案一）

8.2　冲压工艺设计举例

8.2.1　弯曲工艺设计

弯曲工艺设计内容包括:弯曲件的结构工艺性分析、弯曲件的毛坯展开尺寸计算、弯曲力的计算和弯曲件的工序安排等。

1. 弯曲件毛坯尺寸计算

弯曲件毛坯尺寸计算是否准确直接影响到弯曲件尺寸精度的高低。故精确计算毛坯尺寸在弯曲工艺设计中具有十分重要的意义。由于弯曲时的变形主要发生在弯曲角附近,而以外的区域基本不发生变形。在变形区域内侧(靠近凸模一侧),金属发生压缩变形;在变形区域外侧(靠近凹模一侧),金属发生拉伸变形。在伸长和缩短的两个变形区之间,有一层金属在变形前后没有变化,这层金属称为中性层。因此,计算毛坯尺寸实际上就是计算中性层的尺寸,公式为

$$L=\sum l_{直}+\sum l_0$$

式中:L——弯曲件毛坯尺寸,mm;

$\sum l_{直}$——直线部分各段长度,mm;

$\sum l_0$——圆弧部分各段中性层长度,mm。

每一个圆弧的中性层长度为

$$l_0=\pi\phi(r+xt)/180$$

式中:l_0——弯曲部分圆弧长度,mm;

ϕ——弯曲区中心角,(°);

r——弯曲半径,mm;

x——中性层系数,其值可查表 8.12。

表 8.12　中性层系数

R/t	0~0.5	0.5~0.8	0.8~2	2~3	3~4	4~5	>5
x	0.16~0.25	0.25~0.30	0.30~0.35	0.35~0.40	0.40~0.45	0.45~0.50	0.5

2. 弯曲力的计算

弯曲力是设计弯曲模和选择压力机的主要依据。校正弯曲时,校正力比自由弯曲时的弯曲力大得多,所以一般只计算校正力,就可满足正常弯曲生产的需要。公式如下

$$F_{校}=SP$$

式中:$F_{校}$——校正弯曲时的弯曲力,N;

S——校正部分的投影面积,mm^2;

P——单位面积上的校正力,MPa,其值见表 8.13。

表 8.13　单位面积上的校正力 **P**　　MPa

材料 \ 板厚	$t \leqslant 3$ mm	$t>3 \sim 10$ mm	材料 \ 板厚	$t \leqslant 3$ mm	$t>3 \sim 10$ mm
铝	30~40	50~60	25、35 钢	100~120	120~150
黄铜	60~80	50~100	钛合金 BT1	160~180	180~210
10、20 钢	80~100	100~120	钛合金 BT3	160~200	200~260

3. 弯曲件的工序安排

形状简单的弯曲件,如 V 形、U 形、Z 形等,只需一次弯曲就可以成形。形状复杂的弯曲件,要两次或多次弯曲成形,多次弯曲成形时,一般先弯曲两端的形状,后弯曲中间部分的形状,如图 8.4 所示。对于精度较高或特别小的弯曲件,尽可能在一副模具上完成多次弯曲成形。

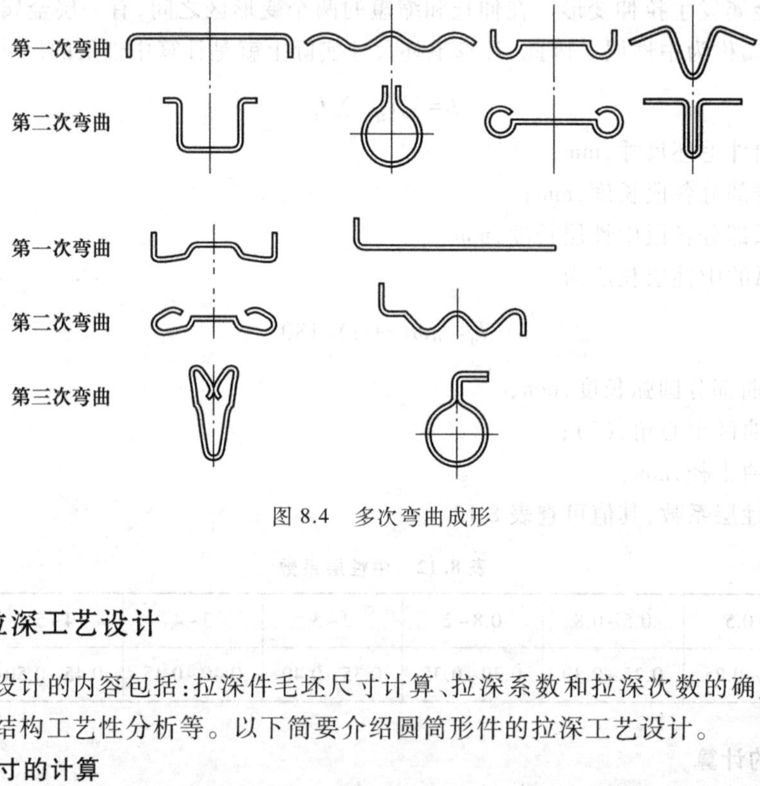

图 8.4　多次弯曲成形

8.2.2　拉深工艺设计

拉深工艺设计的内容包括:拉深件毛坯尺寸计算、拉深系数和拉深次数的确定、拉深力的计算和拉深件的结构工艺性分析等。以下简要介绍圆筒形件的拉深工艺设计。

1. 毛坯尺寸的计算

拉深件毛坯尺寸计算是否正确,不仅直接影响生产过程,而且还在很大程度上影响着经济效益。在不变薄拉深中,材料厚度变化可忽略不计,因此,毛坯尺寸的计算是按变形前后表面积相等的原则进行的。此外,由于板料力学性能具有方向性以及模具间隙不均匀等原因,使拉深件口部或凸缘周边不平齐,通常需要修边,将不平的部分切去。故在计算毛坯尺寸时,还要在拉深件高度方向上加一段修边余量 δ,如图 8.5 所示。表 8.14 为修边余量 δ 值可供选择。

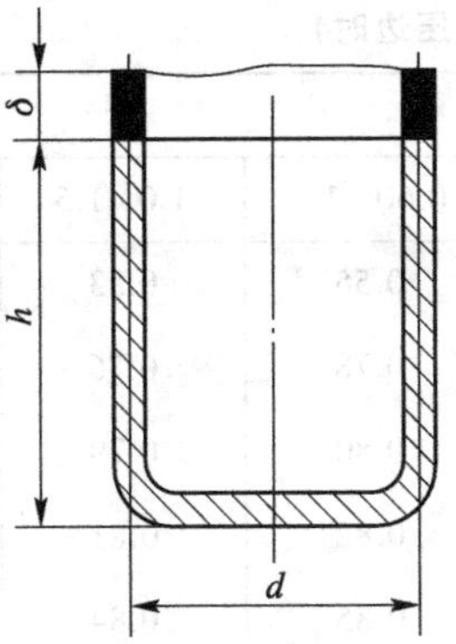

图 8.5　修边余量

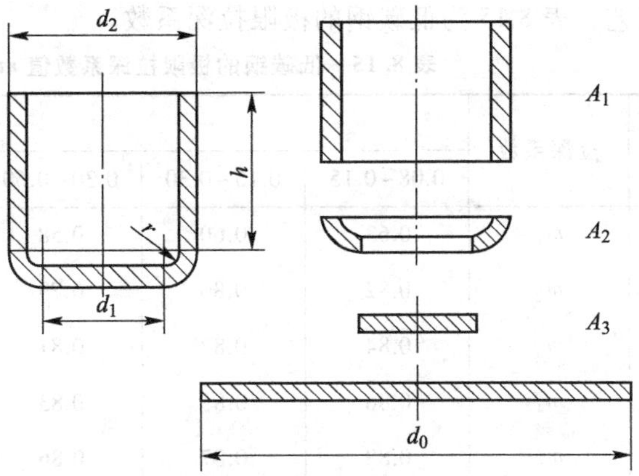

图 8.6　圆筒形拉深件

计算毛坯尺寸时，通常将零件分为若干个便于计算的简单几何形体，分别求出其面积后相加，得出零件的总面积，该面积即为毛坯的表面积，如图 8.6 所示。因此筒形件毛坯直径 D 可按下式确定

$$D=\sqrt{d_1^2+2\pi d_1 r+8r^2+4d_2 h}$$

计算时应该注意，h 中应包括修边余量 δ；当 $t\geqslant 1$ mm 时，应按拉深件的中线尺寸计算。其他形状工件的毛坯直径可查有关手册。

表 8.14　筒形件的修边余量 δ　　mm

制件高度	制件的相对高度 h/d			
	>0.5～0.8	>0.8～1.6	>1.6～2.5	>2.5～4.0
≤10	1.0	1.2	1.5	2
>10～20	1.2	1.6	2	2.5
>20～50	2	2.5	3.3	4
>50～100	3	3.8	5	6
>100～150	4	5	6.5	8
>150～200	5	6.3	8	10
>200～250	6	7.5	9	11
>250	7	8.5	10	12

2. 拉深系数的选择

拉深件直径 d 与毛坯直径 D 的比值称为拉深系数，用 m 表示，即 $m=d/D$。它是衡量拉深变形程度的指标。拉深系数越小，表示拉深件直径越小，变形程度越大，拉深最大应力越大，越容易产生拉裂废品。能保证拉深正常进行的最小拉深系数，称为极限拉深系数。拉深时，若拉深系数取得过小，小于极限拉深系数时，就会使拉深件起皱、断裂或严重变薄超差。

影响拉深系数 m 的因素很多。材料的塑性好，变形时不易出现颈缩，m 可小；毛坯相对厚度 t/D 大，抵抗失稳和起皱的能力大，m 可小；凸、凹模的圆角半径和间隙合适（单边 1.1～1.5t），压边力合理和润滑条件良好，有利于减小 m。生产中希望采用较小的拉深系数，以减少拉深次数，简化拉深工艺。表 8.15 为低碳钢的极限拉深系数。

表 8.15　低碳钢的极限拉深系数值 m（带压边时）

拉深次数	拉深系数	t/D					
		0.08～0.15	0.15～0.30	0.30～0.60	0.60～1.0	1.0～1.5	1.5～2.0
1	m_1	0.63	0.60	0.58	0.55	0.53	0.50
2	m_2	0.82	0.80	0.79	0.78	0.76	0.75
3	m_3	0.84	0.82	0.81	0.80	0.79	0.78
4	m_4	0.86	0.85	0.83	0.82	0.81	0.80
5	m_5	0.88	0.87	0.86	0.85	0.84	0.82

3. 拉深次数的确定

有些深腔拉深件（如弹壳、笔帽等），由于 m 小于极限拉深系数，不能一次拉深成形，则可采用多次拉深工艺（见图 2.34）。此时，各道工序的拉深系数为

$$m_1 = d_1/D, m_2 = d_2/d_1, \cdots, m_n = d_n/d_{n-1}$$

总拉深系数 $m_{总}$ 表示从毛坯 D 拉深至 d_n 的总的变形量。即

$$m_{总} = m_1 m_2 \cdots m_{n-1} m_n = d_n/D$$

当 $m_{总} > m_1$ 时，则该零件只需一次拉出。否则需进行多次拉深。

多次拉深时，拉深次数可按下述推算法确定：

首先根据毛坯的相对厚度 t/D 值，由表 8.15 中查出 $m_1, m_2, \cdots, m_n$，然后从第一道工序开始依次求各半成品直径。即

$$d_1 = m_1 D, d_2 = m_2 d_1 = m_1 m_2 D, \cdots, d_n = m_n d_{n-1} = m_1 m_2 \cdots m_n D$$

一直计算到所得出的直径稍小于或等于制件所要求的直径值为止，这样推算的次数就是拉深次数。此法还兼得了中间各工序的拉深尺寸，在模具设计中经常应用。

必须指出，连续拉深次数不宜太多，如低碳钢或铝，不多于 4 或 5 次，否则工件因加工硬化而使塑性下降，可导致拉裂；必要时可采用中间退火，以恢复材料的塑性。

8.2.3　冲压模具设计简介

模具是冲压生产的主要工艺装备。模具结构是否合理对冲压件的尺寸精度、表面质量、生产率、模具寿命和经济效益等影响极大。因此，了解冲压模具（冲模）的结构特点和使用性能，对进行冲压生产和发展冲压技术具有十分重要的意义。

1. 冲压模具的分类

冲模的种类式样繁多，按工序的组合分类，可分为简单模、连续模、复合模三类。

（1）简单模　简单模是在压力机的一次行程中只完成一道工序的冲模。如落料模、冲孔模、弯曲模、拉深模等。如图 8.7 所示为一典型的导柱式简单冲裁模。凸模 5 装在凸模固定板 4 上，并用螺钉固定在上模板 3 上，上模板通过模柄 1 与冲床的滑块相连接。凹模 7 固定在下模板 8 上，卸料板 6 固定在凹模上。导柱 9 和导套 11 用于保证凸模上、下运动时的导向精度和凸、凹模间的均匀间隙。冲裁时，挡料销 10 用以控制条料的送进长度。凸模下行时，冲下的工件进入凹

模孔，而卸料板则将条料从凸模上卸下。该模具结构简单，制件精度高，模具寿命长，使用安全方便，在成批大批量生产中广泛应用。

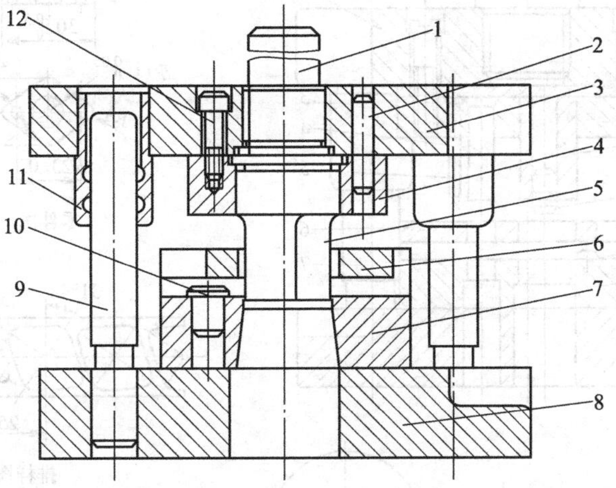

图 8.7　导柱式简单冲裁模

1—模柄；2—圆柱销；3—上模板；4—凸模固定板；5—凸模；6—卸料板；7—凹模；8—下模板；9—导柱；10—挡料销；11—导套；12—螺钉

（2）连续模　连续模是多工序模的一种，它是可在压力机的一次行程中，在模具的不同工位上完成多道冲压工序的模具。与简单模、复合模相比，连续模的主要特点是生产效率高，易于实现机械化和自动化。如图 8.8 所示为带固定卸料板的冲孔、落料连续模。冲压时，条料从右边送入，用始挡料销 16 限位。上模下行时，冲孔凸模 4 和 5 先将三个孔（$2—\phi 4.1_{+0.1}^{+0.2}$ mm 和 $\phi 11_{0}^{+0.05}$ mm）冲出。松开始挡料销，条料向左送进，由固定挡料销 10 挡料，此时已冲好的三个孔已移至落料工位上，上模再次下行，完成外形落料工序。与此同时，位于冲孔工位的条料上又冲出另外三个孔。落料时，装在落料凸模 12 上的导正销 11 先进入 $\phi 11_{0}^{+0.05}$ mm 孔内定位，以控制步距和提高冲件孔与外形的位置精度。

（3）复合模　复合模是在压力机一次行程中，在模具的一个工位上完成两道以上冲压工序的模具，它也是一种多工序模具。常见的复合模有落料、冲孔复合模，落料、首次拉深复合模，落料、冲孔、翻边复合模等。此类模具在结构上的主要特点是具有一个既为落料凸模又同时作为冲孔凹模的零件，称为凸凹模。图 8.9 所示为一倒装式落料、冲孔复合模。因其落料凹模安装在上模上，故称倒装式。装在上模部分的有落料凹模 20 与冲小孔凸模 19，通过冲孔凸模固定板 10、垫板 18 用螺钉 7 与上模板 9 固定在一起。装在下模部分的凸凹模 21 是通过凸凹模固定板 22 用螺钉 2 与下模板 1 固定在一起。冲裁时，弹压卸料板 5 压住条料，起校平作用。上模下行时，落料凹模 20 将弹压卸料板压下，套在落料凸模 21 上，冲小孔凸模 19 也进入冲孔凹模 21 中，于是同时完成落料与冲孔。上模回程时，弹压卸料板在弹簧的作用下将条料从凸凹模上卸下。而打料杆 14 受冲床上滑块横杆的推动，通过推板 13、顶杆 12、顶件块 11 将冲件从落料凹模中自上而下推出，冲孔废料则直接由凸凹模孔中漏到冲床台面下。冲裁时，条料由活动挡料销 6 定位。

复合模的优点是结构紧凑，冲件精度高，特别是冲件内外轮廓的位置精度和形状精度高。缺点是结构复杂，加工、装配困难，制造周期长，成本高，适于批量大、精度等级要求高或厚度较薄的

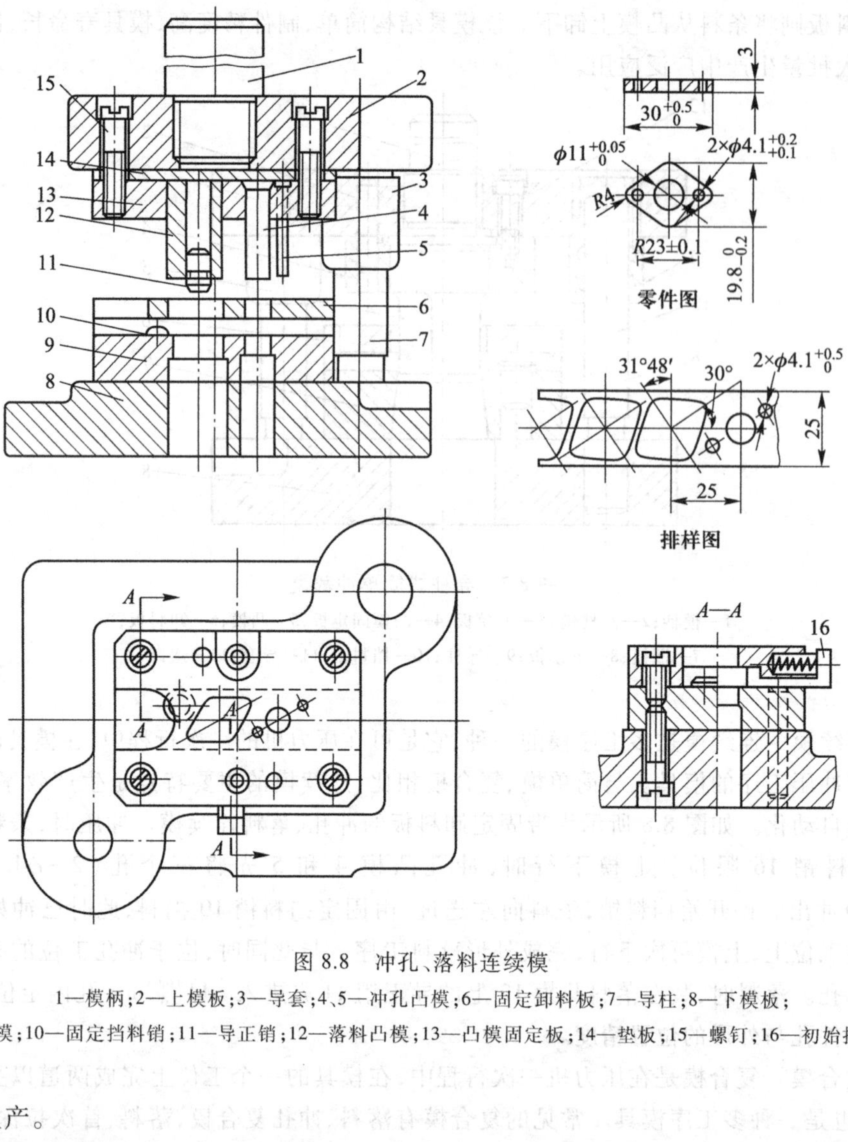

图 8.8　冲孔、落料连续模

1—模柄；2—上模板；3—导套；4、5—冲孔凸模；6—固定卸料板；7—导柱；8—下模板；
9—凹模；10—固定挡料销；11—导正销；12—落料凸模；13—凸模固定板；14—垫板；15—螺钉；16—初始挡料销

冲压件的生产。

2. 冲模设计要点

（1）冲模的主要零件　冲压模具零部件按功能一般分为以下几部分。

1）工作零件　使板料在冲压力的作用下成形的零件，有凸模、凹模、凸凹模等。

2）支承及夹持零件　在模具的制造和使用中起装配固定作用的零件，以及在模具开合过程中起导向作用的零件。主要有上、下模板（座），模柄，凸、凹模固定板、垫板、导柱、导套、导筒、导板等。

3）定位零件　使条料或半成品在模具上定位、沿工作方向送进的零部件。主要有挡料销、导正销、导料销、导料板等。

4）卸料及压料零件　防止工件变形，压住模具上的板料及将工件或废料从模具上卸下或推出的零件。主要有卸料板、顶件器、压边圈、推板、推杆等。

5）紧固零件　主要有螺钉、销钉等。

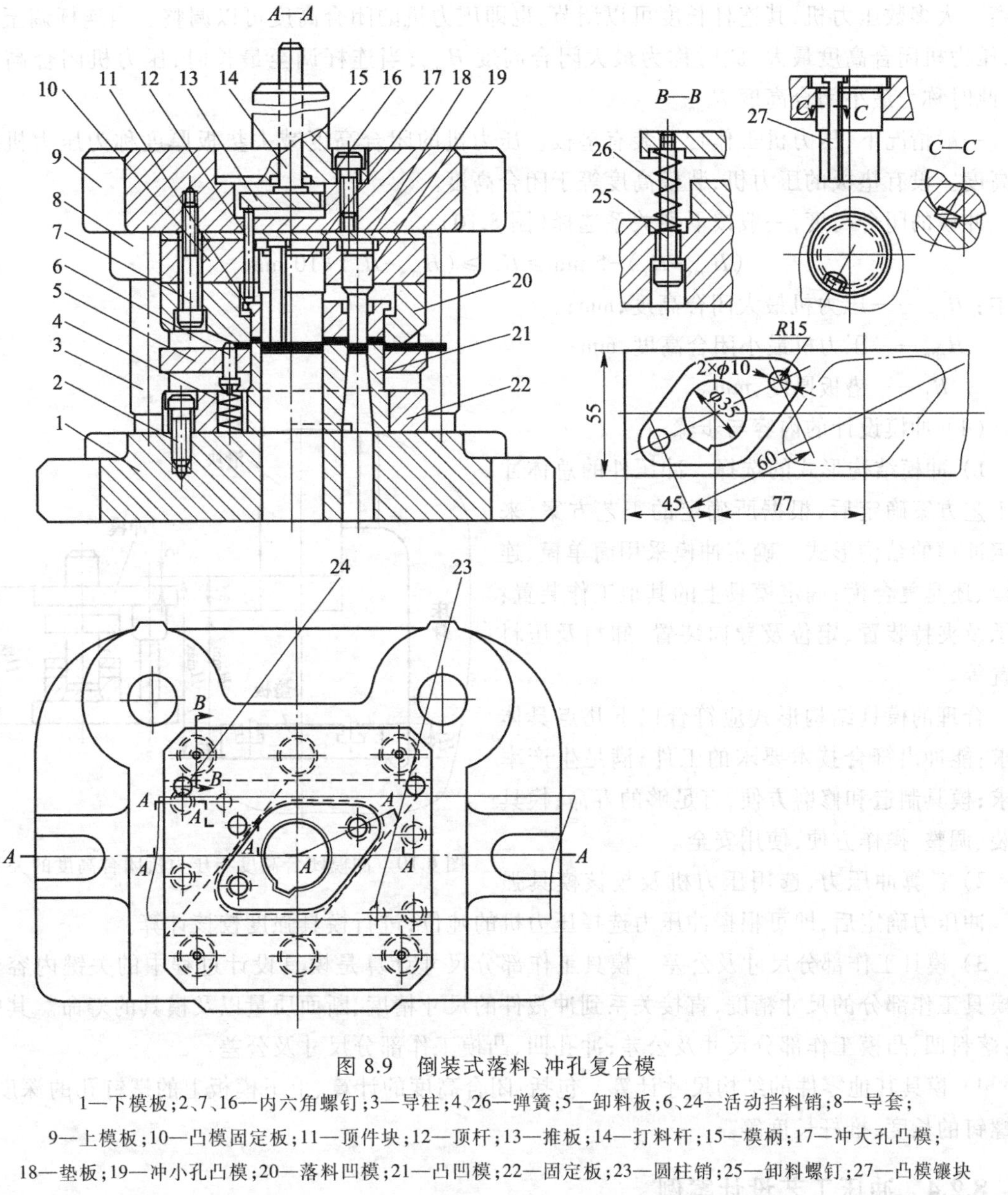

图 8.9　倒装式落料、冲孔复合模

1—下模板；2、7、16—内六角螺钉；3—导柱；4、26—弹簧；5—卸料板；6、24—活动挡料销；8—导套；9—上模板；10—凸模固定板；11—顶件块；12—顶杆；13—推板；14—打料杆；15—模柄；17—冲大孔凸模；18—垫板；19—冲小孔凸模；20—落料凹模；21—凸凹模；22—固定板；23—圆柱销；25—卸料螺钉；27—凸模镶块

(2) 冲模的压力中心　冲压力合力的作用点称为冲模的压力中心。为了保证压力机和模具正常工作，应该使冲模的压力中心与模柄的轴线重合。

形状对称的工件，如圆形、矩形、正多边形等，其压力中心与工件的几何中心重合。形状复杂不规则的工件、多凸模冲裁及连续模的压力中心与工件的几何中心不重合，压力中心通常用计算法求得。

(3) 冲模的闭合高度　冲模的闭合高度（也叫封闭高度）是指模具在最低的工作位置时，上模座的上平面至下模座的下平面之间的距离，用 $H_{模}$ 表示。

压力机的闭合高度（封闭高度）是指滑块在下死点时，滑块的下平面至工作台上平面之间的距离。大多数压力机，其连杆长度可以调节，也即压力机的闭合高度可以调整。当连杆调至最短时，压力机闭合高度最大，此时称为最大闭合高度 H_{max}；当连杆调至最长时，压力机闭合高度最小，此时称为最小闭合高度 H_{min}。

一般情况下，压力机工作台上装有垫板。压力机的闭合高度减去垫板厚度称为压力机的装模高度。没有垫板的压力机，装模高度等于闭合高度。

冲模的闭合高度，一般按下列关系选择(图 8.10)：

$$(H_{max}-H_1)-5\ \text{mm} \geqslant H_{模} \geqslant (H_{min}-H_1)+10\ \text{mm}$$

式中：H_{max}——压力机最大闭合高度，mm；

H_{min}——压力机最小闭合高度，mm；

H_1——垫板厚度，mm。

(4) 冲模设计的内容与步骤

1) 冲模结构形式的选择　冲压件的总体冲压工艺方案确定后，根据所确定的工艺方案，来确定冲模的结构形式。确定冲模采用简单模、连续模、还是复合模；确定模具上的其他工作装置：支承及夹持装置、定位及导向装置、卸料及压料装置等。

合理的模具结构形式应符合以下几点具体要求：能冲出符合技术要求的工件；满足生产率要求；模具制造和修磨方便，有足够的寿命；模具安装、调整、操作方便，使用安全。

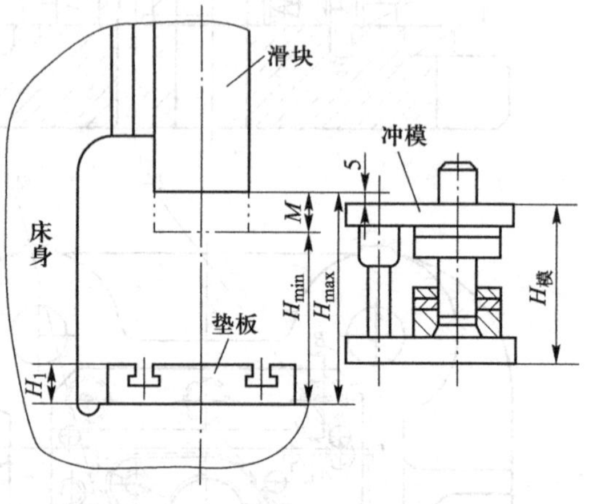

图 8.10　冲模闭合高度与压力机闭合高度的关系

2) 计算冲压力、选用压力机及校核模具强度　冲压力确定后，即可根据冲压力选择压力机的吨位，进行模具强度校核计算。

3) 模具工作部分尺寸及公差　模具工作部分尺寸计算是模具设计过程中的关键内容。因为模具工作部分的尺寸精度，直接关系到冲裁件的尺寸精度、断面质量以及模具的寿命。其中包括：落料凹、凸模工作部分尺寸及公差；冲孔凹、凸模工作部分尺寸及公差。

4) 模具其他零件的结构尺寸计算　包括：闭合高度的计算、上下模板上的螺钉孔的深度、卸料螺钉的长度、推杆长度等。

8.2.4　冲压工艺设计案例

冲压工艺过程制定的一般步骤如下：

(1) 分析冲压件的结构工艺性；

(2) 拟定冲压件的总体工艺方案；

(3) 确定毛坯形状、尺寸和下料方式；

(4) 拟定冲压工序性质、数目和顺序；

(5) 确定冲模类型和结构形式；

(6) 选择冲压设备；

(7) 编写冲压工艺文件。

以下是如图 8.11 所示的托架零件的冲压工艺制定过程。

已知该零件材料为 08F 钢，年产量为两万件，要求表面无划伤，孔不能有变形。

（1）结构工艺性分析　该件 $\phi10$ mm 孔内装有心轴，另外 4 孔 $\phi5$ mm 与机身连接，为保证良好的装配条件，5 个孔的公差均为 IT9，精度要求不高。选用 08F 冷轧板塑性好，各弯曲半径大于最小弯曲半径，不需要整形，各孔都可以冲出。因此，该件可以用冲压加工成形。

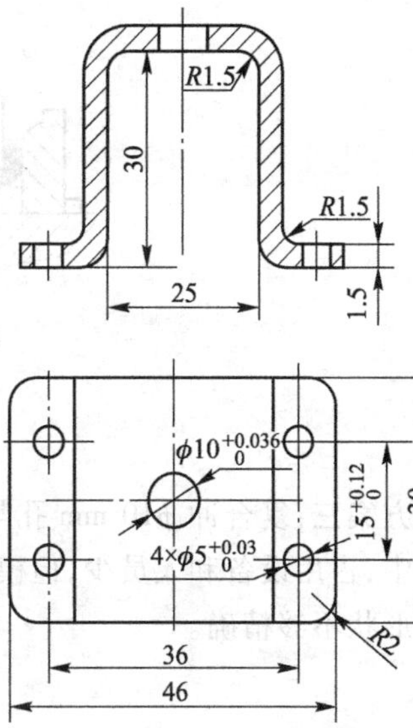

图 8.11　托架零件图

（2）拟定工艺方案　从零件结构分析，该件所需基本工序为落料、冲孔、弯曲三种。其中弯曲工艺方案有三种，如图 8.12 所示。

该零件总的冲压工艺方案有以下几种。

方案一：复合冲 $\phi10$ mm 孔与落料；弯两边外角和中间两 45°角；弯中间两角；冲 $4\times\phi5$ mm 孔，如图 8.13 所示。其优点是：模具结构简单，寿命长，制造周期短，投产快；弯曲回弹容易控制，尺寸和形状准确，表面质量高；除第一道工序外，后面工序都以 $\phi10$ mm 孔和一个侧边定位，定位基准一致且与设计基准重合；操作比较方便。缺点是工序较分散，需要模具、压力机和操作人员较多，劳动量较大。

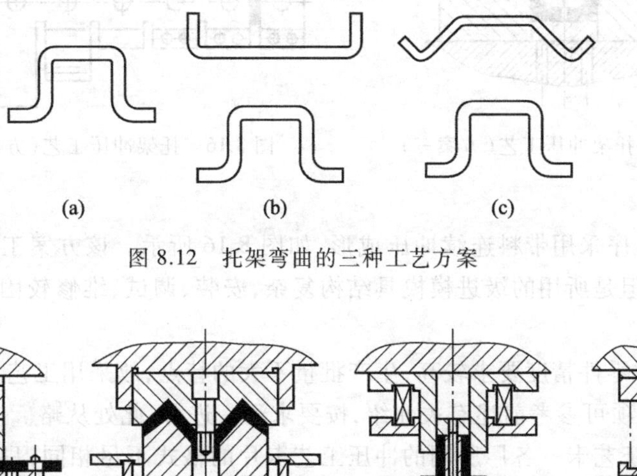

图 8.12　托架弯曲的三种工艺方案

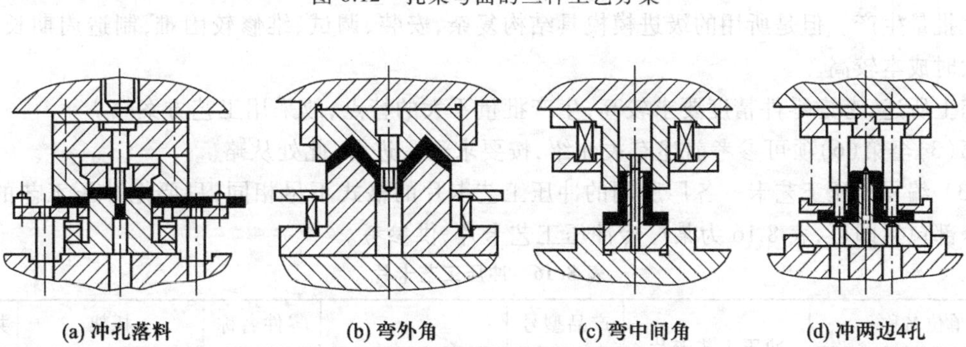

图 8.13　托架冲压工艺（方案一）

方案二：复合冲 $\phi10$ mm 孔与落料（同方案一）；弯两外角；弯中间两角，如图 8.14 所示；冲 $4\times\phi5$ mm 孔（同方案一）。与方案一相比，该方案弯中间两角时零件的回弹难以控制，尺寸和形状不精确，且同样具有工序分散的缺点。

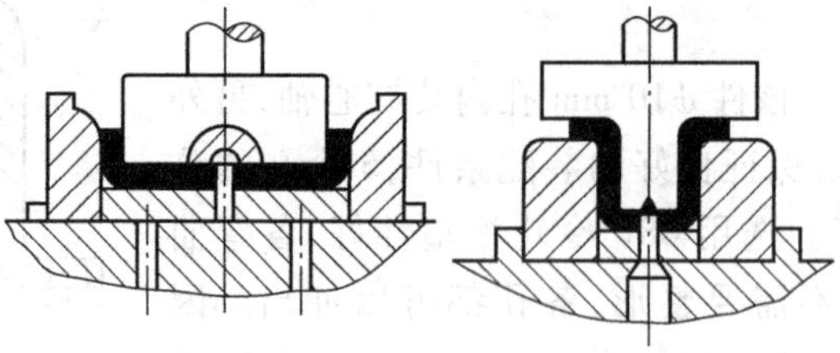

(a) 弯两外角　　(b) 弯中间角

图 8.14　托架冲压工艺(方案二)

方案三：复合冲 $\phi10$ mm 孔与落料；弯四角，如图 8.15 所示；冲 $4\times\phi5$ mm 孔。该方案工序比较集中，占用设备和人员少，但模具寿命低，零件表面有划伤，工件厚度有变薄，回弹不易控制，尺寸和形状不够精确。

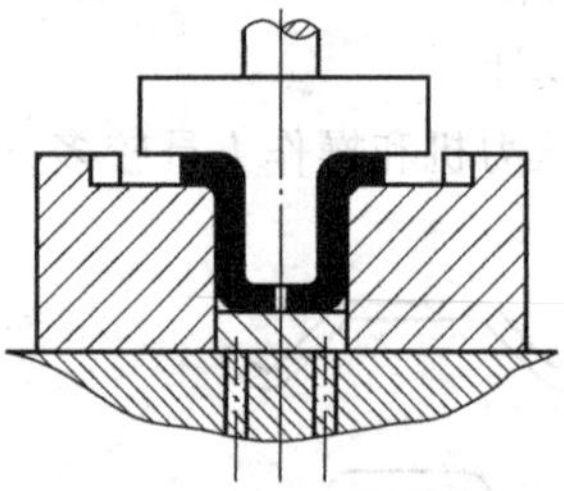

图 8.15　托架冲压工艺(方案三)

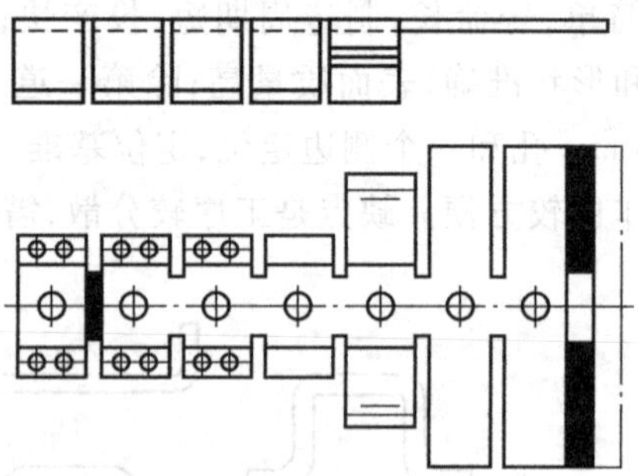

图 8.16　托架冲压工艺(方案四)

方案四：全部工序采用带料连续冲压成形，如图 8.16 所示。该方案工序集中，生产效率高，适合大批量生产。但是所用的级进模模具结构复杂，安装、调试、维修较困难，制造周期长，当批量不大时成本较高。

综上所述，考虑零件精度要求较高，生产批量不大的特点，故采用工艺方案一。

第(3)至第(6)项可参考前述有关介绍，按要求逐一进行，此处从略。

(3) 编写冲压工艺卡　各厂所用的冲压工艺卡片的格式不尽相同，只要把冲压工艺的有关内容全部包括即可，表 8.16 为某厂冷冲压工艺卡片，供参考。

表 8.16　冲压工艺卡片

<table>
<tr><td>单位名称</td><td rowspan="2">冲压工艺卡片</td><td>产品型号</td><td></td><td>零件名称</td><td>托架</td><td>共　页</td></tr>
<tr><td></td><td>产品名称</td><td></td><td>零件型号</td><td></td><td>第　页</td></tr>
</table>

材料牌号及规格	材料技术要求	毛坯尺寸	每条料制件数	毛坯重量	辅助材料
08F	1 800 mm×900 mm 横裁	900 mm×108 mm×1.5 mm			

续表

工序号	工序名称	工序草图	工序内容	设备	检验要求	备注
1	冲孔落料	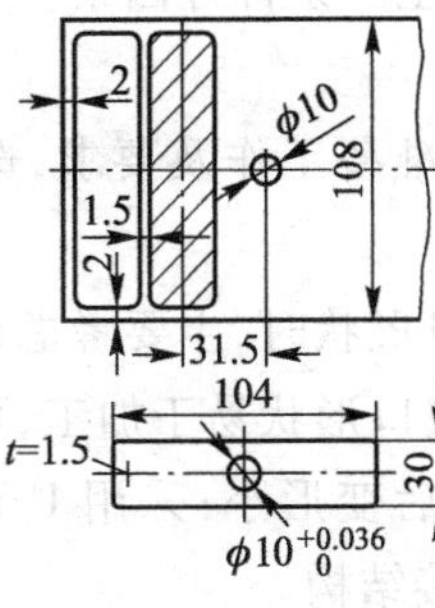	冲孔落料连续模	250 kN 压力机		
2	首次弯曲（带预弯）	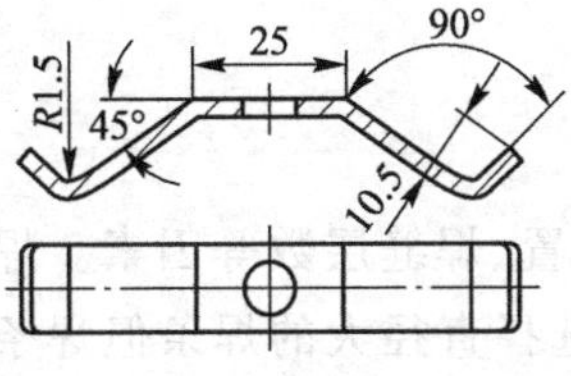	弯曲模	160 kN 压力机		
3	二次弯曲	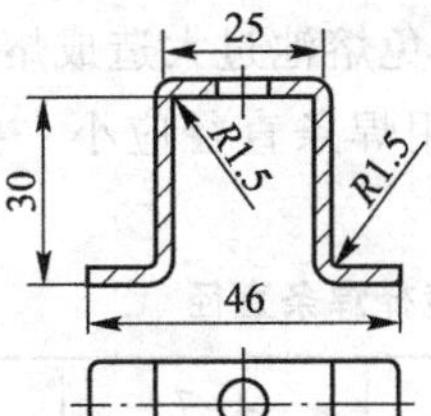	弯曲模	160 kN 压力机		
4	冲孔 4×ϕ5	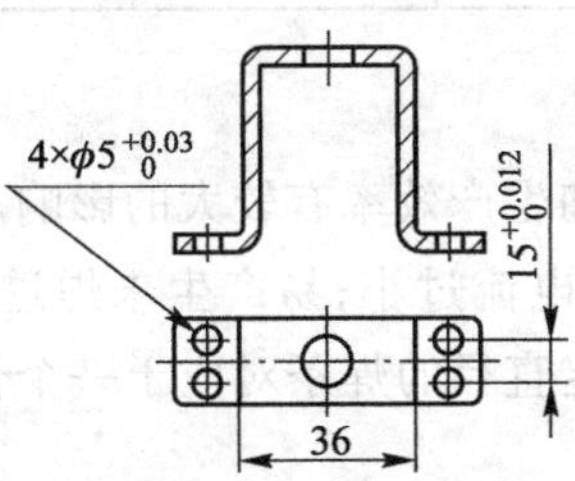	冲孔模	160 kN 压力机		

8.3 焊接工艺设计举例

8.3.1 焊接工艺设计的主要内容

1. 焊接工艺设计的依据

进行焊接工艺设计时，首先需要熟悉焊接产品的图纸等设计资料，从中可以了解到焊接件的结构形式与性能要求、母材的牌号、焊缝的位置、焊缝质量等级、探伤要求和方法等重要信息,同时要掌握有关的焊接技术标准和法规(如压力容器制造标准、钢结构制造标准等)以及产品验收质量标准,此外还要考虑焊接件的生产类型和现有的生产条件等因素。

2. 焊接工艺设计的主要内容

焊条电弧焊工艺设计的主要内容包括:确定焊前准备工作及要求,选择焊接工艺参数,制定焊后处理及检验规范等。

坡口准备是焊前准备的一项重要工作。选择坡口形状时,主要考虑以下因素:尽量提高生产率,减少焊条消耗量;保证根部焊透,焊接变形要小;坡口形状易于加工,可焊到性好。一般,同样厚度的接头,采用 X 形坡口比 V 形坡口节省焊条,焊后变形小;采用 U 形和双 U 形坡口又比 V 形和 X 形坡口好,但加工困难,主要用于较重要的焊接结构。

8.3.2 焊接工艺参数的选择

1. 焊条直径的选择

焊条直径的选择主要应考虑焊件厚度、焊缝位置、焊缝层数等因素。焊件厚度大,应选择直径较大的焊条,从提高生产效率方面考虑,应尽量选择直径大的焊条但焊条、直径过大会导致焊缝出现缺陷。表 8.17 为选择焊条直径时可供参考的推荐数据。平焊时,焊条直径应比其他焊接位置时大些;立焊、横焊和仰焊时焊条直径要小些,以免熔池过大造成熔化金属下淌,影响焊缝成形。多层焊时,为防止发生未焊透,在焊第一层时所用焊条直径应小一些,以后各层应尽可能选用大直径焊条。

表 8.17 根据焊件厚度择焊条直径

焊件厚度/mm	≤1.5	2	3	4~7	8~12	≥13
焊条直径/mm	1.6	2.0	2.5	3.2	4.0	6.0

2. 焊接电流的选择

焊接电流是焊接中的关键参数,对焊接质量和生产效率有较大的影响。电流过大,易使焊条药皮发红、脱落,还会造成焊缝咬边、烧穿等缺陷;电流过小,易产生未焊透、夹渣等缺陷。一般,焊接电流的大小取决于焊条直径和焊缝位置,一定直径的焊条对应于一个合适的电流范围,其关系为

$$I=kd$$

式中,I 为合金电流(A),d 为焊条直径(mm),k 为经验系数(其值见表 8.18)。

表 8.18 经验系数 k 与焊条直径的关系

焊条直径/mm	1~2	2~3	3~4	4~6
经验系数 k	20~25	25~30	30~40	40~50

由上式计算出的焊接电流值在实际生产中还需考虑其他因素加以修正。一般立焊、横焊时的焊接电流应比平焊时的小 10%~15%,仰焊时的电流比平焊时小 15%~20%。碱性焊条焊接时的电流比酸性焊条时的要小一些。

3. 电弧电压和焊接速度的选择

在保证质量的前提下应尽量采用短弧焊和较大的焊接速度，弧长一般控制在 1~4 mm，电弧电压控制在 16~25 V，焊接速度控制在 6~8 m/h。

焊接电流 I(A)、电弧电压 U(V)和焊接速度 V(m/s)按下式可组合成一个称为“线能量”的焊接参数，它反映了熔焊时由焊接热源输入到单位长度焊缝上的能量(热量)

$$E=\eta IU/V\ (\mathrm{J/m})$$

式中，η 是有效热系数，焊条电弧焊 $\eta=0.66\sim0.85$，埋弧焊 $\eta=0.90\sim0.99$。显然，焊接工艺参数直接影响焊接接头输入热量的多少，影响焊接的加热—冷却过程，从而影响焊缝组织的粗细和焊接热影响区的大小，也影响到焊接应力、变形和气孔、裂纹等缺陷的发生。

4. 焊缝层数的确定

焊接件厚度较大时常采用多层焊，根据经验，一般认为每层的厚度等于焊条直径的 0.8~1.2 倍时效果最好。对于低碳钢和强度等级较低的低合金高强度结构钢，每层焊缝的厚度对焊缝质量影响不大；而对于质量要求高的焊缝，每层厚度尽量不大于 4~5 mm。

8.3.3 焊接结构工艺图

焊接结构工艺图与一般的机械零件图的主要区别，在于它要表达出对焊缝的工艺要求，以便施工人员能够按照设计者对于焊缝的设计要求进行正确的工艺操作。

1. 焊缝的图示法

用图示法表示焊缝时，焊缝正面用粗实线(比轮廓线粗 2~3 倍)或与焊缝线垂直的细栅线表示，在同一图纸中，上述两种方法只能用一种。焊缝端面用粗实线画出焊缝的轮廓，必要时用细实线画出坡口形状。剖面图上焊缝区应涂黑，如图 8.17 a 和 b 中左图所示。

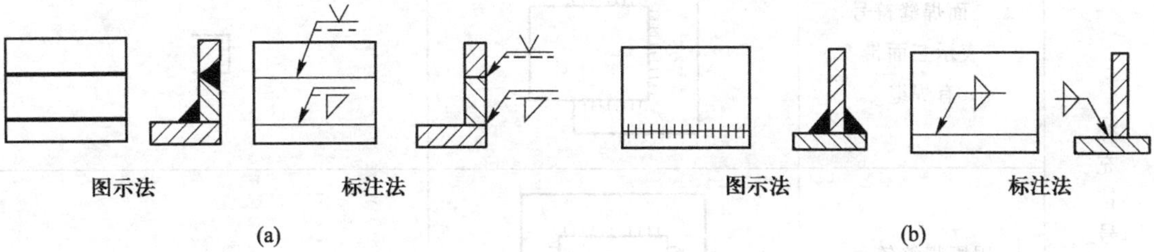

图 8.17 焊缝的图示法与标注法示例

2. 焊缝的标注法

为了使图纸看起来简洁明了，同时方便绘图工作，一般情况下不按图示法绘制焊接结构工艺图，而是采用由国家标准规定的专用符号在图中对焊缝进行标注。

焊缝符号一般由基本符号和指引线组成，必要时还可以加上辅助符号、补充符号和焊缝尺寸符号。表 8.19 列出了一些常用焊缝符号的示例。基本符号是表示焊缝断面形状的符号，通常采用近似于焊缝断面形状的图形表示。辅助符号是表示焊缝表面形状特征的符号。补充符号是为了补充说明焊缝的某些其他特征而采用的符号。

指引线一般由箭头线和两条基准线(一条是实线，另一条是虚线)组成，基准线应与图样底边平行，箭头指向焊缝位置。如果焊缝在接头的箭头所指一侧，则将基本符号标注在基准线的实线侧;如果焊缝在接头的非箭头侧,则将基本符号标注在基准线的虚线侧;标注对称焊缝和双面焊缝时,可不加虚线,如图 8.17a 和 b 中的右图所示。

表 8.19　焊缝符号示例

符号类型	名称及说明	示意图	符号
基本符号	I 形焊缝	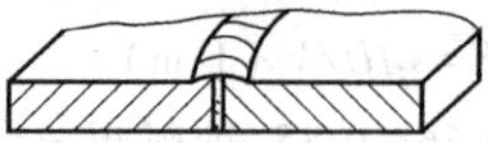	
	V 形焊缝	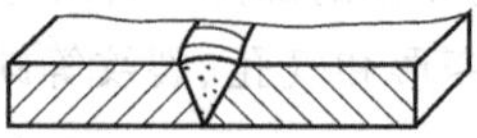	
	Y 形焊缝	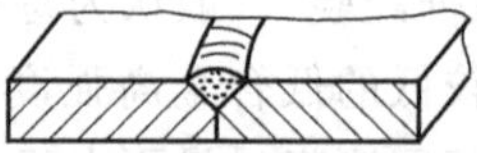	
	带钝边 U 形焊缝	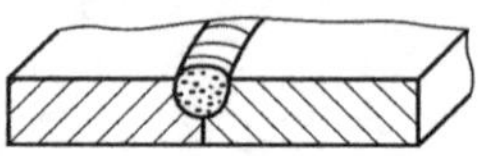	
	角焊缝	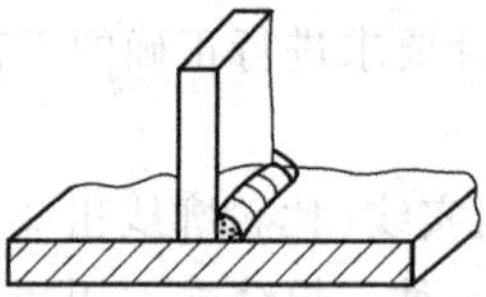	
补充符号	三面焊缝符号 表示三面带有焊缝	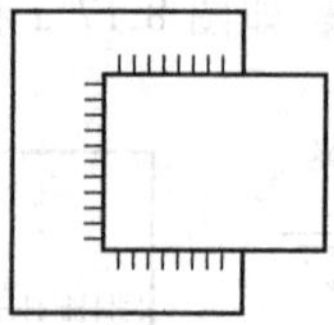	
	周围焊缝符号 表示环绕工件周围有焊缝	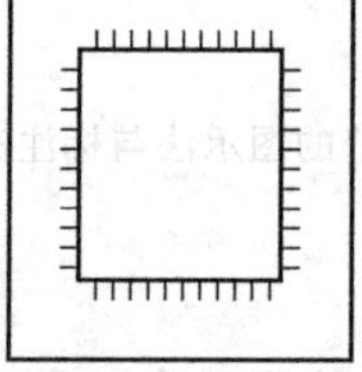	
补充符号	尾部符号 标注焊接工艺方法等内容		
辅助符号	平面符号 表示焊缝表面应齐平(加工后)		

基本符号必要时可附带有尺寸符号及相应的数据。焊缝尺寸符号及数据的标注原则是，焊缝横截面上的尺寸标在基本符号的左侧，焊缝长度方向上的尺寸标在基本符号的右侧，坡口角度、跟部间隙等尺寸标在基本符号的上侧或下侧；相同焊缝的数量和焊接方法代号（如焊条电弧焊为 111、埋弧焊为 121、CO_2 焊为 135、钨极氩弧焊为 141）标在尾部符号右侧。

3. 焊接结构工艺图示例

图 8.18 所示为一齿轮坯的焊接结构工艺图。该齿轮由轮缘、轮辐和轮毂三部分组成，轮缘和轮毂分别采用 45 钢和 Q235 钢锻造而成，轮辐选用 20 钢无缝钢管。图样上标注的焊缝符号表示共有 8 条相同的角焊缝（每根轮辐两端的环绕焊缝），将轮缘、轮辐和轮毂焊接为一体，焊脚尺寸为 10 mm，焊接方法为焊条电弧焊。

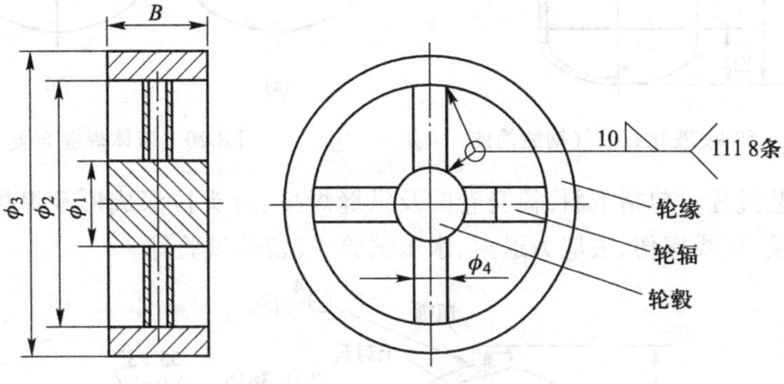

图 8.18　齿轮坯的焊接结构工艺图

8.3.4　焊接结构与工艺设计实例

图 8.19 所示的液化石油气钢瓶，壁厚 3 mm，设计压力为 1.6 MPa，充装质量 50 kg，批量生产。

（1）选择钢瓶材料　瓶体和瓶嘴分别选用塑性和焊接性好的 16MnHp 钢（Hp 表示液化石油气钢瓶专用钢板）和 20 钢。瓶体用 3 mm 厚钢板，冲压后焊接而成。瓶嘴用圆钢切削加工后，焊到瓶体上。

（2）确定焊缝位置　瓶体的焊缝布置有两种方案，如图 8.20。方案Ⅰ（图 8.20a），瓶体的上、下两部分经冲压成形，装配后焊在一起，瓶体上只有一条环形焊缝，焊接工作量小；但由于瓶体较长，冲压成形难度大。方案Ⅱ（图 8.20b），瓶体由上、下封头与筒身三部分组成，上、下封头冲压成形，筒身由钢板卷圆后焊好，再将上、下封头与筒身焊在一起，瓶体共有三条焊缝（两条环形焊缝和一条纵向焊缝），虽然焊接工作量较大，但上、下封头易冲压成形。经分析比较后选用方案Ⅱ。

（3）焊接接头设计　瓶嘴与瓶体的焊缝，采用不开坡口的角焊缝。因是压力容器，为保证焊接质量，筒身的纵向焊缝，采用 I 形坡口单面焊。上、下封头与筒身的环形焊缝，接头形式采用衬环对接或缩口对接焊。图 8.21 为液化石油气钢瓶的焊接结构工艺图。

（4）焊接方法和焊接材料的选择　瓶嘴与瓶体的焊接，因焊缝直径较小，故采用焊条电弧焊，焊条为 J507。瓶体环形焊缝和纵向焊缝的焊接，可采用手弧焊、埋弧焊、CO_2 焊、氩弧焊等方法进行。考虑到此产品为批量生产，又是压力容器，为保证焊接质量，选用埋弧自动焊。焊丝可用 H08A、H08MnA 或 H08Mn2，焊剂为 HJ430。

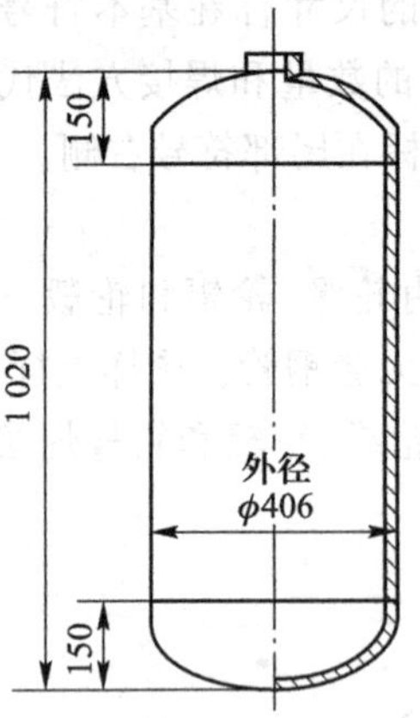

图 8.19 50 kg 液化石油气钢瓶简图

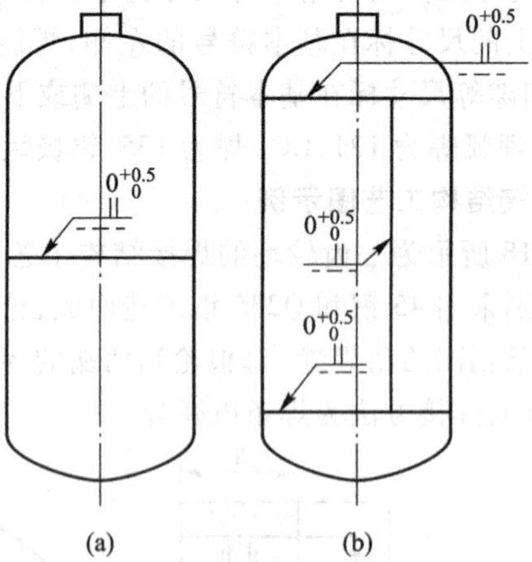

图 8.20 瓶体焊缝布置

（5）主要工艺过程 包括下料、筒身卷圆及纵缝焊接、封头拉深成形及焊接瓶嘴、封头与筒身组装及环缝焊接、射线探伤、去应力退火、水压试验、气密性试验等。

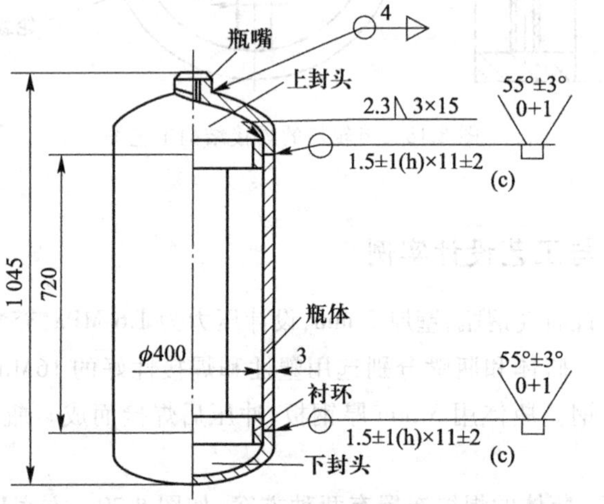

图 8.21 液化石油气钢瓶焊接结构工艺图

思考题与习题

8.1 试制定如图 8.22 所示轴承座铸件（材料为 HT150）的铸造工艺方案，并绘制其铸造工艺图。

8.2 试绘制题 1.29 中两个支座铸件的铸造工艺图。

8.3 冲压模具分为哪几类？其构造各有何特点？

8.4 冲压模具设计包括哪些内容？何谓模具压力中心和模具闭合高度？

8.5 设计图 8.23 所示零件的冲压工艺与模具。材料 08 钢，料厚 4 mm，大批量生产。

8.6 题 1.29（图 1.64）中的两个铸件，现需单件生产，拟改为焊接结构，试为其选择合适的母材和焊接材料，确定焊接方法，并绘出焊接结构工艺图。

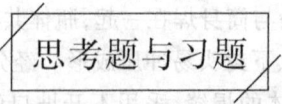

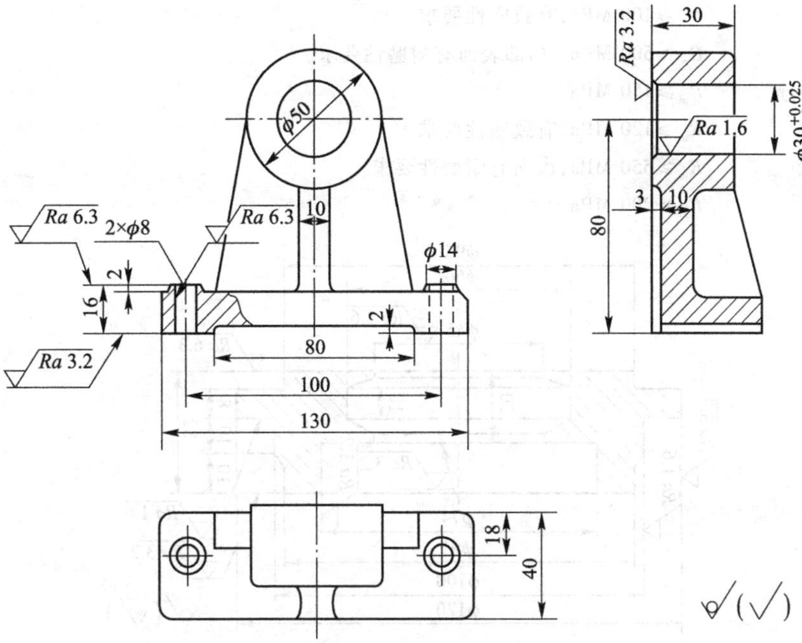

图 8.22　题 8.1 图

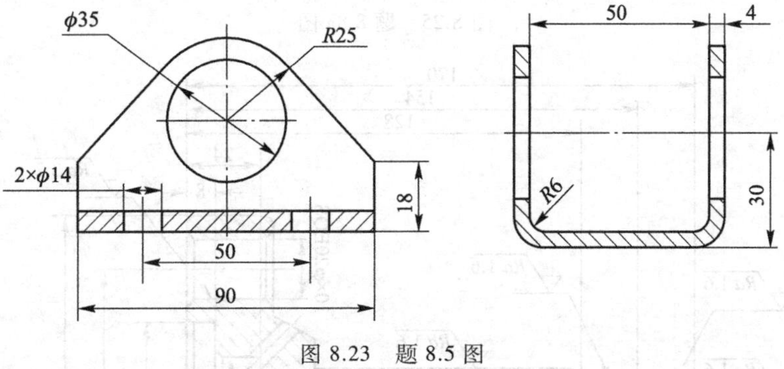

图 8.23　题 8.5 图

8.7　一焊接梁的结构和尺寸如图 8.24 所示，成批生产，材料为 Q235 钢，现有钢板的最大长度为2 500 mm，试确定该梁的腹板和翼板上的焊缝应如何布置，并选择每条焊缝的焊接方法，绘出该梁的焊接结构工艺图。

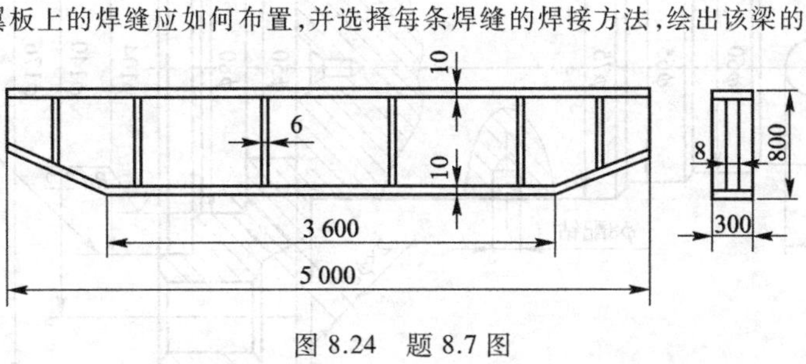

图 8.24　题 8.7 图

8.8　试根据图 8.25~图 8.30 所示各零件的结构特点和性能要求，分别确定它们在不同的生产类型即单件、小批量生产或大批量生产时适用的材料和毛坯成形方法（选材应具体到材料牌号，选择成形方法应具体到工艺操作方式，例如，"HT250，手工造型砂型铸造"），并从中选取 1~2 个零件，制定其毛坯生产工艺规程（包括选择加工设备）和绘制工艺图或工件图。（说明：本题可作为课程设计或大型作业的选题）

a）端盖　　　　　$R_m \geqslant 100$ MPa，有致密性要求

b）输出轴　　　　$R_m \geqslant 500$ MPa，局部表面有耐磨性要求

c）输送器底座　　$R_m \geqslant 150$ MPa

d）贮油箱体　　　$R_m \geqslant 120$ MPa，有致密性要求

e）双联齿轮　　　$R_m \geqslant 550$ MPa，齿面有耐磨性要求

f）仪器支架　　　$R_m \geqslant 200$ MPa

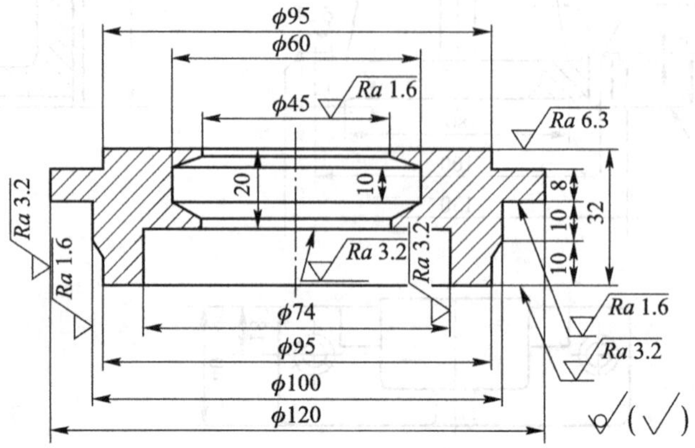

端盖

图 8.25　题 8.8a 图

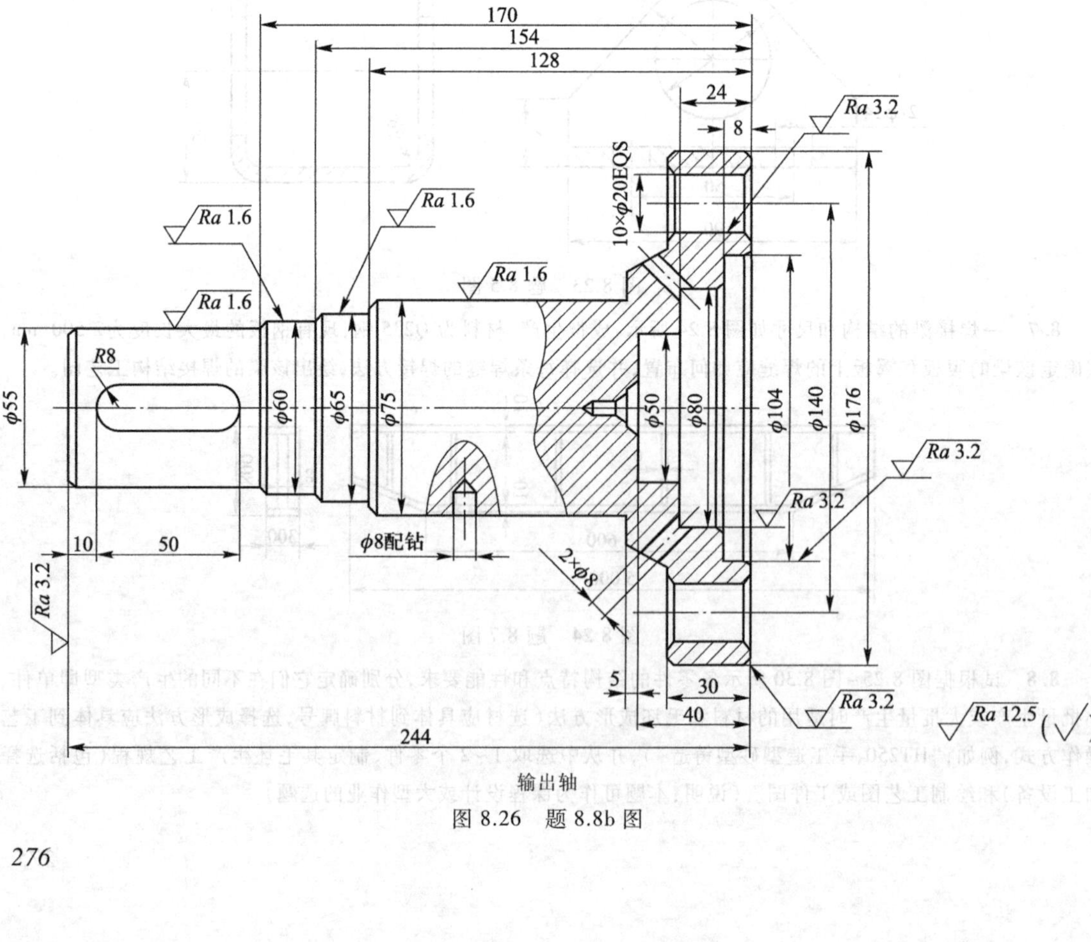

输出轴

图 8.26　题 8.8b 图

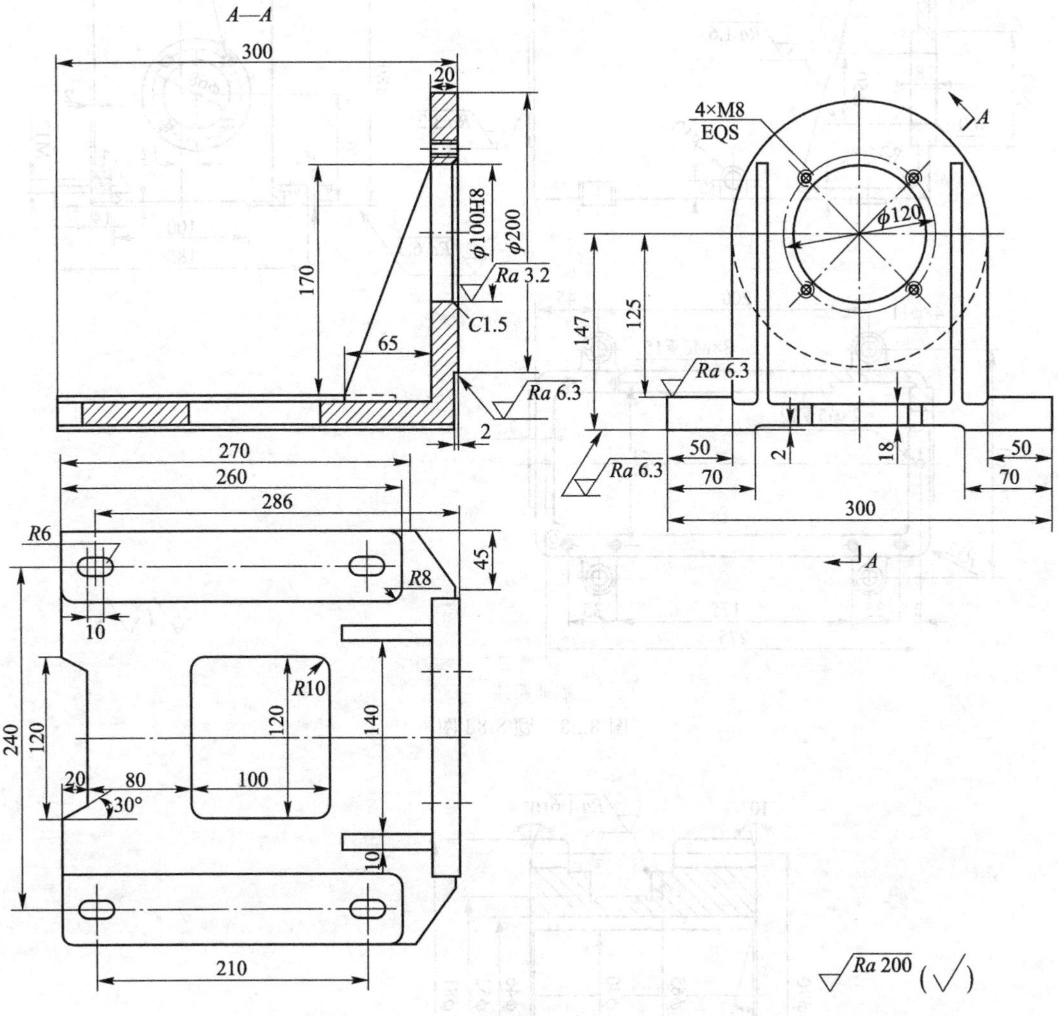

输送器底座

图 8.27 题 8.8c 图

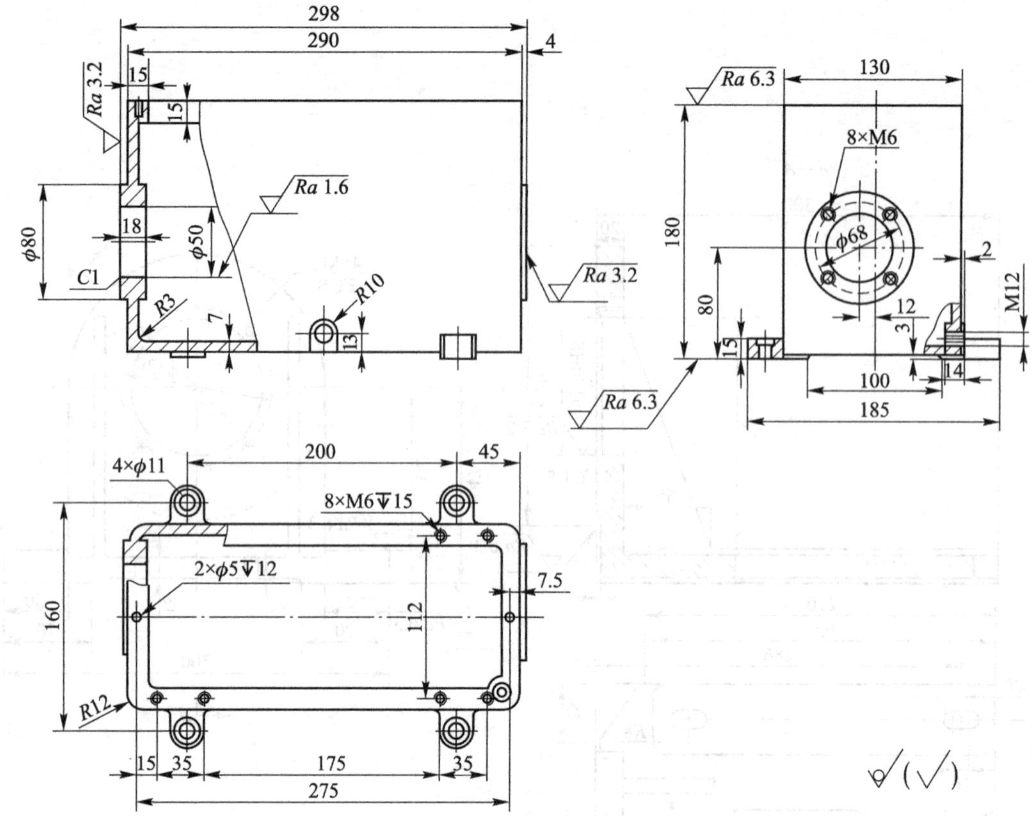

贮油箱体

图 8.28　题 8.8d 图

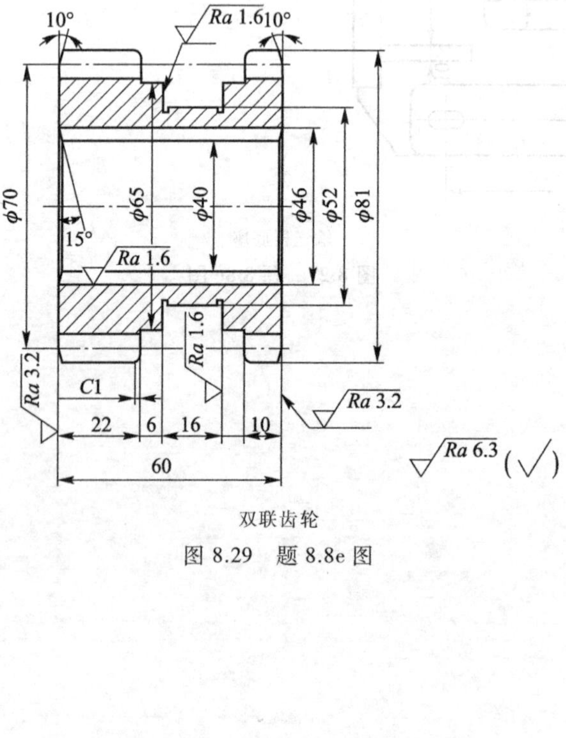

双联齿轮

图 8.29　题 8.8e 图

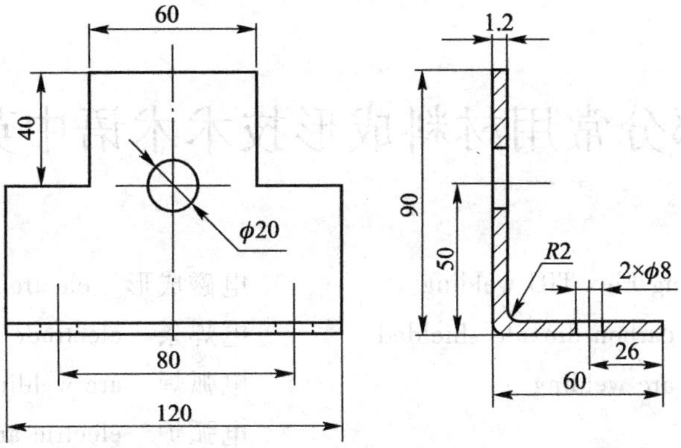

仪器支架

图 8.30　题 8.8f 图

附录　部分常用材料成形技术术语中英文对照

A-TIG 焊　Activating Flux TIG welding
CO_2 气体保护焊　carbon dioxide shielded arc welding
凹模　die
拔长　fullering
白口铸铁　white cast iron
摆动辗压　orbital forging
板料成形　sheet metal forming
半固态铸造　semisolid-metal casting
爆炸成形　explosive forming
爆炸焊　explosion welding
变形　deformation
不锈钢　stainless steel
材料成形工艺　material shaping technology
残余应力　residual stress
(长纤维)缠绕成形　filament winding
超声波焊　ultrasonic welding
超声波检测　ultrasonic tasting
超塑性　superplasticity
超塑性成形　superplastic forming
尺寸公差　dimensinal tolerance
冲裁　shearing
冲孔　punch
冲天炉　cupola
冲压　stamping
吹制成形　blow moulding
磁粉检测　magnetic partical testing
淬火　hardening, quenching
等静压(成形)　isostatic pressing
等离子弧焊　plasma-arc welding
低合金钢　low alloy steel
低压铸造　low pressure die casting
电磁成形　electromagnetic forming
电焊条　electrode
电弧焊　arc welding
电弧炉　electric arc furnace
电液成形　electrohydraulic forming
电渣焊　electroslag welding
电子束焊　electron-bean welding
电阻点焊　resistance spot welding
电阻缝焊　resistance seam welding
电阻焊　resistance welding
叠层实体成形　laminated-object manufacturing(LOM)
定向凝固　directional solidification
锻锤　hammer
锻件　forging
锻模　forging impression
锻造　forge
镦粗　upsetting, heading
发泡成形　foam moulding
翻边　flanging
非铁合金　nonferrous alloy
分型面　parting surface
分型线　parting line
粉末冶金　powder metallurgy
复合材料　composites
复合模　compound die
坩埚炉　crucible furnace
感应电炉　induction furnace
高分子材料　polymer materials
高分子化合物　macromolecular compound
高聚物　high polymer
高压造型　high pressure mouding

各向异性　anisotropy
工艺性能　manufacturing properties
光固化立体成形　stereo lithography apparatus(SLA)
光敏树脂　photopolymer
焊缝　weld,bead
焊缝坡口　weld edge
焊剂　flux
焊接　welding
焊接接头　welding joint
焊接性　weldability
焊炬　welding torch
焊枪　welding gun
焊条电弧焊　shielded metal arc welding
横浇道　runner
滑移　slip
灰铸铁　gray cast iron
回弹　springback
回复　recovery
机器造型　machine moulding
机械合金化　mechanical alloying
机械加工余量　machining allowance
机械紧固　mechanical fastening
激光焊　laser-bean welding
挤出成形　extrusion
挤压　extrusion
挤压铸造　squeeze casting
加工硬化　work hardening
浇口杯　pouring basin
浇注　pouring,casting
浇注系统　gating system
胶粘剂　binder
焦炭　coke
搅拌摩擦焊　friction stir welding
金属粉末　metal powder
金属基复合材料　metal-matrix composites
金属型铸造　permanent-mould casting
金属注射成形　metal injection moulding
近净成形　near net shaping
精密锻造　precision forging
聚合物　polymer
聚合物基复合材料　polymer-matrix composites
聚乙烯　poly-ethylene
抗拉强度　tensile strength
可锻性　forgeability
可锻铸铁　malleable cast iron
快速成形技术　rapid prototyping technology(RPT)
快速凝固　rapid solidification
快速原型制造　rapid prototyping manufacturing(RPM)
扩散焊　diffusion bonding welding
拉拔　drawing
拉深　drawing
冷隔　cold shut
冷加工　cold working
冷裂　cold crack
离心铸造　centrifugal casting
连续模　progressive die
连续铸造　continuous casting
裂纹　crack,rupture
流动性　fluidity
孪晶　twin
孪生　twinning
落料　blanking
落砂　shake out
埋弧焊　submerged arc welding
毛刺　burr
冒口　riser
模锻　closed-die forging
模锻压力机　closed-die press
模样　pattern
摩擦焊　friction welding
摩擦压力机　friction press
母材　base metal

内浇道　ingate, gate
内腔　cavity
凝固　solidification
凝固区间　freezing range
偏析　segregation
起模斜度　draft
起皱　wrinkling
气孔　porosity
钎焊　braze welding
球化处理　nodulizing treatment
球磨机　ball mill
球墨铸铁　nodular graphite cast iron
屈服强度　yield strength
全面质量管理　total quality management
热处理　heat treatment
热固性的　thermoset
热加工　hot working
热裂　hot crack
热塑性的　thermoplastic
热影响区　heat-affacted zone
熔池　puddle
熔焊　fusion welding
熔化极惰性气体保护焊　metal inert gas arc welding
熔炼　melting
熔模铸造　investment casting
熔融堆积成形　fused-deposition moulding (FDM)
熔渣　slag
蠕墨铸铁　compacted graphite iron
软钎焊　soldering
砂箱　flask
砂型铸造　sand casting
闪光对焊　flash butt welding
烧结　sintering
射线检测　radiographic inspection
伸长率　elongation
渗透检测　penetrant testing
石灰石　limestone
石墨　graphite
收缩　shrinkage
手工造型　hand moulding
树脂　resin
水压机　hydraulic press
塑料　plastic
塑性　plasticity
塑性变形　plastic deformation
塑性成形　plastic forming
缩孔　shrinkage cavity
碳当量　carbon equivalent
碳钢　carbon steel
陶瓷　ceramic
陶瓷基复合材料　ceramic-matrix composites
陶瓷型铸造　ceramic-mould casting
特种铸造　special casting
填充金属　filler metal
凸模　punch
退火　annealing
弯曲　bending
未焊透　incomplete penetration
位错　dislocation
钨极氩弧焊　tungsten inert gas arc welding
无损检测　nondestructive testing
雾化法　atomization
纤维组织　fibre structure
橡胶　rubber
消失模铸造　lost foam casting (LFC), expandable pattern casting (EPC)
芯头　core point
型芯　core
旋压　spinning
选择性激光烧结　selective laser sintering (SLS)

压边圈　blankholder
压焊　pressure welding
压力机　press
压力铸造　pressure casting, die casting
压缩成形　compression moulding
压延成形　calendaring
压印　coining
压制成形　pressing
压注成形（传递成形）　transfer moulding
硬钎焊　brazing
孕育处理　inoculation
孕育剂　inoculant
再结晶　recrystallization
造型　moulding
轧制　rolling
粘接　adhesive bonding
增材制造　additive manufacturing (AM)
震压造型　jolt squeeze moudling
蒸汽锤　steam hammer
整形　sizing
正火　normalizing
直浇道　sprue
直流反接　direct current reverse polarity
直流正接　direct current straight polarity
终锻　final forging
智能制造　intelligent manufacturing (IM)
注浆成形　slush moulding
注射成形　injection moulding
注射模　injection mould
铸钢　cast steel
铸件　casting
铸铁　cast iron
铸型　mould
铸造　casting, foundry
铸造合金　cast alloy
铸造性能　castability
自蔓延高温合成　self-propagating high-temperature synthesis
自由锻　open-die forging
组织与性能　structure and properties

参考文献

1. 孙康宁,林建平.工程材料与机械制造基础课程知识体系和能力要求[M].北京:清华大学出版社,2016.

2. 何红媛,周一丹.材料成形技术基础[M].南京:东南大学出版社,2015.

3. 司乃钧,舒庆.热成形技术基础[M].北京:高等教育出版社,2008.

4. 施江澜,赵占西.材料成形技术基础[M].3版.北京:机械工业出版社,2014.

5. 严绍华.热加工工艺基础[M].3版.北京:高等教育出版社,2010.

6. 孙康宁.现代工程材料成形与制造工艺基础:上册[M].2版.北京:高等教育出版社,2010.

7. 张亮峰.材料成形技术基础[M].北京:高等教育出版社,2011.

8. 邓文英,郭晓鹏.金属工艺学:上册[M].5版.北京:高等教育出版社,2008.

9. 刘全坤.材料成型基本原理[M].2版.北京:机械工业出版社,2010.

10. 陈立亮.材料加工 CAD/CAM 技术基础[M].北京:机械工业出版社,2014.

11. 范金辉,华勤.铸造工程基础[M].北京:北京大学出版社,2009.

12. 王再友,王泽华.铸造工艺设计及应用[M].北京:机械工业出版社,2016.

13. 柯旭贵,张荣清.冲压工艺与模具设计[M].北京:机械工业出版社,2012.

14. 高锦张.塑性成形工艺与模具设计[M].2版.北京:机械工业出版社,2008.

15. 杨立军.材料连接设备及工艺[M].北京:机械工业出版社,2009.

16. 屈华昌,吴梦陵.塑料成型工艺与模具设计[M].3版.北京:高等教育出版社,2014.

17. 黄家康.复合材料成型技术及应用[M].北京:化学工业出版社,2010.

18. 陈文革,王发展.粉末冶金工艺及材料[M].北京:冶金工业出版社,2011.

19. 李祖德.粉末冶金的兴起和发展[M].北京:冶金工业出版社,2016.

20. 范春华,赵剑峰,董丽华.快速成形技术及其应用[M].北京:机械工业出版社,2009.

21. 郎为民、徐延军.一本书读懂 3D 打印[M].北京:人民邮电出版社,2016.